U0151211

中国汽车自主研发技术与管理实践丛书

乘用车汽油机开发技术

主　编　张晓宇

副主编　吴学松　刘　斌　胡铁刚　郭七一　闵　龙　詹樟松

主　审　尧命发　李理光　黄佐华　杨少波　沈惠贤　高柏濬

参　编　马　为　马骏鹏　王显刚　王　健　王　翀　王　锐

韦　颂　孔德芳　邓　伟　叶明辉　付陈玲　司彦涛

成卫国　朱肃敬　乔艳军　刘长鹏　刘发发　刘　进

齐　洋　闫博文　米　波　江宝宇　汤春艳　汤雪林

许　骞　阳耀衡　苏永川　苏学颖　李久林　李凤琴

李　仙　李　松　李金晶　李秋晖　李晓龙　李晓兵

李倩倩　李　捷　李博文　李富柏　杨正军　杨　庆

杨志勇　杨　武　杨金才　杨　琴　何海珠　但镜攀

余小草　余　波　张才干　张文海　张玉辉　张　洋

张彩霞　张清彪　张　黎　陈小东　陈堂明　陈绪平

邵俊龙　林海洪　欧小芳　罗　乐　金园园　周　航

周　捷　郑建军　赵　勇　郝　栋　信志杰　侯思晨

姜　玮　姜　波　袁少伟　袁厚万　袁　浩　聂要辉

贾正锋　徐　勇　殷　雪　卿辉斌　唐宇航　康黎云

章峻海　蒋树徽　温文武　蒲运平　阙　建　蔡健伟

谭　聪　樊之鹏　潘小亮　瞿尚胜

机械工业出版社

本书系统地对乘用车用高效清洁汽油机先进开发技术及工程应用进行了阐述，全书共8章，主要内容包括汽油机开发需求与定义、汽油机产品设计、汽油机性能开发、汽油机NVH开发、电控技术、汽油机试验开发、汽油机机车集成开发、典型高效清洁车用汽油机介绍。

本书编写人员除主机厂具有丰富汽油机正向开发经验的研发技术骨干以外，还邀请了同济大学等高校汽车方向的教授为本书的架构和具体内容把关。本书内容丰富、体系完整，实用性和实战性强，是一部反映当前电气化趋势下汽油机新理论与开发技术的著作，旨在为面向电气化发展的乘用车汽油机研发提供参考。

本书可作为我国汽车行业动力总成工程技术人员的参考用书，也可作为高等院校汽车专业师生的教学参考用书。

图书在版编目（CIP）数据

乘用车汽油机开发技术/张晓宇主编. —北京：机械工业出版社，2021.7
（中国汽车自主研发技术与管理实践丛书）
ISBN 978-7-111-68731-3

Ⅰ.①乘… Ⅱ.①张… Ⅲ.①汽车-汽油机-设计 Ⅳ.①TK41

中国版本图书馆CIP数据核字（2021）第140898号

机械工业出版社（北京市百万庄大街22号 邮政编码100037）
策划编辑：母云红 责任编辑：母云红 丁 锋
责任校对：樊钟英 责任印制：郜 敏
北京瑞禾彩色印刷有限公司印刷

2021年11月第1版 第1次印刷
184mm×260mm・21.25印张・3插页・495千字
0 001—3 000册
标准书号：ISBN 978-7-111-68731-3
定价：210.00元

电话服务
客服电话：010-88361066
010-88379833
010-68326294

网络服务
机 工 官 网：www.cmpbook.com
机 工 官 博：weibo.com/cmp1952
金 书 网：www.golden-book.com
机工教育服务网：www.cmpedu.com

“中国汽车自主研发技术与管理实践丛书”
编委会

序

Preface

正如国际汽车学术界和工业界指出的，汽车产业不可能发生类似电子信息产业那样，存在短期跨越式发展。可再生能源汽车的普及将是一个漫长的过程，在寻找新能源和可替代动力机械的同时，内燃机将一如既往地受到广泛关注和重视。近20年来，车用汽油机技术发生了革命性的蜕变，从工作过程原理到结构设计都充满了新一代高新技术的特征。它是先进燃烧技术、机构与摩擦技术、材料技术、制造技术、智能控制技术和电气化技术等高新技术的融合。

新一代汽油机在提高热效率（节能）方面已经进入新的里程碑，乘用车汽油机产品有效热效率由20年前的30%左右提高到当前的40%～42%，正在向45%～50%热效率攀登。新一代汽油机在污染物排放方面，与我国21世纪初开始污染物控制时期相比，已达到接近零的水平。

长安汽车从20世纪80年代就已开始车用汽油机的工程应用开发，迄今为止已超过35年。从引进到自主研发，长安汽车在车用汽油机开发方面成绩卓越，为推进我国内燃机技术进步和产业化进程做出了突出贡献，产品新的性能已步入世界先进水平行列，自主开发的发动机连续四年、六次获评十佳发动机。许多类似的实例均表明，以长安汽车为代表的中国品牌乘用车产品及技术已经取得了长足的进步，为提高我国内燃机工业水平发挥了重要作用。

本书以长安汽车企业一线研发人员为主要撰写者，以自主开发经验为案例，对一线工程设计方法和研发最新进展进行了总结，是对当前技术类书籍缺少一线工程设计方法介绍和研发进展现状的有力补充。本书在已有的内燃机原理和机构等基本体系基础上，结合企业产品开发实践，重点描述了汽油机产品开发关键技术，论述了乘用车汽油机产品开发全过程及关键开发技术，包括汽油机本体结构开发、性能开发、NVH开发、控制与标定、试验验证等领域的新开发技术与未来发展趋势；为了更系统地呈现企业产品开发思路，还论述了乘用车汽油机在新时代的发展需求和产品定义过程等方面内容。

本书清晰完整地讲述了乘用车汽油机开发过程、新开发技术和技术方向，内容丰富，自成体系，反映了当代乘用车汽油机开发的新技术与新动向。相信本书的出版一定会为我国汽车行业汽油机开发工程技术人员提供帮助，为汽油机人才培养做出贡献，为我国内燃机工业的持续发展和进步发挥重要作用。

中国工程院院士 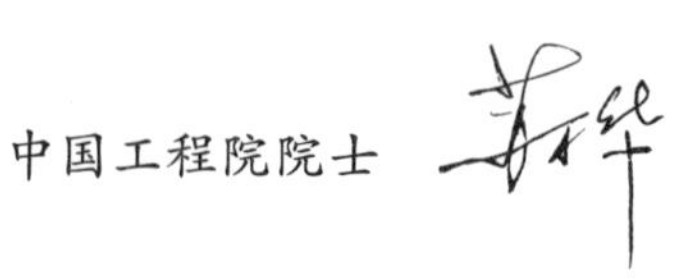

前　言

—

Preface

节能减排是汽车动力系统技术发展的驱动力，能源安全与持续加严的环保要求，对内燃机不断提出新需求和新挑战，推动内燃机不断高效化；与此同时，汽车融合新能源与信息化技术发生深刻变革，已由单纯的交通工具向移动智能终端、储能单元和数字空间转变，动力系统也由过去的内燃机（Internal Combustion Engine，ICE）赋予全新 ICE 内涵——“智能（Intelligent）、互联（Connected）和环境友好（Eco-friendly）”；中国品牌正在走向世界，面对全球法规门槛、市场快速响应、客户需求多样化、公司盈利需求及产品技术实力的挑战，以及市场发展和法规持续升级的要求，促使产品竞争从“有无”向“好坏”升级。一方面需要保持技术的领先性，即结合碳中和、电动化、智能化发展新要求，持续面向高效化、合适化、电动化、专用化不断衍变升级，从技术集成的角度提升技术、保证质量，提升产品品牌竞争力；另一方面，需要全面、系统地制订产品规划，什么时候投放何种产品，面向何种市场，包含何种技术，如何管控成本，即从经营的角度主动把握市场节奏，恰当地满足市场需求。

由于目前乘用车汽油机开发全流程的技术专著稀缺，本书从上述两个产品基本需求出发，总结了汽油机开发技术。本书与同类书籍相比具有以下特色：①涵盖汽油机从策划→设计→应用的全过程，内容包括乘用车动力新要求、汽油机产品定义、汽油机产品设计、汽油机性能开发、汽油机 NVH 开发、电控系统、测试与验证、汽油机应用匹配、高效清洁车用汽油机案例；②在关键内容呈现方面，以自主开发为案例、关键重要属性为主线进行描述。本书是对一线工程设计方法和研发进展的系统总结，具有时代的先进性和新颖性。

本书按照开发逻辑线分成五部分共 8 章：第一部分为第 1 章，介绍了能源与交通行业现状、行业发展对于汽油机的新需求，以及基于当前新要求的汽油机产品定义与目标确定；第二部分为第 2～5 章，从设计、性能、NVH、电控等方面介绍了产品实现以及基于关键属性和典型问题的设计新方法与新技术；第三部分为第 6 章，介绍了基于属性需求的测试与验证体系和手段；第四部分为第 7 章，介绍了机车匹配原则与关键影响因素；第五部分为第 8 章，介绍了行业典型的先进汽油机产品。

本书参与编写人员为汽油机开发相关研发人员，主要由杨志勇（第 1 章）、蒋树徽（第 2 章）、许骞（第 2 章）、瞿尚胜（第 2 章）、陈小东（第 2 章）、余小草（第 3 章、第 8 章）、李凤琴（第 4 章）、张才干（第 5 章）、

潘小亮（第6章）、汤春艳（第7章）等牵头编写相应章节；由陈堂明、李仙、郑建军、闫博文和余小草等负责本书最后的统稿和校正工作；邓伟、张青、余训等为本书的工程案例提供了坚实的基础；初稿完成后，李理光教授、尧命发教授、黄佐华教授、杨少波专家、沈惠贤专家、高柏濬专家等分别对全书进行了仔细的审核并提出宝贵意见。

在本书的编写过程中引用了大量资料，除了编撰者多年来在实际工作中积累的经验和技术资料外，还参考了汽车行业供应商、国内外文献资料，在此对相关公司和作者一并表示感谢。

最后，编者希望本书能对动力开发专业的技术人员、高等学校汽车专业在校生有借鉴作用。汽车与汽油机正在发生着深刻的变化，书中所述难免会有不足之处，竭诚欢迎广大读者予以指正。

编　者

目 录

Contents

第 7 章 汽油机机车集成开发

第 8 章 典型高效清洁车用汽油机介绍

Chapter 01

第1章 汽油机开发需求与定义

节能减排始终是汽车工业领域发展的主旋律，在政策、市场、技术等因素的综合推动下，高效清洁是乘用车汽油机技术转型与升级的必然要求和趋势，在以信息化与数字化为基础的未来经济不断向服务、共享与智能化转型过程中，乘用车汽油机要迎接汽车向电动化、智能化与共享服务发展的挑战，汽车生态和应用场景必将发生颠覆性变化。汽油机作为乘用车的主要原动力，因政策法规、消费特征、竞争环境的变化，汽油机的开发需求也将发生变化。

汽油机产品的开发范围可从已有机型的简单升级到全新机型设计，或者开发单一排量汽油机到具有多排量的汽油机系列。在任何情况下，乘用车汽油机产品的开发都应遵循企业产品战略需求，将汽油机产品开发转化成整车销量，即关于“在什么时候什么样的车需要什么样的汽油机”的问题。如果开发的汽油机产品技术落后就没有竞争力，技术太超前也会给企业带来损失，这就使得汽油机产品开发需求分析和定义成为汽油机开发过程中基础且重要的任务。

汽油机开发需求与定义的任务就是明确产品开发的动机，并将产品开发的动机转化为汽油机开发的宏观目标，确保在项目启动之初就是在做正确的事。图1-1所示为基于平台开发理念的汽油机开发需求与定义的一般流程，通过承接公司品牌和产品战略，基于政策法规、基于用户、基于竞争的需求分析，设定汽油机开发定位和宏观目标，并通过一定的准则和方法，实现宏观目标到工程目标的转化与分解，设定平台谱系，并最终明确具体开发机型目标。

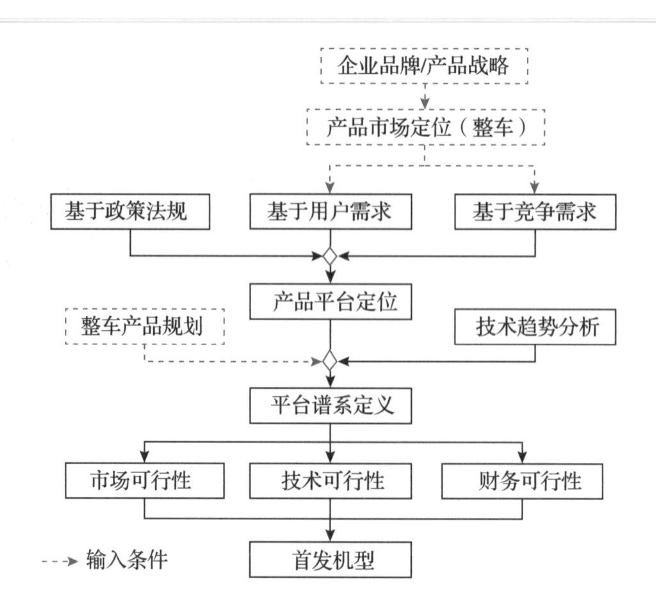

图1-1 汽油机开发需求与定义的一般流程

1.1 开发需求

汽油机作为乘用车的“心脏”，承载着诸多乘用车的关键使命和用户体验，如满足目标市场所在国家或地区的政策与法规要求、应具备一定水平的硬件质量和驾乘体验、助力所搭载乘用车产品愿景达成等，这就使得汽油机产品开发是一个需同时满足多个需求且实现路径多样的复杂任务，基于企业品牌定位、市场定位、产品战略全面分析汽油机产品开发需求十分关键，并且也是汽油机产品开发的驱动力。汽油机产品开发需求分析的主要边界包括政策法规、用户需求、竞争需求。

1.1.1 基于政策法规

汽车产品满足目标市场所在国家或地区的政策与法规要求，既是企业承担的社会责任，也是企业实现合规经营的要求。随着汽车交通产生的能源与环境问题日益凸显，国家能源安全战略与环境保护要求需要乘用车向清洁低碳化实现根本性改变，政府已经出台日趋严格的油耗与污染物排放法规标准和政策，这些标准和政策的核心意义就是引领行业技术发展方向，新的燃油消耗量和污染物排放政策标准要求将直接影响企业如何设计乘用车汽油机。

燃油消耗方面，2017年国家发布《汽车产业中长期发展规划》并确定2020年和2025年乘用车平均燃油消耗量（含新能源汽车）目标分别为5.0L/100km和4.0L/100km，该值是我国市场范围内所有上牌销售乘用车的“平均目标值”。这意味着，虽然油耗高于该值的车型还被允许继续销售，但汽车制造企业将不得不用更低燃油消耗量甚至零燃油消耗量的乘用车进行“对冲”。根据工业和信息化部发布的2019年乘用车企业平均燃油消耗量与新能源汽车积分执行情况年度报告，国内乘用车平均燃油消耗量为5.56L/100km（含新能源），距离2020年和2025年的平均目标值仍有较大差距，乘用车燃油消耗量的控制依然面临挑战。

要达到我国乘用车平均燃油消耗量的目标，乘用车动力系统电动化是必然趋势，可选择达标的技术路径有很多，如100%纯电动汽车（Electric Vehicle，EV）、100%插电式混合动力汽车（Plug-in Hybrid Electric Vehicle，PHEV）、50% EV和50% PHEV等。但迄今为止，以EV和PHEV为代表的新能源乘用车，由于技术与成本原因，其发展动力仍主要来自各国政府的政策推动，对于传统汽车制造企业，节能与新能源汽车的协同发展是近中期更为实际的方式。中国汽车工程学会2020年发布的《节能与新能源汽车技术路线图2.0》提出的愿景是到2035年新销售的乘用车中节能与新能源汽车各占50%，因此，持续降低含汽油机的乘用车燃油消耗量仍具有战略实际意义。

为了提高乘用车能效、降低燃油消耗、促进新能源汽车快速发展，2017年9月工业和信息化部等部委联合发布《乘用车企业平均燃料消耗量与新能源汽车积分并行管理办法》（简称“双积分管理办法”），2020年6月发布《关于修改〈乘用车企业平均燃料消耗量与新能源汽车积分并行管理办法〉的决定》，该管理办法规定了如何计算企业平均燃料消耗量积分和新能源汽车积分，规定了积分达标与不达标的处理方法，包括不按时抵偿负积分的后果。双积分管理办法如同一个天平，让汽车制造企业关注两件事：一是尽可能降低带内燃发动机（包括传统燃油车型和混合动力车型）车型的油耗以提升燃油消耗量积分；二是尽可能生产高性价比的新能源车型以提升新能源汽车积分。具体来讲，我国境内的每一个汽车制造企业都有一个自己需要遵守的“个体油耗目标值”，该目标值基于车企每年销售的单车油耗目标值加权核算而来，如果企业生产的含汽油机的乘用车油耗过高，意味着企业将面临油耗负积分。

2021年2月20日国家发布强制性国家标准（GB 19578—2021）《乘用车燃料消耗量限值》并于2021年7月1日正式实施，标准确定：①轻型汽柴油车新车认证测试循环从新欧洲驾驶循环（New European Driving Cycle，NEDC）向全球统一轻型车辆测试循环（Worldwide harmonized Light vehicles Test Cycle，WLTC）切换，与2020年7月1日实施的第六阶段污染物排放测试循环统一。②实现《汽车产业中长期发展规划》确定的2025年乘用车平均燃油消耗量4.0L/100km目标不变，根据新旧试验方法对比总体目标进行换算。③确定了2021—2025年各年度单车油耗目标值，如图1-2所示，该单车油耗目标值

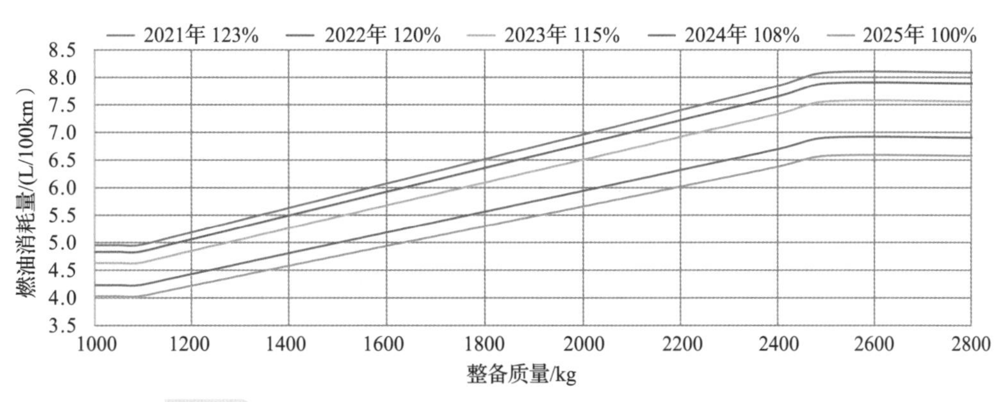

图1-2 2021—2025年各年度单车油耗目标值（GB 19578—2021）

根据整备质量不同而不同，且逐年降低。单车油耗目标值的逐年降低，意味着车型产生正油耗积分的难度逐年增加，因此，汽油机作为48V微混合动力汽车（48－V microHybrid Electric Vehicle）、混合动力汽车（Hybrid Electric Vehicle，HEV）、插电式混合动力汽车（Plug-in Hybrid Electric Vehicle，PHEV）的共同基础，需要持续研发更为节能高效的汽油机来符合双积分管理办法。

污染物排放方面，2016年12月23日，环境保护部、国家质检总局联合发布强制性国家标准（GB 18352.6—2016）《轻型汽车污染物排放限值及测量方法（中国第六阶段）》（后文简称“国六”），要求自2020年7月1日起，所有销售和注册登记的轻型汽车应符合标准6a阶段限值要求，自2023年7月1日起，所有销售和注册登记的轻型汽车应符合标准6b阶段限值要求。“国六”号称最严标准，对于乘用车汽油机设计来说，其关键变化为：①轻型汽柴油车新车认证测试循环工况从NEDC向WLTC切换，图1－3所示分别为NEDC工况和WLTC工况的“车速－时间”曲线。NEDC工况分为市区工况和市郊工况两部分，运行时间1180s，曲线十分规则；WLTC分为低速、中速、高速、超高速四个部分，运行时长1800s，循环工况波动大。从表1－1的分析可知，NEDC超过40%的测试时间为匀速阶段，即使在加减速过程中，其加速度也为恒定值，属于稳态工况测试范畴；相比NEDC，WLTC工况波动大，怠速工况和匀速工况少，且增加了最高车速大于130km/h的超高速工况，属于瞬态工况范畴。测试过渡工况增加、稳态工况减少、怠速时间减少，意味着整车排放挑战加大。②排放限值项目增多，指标加严幅度大。如表1－2所示，国6b阶段相比国五，一氧化碳（CO）下降50%，总碳氢化合物（THC）下降50%，非甲烷碳氢化合物（NMHC）下降49%，氮氧化物（NO_x）排放下降42%，颗粒物（PM）下降33%，并增加了氧化亚氮（N_2O）、颗粒数量（PN）要求。③增加了实际行驶污染物排放（Real-world Driving Emissions test，RDE）要求，测试边界与要求进一步变化，以改善车辆在实际使用状态下的排放控制水平。

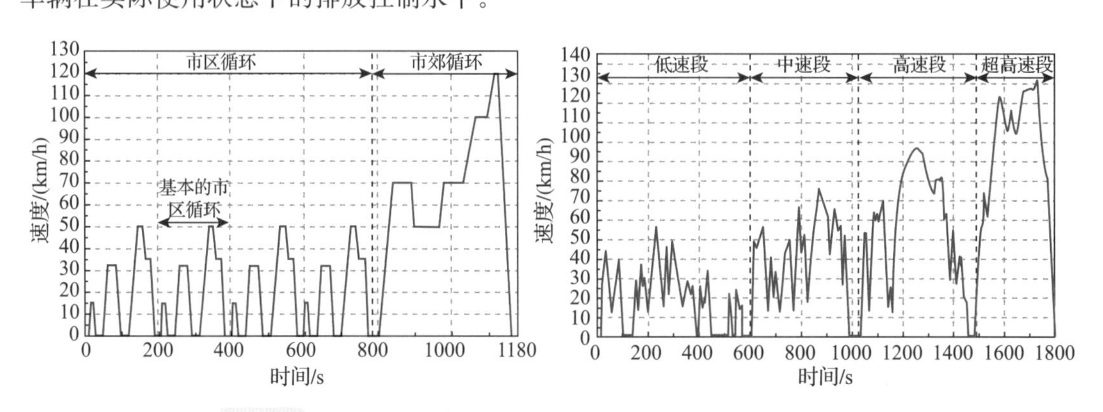

图1－3 NEDC工况（左）和WLTC（右）工况“车速-时间”曲线

排放测试工况和目标要求的变化，意味着乘用车汽油机开发在不断降低汽油机燃油消耗量的同时，要基于不同工况标准考量汽油机总体设计思路，达到整车降低包括二氧化碳在内的污染物排放的目的。乘用车进入平均燃油消耗量目标4.0L/100km时代后，电动化进程势必加速，汽油机与电机融合带来整车燃油经济性提升的同时，也会使得汽油机间歇性运行更多；叠加新的测试工况，意味着需要更高效率、更高性能的排放后处理技术的同时，也需要更高效清洁的缸内燃烧技术、集成标定技术等，以实现整车降低燃油消耗量和污染物排放。

表 1-1 NEDC 工况与 WLTC 工况对比

试验循环	NEDC		WLTC			
行驶里程/km	11.03		23.27			
驾驶阶段	市区	市郊	低速	中速	高速	超高速
运行时间/s	1180		1800			
	780	400	589	433	455	323
最高车速/(km/h)	50	120	56.5	75.8	97.4	131.3
平均车速/(km/h)	33.6		46.5			
怠速时间/s（占比）	280（23.7%）		226（12.6%）			
匀速时间/s（占比）	475（40.3%）		66（3.7%）			
加速时间/s（占比）	247（20.9%）		789（43.8%）			
减速时间/s（占比）	178（15.1%）		719（39.9%）			
最大加速度/(m/s^2)	1.04		1.67			
平均加速度/(m/s^2)	0.59		0.41			
最小减速度/(m/s^2)	-1.39		-1.50			
平均减速度/(m/s^2)	-0.82		-0.45			

表 1-2 国五与国六常温冷起动后排气污染物排放限值对比

排放标准	国五	国 6a	国 6b	相比国五差异
CO/(g/km)	1	0.5	0.5	降低 50%
THC/(g/km)	0.1	0.1	0.05	降低 50%
NMHC/(g/km)	0.068	0.068	0.035	降低 49%
NO_x/(g/km)	0.06	0.06	0.035	降低 42%
PM/(g/km)	4.5	4.5	3.0	降低 33%
N_2O/(g/km)	—	0.02	0.02	新增限值
PN/(个/km)	—	6.0×10^{11}	6.0×10^{11}	新增限值

综上所述，汽油机在未来相当长一段时间内仍将是乘用车主流动力形式，但能源安全和环境问题已经要求我们进一步寻找乘用车汽油机高效清洁低碳化的解决方案。乘用车进入平均燃油消耗量目标 4.0L/100km、国六污染物排放标准的时代后，乘用车汽油机需协同电动化技术与信息化技术，通过高效燃烧系统开发、附件电子化、智能控制、高效标定等新技术应用持续实现燃油消耗量和污染物排放控制的突破。

1.1.2 基于用户需求

随着我国社会经济发展和技术进步，国民消费理念也在逐步变化。如图 1－4 所示，日本已经历了不同时代的消费变迁：第一消费阶段的消费驱动来自中上阶级，并以刚需品消费为主；第二消费阶段以家庭为中心的消费势如破竹，消费趋向大量消费，大的就是好的；第三消费阶段个性化消费崛起，强调消费的个性化、差异化。通过类比日本消费阶段的变化，表明当前我国消费已步入第三消费阶段，消费特征由“好坏”升级为“变好、变美、变强”，悦己主张明显。消费需求的变化意味着用户对汽车的购买需求从“拥有”升级为可表达自己的“体验化、个人化”，而产品体验好坏决定了用户是否买单，进而决定了企业的成败。例如，腾讯依靠 QQ、微信和王者荣耀等极具社交体验的经典产品，在互联网行业茁壮发展并成为互联网行业的头部企业。对于汽车制造企业而言，快速洞察用户变化，主动为用户解决痛点问题，创造价值，成为在新形势下取得成功的关键。因此，体验开发作为源自互联网行业的概念，也正逐步成为传统汽车产业产品开发理念的新趋势，强调极致性能体验与差异化服务体验。

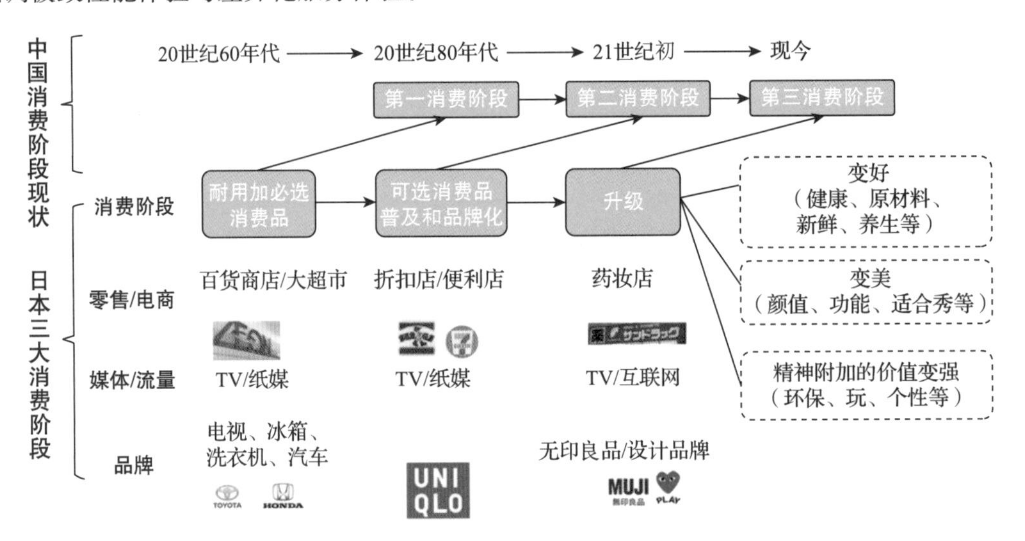

图 1－4　中国、日本消费阶段变迁

从用户的角度考虑，所购买的乘用车应具备一定水平的硬件质量和驾乘体验，汽油机作为乘用车体验的“使能器”，其决定着用户对整车诸如经济性、动力性、驾驶乐趣等关键车辆属性的体验好坏。当乘用车从功能服务进入差异化体验服务，用户对于“使能器”的关注点将越来越“专业”。一方面，随着用车场景变得越来越多，与汽油机相关的关键体验如加速起步性能、市区油耗、极寒快速起步、振动噪声等需求将变得越来越重要；另一方面，随着用车频率越来越频繁，对产品持续“好用”的需求增加，期望产品在技术上保持持续领先，实现“常用常新”。

随着用户对汽车需求由“功能满足”升级为“差异化体验服务”，差异化和体验打造使得动力系统电动化、智能化成为趋势，因此对于汽油机的要求可归纳为两个层面：一是汽油机需融合电动化和智能控制等技术，在技术上保持持续领先，实现极致体验；二是在极致体验提升的同时，解决技术等级、质量管控、投产速度、风险控制等问题，实现具有持续竞争力的功能与性能。

1.1.3 基于竞争需求

中国是世界上汽车市场发展最为迅猛的国家，仅十年时间，汽车就由奢侈品变成了几乎人人可消费的日常交通工具，中国品牌，对外与国际汽车巨头拼技术、拼产品，对内更要拼价格、拼服务，中国市场竞争呈白热化，技术的领先性与性价比成为未来市场的关键。基于竞争需求，要求从实际的产品概念出发寻求如何塑造产品概念。具体包括技术趋势和产品竞争力两个方面，其通过技术趋势分析、竞争对手情况分析和对比，支撑实现使技术保持长期竞争水平的合理认知。

所谓技术趋势分析，就是考虑因法规政策趋势、产业变革趋势等，带来的汽油机技术和产品变化的“大趋势”。例如，为了降低燃油消耗和降低污染物排放，满足法规与政策要求，目前乘用车汽油机的主要发展趋势是高效化和电动化，对于乘用车汽油机来说，电动化是实现高效化的关键技术路径，其中关键是如何高效化。电动化有两层意思：一是动力系统产品形式由以“油”为主向“电－油”的混合动力转型，通过电机对汽油机运行负荷的调节，确保汽油机运行在高效清洁区域，实现节能减排；二是优化汽油机本体设计，通过附件电子化和运行智能化实现更高的热效率。基于上述背景，面向未来多元化乘用车动力产品，40%～50%热效率成为新一代汽油机产品开发和技术突破的重点。

在48V－HEV、HEV、PHEV等多元化动力系统中，动力总成拥有汽油机和电机两个动力源，汽油机既可通过电机将部分机械能转化为电能，调整运行工况点，使汽油机运行于高效率区间，提高系统的总体效率；也可通过电机将电池电能转化为机械能输出，助力汽油机的功率输出，共同满足不同工况下整车的动力性需求。因此，在电动化应用场景中，汽油机运行区域将更加聚焦，设计思路也将因此而发生改变，汽油机的开发需要聚焦核心运行区域做“加法”，增加技术应用，提升热效率，以达到更低的油耗；在其他运行区域做“减法”，比如汽油机在低负荷的效率、升功率升转矩、瞬态响应等，以平衡开发周期和成本。

汽油机与电动化技术的融合，使得汽油机产品开发也正在由以“机械”为中心向“机械＋电子附件＋软件”转变，电子电器、软件控制成为影响汽油机质量和性能的核心新要素。一方面，汽油机将持续附件电子化，以满足更高效智能的能量管理需求，例如智能热管理系统在满足发动机可靠运行要求的基础上，还可实现按需冷却或升温，以满足发动机不同运行工况下不同的热管理要求，即按需冷却，低速小负荷区域机体温度尽可能高，以减少燃烧过程中的传热损失，大负荷区域机体温度尽可能低，达到比常规冷却系统更优的水平，从而实现汽油机运行过程的综合效率提升，实现更低的燃油消耗量；另一方面，为适应动力系统一体化集成控制，实现动力系统差异化体验需求，汽油机与电机、变速器的系统硬件平台化、软硬一体化集成将是新的需求，比如未来将可以通过大数据或软件服务提供差异化的动力输出，为用户带来“千人千面”的驾乘体验。

基于上述背景，面向未来多元化的乘用车动力产品，40%～50%热效率成为汽油机产

品开发和技术突破的重点。在自然吸气汽油机方面，以日韩为主的一流车企均已量产了多款热效率超过40%发动机，如日本丰田汽车新一代2.5L自然吸气式发动机最高热效率达到41%，日本本田汽车2.0L自然吸气式发动机热效率达到40.6%，日本马自达汽车SKYACTIV－X 2.0L发动机的热效率已达到43%。在增压直喷汽油机方面，德国大众汽车EA211平台1.5TSI evo和日本本田汽车1.5TGDI两者的热效率均达到38%，日本日产汽车2.0TGDI发动机热效率达到39%；国产品牌方面，第一汽车集团的CA4GC20TD－2.0TGDI发动机实现了39%的热效率，广州汽车的1.5TGDI达到了38.5%的热效率，长安汽车的1.5TGDI实现40%的热效率。国外主流车企和研究机构正通过技术探索，促进发动机热效率朝50%甚至更高的水平发展。如日本马自达在研的SKYACTIV Generation3实测热效率已达到56%，韩国现代汽车规划在2035年通过稀燃、可变压缩比、缸内绝热、余热回收等技术实现50%热效率；德尔福通过采用多次喷射技术、增压技术、进气加热、排气再循环、全可变气门等技术，未来将推出第四代GDCI发动机，热效率预计达到48%。国内车企如第一汽车集团、东风汽车、长安汽车、长城汽车、吉利汽车、比亚迪等也均在研究更高热效率的汽油机。如长安汽车正在开展最高效率达到45%的下一代汽油机关键技术研究与开发。

同样重要的是外部竞争对手选定及内部基准机型竞争力评估。未来汽车技术向电动化发展是必然趋势，但技术的变化节奏并不具体，因为汽车行业的走向，除了环境与政治因素，市场因素也很重要。为应对日益严格的法规要求，汽油机技术的升级不可或缺，也就不可避免地引起成本上涨，如何制定一条正确的技术路线，也是汽车企业必须面临的挑战。技术落后没有竞争力，技术太超前也会给企业带来损失，基于竞争对手分析，合理制定产品性能目标与技术配置也是产品竞争的关键。

1.2 产品开发定位

关于汽油机产品定位，没有统一的公式可套用，但通过政策法规、用户需求、竞争需求的分析，可以为汽油机产品定位提供依据。一般来说，汽油机的定位主要围绕产品使命、核心场景、用户体验三个维度。

1）汽油机产品的使命定位。要为企业产品战略带来什么样的价值，如满足未来5年内更为严格的油耗法规。

2）汽油机产品的应用定位。确定汽油机产品的搭载应用范围，如车型系列、动力布置形式。

3）汽油机产品的体验定位。相比现有产品平台，产品力指标是保持还是全面提升，是否有新排量或技术要求。

要回答上述问题并给出准确的答案，就需要基于企业战略和需求分析全面考量，如：

1）法规政策。基于产品投入市场的法规趋势，分析当前汽油机产品法规达标差距，如企业乘用车平均油耗达标、排放达标等。

2）用户需求。当前核心整车产品对汽油机关键技术与属性的关注点是什么，如动力性、油耗满意度、三缸机接受度等。

3）市场竞争。当前的汽油机产品对未来用户是否仍具有吸引力，性能、成本等哪些方面需要具有吸引力。

4）公司战略。公司在动力技术方面的长期规划是什么，如汽油机在未来动力系统中的应用规划场景、量纲。

1.3 目标转化与分解

产品开发定位的目的就是尽可能准确地描述要带来什么样的产品价值，目标转化与分解就是描述将成为什么样的产品。图 1-5 所示为从产品定位到商品化属性目标到产品属性目标的转化与分解过程，包括基于平台定位的竞争策略、产品属性目标输出。产品竞争策略是汽车制造企业依据自己在市场上的定位，为实现乘用车产品竞争目标，对汽油机开发制定的优势特征，即商品化属性目标；产品属性目标输出是将优势特征转化和分解为可工程评估的产品属性目标。其关键包括两个部分：一是将平台定位转化为竞争策略，即商品化属性要求；二是将商品化属性要求转化为产品属性目标。

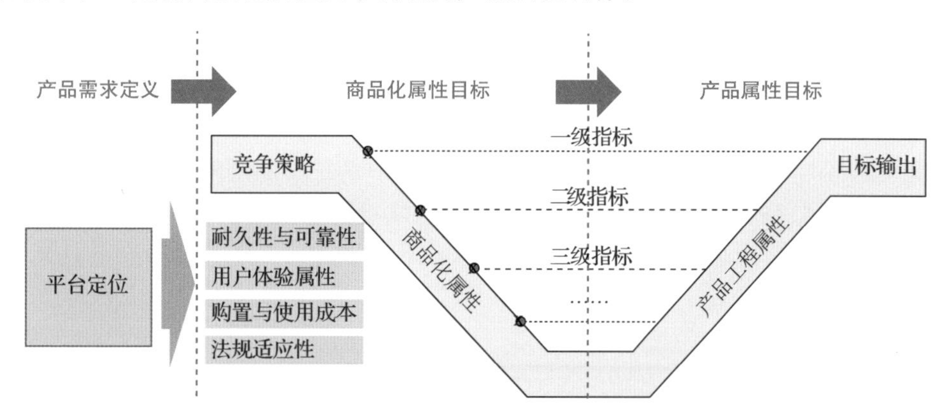

图1-5 属性目标转化与分解过程

为了清晰准确地实现产品优势特征的定义，关键是建立商品化属性指标体系，该体系一般包含以下四个方面。

1）耐久性与可靠性。指车辆在应用过程中满足一定的质量水平。从用户角度来说，就是期望车辆故障率低，并对车辆有一定的质量担保周期。

2）用户体验属性。可分为经济性、驾驶性、舒适性等。经济性指标主要是整车油耗，驾驶性和舒适性指标主要是功率输出、动力响应、振动噪声等汽油机具体性能指标。

3）购置与使用成本。是指基于整车成本目标和竞争态势，制定合理的成本、保养费用和使用费用等目标，予以匹配的成本、保养费用和使用费用等。

4）法规适应性。指所设计的汽油机产品必须满足相应的法律法规、标准要求。

为准确定义产品定位并实现竞争策略到产品属性目标输出的转化，需要：①建立与商品化属性指标体系对应的产品属性指标体系，打通商品语言向技术语言的分解转化通道。②建立商品语言转化为技术语言的标准与原则，打通商品属性目标与产品属性目标的对应关系，确保市场与技术明确汽油机产品相对于其竞争对手的优劣势，实现消费者和公司营销、研发部门等之间有关乘用车汽油机属性需求的有效“沟通”。

在商品化属性指标与产品属性指标的体系基础上，根据产品定位对一级指标的目标划分竞争水平，并综合用户关注度、品牌战略、竞争与技术趋势等因素对二级、三级指标目标进行确定，实现商品语言目标到技术语言目标的分解转化，该转化过程中，行业内普遍的做法是采用产品力定义模型。例如，基于用户喜好度评价（如1～10分），定义各关重属性在竞争圈的相对位置，例如，竞品圈最优、竞品圈平均、竞品圈一般水平、竞品圈底部，进而确定产品定位和开发宏观目标。

竞品圈最优≥竞品最优分值+0.75+未来变化量

竞品圈平均=竞品平均分值+0.5+未来变化量

竞品圈一般水平=竞品平均分值+0.25

竞品圈底部≤竞品平均分值-0.5

其中，0.25分表示专业人员对比评价可感知差异；0.5分表示普通用户对比评价可感知差异；0.75分表示普通用户不同对比评价可感知差异；1分表示普通用户可感知明显差异。

为了进一步实现商品属性要求向产品属性指标的转化和分解，一个重要工具为质量功能展开（Quality Function Deployment，QFD）。QFD是一种质量管理工具，也是一种质量管理思想，其通过对目标进行逐项分解并合理定义，可以使宏观的商品属性目标转为后续对平台方案的要求和指导方向。通过QFD方法的应用，可以将来源于市场或用户的要求转化为设计要求、特性要求，该输出是产品纲领性的要求，是概念设计、工程设计、整机验证的基础，包括核心性能目标、质量目标、成本目标、周期目标、产品技术配置假设等。

1.4 平台谱系搭建

利用平台化战略和技术实现汽油机产品精益开发，已成为全球汽车制造企业通用的做法。平台谱系搭建的主要任务就是为将来乘用车产品的搭载应用提供“橱窗式清单”。平台化的内容包括技术的平台化和产品的平台化。技术的平台化是基于技术竞争需求，结合产品定位，将多种技术方案整合成技术模块，通过选用不同的技术模块，形成不同的技术等级，实现不同的性能表现，满足多样化的市场和客户需求。产品的平台化是基于整车搭载规划，进行平台谱系规划，确保排量、功率范围设定在满足整车产品序列的需求范围。

图1-6所示为乘用车汽油机平台谱系搭建示例。在谱系搭建过程中，平衡制造工艺性、性能、机舱布置、属性优先级要求、平台兼容性等因素，明确汽油机构架的选取原则及关键参数，搭建产品开发的核心构架，如缸径行程比的选择、核心技术初定，形成动力产品关键技术参数，最终基于产品开发核心构架，行程灵活组合，配置多种性能水平及前置前驱、前置后驱、中置后驱等布置形式，形成可覆盖多排量及功率的多款汽油机产品的平台方案。

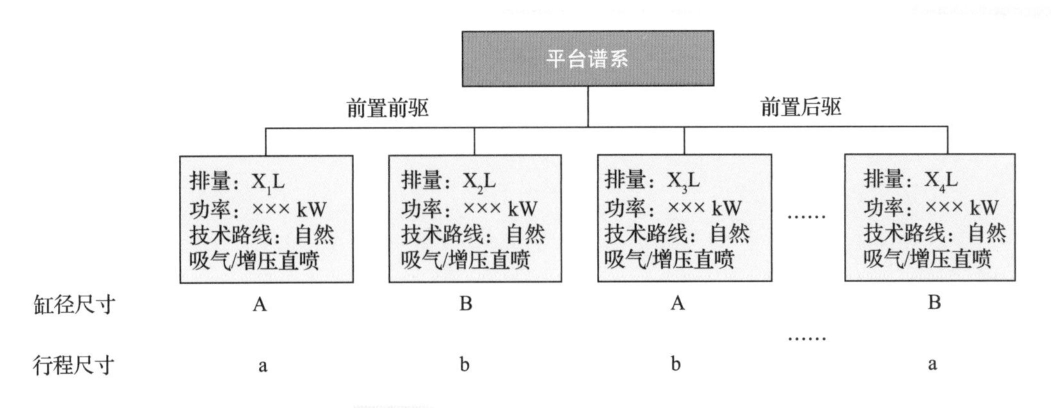

图1-6 汽油机平台谱系搭建示例

平台方案描述的是想要的汽油机产品属性或特性，是满足用户需求和法规需求的系统解决方案，对市场、用户和技术的了解程度是平台定义的基础，而企业的战略意图和市场的需求决定了平台谱系产品的开发优先顺序，并按照先机后车的产品开发流程与逻辑，设定平台谱系产品开发与投产计划，以满足整车搭载需求。在产品平台已规划出开发哪些机型后，正式的开发项目开始启动，首发机型基于搭载系列车型的产品定义需求，结合市场对标研究确定开发机型开发目标，将平台方案转化为机型的设计要求，并输出产品设计目标任务书，产品正式进入工程开发阶段。

1.5 小结

中国品牌走向世界的道路上，面临着全球法规门槛、市场快速响应、用户需求多样化、公司盈利需求及产品技术实力的挑战。在乘用车进入平均燃油消耗量目标 4.0L/100km、国六污染物排放要求的时代，对乘用车汽油机节能减排提出了更高的要求；快速多变的市场，使用户选择众多；汽车技术不断创新，使技术成本不断增加；国际品牌价格下探，使行业竞争日趋严酷。面向用户的动力产品开发必须进行规划，对乘用车汽油机进行定位分析、竞争力分析、整车产品需求分析、产品切换节奏分析等，是汽油机产品开发的重要依据；同时，汽车产业的竞争仍是技术实力的竞争。在这样的前提下，通过精准地定义汽油机开发需求，系统性地解决技术等级、质量管控、投产速度、风险控制等一系列难题，是汽车企业经营的核心竞争力所在。

汽油机及动力总成作为乘用车的核心组成，需要通过对用户需求的分析，来驱动产品设计及实现、精准产品定位和定义，确保在项目启动之初就是在做正确的事。汽油机产品定义的一般步骤和内容包括设定产品定位、完成平台谱系定义、形成开发机型的技术路线与目标方案，此过程会依托多种流程方法与工具应用，同时基于国家政策法规、客户需求、竞争和标杆、战略需求，并研判未来法规、技术、市场等趋势，对满足汽车整车产品需求的汽油机进行准确定义，最终实现市场接受、技术可行、财务可行的汽油机产品。

参考文献

[1] 中国汽车工程研究院股份有限公司. 中国节能汽车发展报告（2019）[M]. 北京：社会科学文献出版社，2020.

[2] 中国汽车工程学会. 节能与新能源汽车技术路线图年度评估报告2019 [M]. 北京：机械工业出版社，2020.

[3] 全兴信. 内燃机学 [M]. 李忠福，等译. 北京：机械工业出版社，2015.

[4] 日本自动车技术会. 汽车工程手册4：动力传动系统设计篇 [M]. 中国汽车工程学会，译. 北京：北京理工大学出版社，2012.

[5] 瓦伦·托维兹. 动力总成的电气化策略 [M]. 北京永利信息技术有限公司，译. 北京：北京理工大学出版社，2016.

[6] 三浦展. 第四消费时代 [M]. 马奈，译. 北京：东方出版社，2014.

[7] 朱利安·韦伯. 面向客户需求的车辆开发流程 [M]. 中国第一汽车股份有限公司技术中心开发策划与科技信息部，译. 北京：北京理工大学出版社，2015.

[8] 周辉. 产品研发管理——构建世界一流的产品研发管理体系 [M] .2版. 北京：电子工业出版社，2020.

第2章 汽油机产品设计

2.1 概述

2.1.1 产品设计逻辑

行业主流的乘用车汽油机通常为往复活塞式汽油机，包括吸气、压缩、做功、排气四个行程，工作过程非常复杂，机体内部需要承受高温高压考验，机体外部需要适应极热极寒环境。典型的乘用车汽油机包含五大系统、两大机构，未来汽油机电气化程度越来越高，子系统间关联程度也越来越高，因此需要平衡协调子系统间矛盾冲突，以确保汽油机结构合理，性能卓越。

对于汽油机设计这样一个系统工程，必须运用科学方法，必须明确目标、分工合作、密切配合。基于性能驱动产品设计，当前行业典型产品设计逻辑是基于产品功能属性从属关系，自上而下，逐层分解，自下而上，顺次达成，即总体设计、系统设计、零件设计。性能基于功能，功能源于结构。图2-1所示是产品设计逻辑循环。

总体设计，立足汽油机产品设计全局，负责总体技术方案制定，统筹分子系统指标分解，统筹系统之间平衡协调。总体设计详见2.2节。

系统设计，立足汽油机各子系统设计，负责系统技术方案制定，统筹系统自身指标达成，统筹系统内部平衡协调。一般根据各个系统技术复杂程度不同，个别系统还会顺次向下分为分子系统设计团队。每个系统（或者分子系统）设计团队内部基本单元为零件设计角色。系统设计详见2.3～2.9节。

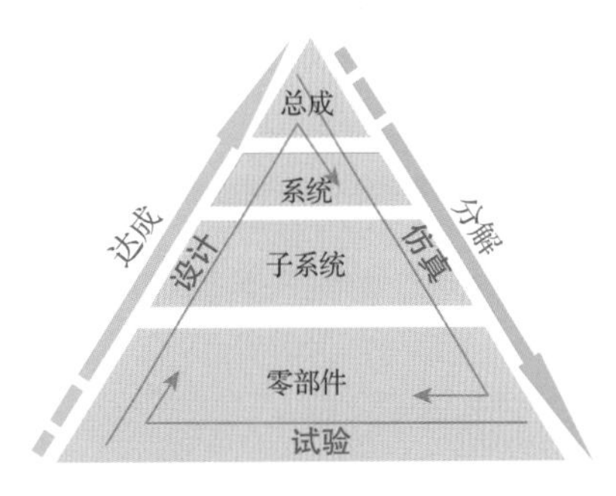

图2-1 产品设计逻辑

总体设计、系统设计都应包括设计、仿真、试制、试验及生产线规划等各个专业技术领域。这样就保证了全局层面有总体设计全面统筹；系统层面由各个系统分别负责，每个零件会有零件主管部门负责。这样就形成了总成、系统、子系统、零件，自上而下、层层分解，自下而上、层层交付的体系，保证了产品、属性、专业全覆盖。

除了上面这种基于功能属性从属关系设计逻辑外，行业也习惯于以时间为轴，将产品设计分为概念设计、布置设计、详细设计、试验验证、投产准备等几个阶段。

概念设计，即定义发动机的主体结构、关键参数、关键技术配置等。概念设计在本章中指根据上游设计输入，定义性能目标、技术路线、主体结构、关键参数等。

布置设计，即定义子系统的功能目标、系统边界、关键技术参数等，以及各子系统之间的平衡协调。本章将主体结构定型、各子系统结构定型、关键细节轮廓定型定义为布置设计。这样就能够看出发动机大体是什么样的了。

详细设计，即各子系统根据功能目标、系统边界开展详细设计。由于发动机技术的复杂性，设计过程中会存在大量的平衡及再设计过程。本章将所有零件详细技术参数全部设计完成定义为详细设计。

无论是基于功能属性从属关系的设计逻辑，还是基于时间轴的设计模式，业界还没有严格意义上的定义，本质上都是为了高效开展设计工作，确保抓住主要矛盾，聚焦关键问题，避免眉毛胡子一把抓。

2.1.2 产品设计考量因素

乘用车汽油机是带有商品属性的工业产品，其基本功能是为乘用车提供动力，对于企业来说，开发一个汽油机产品，本质上是以盈利为目的，以更小的投入换取更大的产出。研发是主机厂开发产品的龙头，在整个研发过程中，除了重点关注动力、油耗、排放、NVH 等技术指标达成外，还必须全面系统考虑研发、制造、营销全价值链，力求做到尽善尽美。为了做到全面考虑，不留死角，这里借助芭芭拉·明托在金字塔原理中提出的一个基本准则（MECE 分析法），确保产品设计各个考量因素之间相互独立，所有考量因素完全穷尽，不遗漏，不重叠。主要考量因素如下。

1. 支撑产品设计目标达成

产品设计的基本任务是达成当期产品设计的目标，包括动力性、经济性、可靠性、耐久性、环境适应性、法规适应性。

2. 适应产品平台谱系拓展

产品设计的终极使命是在达成当期产品设计目标的同时，最大限度兼容产品平台谱系未来拓展，确保产品平台谱系生命周期以内能够投入最小，收益最大，达成最佳商业盈利模式。这至少应该考虑如下几个方面。

（1）结构紧凑　发动机整体结构力求紧凑。这一点应是比较容易理解的，如果发动机包络尺寸过大，通常来说会更重，对汽车油耗是不利的；另外，未来的汽车为了降低制造成本，越来越强调平台化、模块化，尺寸过大，无法适应不同车型平台搭载。

(2) 结构合理　发动机整体结构力求合理。这一点会有部分读者难以直观理解。什么是合理呢？举个例子，发动机与变速器有机组合为动力总成，对于乘用车来说，行业最为流行的动力布置是前置前驱，占据绝对主流。它的顶部是发动机舱盖，为了满足行人保护法规要求，必须保留一定间隙。它的底部是地面，为了保证通过性能等，也必须保留一定间隙。那问题来了，如果曲轴中心以上高度过高，就是不合理。具体还可以参见2.4节汽油机骨架设计。

(3) 性能水平满足目标，领先性适度　设计过于超前或者设计过于落后，一般都是不可取的。任何一款产品，要么引领时代，要么紧跟时代，要么做出自己的特色。无论采取引领策略，还是采取紧跟策略，都要基于企业战略，基于品牌定位，基于产品实际，都有个度的问题，所谓过犹不及。行业成功和失败的典型例子比比皆是。

(4) 技术升级功能预留适度　不做功能升级和预留，未来很难快速升级改进；但功能预留过度，产品结构将会更加复杂，性能易受到影响，开发投入会增加，开发时间也会变长，产品成本会水涨船高。所以预留多少技术、预留什么技术，都需要详细的论证，保证其适度。

比如，首先要预判一个技术是不是未来动力的关键性技术，再预判是不是未来主流，要不要预留。如果企业打造一个全新产品平台时，完全放弃了一项系统性的关键技术的升级接口，一旦该项技术成为主流趋势，那么对于这个企业来说，要么放弃这项技术，要么重新打造新的平台，或者投入巨大的成本和时间来改造平台。所以，表面上看，产品的设计也许就是一个“小小”的技术配置是去是留的问题，但对于企业来说是非常重要的权衡点，直接影响产品短期和长期的技术领先性、开发周期与成本。

(5) 制造工艺性好　制造工艺性的好与差，直接影响可制造性。对生产设备、生产环境、控制方法、生产人员等要求不宜过高。这一点，也是比较容易理解的。

(6) 制造适应性好，柔性化程度高　制造适应性与制造工艺性相似，但有所区别。这里是指，同一产品适应不同生产线的能力，即对生产设备、控制方法、人员习惯等的兼容性。比如用于气缸体加工的零点定位基准的设计；拧紧气缸体上某一紧固螺栓，既能适应人员左手握枪，也能适应人员右手握枪。好的设计适应性强；差的设计，无法柔性制造，制造成本高昂。

(7) 供应链体系布局　供应链体系是由外部企业形成的体系，它们承接了供给主机厂的零部件，一般也称为配套件或外购件。表面看起来，供应链体系布局与设计不太相干，其实则不然。比如，某零部件由国外进口，一旦发生战争、自然灾害、疫情等不可抗事件，制造或物流必然受影响；再如曲轴等较重的零部件，运输成本占比较高，一般就近布局；还有，我国东北地区汽车企业供应链体系布局与西南地区汽车企业供应链体系布局呈现出明显的地区性差异；还有某些供应商可能有技术壁垒，不同供应商之间有战略合作等因素。总之，供应链体系布局是产品设计需要考量的重要因素之一。

2.2 总体设计

本书中的总体设计章节主要介绍性能设计目标确定、技术路线制定、燃烧系统初定、

主体骨架确定、主体结构设计校核等。

本书中的系统设计章节主要介绍曲柄连杆机构、配气机构、冷却及热管理、润滑及低摩擦、进气系统、排气系统、曲轴箱通风系统、轮系驱动系统等的设计。

总体设计核心使命是，基于设计目标，基于性能驱动，基于趋势预判，从产品设计交付全局出发，统筹总体技术方案制定，统筹分子系统指标分解，统筹分子系统间的平衡；既要考虑全局，也要照顾一隅。

总体设计的核心关键是抓住主线，把握关键，平衡协调。

1. 抓住主线

抓住主线就是抓住性能驱动产品设计这条主线。所有设计活动都应围绕达成性能目标服务。当然，实际产品设计开发过程中，还要考虑质量和时间等，如图 2-2 所示。

2. 把握关键

把握关键是指每项设计工作，每个任务交付，从自身的角度可能都是重要的，都是优先的，但是，站在全局角度，则必须区分对待，哪些是达成设计目标的关键影响因素、主要矛盾，是矛盾的主要方面等。必须做出排序，区分轻重缓急。

3. 平衡协调

平衡协调是指因为各子系统之间总会出现这样那样的矛盾冲突，为了实现总的目标，必须做出取舍。比如，曲轴轴径越小，对摩擦越有利，但强度将降低。这个取舍一般不宜由矛盾当事方之一做出，而须由同时对矛盾双方的上一层级属性目标负责的角色统筹考虑、综合评估给出结论，使之达到相对平衡，相对协调统一，确保总的目标达成。可以说，发动机的设计不是纯粹的理论研究，而是一门实践技术，无法十全十美。

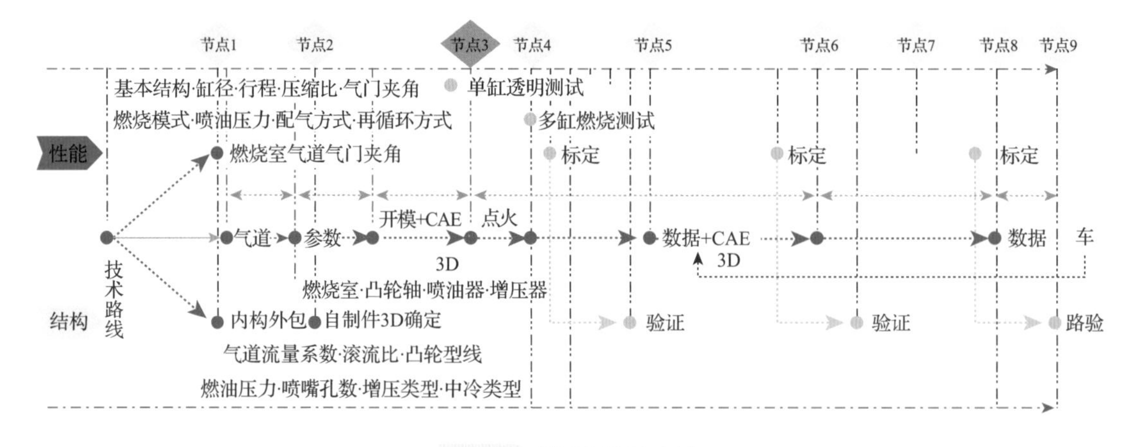

图 2-2　发动机设计主线

2.2.1　设计目标确定

对于汽油机产品开发，业界一般不会按照单一产品开发。企业通常基于企业自身战略、市场前景、汽车法规、客户需求等多方面因素，按照产品平台谱系整个生命周期全价值链以及盈利模式等进行平台产品谱系规划。产品平台谱系规划一般会综合考虑技术配置及先进性、缸径区间、排量区间、性能领先性、生命周期及盈利模型等。

汽油机设计目标的设定，以平台首发机型为例，通常主要基于达成整车性能目标、竞品分析等进行技术方案选择及大量的仿真分析评估，最终基于初步仿真评估结果设定发动机性能开发目标。在实际产品开发中，研发预算、开发周期、生产线投资预算以及风险收益等作为影响产品开发的重要因素，同样也会对性能目标的设定产生影响。

概念设计阶段的性能达成预测通常会基于竞品对标、企业历史经验数据，通过性能仿真分析进行发动机外特性功率转矩、发动机特征工况油耗、万有特性油耗及排放等的预测，如图 2-3～图 2-6 所示。

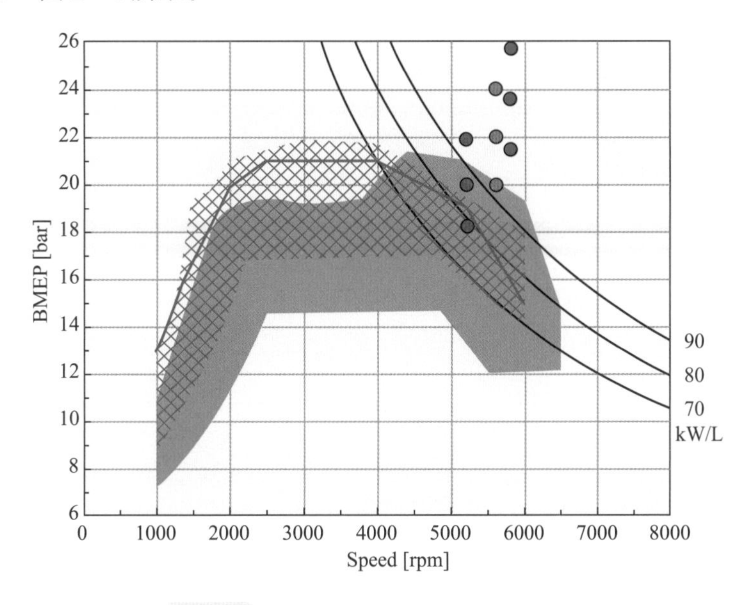

图 2-3　发动机动力性目标云图对标分析

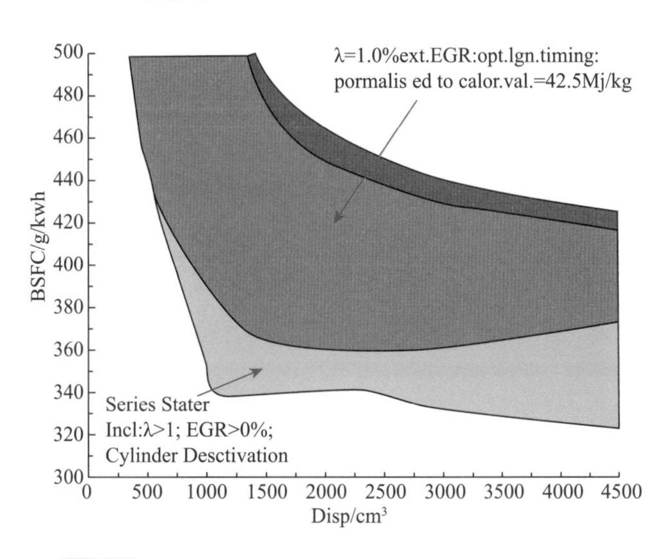

图 2-4　发动机特征工况点油耗目标确定云图对标分析

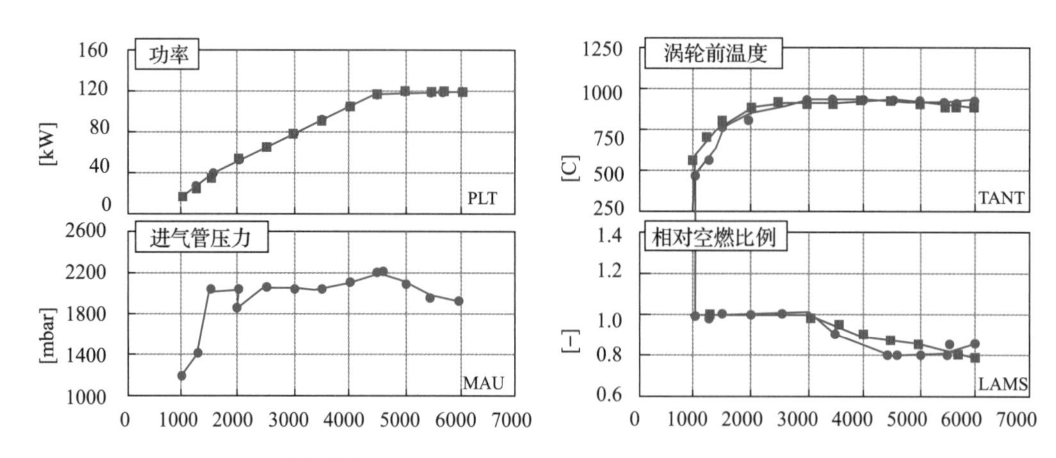

图 2-5　GT-Power 仿真进行汽油机外特性评估

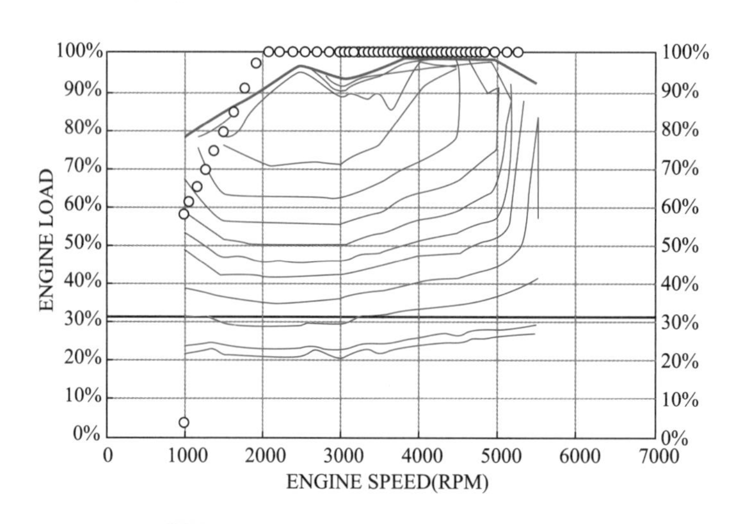

图 2-6　GT-Power 仿真预估万有特性

2.2.2　技术路线制定

汽油机技术路线的选择与产品性能目标定义强相关，同时尺寸、重量等也是技术路线选择的重要考虑因素。增压小型化既能获得良好的动力性、经济性，又能大幅缩小产品尺寸，更好满足各种车型的布置需求，目前已成为汽油机产品开发的主流技术路线。当然，在大的技术路线下需要基于产品细化的性能目标进行产品技术方案的选择。例如，燃油系统是选择 PFI 还是 GDI，配气机构是选择 VVT 还是 VVL，燃烧模式是选择奥托循环还是米勒循环，是选择涡轮增压还是机械增压等。

2.2.3　燃烧系统设计

满足目标性能要求的汽油机产品结构设计，通常是从气道及燃烧室开始的。随着汽车对发动机性能的要求越来越高，行业已经逐步形成性能驱动产品设计这个理念。性能既是设计的出发点，也是落脚点，性能驱动产品设计这个主线贯穿于整个设计过程，详细内容参见第3章。本章主要从性能与结构相辅相成的角度，展示设计的过程。

基于气道及燃烧室这个产品设计起点，一般是根据总体技术方案最先确定燃烧系统，再按由内到外的顺序确定配气机构、曲柄连杆机构，冷却系统、润滑系统等技术方案。

燃烧系统一般包括广义的燃烧系统和狭义的燃烧系统。狭义的燃烧系统是指实现燃烧过程必需的缸内工质的工作空间及支撑燃烧过程必需的相关零部件，包括由活塞与缸盖围成的燃烧室、喷油器、火花塞、进气道、排气道以及可为喷油器提供高压燃油的高压燃油机构。对于缸盖集成排气歧管（IEM）发动机，一般也把IEM归入狭义的燃烧系统。而广义的燃烧系统一般指实现发动机性能达成必需的工质的流动及工作空间，以及支撑进排气流动及燃烧过程必需的相关零部件，一般还包括空滤器、中冷器、进气歧管、排气歧管、增压器、催化器及消声管路。本书主要聚焦于狭义燃烧系统的相关内容。燃烧系统设计主要包含气道设计、燃烧室设计和燃油喷射系统设计。

发动机燃烧系统设计是发动机设计的基础，即一般发动机曲轴箱以上部分的所有零部件设计都是在燃烧系统设计的基础上向外设计延伸的结果。所以，燃烧系统设计是发动机设计过程中最重要的环节，该过程需要通过多轮次反复设计、仿真和试验验证，才能最终达成设计目标。

由于燃烧系统开发过程非常复杂，本书将在第3章详细阐述发动机性能开发对燃烧系统设计的需求。因此，本节主要介绍燃烧系统设计的一般流程和主要过程。对于燃烧系统开发过程中需要关注的关键问题，请参照第3章。

2.2.3.1 燃烧系统设计的一般流程

典型燃烧系统设计一般包括概念设计、稳态流动性分析、缸内混合气形成和燃烧分析、单缸机可视化测试和多缸机测试验证五个基本环节，图2-7所示为发动机燃烧系统开发流程。

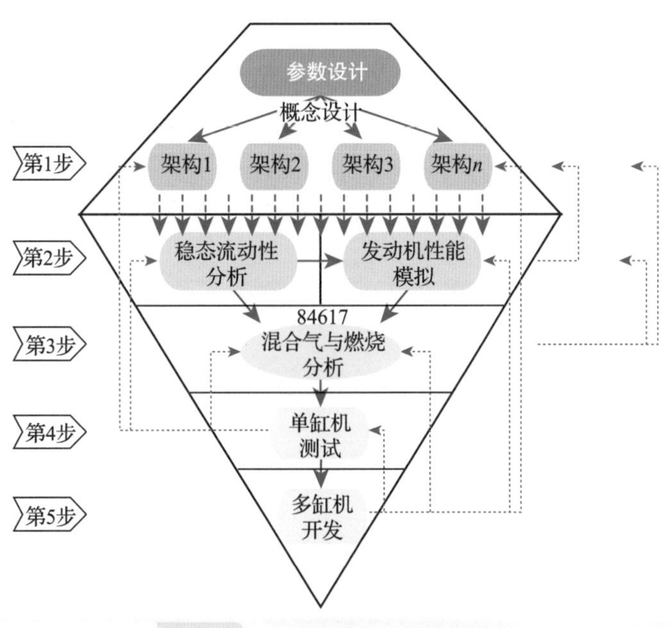

图2-7 发动机燃烧系统开发流程

概念设计阶段的主要工作是确定燃烧系统的基础构架，即根据发动机功率、转矩以及油耗和排放等要求，结合技术对标和性能仿真，确定发动机基本架构和主要技术路线，包括缸径、行程、压缩比、增压比范围、进排气系统容积、凸轮型线等基本架构，以及缸内直喷、脉冲增压、低摩擦、轻量化、水冷中冷和可变气门正时等技术路线（图 2－8）。

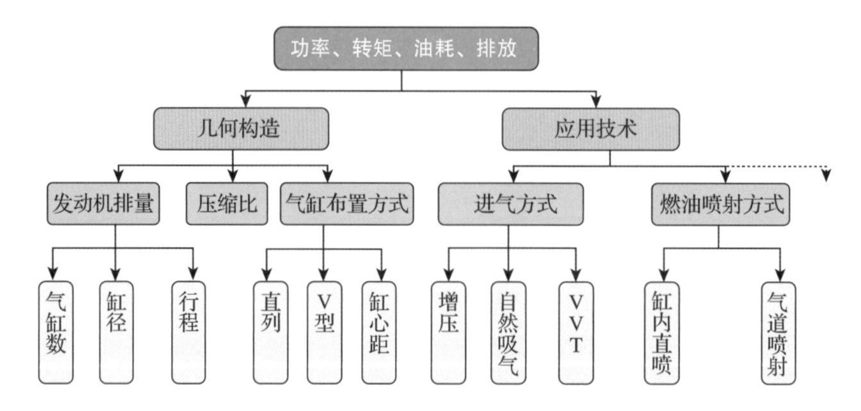

图 2－8　基本架构和主要技术路线确认

稳态流动性分析阶段的主要工作是根据项目实际情况，确定进排气道、进排气系统多组设计方案，开展在不同工况下的气体流动性能分析，来评估对发动机性能和车辆性能的影响，最终选出若干组进排气道优化方案。

缸内混合气形成和燃烧分析阶段的主要工作是根据优化后的若干组进排气道方案，结合若干组活塞顶形状＋喷油器方案，进行 4 个典型工况多方案组合分析。根据计算结果，选取 3～5 组优化方案进行硬件制作和试验。

单缸机可视化测试阶段的主要工作是对优化后的燃烧系统进行单缸机测试验证，排除发动机布置及各缸不均匀性等干扰因素，验证燃烧系统的设计水平（检验发动机的缸内燃油喷射和雾化、燃烧和排放、燃油湿壁和机油稀释等），如图 2－9 所示。

a) 光学发动机

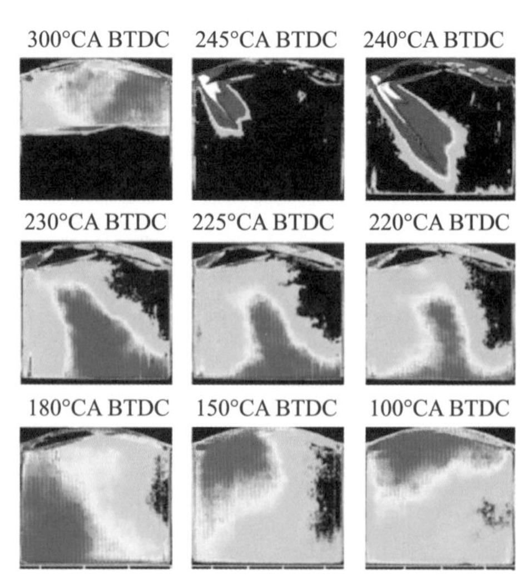

b) 缸内喷雾测试结果

图 2－9　单缸机可视化测试

多缸机测试验证阶段的主要工作是在多缸机上进行燃烧开发测试及验证，充分考虑发动机布置、缸间不均匀（各缸进气量、流动形式、循环喷油量）、附件边界系统设计等对发动机性能的影响，开发出优化的发动机。

2.2.3.2 气道设计

在气道设计过程中，有两个关键目标需求驱动气道设计实现不断迭代优化，直至达成这两个目标需求。第一个是气道流通能力需求，它是影响容积效率的关键因素，也决定了发动机提升功率、转矩的潜力；第二个是缸内气流运动水平。

进气道优化设计的精髓是同步改进气道流通能力和滚流运动水平，以及平衡这两个目标需求。传统的气道优化设计途径主要是基于气道稳流试验台进行测试和迭代设计，该方法的缺点是需要不断准备气道芯盒或者缸盖样件。近年来，CFD 仿真分析也逐渐应用于气道优化设计，并部分取代气道稳流试验台测试。

目前，气道开发的一般流程是：第一步，仿真计算，应用 3D - CAD 和 3D - CFD 进行气道方案 CAD 设计和 CFD 分析优化，通过多轮次迭代设计出比较理想的气道方案。第二步，气道芯盒，基于 CFD 分析的气道方案制作气道芯盒。通过气道稳流试验台测试及评价该气道芯盒是否满足性能需求。第三步，缸盖实物，进行发动机气缸盖实物制作。然后通过气道稳流试验台测试评价。

图 2 - 10 所示是典型的基于 CFD 仿真的气道优化设计过程。该优化过程起始于确定流量系数和滚流比目标，并建立基础方案模型；进行 CFD 仿真分析，即建立气道稳流试验台对应的 CFD 模型，通过 CFD 计算不同进气门升程下的流量系数、滚流比及流场分布信息；基于流量系数和滚流随气门升程的变化规律及流场信息，分析气道设计存在的优化空间；通过在设计模型上进行局部几何修改，进行下一轮 CFD 仿真分析及寻找改进点，持续迭代优化设计，直至设计出最终的高滚流气道方案。该方法的好处是基于预测的流场结构

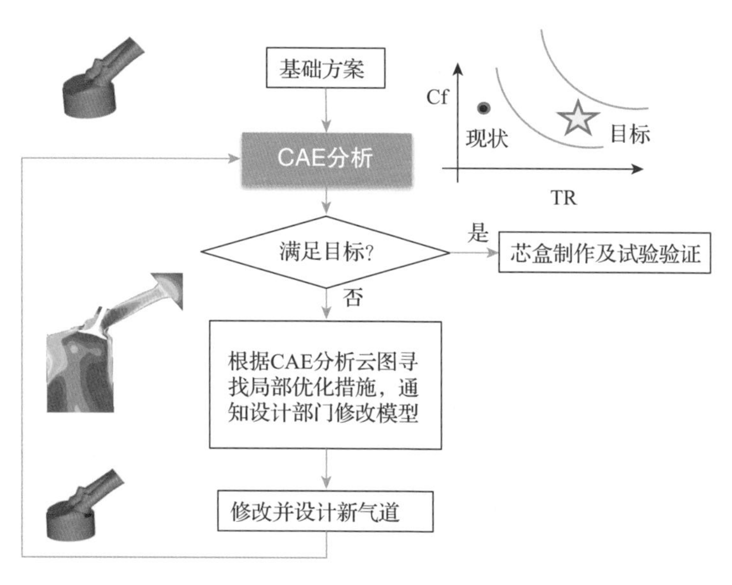

图 2 - 10 基于 CFD 仿真的气道优化设计流程

来理解气流运动物理过程，并指导气道迭代优化，直至满足开发目标。由于目前CFD仿真精度非常高，基本可以实现通过CFD仿真指导设计，一次性设计出合格的气道方案。相比于传统的气道设计方法，该方法充分应用CFD仿真取代了大部分实物验证，即在设计过程中穿插了大量“虚拟验证”，以保证迭代设计朝着不断改进的方向前进，这样就可以极大地提升开发效率。

在实际发动机开发过程中，一般都需要经过多轮次设计迭代优化进行气道设计，比如长安汽车蓝鲸1.5T发动机经过多轮次反复设计迭代优化，成功开发出满足性能目标的高滚流气道，从而保证了发动机性能目标的有效达成，如图2-11、图2-12所示。

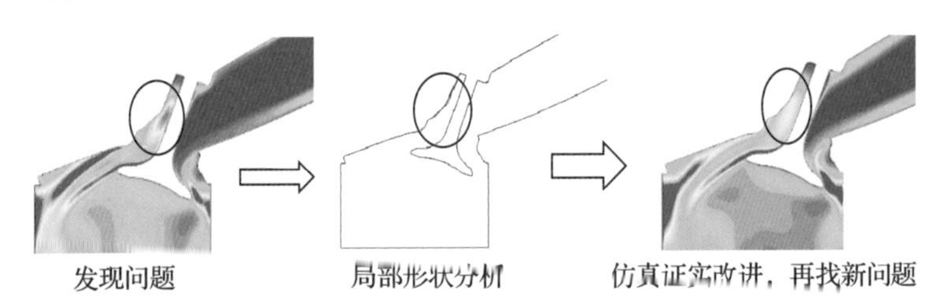

图2-11　基于CAE仿真指导气道优化设计

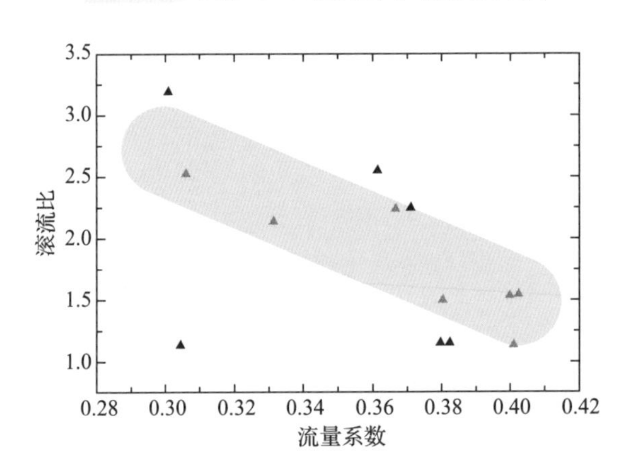

图2-12　气道性能评价

2.2.3.3　燃烧室设计

在燃烧室设计过程中，需要重点关注如何组织高水平的湍流运动和降低面容比，以实现快速燃烧及降低传热损失。燃烧室设计的重点工作是缸盖燃烧室和活塞顶部形状，该部分设计工作可以通过CFD仿真辅助设计，并通过多轮次迭代优化来实现。

在缸盖燃烧室及活塞顶部形状设计过程中，可以基于缸内瞬态流动CFD分析方法进行。即建立缸内瞬态流动分析对应的CFD模型，通过CFD计算不同曲轴转角时刻缸内滚流比、湍流动能、湍流强度及流场分布信息。然后基于滚流比和湍流动能（或湍流强度）随曲轴转角变化规律及流场信息，分析气道设计、缸盖燃烧室及活塞顶部形状存在的优化空间。通过在设计模型上进行局部几何修改，进行下一轮CFD仿真分析及寻找改进点，持续迭代优化设计，直至完成气流运动组织过程优化。图2-13所示为相同气道、缸盖燃烧室匹配不同活塞顶部形状的缸内流动仿真结果。在气流运动组织过程优化中，可以通过分析不同活塞顶部形状对缸内流场分布及湍流动能的影响，寻找活塞顶部形状改进方向，直至设计出最终的活塞顶部形状方案。这种方法的好处是通过CFD仿真替代了大部分发动机实物验证，即在计算机中不断进行“虚拟发动机试验”，并详细解析气流运动过程中的流场结构，帮助工程师理解物理现象本质，不断积累设计经验，提升燃烧系统设计水平。

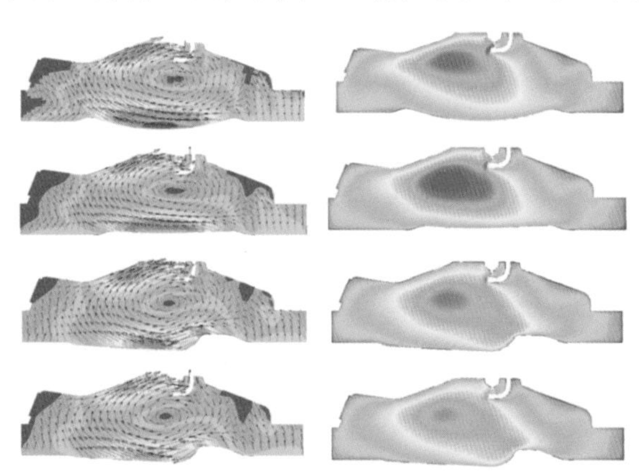

图2-13　相同气道、缸盖燃烧室匹配不同活塞顶部形状的缸内流动仿真对比

2.2.3.4　燃油喷射系统设计

在燃油喷射系统设计过程中需要重点关注油气混合均匀性和燃油碰壁，以实现快速燃烧、清洁排放及规避可靠性问题。燃油喷射系统设计的重点工作是喷油系统压力、喷油器流量、喷孔直径和喷雾油束落点设计。

由于缸内油气混合过程是一个高度三维、非定常的多相流动及混合过程，同时也依赖于发动机工作条件。因此，发动机燃油喷射系统设计通常是前期借助于三维CFD仿真工具进行，后期借助光学发动机进行验证。通过三维CFD仿真工具揭示气门运动、活塞运动、气流运动、燃油喷射、雾化、油滴输运、油滴蒸发、燃油碰壁、油膜蒸发和油气混合整个过程的宏观及微观现象的物理本质，帮助工程师理解整个油气混合物理过程的本质，寻找优化措施，如此往复，不断迭代优化，从而开发出完美的燃油喷射系统。

比如长安汽车蓝鲸1.5T发动机燃油喷射系统开发，借助了STAR-CD通用CFD软件工具，并植入长安汽车自主开发的用户子程序，进行喷雾模型标定，确保喷雾仿真准确度。然后基于该工具进行缸内油气交互过程分析，不断优化喷油系统压力、喷油器流量、喷孔直径和喷雾油束落点设计，促进油气混合均匀性及减少燃油湿壁，图2-14～图2-18所示是开发过程中相关的分析和信息。经过多轮次迭代优化，最终开发出成功的燃油喷射系统。

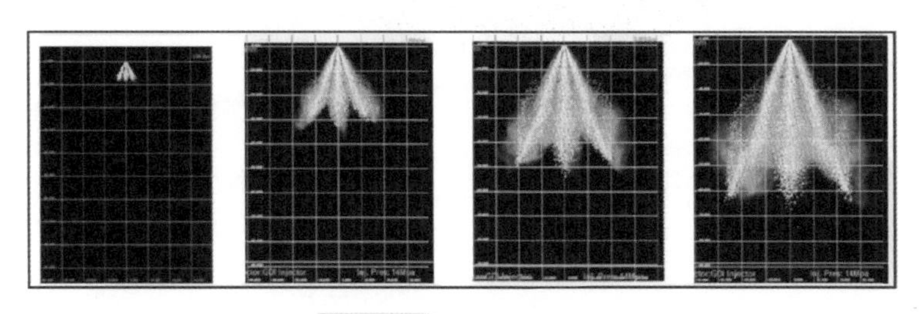

图2-14　喷雾模型标定

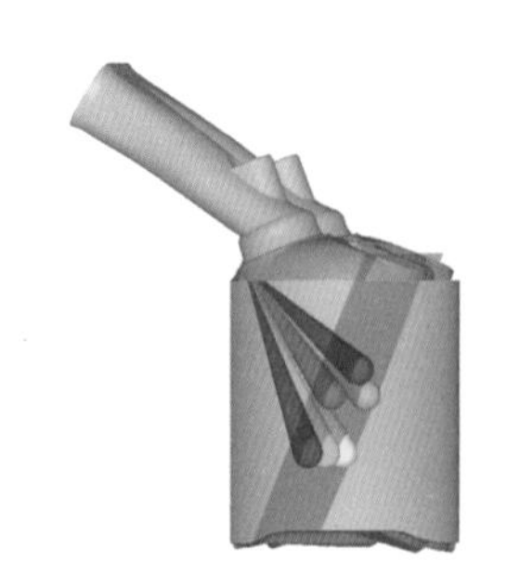

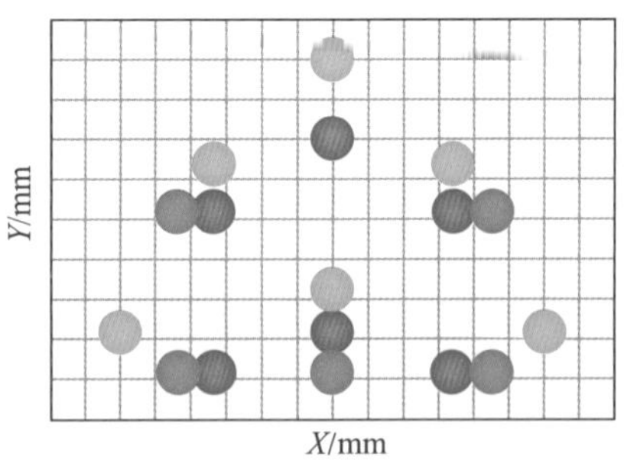

图 2-15　喷油油束设计

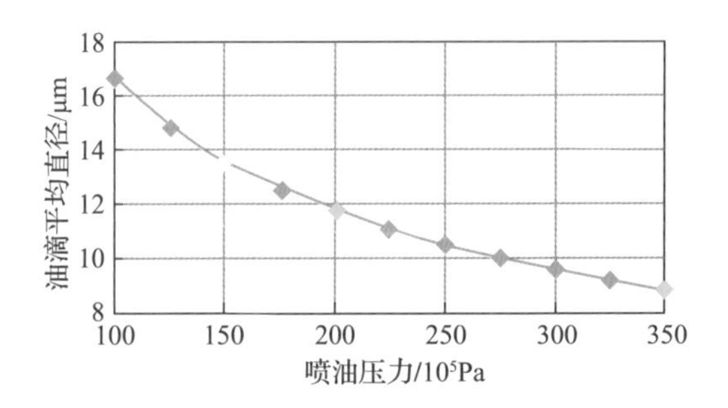

图 2-16　不同喷油压力对喷雾粒径的影响

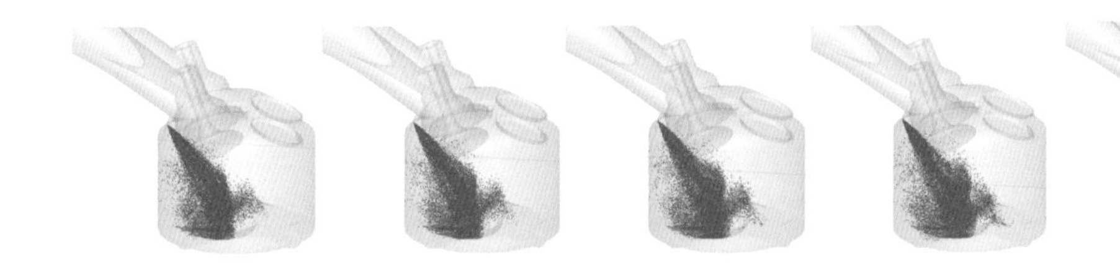

图 2-17　燃油喷射及碰壁过程仿真

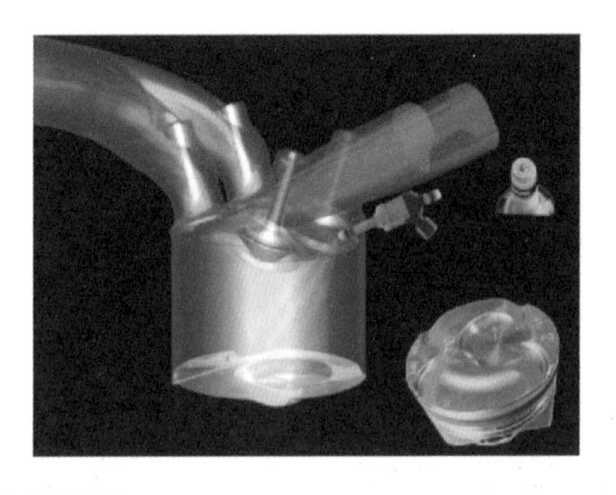

图 2-18　长安汽车蓝鲸 1.5T 发动机燃油系统

近年来随着光学发动机在汽车行业的普遍应用，工程师可以利用光学发动机配合一些光学诊断技术（包括先进的激光诊断技术），实现缸内混合气分布、燃油碰壁、扩散火焰的观察及测量。该技术一方面可以用来校准三维 CFD 仿真工具的计算精度，另一方面，可以很好地帮助工程师理解整个油气混合物理过程的本质，为发动机燃油喷射系统开发提

供指导，实现迭代设计。感兴趣的读者可阅读试验测试相关章节内容

2.2.4 汽油机主体骨架设计

前文已经介绍，由于汽油机产品设计是一个十分复杂的系统工程，必须经由总体设计、系统设计、零件设计，是一个自上而下的设计过程。骨架模型（Top - Down）是实现自上而下设计理念的典型设计方法，通过自上而下传递总体设计信息，联动、关联各子系统关键结构参数。

1）便于形象呈现产品主体结构布局、各子系统之间的结构关联性。

2）便于总体设计统筹全局。

3）便于系统设计信息交互。

4）便于协同设计信息传递，关联变更。

骨架模型由基准平面、点、直线、曲线、坐标系组成，一般包括汽油机主体结构关键参数、各子系统关键参数，能够形象呈现汽油机主体结构总体布局、各子系统空间布局以及相互之间的关联关系。

主体结构骨架模型一般包括气缸直径、缸心距、缸体高度、缸盖高度、曲轴中心、主油道、缸体端面、缸体缸盖连接螺栓轴线等。

各子系统骨架模型一般包括凸轮中心、气门中心、气门夹角、机油泵、水泵、起动机、发电机、压缩机、带轮中心、传感器等。

总布置图中的骨架参数与骨架模型中参数的参数表之间具备双向驱动功能，如图 2 - 19、图 2 - 20 所示。

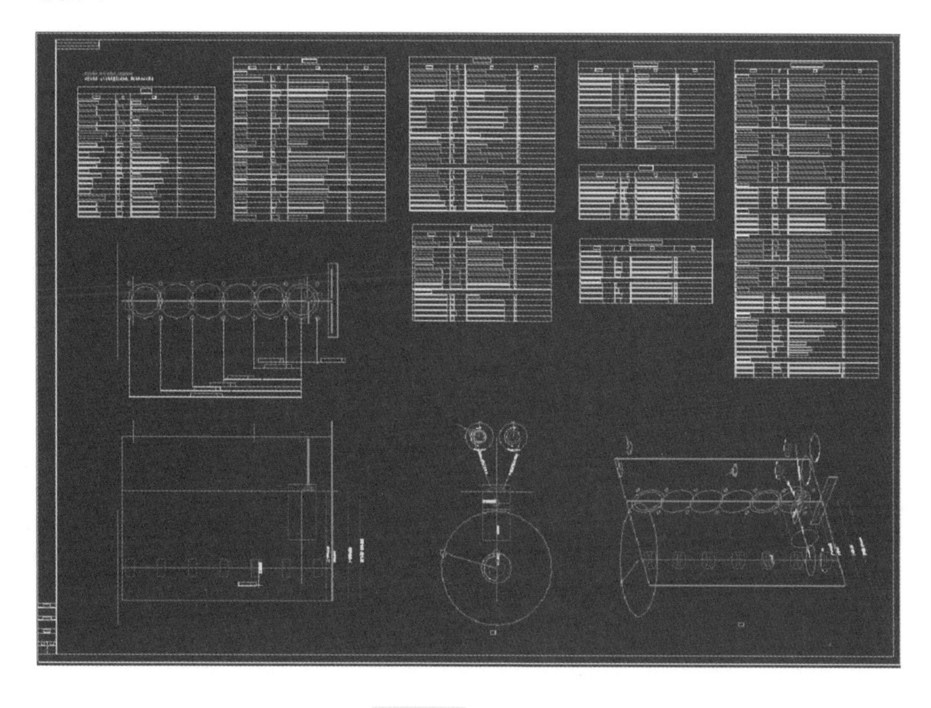

图 2 - 19 总布置图

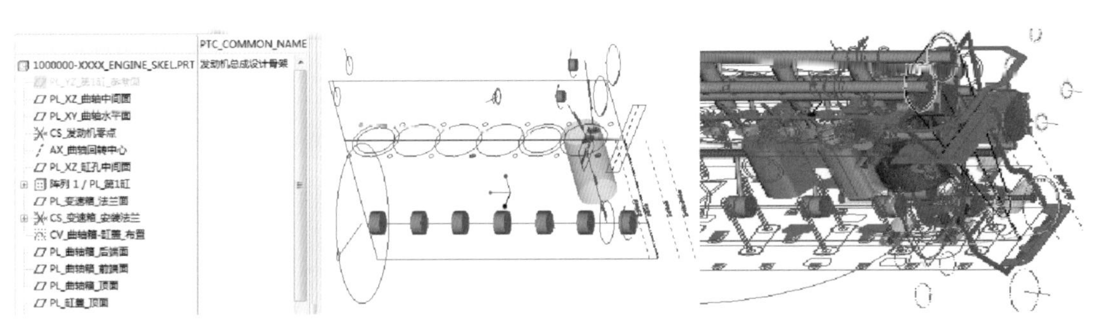

图 2-20　骨架模型

下面以在典型骨架设计中，需要考虑发动机长宽高的设计案例进行说明。在某新发动机平台设计之初，目标是为了搭载后续电气化产品，以满足该企业未来 P3、P4 平台和某外销机型的机舱布置要求，同时兼容混动，要求总体尺寸要达到行业领先水平，才能具有更强的机车适应性。

电动化趋势驱使动力总成尺寸更加紧凑，对发动机长度、宽度、高度的要求都异常苛刻。不同技术路线对发动机的长宽高都有不同的影响，如何选择更加合适的方案，并保证其平台移植性、可制造性，是在大批量生产过程中必须关注的，在设计之初就必须选取更加适合于批量制造的技术方案。

涉及发动机宽度的指标有气门夹角、气道长度等，这些都与性能目标、可制造性直接相关。涉及发动机高度和长度的，有缸径/行程比、缸体结构形式等，同样的，也与性能目标、可制造性直接相关。因此，硬件上需要从整车机舱的空间可容纳程度、PHEV 等电气化产品留给发动机的长宽高要求倒推，并且具有平台移植性（即多个整车都可适用）；性能上需要选取更容易实现的性能目标，此外，还需要从可制造性角度考量。

2.2.5　汽油机主体结构可靠性设计

缸体、缸盖等属于内燃机关键部件，工作时需承受紧固螺栓的夹紧力、缸内燃气的爆发压力、交变热应力作用。高压、高温以及交变载荷导致机体受热膨胀不均而产生裂纹、变形，严重影响机体使用寿命。机体开裂、接合面渗漏是汽油机常见的失效模式。

在布置设计阶段开展机体一体化仿真计算，用以分析评估应力、疲劳安全系数、滑移量、张开量、密封压力等是否满足要求。

一体化仿真计算是汽油机主体结构可靠性设计的有效手段之一。图 2-21 所示为缸体缸盖一体化有限元模型。

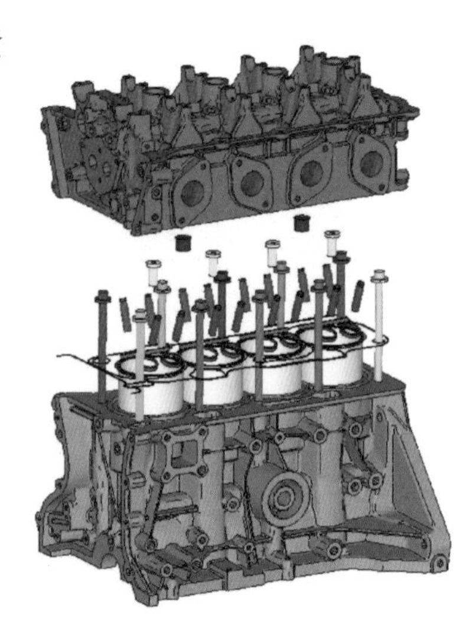

图 2-21　缸体缸盖一体化有限元模型

机体强度分析计算包括缸体缸盖的应力分析、疲劳分析等内容，分析结果用于评价缸体缸盖的强度及耐久性是否满足要求。图 2-22 为缸盖高周疲劳安全系数。

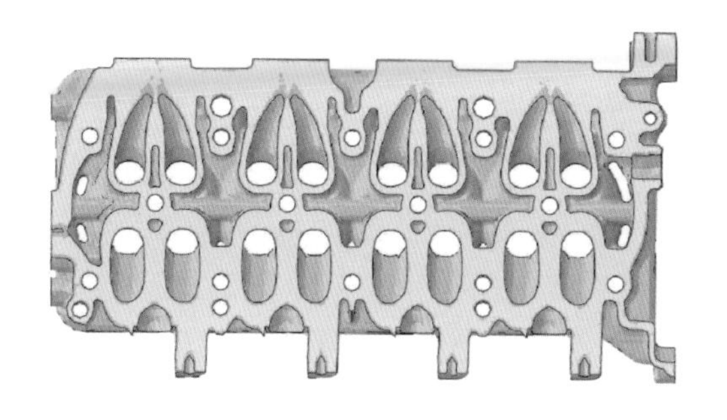
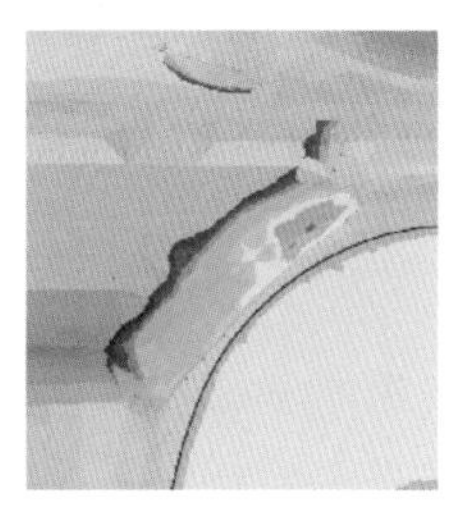

图 2-22 缸盖高周疲劳安全系数示意图

缸垫密封性能计算，包括密封压力和动态离脱间隙，分析工况对应发动机冷热冲击台架试验，分析结果用于评价发动机气缸垫的密封性是否满足要求，如图 2-23～图 2-25 所示。

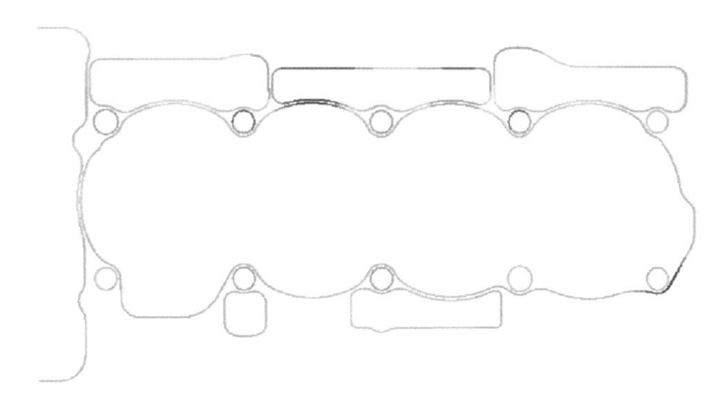

图 2-23 缸垫密封压力示意图

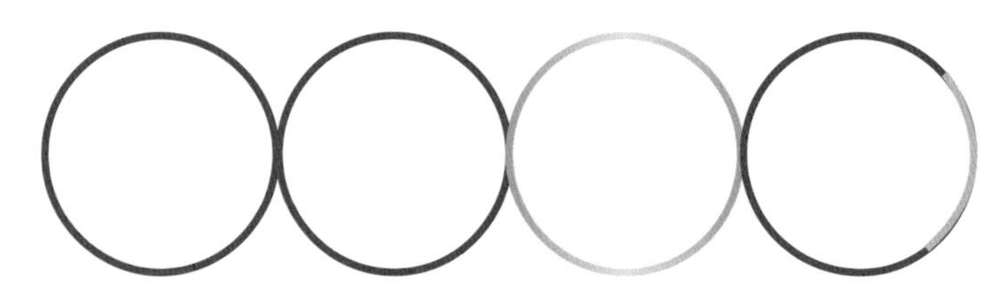

图 2-24 缸垫动态离脱间隙

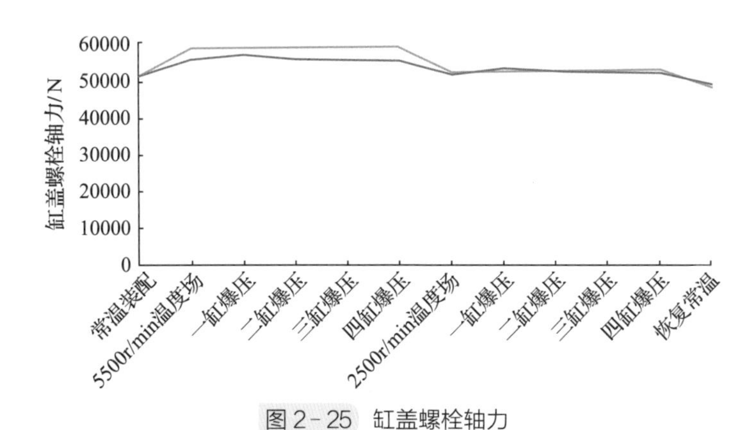

图 2-25 缸盖螺栓轴力

2.3 曲柄连杆机构

2.3.1 设计策略与原则

曲柄连杆机构主要由活塞组、连杆组和曲轴等零部件组成，是发动机的主要运动机构，其功能是将活塞的往复运动转化为曲轴的旋转运动，将活塞受到的气体作用力转化为曲轴上的转矩，以驱动车轮转动。

活塞组的功能是与缸盖构成燃烧室，并与活塞环一起形成密封，工作中将热量通过活塞环向气缸壁传递，并将缸内气体压力传递给连杆。连杆组的功能是将作用在移动活塞上的气体力及往复惯性力传递到旋转的曲轴轴颈上。曲轴在不断周期性变化的气体压力、往复和旋转运动质量的惯性力以及它们的力矩作用下工作，造成曲轴扭转且弯曲，产生疲劳应力状态。

从曲柄连杆机构的组成和基本功能出发，曲柄连杆机构设计必须遵循以下原则。

1）活塞、连杆要有足够的结构强度与刚度。连杆大小头孔的形状稳定性，保证了其变形不会损害润滑油膜的形成，同时保证了连杆杆部的纵向抗弯强度；连杆螺栓的连接性能，保证了连杆体与连杆盖的足够强度。活塞需要有足够的结构强度，以保证其有足够的安全性，防止出现断裂、裂纹等。

2）曲轴要具有足够的疲劳强度，尽量减小应力集中现象，克服薄弱环节，保证曲轴可靠工作。曲轴由于弯曲与扭转振动产生附加应力，再加上曲轴形状复杂，结构变化大，产生严重的应力集中，设计中必须考虑加以避免。

3）应保证曲轴有尽可能高的弯曲刚度和扭转刚度。曲轴扭转刚度不足使其在工作转速范围内可能产生强烈的扭转振动，大大恶化活塞、连杆的工作条件，影响其工作可靠性和耐磨性。

4）曲轴、活塞、连杆的轻量化。质量的增加，会加大往复与转动惯量，影响整机性能；活塞的轻量化受限于允许的工作温度，应选用密度小，热膨胀系数小，导热性好，具有良好减磨性、工艺性的材料。

5）降低摩擦损失。保证轴颈位置有适当的承压面积，各滑动面上有足够的润滑油，使各摩擦表面耐磨，以减少轴承、活塞、连杆组的摩擦损失。

6）活塞组良好的密封性能，合适的机油消耗。保证燃烧室气密性好，减少整机工作时的窜气，并减少曲轴箱内的润滑油上窜至燃烧室消耗。

7）活塞组良好的散热性能。减少活塞从燃气吸收的热量，并将已吸收的热量顺利散走。

现代缸内直喷汽油机为了降低油耗和排放，发动机的热负荷、机械负荷明显提高。为了更好地支撑发动机提升性能、降低油耗的目标，根据曲柄连杆机构的运动学和受力分析，曲柄连杆机构的设计目标（需求和设计策略）见表 2-1。

表 2-1 曲柄连杆机构设计目标

曲柄连杆机构的需求	设计策略
曲柄连杆机构的可靠性	通过结构设计、材料设计、工艺设计提高零部件的可靠性
低摩擦	减轻曲柄连杆机构零部件重量，降低往复与转动惯量；减小摩擦副的摩擦系数，降低摩擦功耗

在开发现代高效率、大功率发动机时，曲柄连杆机构的设计重点应保证机构的可靠性和低摩擦需求，以达成提升动力性和降低油耗、排放的目标。

2.3.2 基于属性需求的设计

1. 基于低摩擦的设计——活塞环、活塞、轴瓦的涂层技术

如图 2-26 所示，一台气缸工作容积为 1.5L 的四冲程汽油机在 4000r/min 时的各项摩擦损失的比例为：活塞占 20%，活塞环占 23%，主轴承和连杆轴承占 24%，传动辅助设备及气门机构占 33%。

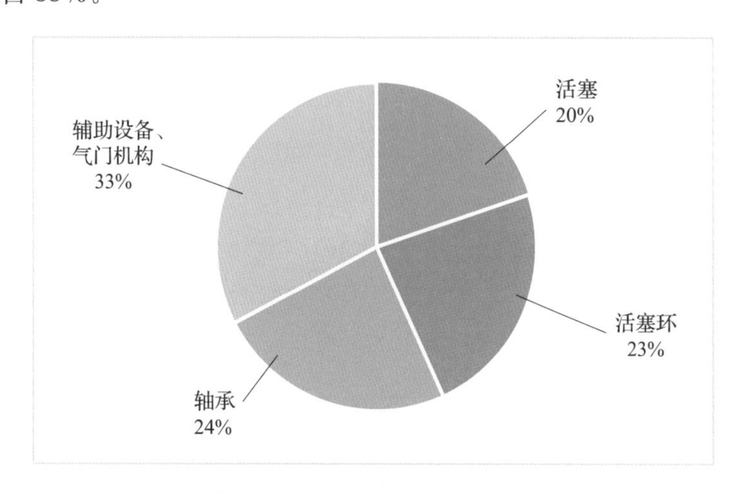

图 2-26 发动机摩擦损失分配比例

可以清楚地看到，曲柄连杆机构的摩擦损失在发动机总的机械摩擦损失中所占的比例高达 67%，因此，为提高发动机热效率，降低曲柄连杆机构的摩擦损失至关重要。

目前，常用且有效降低曲柄连杆机构摩擦损失的方案有降低活塞环弹力、优化摩擦副的接触面积以及对摩擦副进行减摩处理。

图 2-27 所示为某发动机采用低张力活塞环组与原机（较大张力）活塞环组的摩擦分解试验对比，其弹力由 30N 降低至 19N，从摩擦分解试验可以看到，弹力降低后摩擦损失有明显降低。

另一种降低活塞环摩擦损失的方案是在活塞环外圆面镀上新型的减摩涂层，如类金刚石碳（DLC）涂层特别适用于与其他零件处于固体接触状态的构件。DLC 涂层的突出性能来自其表面由热应力和机械诱发产生的涂层转换区，该区域具有比涂层更小的剪切强度，能起到自润滑减摩的作用。

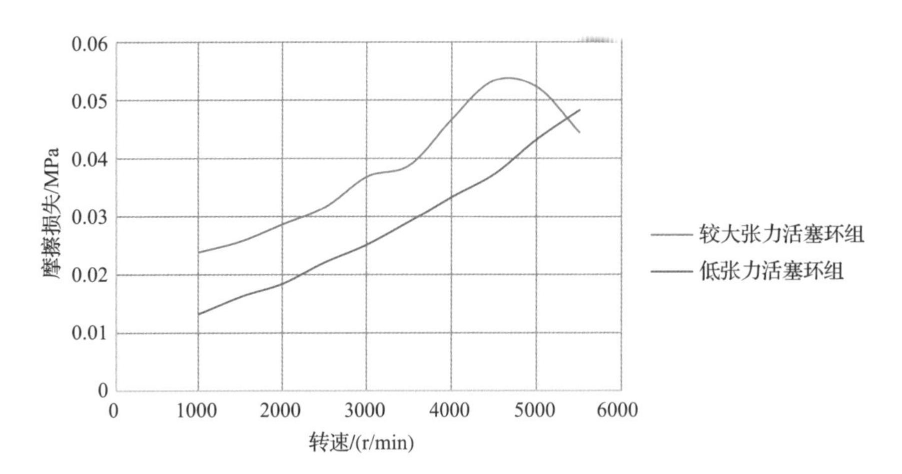

图 2-27　低张力活塞环组减摩效果对比

传统 DLC 涂层在用于活塞环时受到以下特点的限制：

1）若涂覆仅几μm 厚的涂层时，会限制使用寿命，而若涂覆较厚时，则会因为其典型的内应力而存在剥离的风险。

2）使用硬度较高的 DLC 涂层时，活塞环工作表面必须非常光滑，以便获得最佳的摩擦条件，避免损坏气缸套。

Federal-Mogul 公司开发了名为“DuroGlide”的新型活塞环涂层，该涂层具有高耐久性和显著降低摩擦功率的特点。图 2-28 展示了这种新型无氢碳基活塞环涂层的均质结构。因碳具有高的 sp3 结合份额（四面体结构），所以能够析出硬度高达 $5000HV_{0.2}$ 的涂层。与迄今为止的无氢 DLC 涂层不同，其已降低了工艺过程中涂层的内应力，使得即使在涂层厚度高达 25μm 的情况下，在铸铁和钢表面上仍有良好的接合牢度，而高达500℃的耐高温性能使得其能用于强化程度更高的机型。此外，接近终端轮廓形状的涂层和适宜的磨光制作工艺，确保活塞环工作表面具有较小的粗糙度。

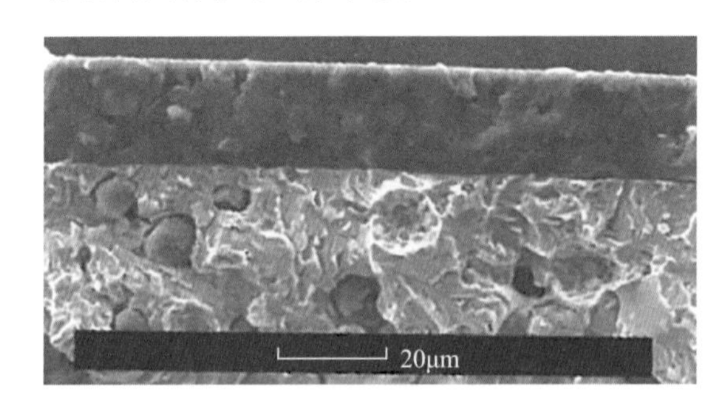

图 2-28　DuroGlide 活塞环涂层的光栅电子断面照

图 2-29 展示了目前汽油机和柴油机使用的活塞环涂层摩擦系数对比，这种摩擦系数是在机外检验条件下测得的，在使用无添加剂机油的情况下，呈现出极高的混合摩擦份额。与铬陶瓷涂层（CKS）和 Goetze 金刚石涂层（GDC）等铬类涂层，以及 CrN 等物理气相沉积（PVD）工艺相比，DuroGlide 涂层能使摩擦系数降低约 60%。

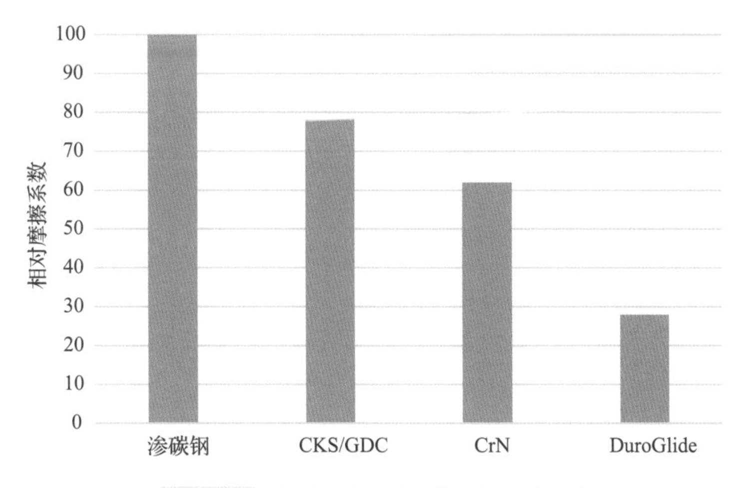

图 2-29 各种活塞环涂层的摩擦系数对比

在高度强化的增压直喷汽油机中，爆发压力进一步提高（目前≥12MPa），因而活塞所受的侧向力也更大，会对活塞摩擦功率损失产生不利影响，在这种发展趋势下，汽油机已处于接近柴油机的苛刻运行条件。为适应如此苛刻的条件，各主流活塞厂家都推出了新一代的裙部减摩涂层，如 Federal-Mogul 公司的 EcoTough（图 2-30）新型涂层，与标准裙部涂层相比，这种新型裙部涂层能使活塞裙部磨损最多减小 40%，在极端工况下具有更高的耐久性。同时，还能为发动机减低活塞部位约 15%的摩擦功率损耗。

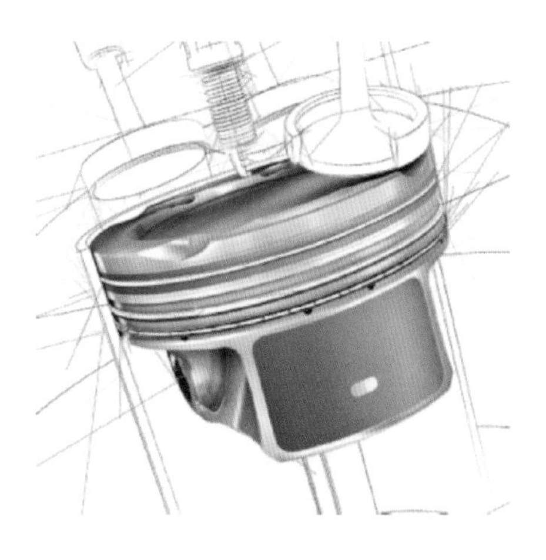

图 2-30 呈红色的 EcoTough 裙部涂层

轴瓦的表面涂层技术是轴承减摩关键技术之一（图 2-31），通过在轴瓦的合金层表面喷涂一层或多层不同材料的薄膜来达到强化表面的目的。涂层中添加了一定比例的固体润滑剂和硬质颗粒物，可以达到降低轴瓦表面摩擦系数、改善润滑、增加轴瓦承载能力和耐磨性的目的。

a) 涂层轴瓦

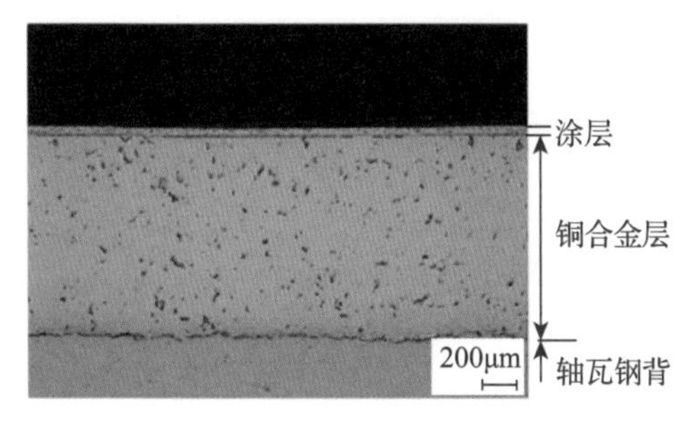

b) 硬质颗粒物

图 2-31 轴瓦涂层

相对于铝基轴瓦，涂层轴瓦可以降低摩擦损失约25%，耐磨性提高12%左右，如图2-32所示。

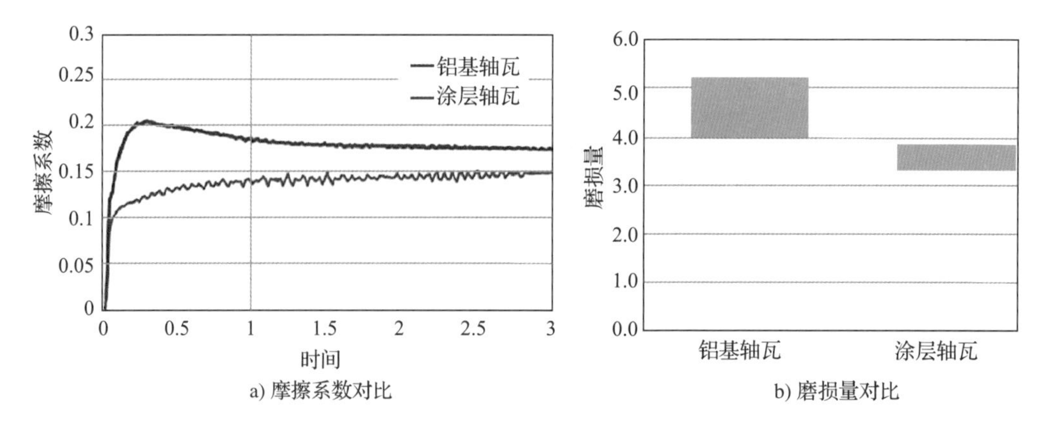

图2-32　涂层轴瓦摩擦系数和磨损量对比

2. 基于可靠性需求的设计

（1）内冷油道和耐磨镶圈活塞技术　汽油机的寿命主要与曲柄连杆机构的工作情况有关，其可靠性是支撑所有节能措施有效实施的基础。这里既包含了曲柄连杆机构本身结构上的可靠性，也包含了各项降摩擦技术的可靠性。

随着高速强化汽油机的热负荷与机械负荷的不断增加，曲柄连杆机构的工作条件已经趋近于柴油机。因此汽油机在活塞设计上已经开始借鉴并使用更高压缩比的柴油机技术方案，如用耐磨镶圈来提高环岸的强度和耐磨性，在采用传统的PCJ冷却不能满足热负荷的控制要求时，设计使用内冷油道来降低活塞头部温度（图2-33），甚至同时使用耐磨镶圈加上内冷油道的方案（图2-34）。

耐磨镶圈与内冷油道推荐使用情况：

1）一环槽温度≥270℃时推荐使用耐磨镶圈。

2）发动机峰值爆压超过12MPa时推荐使用耐磨镶圈。

3）发动机超爆压力超过活塞一次性承受最大压力时推荐使用耐磨镶圈。

4）需进一步降低活塞表面温度，有为发动机进一步降低油耗的需求时，推荐使用内冷油道。

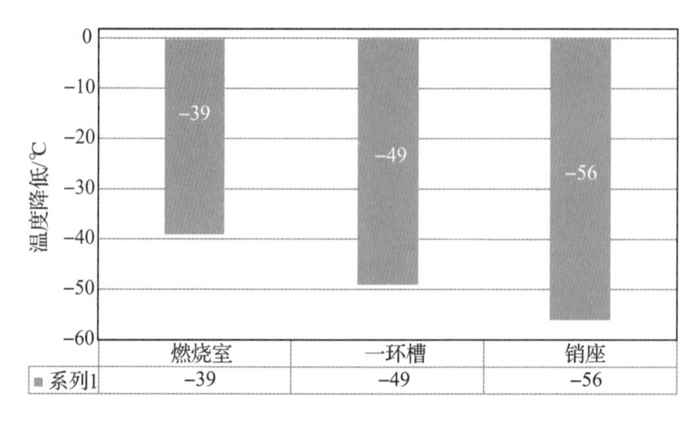

图2-33　内冷油道效果展示

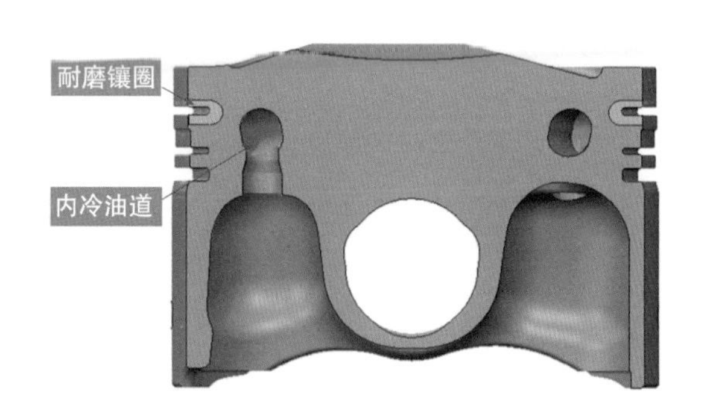

图 2-34 内冷油道和耐磨镶圈活塞示意图

（2）曲轴材料选择和圆角滚压强化工艺　曲轴结构相对成熟，经过多年的发展已不会有太多变化。其可靠性设计在追求轻量化的同时，重点从材料和工艺强化入手，辅以 CAE 分析方法，可以大大缩短可靠性验证时间。借助系统化的 CAE 分析与评价体系，在曲轴设计时可以达到强度、可靠性、扭振、摩擦及轻量化的最佳匹配。

曲轴材料设计在满足性能（强度、刚度、韧性等）的前提下，尽可能选择工艺性能好的材料，如 49MnVS3、S45CVS、38MnSiVS6 等非调质钢，利用微量合金元素在中碳钢中产生强化作用，不需要调质处理即可获得良好的综合力学性能，以满足发动机可靠性要求。非调质钢材料力学性能见表 2-2。

表 2-2 非调质钢材料力学性能

材料	牌号	抗拉强度/MPa	屈服强度/MPa	弯曲疲劳强度/MPa	延伸率（%）	断面收缩率（%）	硬度/HB
非调质钢	49MnVS3	≥780	≥450	-	≥8	≥20	-
	S45CVS	≥735	≥440	-	≥8	≥20	229～285
	38MnSiVS6	≥850	≥550	396	≥12	≥25	250～300

由于曲轴最主要的疲劳破坏发生在圆角处，因此曲轴强化以圆角处局部强化为主。圆角滚压强化机理为材料在滚轮的高接触作用下发生强烈的塑性变形，在圆角表面形成了数值很高、层深可以达到数毫米的残余压应力，靠近表层材料的形变使得曲轴的疲劳强度发生了强化。曲轴滚压的滚压力和滚压圈数关系如图 2-35 所示。

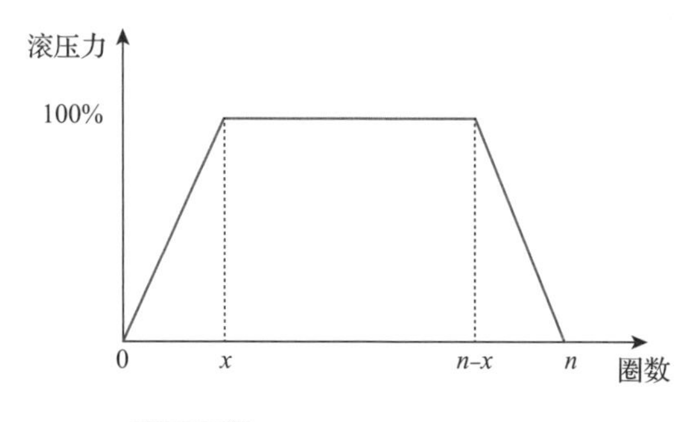

图 2-35 滚压力和滚压圈数关系

曲轴滚压的滚压力和滚压角度如图 2－36 所示。

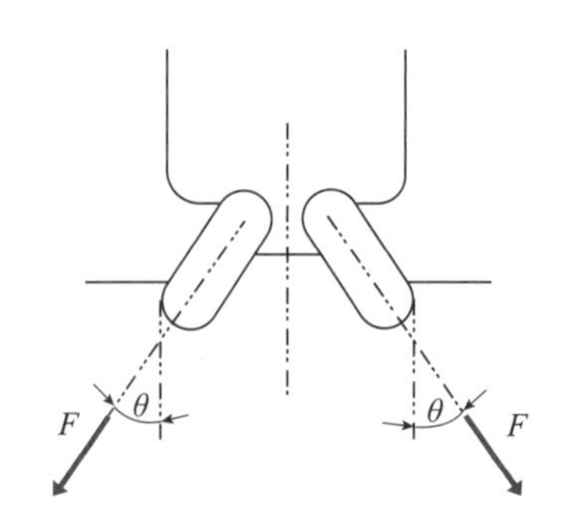

图 2－36　滚压力和滚压角度示意图

在发动机强化设计中，在原机曲轴的主要尺寸不能改变的前提下，需要采用圆角淬火＋滚压的强化方式，其疲劳强度可以提高 20%左右。图 2－37 为不同材料曲轴采用不同强化工艺与疲劳强度的关系，从中可以看出，球铁及锻钢曲轴采用圆角滚压工艺的强化效果最好。

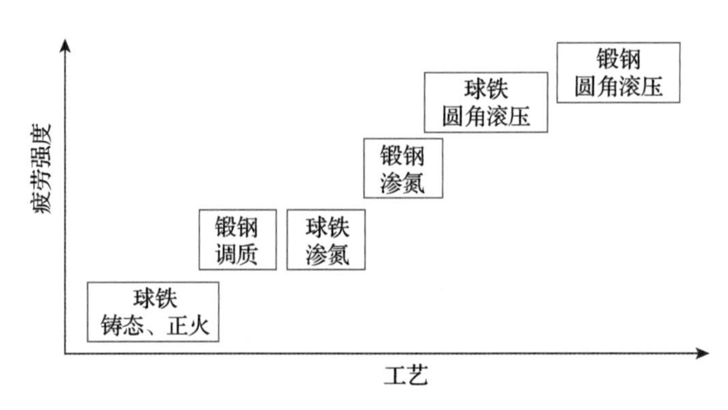

图 2－37　强化工艺与疲劳强度的关系

2.4　配气机构

2.4.1　设计策略与原则

配气机构主要由正时系统、气门驱动组件、气门组件组成。配气机构的功能是按照发动机各缸的工作循环顺序，定时开启和关闭进、排气门。由于现代发动机对于功率、转矩和油耗、排放性能的追求越来越极致，促使配气机构在精准性、低功耗方面的先进技术百花齐放。

从配气机构的组成和基本功能来看，配气机构的设计主要应遵从以下几个原则：

1）满足发动机的燃烧特性需求。配气机构要有良好的充气性能，进气充分，排气彻底，实时满足气门在开启相位、升程、持续期的要求。

2）应尽量减少功率消耗，减小摩擦，减轻运动件质量。比如减小正时链系统和气门驱动机构的功耗损失，凸轮轴轻量化设计等。

3）保持工作平稳，振动和噪声较小。比如要保证发动机在最大工作转速内气门不发生飞脱，气门落座不反跳，气门弹簧不共振等。

4）应有良好的润滑特性。特别是在凸轮与挺柱间承载油膜的形成对可靠性和耐久性的影响。

5）配气机构对机油压力和清洁度有特殊要求。才能保证 VVT、液压挺柱、正时链条张紧器等部件正常工作。

6）应满足耐温及散热的要求。尤其是排气门，不但需要提升自身的抗高温能力，还应尽量降低气门头端面的温度，从而抑制爆燃，提升整机性能。

结合上述设计原则，在设计配气机构时，可按照表 2-3 的需求与策略进行设计。在设计过程中应充分利用 CAE 等工具不断优化配气机构的设计，其中包括配气机构凸轮型线设计及其动力学分析，以确保满足基本的性能要求，还要考虑零部件轻量化、低摩擦、低磨损等因素，提升整机性能水平。

表 2-3　配气机构设计目标

构设计目标	设计策略
精准的气门开度	VVT、VVL、VVD 技术的应用 合理的装配工艺设计、公差设计，以降低相位偏差，提升配气相位精度 合理的润滑油路设计，以提升可变气门机构的控制响应速度
消耗功率低	低摩擦技术应用，运动零部件的轻量化设计
NVH 品质	静音链的采用 主油道单向阀、液压挺柱油腔设计，以消除机油驱动元件因供油不足导致的异响 优化气门落座

在开发现代高效率、大功率发动机时，配气机构的设计应着重考虑提升动力和降低油耗的需求，以及良好的 NVH 性能的需求。

2.4.2　基于属性需求的设计

1. 基于动力和油耗需求的设计

（1）可变气门技术　随着发动机向高效率、大功率以及小型化、轻量化的趋势发展，燃烧特性的设计也越来越精细化。汽车发动机的工作转速、负荷是在很大的范围内变化的，传统发动机的气门相位、气门升程及开启持续期是固定的，发动机只在较窄的转速、负荷范围内取得较好的动力性、经济性。为了在不同的工作转速、负荷下都能达到提升动力、降低油耗的目的，这就要求配气机构具有可变可调的功能，具体涉及可变气门正时、可变气门升程、可变气门持续期。图 2-38 展示了可变气门正时、可变气门升程、可变气门持续期 3 种调节方式的原理。

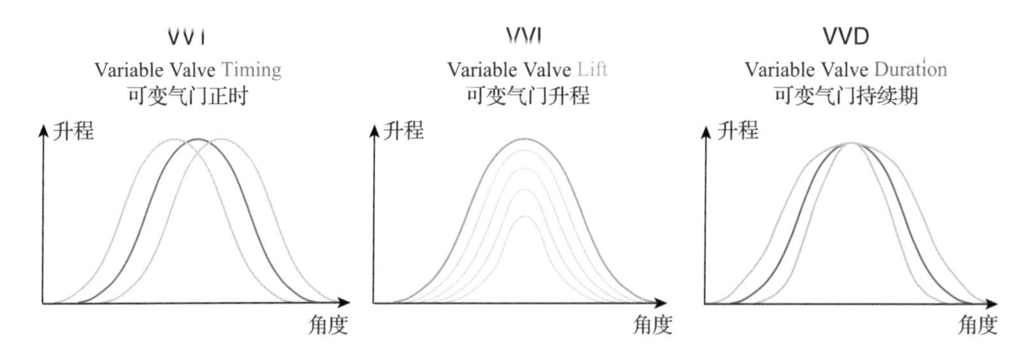

图 2-38 可变气门正时、可变气门升程、可变气门持续期

固定配气正时的发动机只能在怠速质量、最大功率和排放之间寻求折中的方案，在发动机负荷及转速范围内，气门重叠角是预先设定好且不能改变的，残余废气量在部分负荷时不能满足最佳控制。气门重叠角对发动机的性能影响非常显著，通过改变气门正时可以避免新鲜气体由气缸回流到进气道，可以在高转速范围获得最大功率，在低转速范围获得最佳转矩。若要兼顾高低转速下的性能，就需要气门正时可调，因此可变气门正时（VVT）技术应运而生，已成为近 5 年新开发发动机的基本配置。VVT 实现了在不同工况下对进排气相位进行不同的组合，以减小泵气损失、提升充气效率，从而达到提高动力性和燃油经济性的目的。

由于技术上对于进气充量的精准性要求越来越高，因此 VVT 在响应速度和调节范围方面持续进步，响应速度不断提高、调节范围不断增大。根据结构和工作原理的不同，可以将 VVT 分为侧置式、中置式、电驱动三大类，表 2-4 展示了它们的主要结构、优势及行业趋势。

电驱动 VVT 相比液压驱动 VVT，在 WLTC 下，预计可以降低 1%燃油消耗。

VVL 技术在不同转速、负荷下提供合适的气门升程，从而进一步提升发动机各个转速下的动力性、燃油经济性并降低排放。VVL 通常与 VVT 搭配使用，才能更好地发挥其优势。

VVL 主要有 CVVL 和阶段式 VVL。宝马的 Valvetronic 和捷豹的 Uniair 便是典型的 CVVL。阶段式 VVL 的应用又分为三段式和两段式，三段式 VVL 目前市场上仅有通用 Ecotec，而两段式应用主要有大众、奥迪、奔驰，其结构形式均为凸轮轴移位式 VVL，而本田的 VTEC 为独特的专利结构。部分厂商正在研发新的两段式 VVL 结构，其工作原理是基于电动摇臂的切换，预计在未来 3～5 年该技术的应用会丰富 VVL 结构形式。

现有的发动机循环主要有三种，分别是侧重油耗的阿特金森循环和米勒循环，以及侧重性能的奥托循环，发动机基于开发定位会选择其中之一。发动机配气机构布置以及凸轮型线设计随后确认下来，由于凸轮型线的固定，以及其转动速度相对发动机转速不可变，普通发动机的气门开启持续期是固定的，因此在油耗和动力性之间，往往需要进行取舍而无法兼顾。连续可变气门持续期（CVVD）技术通过调节凸轮与轴的偏心，实现某个工况下其瞬时转速变化来改变气门持续期，实现了气门持续时间的连续可变。与 VVT 配合使用，可实现大范围的气门开启持续期以及气门开启关闭时刻的调节。图 2-39 所示介绍了 CVVD 的工作原理。红色线为传统 CVVT 发动机 IVO 和 IVC 的时刻关系，而 CVVD + CVVT 发动机则可以实现黑色线条区域内任意的气门正时。

表 2-4 VVT 系统布置形式对比

类别	结构示意图	布置简述	优势	行业趋势
侧置式		远端供油的机油控制阀控制	应用成熟广泛	应用减少
中置式		机油控制阀和执行器一起装配在凸轮轴前端	响应速度比侧置式快、布置紧凑	新发动机研发的首选
电驱动		用电动机驱动 VVT 调节相位	调节范围大、响应速度快、控制精度高	逐步被推广，在混动发动机中应用优势显著

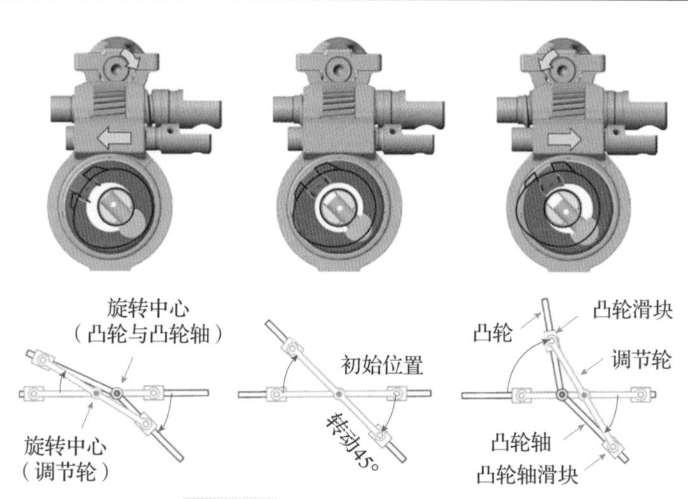

图 2-39 CVVD 的工作原理

CVVD 结合 VVT 可以根据发动机的实际运行工况，调整最合适的气门正时和持续期，可实现整个发动机运行工况性能最优（高于传统发动机和阿特金森循环发动机），并且实现更好的燃油经济性。根据现代汽车数据，可提升动力 4%，降低排放 12%，同时提升燃油经济性 5%。图 2-40 展示了进气门持续期对 WOT 性能和燃油经济性的影响。

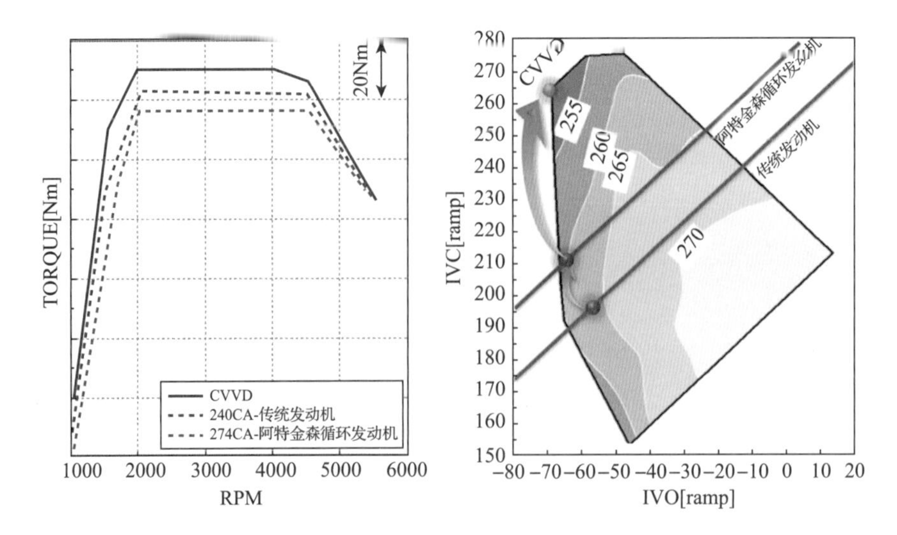

图 2-40　进气门持续期对 WOT 性能和燃油经济性的影响

（2）正时相位精度　发动机标定是按照理论正时相位角度进行的开发，只有在该条件下，发动机性能才能达到理想的效果。如果发动机实际正时相位相较于理论有较大偏差，则会影响到发动机的动力、油耗及排放性能。所以，随着对发动机动力、油耗及排放的要求越来越高，正时相位精度要求也面临越来越高的挑战。

目前提升正时相位精度的主流方法是通过直接提升初始物理相位精度的方式来实现。发动机正时系统主要有两种装配方式：标记点法和工装法。这两种装配方式中，影响物理相位精度的主要因素有所不同。

1）标记点法。该装配方式通过标记点和定位销来确保曲轴与凸轮轴的初始装配关系，主要通过缩小正时系统各零部件的公差来提升相位精度。由于传递尺寸链较长，影响相位精度的因素较多。例如影响较大的因素有：①相位器正时标记点与定位销孔的相对位置角度公差；②链条的尺寸公差；③凸轮角度偏差；④凸轮轴与相位器定位销配合间隙；⑤相位器锁销间隙等。

2）工装法。该装配方式先固定曲轴和凸轮轴的正确位置，再装配正时系统零部件并拧紧螺栓来提升相位精度。与标记点法相比，该方式可以有效消除正时链系统的部分公差传递因素，如：①相位器正时标记点与定位销孔的相对位置角度公差；②链条的尺寸公差；③凸轮轴与相位器定位销配合间隙等。但仍存在影响相位精度的因素，例如影响较大的因素有：①相位器锁销间隙；②正时卡板工装与凸轮间隙；③凸轮角度偏差等。

在以上两种装配方式的基础上，分别结合生产线大量实测正时相位偏差数据，在数据水平趋势稳定后，根据中值偏移情况，统一进行补偿调整，能进一步提升相位精度。

通过上述方法，目前行业内的发动机正时系统初始物理相位精度，标记点法可以控制在 ± 5°CA（概率法）内，工装法可以控制在 ± 3°CA（概率法）内。同时，采用在线装配时的相关辅助检测，可以保证发动机正时相位满足要求。

但是随着需求的提高，通过提升物理相位精度的难度越来越大，行业内提出了一种新的解决办法：通过精确测量识别其偏差值后，将测量值反馈给 ECU，ECU 根据该给定值自动调整相位初始基准，增加正时相位 ECU 识别值的补偿量，以此作为修正。例如，大众 EVO 在生产线上控制曲轴至凸轮轴之间的相位偏差 + 实测凸轮相位偏差（该部分为凸轮轴的物理相位偏差），并将曲轴及凸轮轴之外的相位偏差实测并输入 ECU，结合发动机运行后的曲轴和凸轮轴信号同步检测，即可区分发动机的物理相位偏差及传感器电信号偏差，再在 ECU 内部通过算法进行修正，如图 2－41 所示。

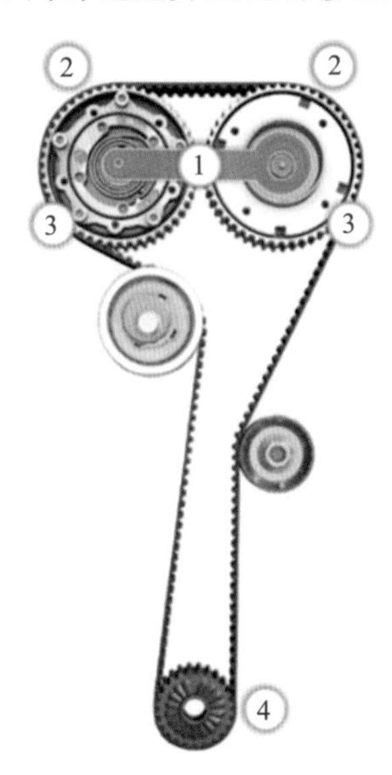

①凸轮轴

优化凸轮轴放置的精度活塞上止点位置

- 释放间隙（进气、排气）

②凸轮桃尖

记录气门凸轮轴偏差

- 测量凸轮的机械偏差，作为发动机控制单元的输入参数

③脉冲信号轮

记录电信号和机械偏差

- 采用高精度凸轮轴脉冲信号轮
- 测量电信号和机械偏差，作为发动机控制单元的输入参数

④曲轴

记录电信号偏差

- 测量活塞在机械上止点位置时曲轴信号偏差，作为发动机控制单元的输入参数

图 2－41　大众通过实测电信号偏差来修正物理相位的示意图

（3）低功耗　配气机构的运动件较多，研究表明，发动机自身的功率损耗，配气机构约占 10%。减小配气机构的功率损耗，可以有效提升整机的燃油经济性。

得益于 CAE 技术和工艺手段的提升，配气机构上的很多零部件重量被大幅度减轻。以凸轮轴为例，近年来中空凸轮轴的应用比例升高，中空凸轮轴相较于传统凸轮轴，重量减轻约 45%。另外，组合式凸轮轴也被越来越多的主机厂采用。经研究，在一台 1.5T 直列四缸发动机上，进排气凸轮轴均采用组合式凸轮轴，平均可以减少约 3N・m 的驱动力矩。图 2－42 为组合式凸轮轴示意图。

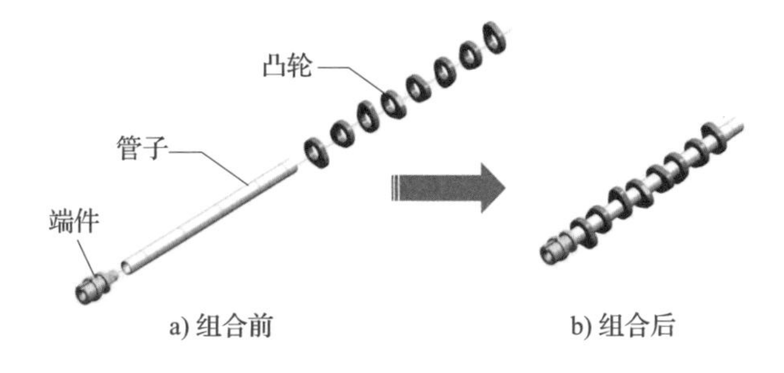

图 2－42　组合式凸轮轴示意图

此外，蜂窝型气门弹簧、轻量化链条、轻量化气门、滚子摇臂与液压挺柱，也在设计上被越来越多地采用，作为降低摩擦功耗的技术方案。

配气机构传动路径较长，摩擦副较多，降低摩擦功损失的研究和应用较多。表 2-5 列举了几个典型的措施。

表 2-5　配气机构降摩擦的典型措施

措施	收益
涂层技术	以机械气门挺柱 DLC 涂层为例，研究显示，可以降低整机功率损耗约 0.3%
材料技术	采用 PA46 低摩擦导轨及其他新型导轨材料，可以降低整机功率损耗约 0.3%
降低张紧力	以博格华纳的 VFT 双柱塞式张紧器为例，可以降低整机功率损耗约 0.2%

2. 基于 NVH 需求的设计

（1）正时传动系统　正时传动系统是发动机的重要组成部分，它的作用是保证凸轮轴和曲轴同步运动，准确地实现适时开启和关闭气门。正时传动系统主要有带传动和链传动两种方式。正时带噪声较小、重量轻，但需要定期检查和更换。正时链条结构紧凑、传动效率高、耐磨性高、终身免维护，但一般比正时带噪声要大。表 2-6 展示了正时传动系统几种形式的性能对比。

表 2-6　正时传动系统几种形式的性能对比

对比项目		干式传动带	湿式传动带	套筒链	齿形链
效率（摩擦）		4	5	5	4
耐久性	维护	4	3	5	5
	环境鲁棒性	5	3	5	4
	故障检测	4	4	5	5
重量		3	3	4	4
轴向空间		3	3	4	5
NVH		4	5	3	5
动态特性		4	4	4	4
成本		4	3	5	5
备注		数字越大，代表性能越优			

不论是带传动还是链传动，都可以通过系统设计优化，达到一定的 NVH 目标。从当前的应用趋势来说，链传动技术方案被运用到更多的新开发发动机上。如图 2-43 所示，根据 HIS 汽车调查数据，2010—2019 年市场份额，链传动占比逐年增加至 68%，带传动占比逐年减少至 32%。

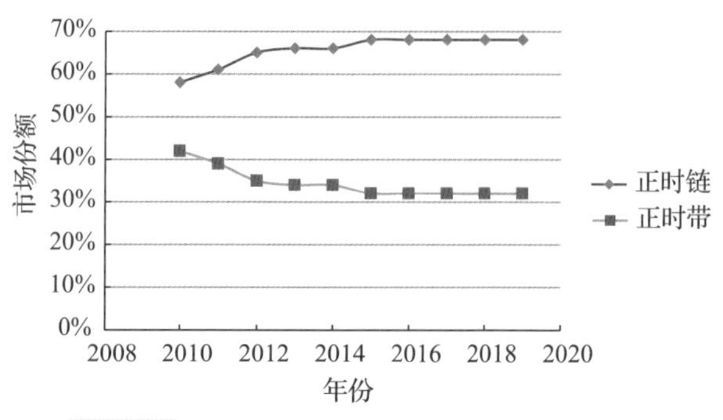

图 2-43　2010—2019 年链传动和带传动市场占比

按照链条的结构形式，链传动可分为套筒链、滚子链、齿形链（又名静音链）。链传动噪声的主要激振成分为啮合冲击和多边形效应引起的振动，与发动机噪声的主要阶次激励耦合在一起，便会产生低频共振；与发动机周边零部件的响应相互作用，在相对高频处产生了链传动典型的哀鸣声。齿形链通过工作链板与链轮齿的渐开线齿形进行啮合传动，阶次噪声优于套筒链和滚子链，但差别在于部分转速区域，对整机辐射噪声影响较小。

在某 1.5T 发动机上开展套筒链和齿形链的 NVH 对比试验，齿形链在满载加速（1500～2000r/min）时总声压级降低约 1.5dB(A)，前端轮系侧 3000r/min 以下降低约 2dB(A)，2200～2700r/min 阶次峰值削弱，如图 2-44 所示。

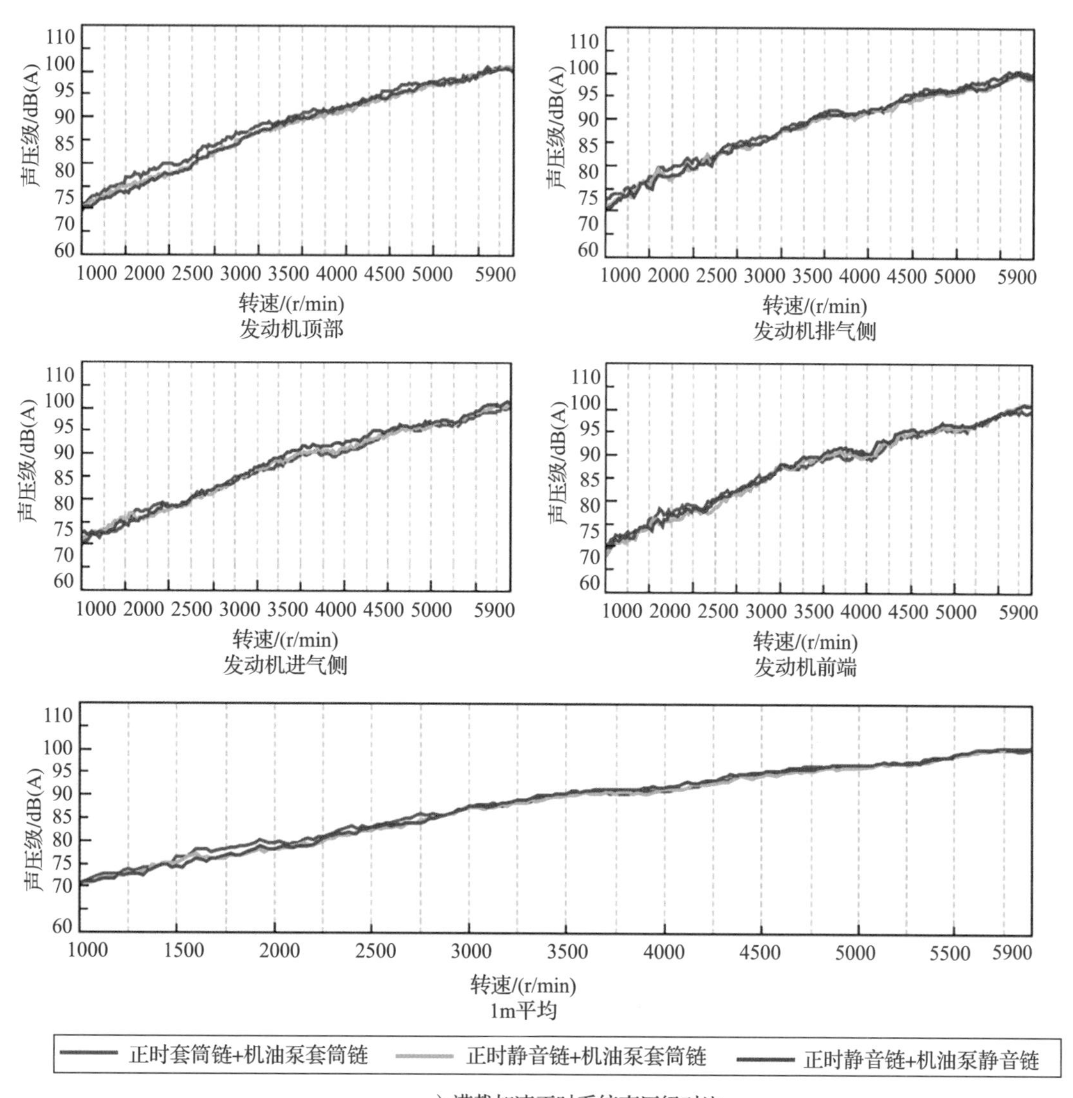

a）满载加速正时系统声压级对比

图 2-44 满载加速正时对比

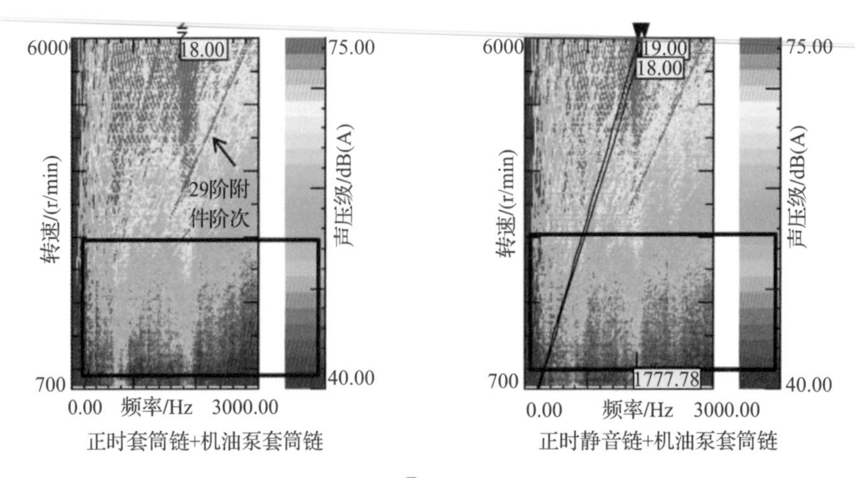

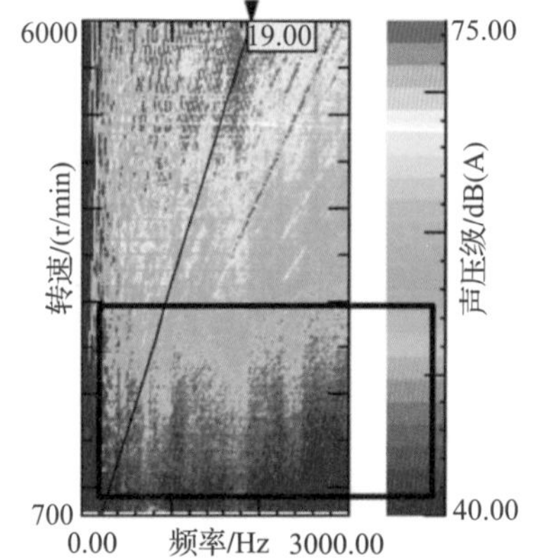

b）满载加速正时系统色图对比

图 2-44 满载加速正时对比（续）

正时链系统提升 NVH 性能的路径较多，表 2-7 列举了几个典型的措施。

表 2-7 正时链系统提升 NVH 性能的典型措施

零部件	提升措施	说明	收益
正时链	采用小节距齿形链	链条速度变化和链节啮入链轮产生冲击的动载荷较小	3
	采用内啮合与外啮合链板混装链条	打乱链条与链轮啮合阶次噪声	5
张紧器	优化张紧器配置	调整张紧器泄漏量，进而优化链条张紧力（增加或降低）	2
	提升张紧器的建压速度	采用高流量单向阀、低高压腔容积比推荐 1∶1~6∶1、张紧器入口油道尽量短	3
链轮	采用随机齿链轮	改变链节与链轮的啮合力及啮合时间（非规律啮合）	5
	采用包胶链轮	降低或吸收链条与链轮啮合冲击载荷，一般应用于套筒链、滚子链	4

（续）

零部件	提升措施	说明	收益
导轨	提升动/定导轨刚度	采用钢制或铝合金支架，减小受链条张紧力、温度变化产生的变形量	2
	优化动/定导轨型线	松边（动轨侧）内凹率推荐5%～25%，紧边（定轨侧）内凹率推荐1%～9%	2
其他	改进周边结构零部件（如前罩壳）的共振频率，优化模态	调整结构件壁厚、加强筋位置等	3
备注	数字越大，代表收益越优		

（2）气门驱动组件　目前市场上气门驱动组件应用类型主要包括RFF（滚子摇臂）+HLA（液压挺柱）和MLA（机械挺柱）两类。基于用户越来越敏感的NVH性能要求，更多的主机厂在新发动机开发时选择RFF+HLA。图2-45为MLA和RFF+HLA的噪声和振动对比。

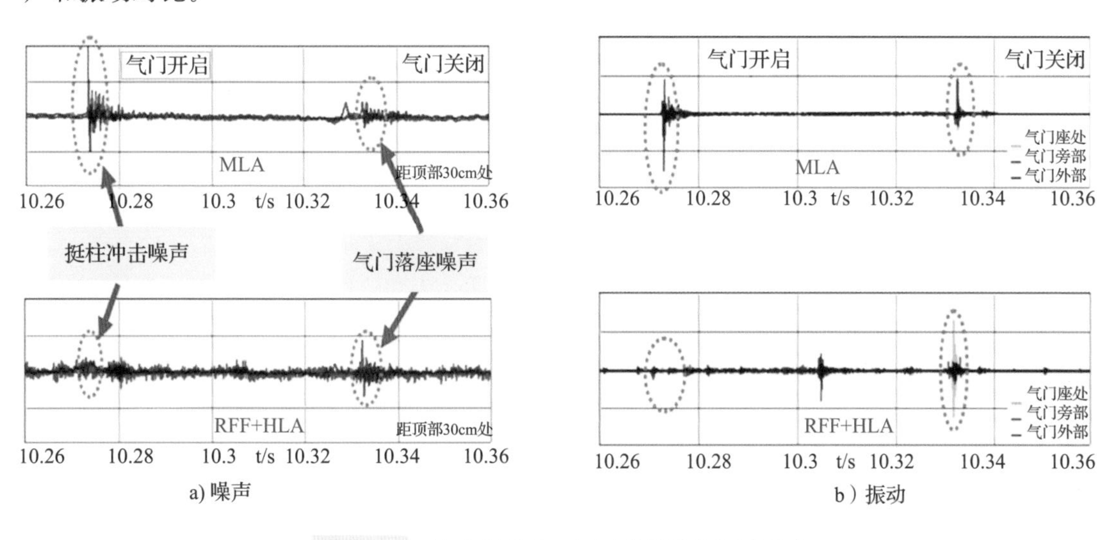

图2-45　MLA和RFF+HLA的噪声和振动对比

RFF+HLA的NVH性能主要受机油供给的影响，表2-8列举了几个典型的提升NVH性能的措施。

表2-8　几个典型的提升NVH性能的措施

零部件	提升措施	说明	收益
机油	减少机油含气量	含气量增加，机油可压缩性升高，配气系统的刚度降低，配气系统易产生冲击噪声。减小机油中含气量，可有效降低配气机构噪声的发生概率，一般要求在最高转速、暖机状态下，机油含气量不超过7%	4

（续）

零部件	提升措施	说明	收益
机油	提升机油清洁度	机油中杂质造成的 HLA 卡滞、发软，均将导致配气机构异响。为提升机油清洁度，推荐机油滤清器微孔尺寸在 10～15 μm，一次过滤循环可将机油中 10 μm 以上的颗粒物过滤掉 50%以上	4
HLA	提升 HLA 的建压速度	优化 HLA 柱塞与壳体设计	5
备注	数字越大，代表收益越优		

2.5 冷却及热管理

2.5.1 设计策略与原则

现代汽车发动机的冷却系统几乎都采用强制循环水冷系统，即利用水泵提高入口冷却液的压力，强制冷却液在发动机中循环流动。强制循环水冷系统由水泵（电子水泵）、散热器、冷却风扇、调温器（电子调温器、热管理模块）、补液壶、缸体水套、缸盖水套（燃烧室水套、排气道水套）、附属装置（暖通芯体、机油冷却器、变速器油冷却器、EGR 冷却器、增压器等）及相应连接管路组成。

冷却系统的基本功用是确保发动机在所有工况下都能够在舒适的温度（通常冷却液温度控制在 90～105℃）下高效工作。冷却系统既要防止夏季发动机过热，也要防止冬季发动机过冷。在冷态下的发动机起动之后，冷却系统还要保证发动机迅速升温，尽快达到正常的工作温度。

由于汽车发动机工况时刻处于变化之中，导致发动机并非每时每刻都处于最佳冷却状态，因此对冷却系统的深入研究、设计优化是发动机设计的永恒课题。

大量研究表明，冷却液带走的热量占燃料燃烧释放总能量的 20%～30%，是发动机能量主要的“消耗者”之一。冷却系统设计考虑的节能基本途径如下：

1）根据整机工况，调节冷却液流量，降低热损失。

2）通过自己吸收的废热量再作用辅助其他系统以实现节能减排。

3）通过冷却液温度调节装置将冷却液温度迅速提升，同时在冬季寒冷环境维持机体温度，减少运动副摩擦损失。

为了提升冷却系统对节能减排的贡献，需要对与冷却系统相关的各系统进行深入分析，以梳理出各系统对冷却系统的具体功能需求。

发动机总成各系统对冷却系统的设计需求分述如下：

缸体及曲柄连杆机构/缸盖及配气机构：确保冷机时，曲柄配气能够快速升温，热量不被冷却系统带走；达到一定温度后，冷却液带走部分热量，保持在适当的温度范围内；大负荷时，需要冷却液带走尽可能多的热量，降低机体温度。

进气系统：确保低温环境节气门体不结冰，并对 EGR 冷却器加热以减少冷凝水的形成；热机时，保证 EGR 气体温度在合理范围。

排气系统：确保极热时，保护涡轮增压器（TC）不过热。

润滑系统：确保冷机时，机油能快速升温，热机及大负荷时，机油能够保持在合理的温度范围。

曲轴箱通风系统：确保极寒环境曲轴箱通风系统管路不结冰，保证曲轴箱通风系统正常功能。

整车相关系统、零部件对冷却系统的设计需求有：

暖通和空调系统：确保冬天等低温环境下，冷却系统（暖通芯体）快速升温，满足快速除霜、除雾和乘员舱取暖需求；夏天，空调不会因冷却液温度过高而被频繁切断。

散热器：确保低温环境时，冷却液温度波动小；高温环境时，通过散热器带走的热量适当。

结合各系统的需求，冷却系统的设计需要实现表 2-9 列出的设计目标。

表 2-9　冷却系统设计目标

冷却系统实现目标		作用	实现模式
冷却液温度管理	冷起动过程中冷却液温度快速提升	解决机油乳化、机油增多问题，降低摩擦	冷起动冷却液流量小；参与循环容积小
	低速小负荷提高冷却液温度	降低摩擦	提高散热器支路开启温度
	高速大负荷降低冷却液温度	减少或避免爆燃，提升发动机可靠性	加大散热器流量，降低散热器支路开启温度
润滑油温度管理	冷起动工况利用冷却液加热润滑油	降低摩擦	冷却液加热润滑油
	低速小负荷利用冷却液加热润滑油	降低摩擦	冷却液加热润滑油
	高速大负荷利用冷却液冷却润滑油	避免机油黏度过小，降低磨损	冷却液冷却润滑油
金属温度管理	避免发动机过热，提升发动机可靠性	减少或避免爆燃，提升发动机可靠性	加大散热器流量，降低散热器支路开启温度
	优化爆燃边界，提升整机性能	燃烧温度提高，$\lambda = 1$ 的范围更广	缸盖燃烧室水套无流动死区，冷却效果好
	减小发动机摩擦功，降低油耗	降低摩擦	低温时提升缸体壁面温度
	加速燃油蒸发，降低碳氢排放	解决机油乳化、机油增多问题，降低摩擦	低温时提升缸体壁面温度
发动机热管理	发动机冷却系统散热量管理	外围冷却部件最优设计	高温时，加大散热器支路流量减少 IEM 支路流量
	发动机排气热量回收与利用	加快冷起动温升	低温时增压器、EGR 及 IEM 加热冷却液
	催化器快速起燃，降低排放	降低排放	加快冷却系统温升
	为乘员舱加热，提升舒适性	用户感知效果好	用户有采暖需求时将热量引到暖通

从以上设计目标可以看出，要同时达成冷却系统所有的设计目标是困难的，在设计冷却系统时，应综合考虑性能、可靠性、工艺、维修等要求，充分利用 CAE 工具，平衡各系统需求、优化冷却系统设计。CAE 分析工作首先通过计算流体动力学（CFD）仿真分析对冷却水套进行优化，主要从水套流量分配、关键区域换热系数、水套流阻等维度，评价冷却水套流道和进出口设计在平衡各系统需求方面的效果；其次开展缸体缸盖流固耦合温度场分析，确保燃烧室温度不超过限值，同时为缸体缸盖有限元分析提供热边界条件。

在设计现代高效率、大功率发动机时，越来越注重冷却系统对发动机的“辅助节能”需求。

2.5.2 基于属性需求的设计

随着内燃机功率的不断强化，以及对排放和经济性的要求不断提高，现代车用发动机对冷却系统的要求越加苛刻。为了使发动机在任何工况和环境下都能在最佳的温度下工作，同时又能尽量减少冷却系统消耗的功率，现代车用发动机采用了新的冷却系统设计理念和工作部件，取得了比较明显的效果。

图 2－46 是长安某机型冷却系统在采用不同的技术方案时，对冷机状态下燃烧室金属温度温升的贡献分析情况。从分析可以看出，采用冷却系统零流量的技术方案对燃烧室固体温升贡献最高。目前实现冷却系统完全零流量的方式主要有两种：一种是采用电子水泵技术；另一种是在水泵出口（或入口）位置安装控制阀，使冷却液在水泵内空转，冷却液不流经水套。

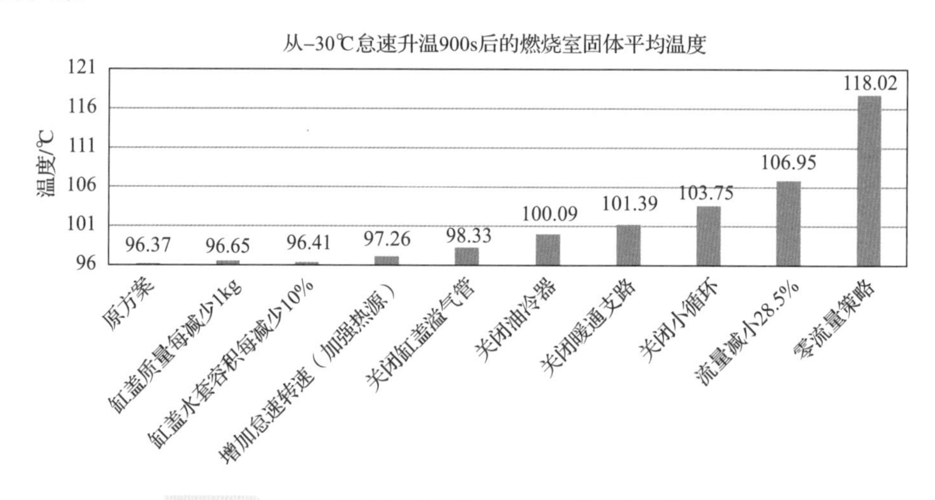

图 2－46　长安某机型冷却系统各方案对燃烧室固体温升贡献

先看看传统传动带驱动水泵冷却系统存在的问题。传动带驱动水泵是发动机普遍采用的方式，只要发动机运转，水泵就在传动带驱动下工作，水泵的泵水量只能根据发动机的转速变化，不能根据冷却液温度条件控制冷却液的流量。大量研究表明，传动带驱动的传统水泵的泵水量仅在 5%的时间内是正确的，存在大比例过度冷却的情况。泵水量的控制不准确，传动带驱动水泵消耗过多的机械功，造成了不必要的机械损失，影响了整机热效率的提升。为了提升整机热效率，保证发动机在最佳的温度下工作，精准地控制冷却液的流量，现在的设计趋势是采用电子水泵，电子水泵可以实现其转速与发动机转速解耦，使得冷却液流量能根据工况按需调整。当发动机低温冷起动时，电子水泵关闭，实现零流量；当发动机低温低负荷运行时，电子水泵低转速运转，保持发动机在较高冷却液温度下运行；当发动机在高温高负荷运行时，电子水泵高转速运转，将发动机产生的热量尽可能多地带入散热器进行散热降温。预估电子水泵可以减少燃油消耗2%～3%。在采用电子水泵时，需要关注其容量的确定，大容量的电子水泵在满负荷运行时电流较大，对发动机的相关零件如发电机、蓄电池、线束等提出了更高的需求。因此，降低电子水泵的额定功率日益迫切，同时降低冷却系统缸体、缸盖水套及附件流阻也越来越重要。

如图2-47a所示，传统的缸体缸盖冷却液分布方式都是冷却液先进入缸体水套，然后通过各缸之间的上水孔流入缸盖，再经由缸盖上的出水孔进入调温器座，冷却液流经路径较长，流阻较大。为了降低缸体、缸盖水套流阻，现代汽车发动机基本采用图2-47b所示的分流式水套。冷却液分别进入缸体、缸盖水套后，在调温器座处汇集。因冷却液流经路径缩短，且在总流量一致的情况下，流经缸盖的流量减少，大大降低了流阻。

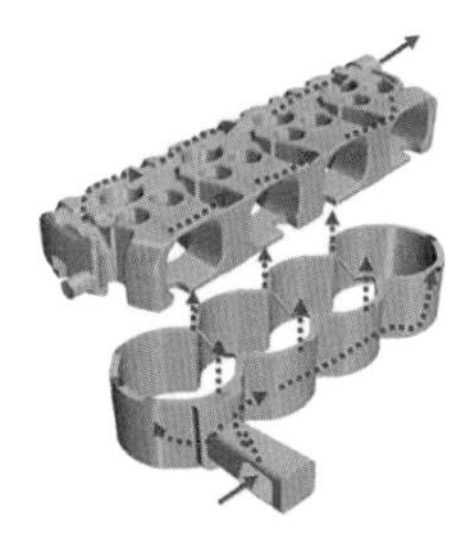

a) 传统式冷却水套

b) 分流式冷却水套

图2-47 水套流动形式

为了提高充气效率，一定程度上减少爆燃的倾向，降低曲柄连杆机构的摩擦，以求更好地发挥出发动机的性能，需要保持缸体的温度比缸盖的温度稍高，一般要求高10～15℃。通常是缸盖水套中的冷却液温度上升较快，而缸体水套内的冷却液温度上升较慢，为了实现缸体温度快速升温并比缸盖温度稍高的目的，在采用分流式冷却方式时，一般会增加布置一个调温器单独控制缸体水套流量。在环境温度较低的情况下冷起动时，通过调温器使得缸体水套实现零流量，缸套金属温度快速上升，降低了活塞组的摩擦，实现降油耗的目的。

众所周知，调温器是发动机中调节和控制冷却液各支路流量分配占比的重要部件。目前广泛使用的机械蜡式调温器具有结构简单、可靠性好等优点，但其只能根据调温器蜡包处冷却液的温度进行开闭动作，由于响应速度慢导致冷却液的温度变化范围大，不利于减少摩擦、降低油耗。为了保证发动机在高温大负荷下工作时的可靠性，一般机械蜡式调温器的开启温度设计得较低，这导致发动机在绝大部分工况下热平衡温度较低，不利于减少摩擦、降低油耗。为了根据发动机工况更好地控制冷却液温度，越来越多的发动机开始使用热管理控制模块（TMM）来取代机械蜡式调温器。TMM通过直流电动机与感应式位置传感器构成的驱动机构来工作，根据工况需求，ECU发出PWM信号驱动直流电动机转

动，从而转动蜗杆和蜗轮使转阀到目标转角，实现对冷却液流量的精确控制。目前，大众、丰田、通用等 OEM 最新机型几乎标配 TMM，研究表明，TMM 可以有效地改善燃油消耗和排放，并提高乘客舒适度及延长发动机的使用寿命。但是，热管理控制模块因结构复杂，技术应用范围并不广。表 2-10 对热管理控制模块、蜡式调温器、电子调温器性能进行了对比。

表 2-10　热管理控制模块与调温器对比

产品	蜡式调温器	电子调温器	热管理控制模块
开启温度	单一	在一定范围内	任何温度下均可开启
控制原理	仅依靠冷却液温度控制	冷却液温度和电加热同时控制	电动机驱动
控制支路	无副阀门的仅控制大循环，有副阀门的还可控制小循环	无副阀门的仅控制大循环，有副阀门的还可控制小循环	可同时控制多个支路的通断及流量分配
反应时间	行业要求≤90s，目前可以做到≤70s	通电时，30～50s	≤3s
滞后性	≤3℃	≤3℃	无滞后
冷机怠速温升	无帮助	无帮助	可阻断旁通支路，加快温升速度
流阻损失	100L/min，约 20kPa	100L/min，约 20kPa	100L/min，约 5kPa

大量研究表明，发动机排气带走的热量占燃油热量的 30%以上，如何有效地利用排气热量，关系到发动机油耗的降低程度。当前的高功率发动机大多将排气歧管集成于气缸盖内，这对发动机冷却系统来说就增加了一个热源，排气歧管内的高温废气能直接与缸盖水套进行热交换，冷起动时能实现更快地暖机，使发动机更快地进入高效的工作状态，减少内部构件的摩擦，从而达到降低排放、节省油耗的目的。另一方面，排气歧管内的高温废气与缸盖水套的热交换也能够降低排气温度，也就能降低涡轮增压发动机中涡轮增压器的进气温度，因此可以采用相比之前更高的涡轮增压度，从而提升发动机的动力性。与此同时，由于集成式气缸盖排气歧管缩短了与涡轮增压器的气路长度，理论上可让涡轮增压器取得更快的响应速度，提升动力响应。集成式气缸盖排气歧管由于排气路径的缩短，还能加快三元催化器的起燃速度，降低发动机排放。

由于集成式气缸盖排气歧管也起到了简化发动机总成零部件数量的作用，从而能让发动机减轻 3～5kg 的重量，这些减轻的重量位于发动机顶部，对于整车的重心降低是有所裨益的。

在采用集成排气歧管这项技术时，某涡轮增压发动机的进气温度与发动机出水温度变得强相关，如图 2-48 所示，发动机出水温度对进气温度的反应很敏感，进气温度的升高会导致发动机冷却液温度的升高，如果采取推迟发动机点火提前角的措施，使得排气温度升高，又引起涡轮增压器的热辐射等导致进气温度的升高，进而产生冷却液温度升高的恶性循环。因此，需要采取措施严格控制进气温度，其温度目标需要严格按要求达成。

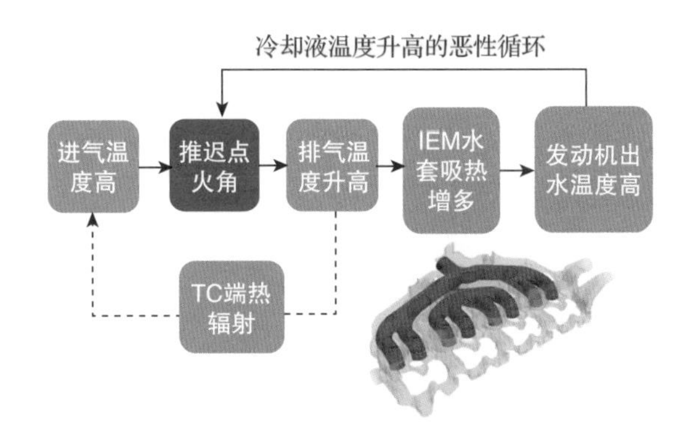

图 2-48 集成排气歧管涡轮增压发动机的冷却液温度、进气温度相关性示意图

2.6 润滑及低摩擦

2.6.1 设计策略与原则

润滑系统主要由机油泵总成、油底壳总成、机油集滤器总成、机油冷却器总成、机油滤清器总成、活塞冷却喷嘴、油位计总成及润滑油道等组成。

润滑系统贯穿于整个发动机内部，在发动机工作时，系统利用机油泵提高入口机油的压力，连续不断地将数量足够、温度适宜的洁净机油输送到传动部件的摩擦副表面，并在表面间形成油膜实现液体摩擦，降低零部件的磨损，减小零部件摩擦阻力和机械功率损失，此外还要保证 VVT 等液压元件有足够的油压以实现其功能。

从上述润滑系统的组成和基本功能来看，润滑系统的设计主要应遵从以下设计原则：

1）机油以一定的压力供给至摩擦表面，保证主轴承、连杆轴承、活塞、配气机构、增压器等系统及零部件实现液体摩擦并降低摩擦功耗，同时保证 VVT、活塞冷却喷嘴、液压挺柱等液压元件实现功能。

2）清除机油中的杂质，保持机油的清洁。一般先通过机油集滤器粗滤，再通过机油滤清器精滤，滤除机油中的杂质。

3）散出传递给机油的热量，将油温保持在一定的范围以内。在高性能大功率的强化发动机上，必须增设机油冷却器进行机油散热，控制机油的温度。

4）轴功率消耗小。润滑系统轴功率消耗主要来自于机油泵自身驱动轴功率。

5）修理和维护方便。机油及其滤清器需要定期更换，因此机油滤清器及油底壳放油螺栓要设计在方便操作位置，且能将机油排空。

结合上述设计原则，在进行润滑系统设计的时候，可按照表 2-11 的需求与策略进行设计。设计时综合考虑性能、可靠性、工艺性、标定控制及维修等要求，充分利用 CAE 手段优化润滑系统的设计。主要通过 1D CFD 分析确认主油道最低压力需求，分析时根据选定的润滑系统原理图，以最大轴瓦间隙和发动机允许的最高机油温度作为边界条件；另外，在采用全可变机油泵技术方案时，还需要通过 1D CFD 分析初步确认机油压力需求范围，为机油泵控制策略标定提供基础数据。

表 2-11 润滑系统设计目标

需求	设计策略
保证润滑油路有足够的油压及流量	通过润滑系统 1D 分析，保证润滑油道合理的流量分配及流阻性能 采用变排量机油泵，根据发动机转速及负荷调节机油压力
冷起动过程中机油迅速升温	采用变排量机油泵和电磁阀控制活塞冷却喷嘴技术，在冷起动过程中减少机油循环流量
高速大负荷下机油温度不超标	增设机油冷却器
降低摩擦	采用低黏度级别机油
减少机油泵轴功率消耗	采用变排量机油泵

在设计现代高效率、大功率发动机时，应着重考虑机油压力的精确化控制、减少机油泵轴功率消耗和采用高质量等级的低黏度级别机油降低摩擦技术的应用。

2.6.2 基于属性需求的设计

油耗、排放法规的要求日益严格，因此润滑系统除了实现常规功能外，更多的节能减排新技术应用在新开发发动机上，以求最大限度地降低发动机燃油消耗。根据最近 5 年的市场调研，各大主机厂（如大众、丰田、通用等）在最新设计的发动机上几乎都采用了变排量机油泵，变排量机油泵在发动机不同转速、负荷下运转时能根据工况调节机油泵排量，减小机油压力，降低发动机功率损耗以取得降低油耗的效果。具体来说，本节讨论的变排量机油泵是指通过电磁阀对机油泵排量进行调节，从而实现机油压力根据需求精确控制的机油泵。试验证明，匹配成熟的变排量机油泵，可以通过机油泵排量调节将机油压力减少 30%以上，从而实现油耗减少 1.5%～3%。

根据排量调节形式，变排量机油泵可分为二阶变排量机油泵和全可变排量机油泵。

二阶变排量机油泵设计采用开关式电磁阀，一般以发动机压力需求作为目标，通过控制开关式电磁阀的开闭，可以实现机油压力在高低压模式下切换。如图 2-49 所示，绿线代表机油泵工作在低压模式下的油压，红线代表机油泵工作在高压模式下的油压，通过开关式电磁阀的开闭可实现机油压力在两者之间切换。

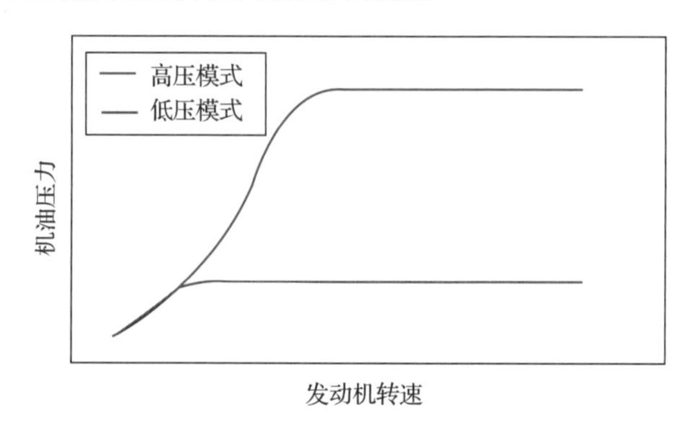

图 2-49 二阶变排量机油泵压力调节区域

全可变排量机油泵设计采用比例式电磁阀，以发动机不同转速、负荷下的压力需求为目标，通过给比例式电磁阀输入不同的占空比，可以实现机油压力在最高油压和最低油压之间任意调节，满足发动机不同工况下的压力需求。如图 2－50 所示，绿线代表保证发动机可靠性的最低油压，红线代表机油泵不变排量下的最高油压，两者中间的油压范围都可以根据发动机需求进行调节。

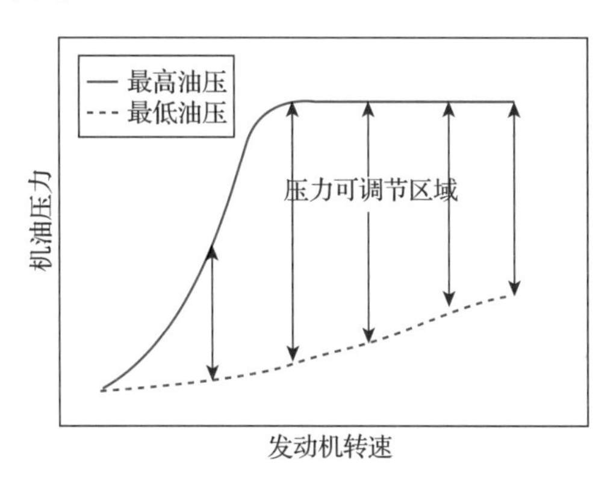

图 2－50 全可变排量机油泵压力调节区域

大功率高性能的发动机大多采用活塞冷却喷嘴对活塞组件喷机油进行冷却降温。传统的活塞冷却喷嘴工作方式为当机油压力达到开启压力时才推动阀门开启，给活塞喷油冷却。电磁阀控制活塞冷却喷嘴技术是指利用电磁阀对喷嘴的油道进行开闭控制，主动控制活塞冷却喷嘴的喷油。目前 50%以上的主机厂在采用变排量机油泵的同时，还采用了电磁阀控制活塞冷却喷嘴技术，以达到降低机油泵排量、降低油耗的目的。如图 2－51 所示，红线表示活塞冷却喷嘴（PCJ）开启的临界负荷需求，在油温、负荷较低时关闭喷油以提升机油、活塞升温速度，降低机油消耗率、改善发动机排放，提升燃油经济性；在大负荷时，开启喷油以降低活塞温度、抑制爆燃，提升发动机可靠性。

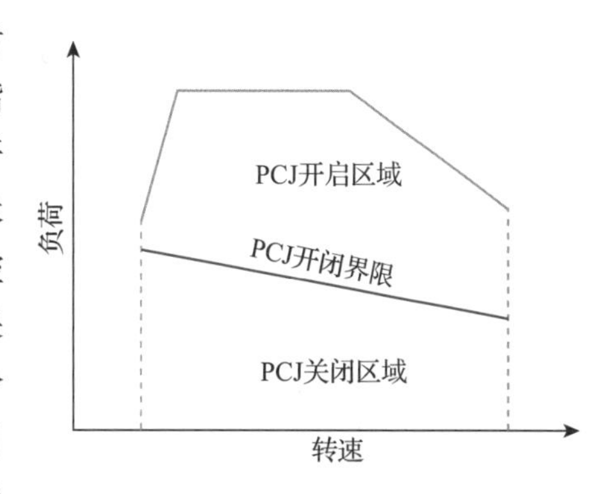

图 2－51 可控活塞冷却喷嘴开闭区域

随着乘用车节能环保要求的不断提高，以及油耗排放法规的严苛，促使各主机厂采用直喷、涡轮增压、EGR、低黏度级别机油以及混合动力等新技术以降低油耗及排放。其中，采用低黏度级别机油以降低运动副摩擦损耗、提高发动机效率，已成为实现发动机节能减排的重要研究对象。采用低黏度级别机油有两种途径来提高发动机效率：一是降低机油黏度以减少低温或高速运转条件下的流体摩擦功耗，二是在发动机机油中添加摩擦改进剂，以减少高温和低速运转条件下运动副的混合摩擦功耗。

目前为确认机油对燃油效率的贡献大小，行业内通常采用 ASTM D8114 程序 VIE 测试规范进行测定，该测试采用通用 3.6L 发动机进行测定，测量发动机在机油老化 16h 及 125h 后的燃油效率。有国内主机厂目前已建立自己的测试规范。

为适应发动机技术升级带来的挑战，实现降低摩擦副摩擦损失的目标，新开发的机油

质量等级在不断提高，黏度等级在不断减低。在满足摩擦副润滑的前提下，各主机厂在新发动机开发时，都将高黏度级别机油逐步升级为高质量等级的低黏度级别机油，以减少摩擦损失，提高整机效率。

以 5W－30 和 0W－20 黏度级别机油为例，在同一台发动机上测试不同转速下的倒拖转矩，0W－20 黏度级别机油的倒拖转矩相比 5W－30 黏度级别机油改善率如图 2－52所示。A、B、C 为三种不同机油配方的 0W－20 机油，与某在用 5W－30 机油的倒拖转矩比较，随着黏度等级的降低都能降低倒拖转矩，其中 B 机油在不同转速下的倒拖转矩改善最大，降低了 6.7%～9.3%，C 机油的倒拖转矩改善最小，A 机油处于两者之间。

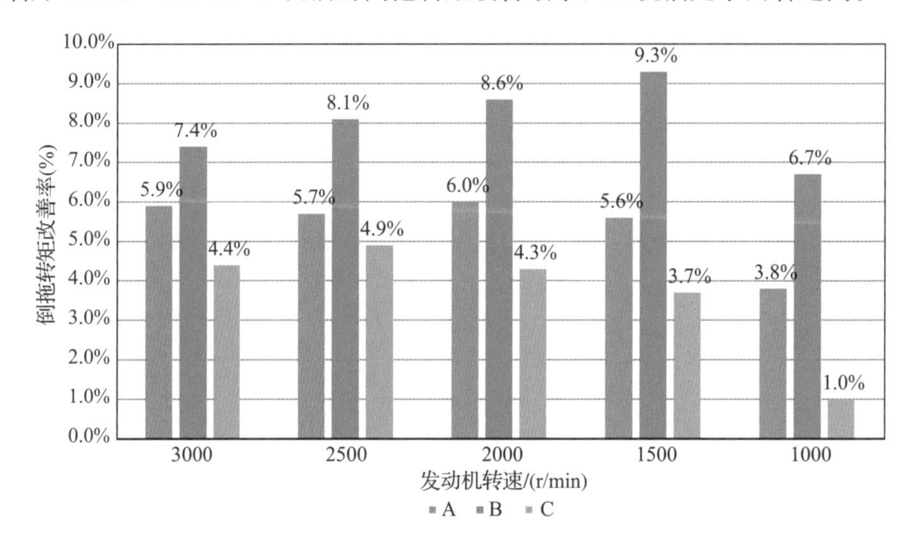

图 2－52 不同黏度油品倒拖转矩改善率

随着油耗法规要求的日益严格，采用高质量等级的低黏度级别机油是汽车发动机市场发展需要及未来主流。目前成熟在产发动机以 5W－30 黏度级别机油为主，预计到 2029 年左右，市场上将以 0W－20 黏度级别机油为主，并有约 10%的发动机采用 0W－16 黏度级别机油，如图 2－53 所示。

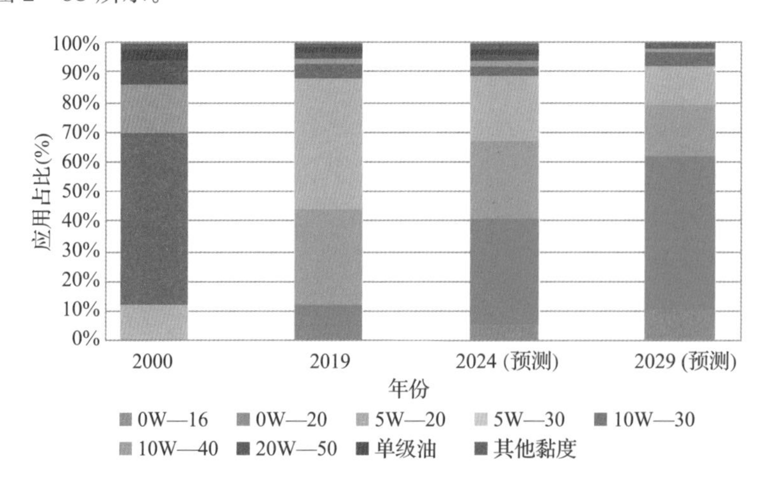

图 2－53 2000—2029 年不同黏度级别机油应用占比情况及发展趋势

2.7 进排气系统

2.7.1 设计策略与原则

进排气系统是发动机的呼吸系统，其基本功能是以尽可能小的流动损失提供满足发动机燃烧所需的温度、压力适宜的充足空气（或混合气），并使其均匀进入发动机各缸进行燃烧，通过调节进气量以满足发动机不同工况的空燃比要求。同时汇集发动机各个气缸燃烧产生的排气，尽量避免各个气缸间的排气相互干扰，使排气安全并尽可能地完全排出到尾气后处理系统。进排气系统主要由节气门体总成、进气歧管总成、排气歧管总成组成，增压发动机还增加了增压器总成、中冷器总成及相应的管路等。

从进排气系统的组成和基本功能来看，进排气系统主要应遵从以下设计原则：

1）低流阻：为提高发动机的充气效率，需要进排气系统以尽可能小的进气压力损失使得新鲜空气或可燃混合气顺畅进入气缸，并以尽可能低的排气阻力排气，减少排气残余。

2）各缸气流均匀：对于多缸发动机，气体通过进气歧管均匀分配进入各个气缸参与燃烧，从排气歧管各个气道排出的废气压降均匀，是保证发动机各缸燃烧和排放一致性的前提，一般推荐各缸气流不均匀性≤3%。

3）高可靠性：进排气系统需要满足各种可能的用户使用环境下的可靠性和耐久性要求（如极寒、极热、高原、高湿、腐蚀性高的沿海地区、雨雪天气、涉水、洗车等），特别是排气系统常常在950℃（增压发动机排气温度可达1050℃）的高温环境下工作，对可靠性的要求更需要特别关注。

进排气系统在设计过程中需要综合考虑，平衡动力性能、排放性能、NVH 性能、生产、装配、维修工艺、标定控制、轻量化等需求，充分利用 CAE 仿真等工具，提高一次设计成功率。为满足上述进排气系统的主要设计原则，实现需求目标，在设计进排气系统时，可结合需求目标采取表 2-12 列出的设计策略。

表 2-12 进排气系统设计策略

<table>
<tr><th>设计原则</th><th>分解设计目标</th><th>设计策略</th></tr>
<tr><td>低流阻</td><td>进气压力损失、排气压力损失</td><td rowspan="2">利用 GT-POWER 等软件进行寻优计算，确定气道长度、直径等最优参数
采用气道等长、对称设计及低阻力气道结构
利用 CFD 流场仿真分析优化气道 3D 模型</td></tr>
<tr><td>各缸气流均匀</td><td>各缸气流量不均匀性</td></tr>
<tr><td>高可靠性</td><td>系统模态、振动应力、疲劳强度、密封压力</td><td>合理的材料选择及结构设计
分解系统的潜在失效模式，制定评价指标，利用 CAE 仿真工具进行目标预测，对设计方案进行优化
结合整车边界进行系统级设计、分析</td></tr>
</table>

随着国家油耗和排放法规的日益严格，现代发动机未来发展的趋势除了追求更高的动力性外，还要实现更高的热效率、更低的油耗和更严格的排放要求。基于这些新的发展需

求，进排气系统的设计重点除了进一步提高各缸的进气量和均匀性、降低流阻、排气压降均匀性之外，还要关注进排气系统对缸内气体流动的改善，从而进一步提高燃烧效率。

2.7.2 基于属性需求的设计

基于现代发动机对进排气系统的新需求，为进一步提升充气效率、减少泵气损失，或者通过改善缸内气体流动进而提高燃烧效率，进排气系统在设计时常常需要应用一些新技术进行应对。

1. 可变进气技术

通过改变进气歧管的气道长度、直径或谐振容积，来实现发动机在低中高转速下对高充气效率的追求，也可以通过增加改变气流通道的可变机构对缸内气流运动进行改善以提升燃烧效率。

通常把在缸盖接口处增加改变气流通道的可变机构的进气歧管称为可变充量运动（Variable Charge Motion，VCM）进气歧管。在内气道设计时通过在缸盖气道接口处增加图 2-54 所示的结构，与缸盖气道配合，来实现涡流控制和滚流控制。这两种控制方式都可以增加压缩行程终了时的湍流强度，使火焰前锋发生明显褶皱，增加了火焰传播的面积，加速了已燃气体与未燃气体之间的热量传递，从而提升了燃烧速率。

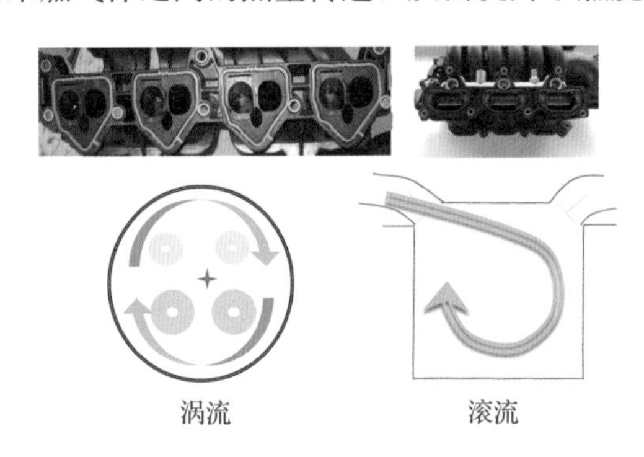

图 2-54 可变充量运动进气歧管控制方式

为了实现对进气运动的有效控制，进气歧管总成在结构设计上要具备可变气道截面结构和执行机构，以及相应的辅助结构。此外，根据发动机控制策略需求不同，其执行机构一般分为真空驱动和电动机驱动两种形式，如图 2-55 所示。

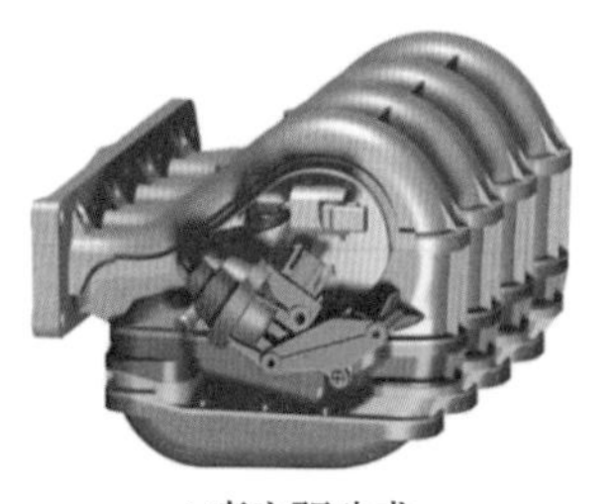

a) 真空驱动式

b) 电动机驱动式

图 2-55 可变充量运动进气歧管

从图 2 - 55 和表 2 - 13 可以看出，真空驱动式仅能实现对 VCM 阀片开、关两点调节，控制信号相对容易，需要依赖真空源，但布置空间更紧凑；电动机驱动式能够实现对 VCM 阀片不同开度的连续调节，控制信号复杂程度更高，需要独立的驱动电机，布置空间要求较大。

表 2 - 13　可变充量运动进气歧管驱动方式对比

类别	可变策略	响应时间	系统硬件需求	应用案例
电动机驱动式	多点可变	≤0.3s	驱动电机	大众 EA888Ⅱ（1.8L、2.0L） 奥迪 A6（3.0L V6） 奔腾 B70（3.0L V6）
真空驱动式	两点可变	≤0.5s	①真空源或真空泵 ②PSW 比例电磁阀 ③真空管路	日产 TR2K2 - 天籁 2.5L 克莱斯勒 World Car（2.4L） 汉兰达 1AR - FE（2.7L）

除了可变充量运动进气歧管外，根据进气歧管可变化的气道参数，还有可变气道长度（Variable Runner Intake）、可变谐振进气（Variable Resonance Intake）进气歧管两类。

（1）可变气道长度进气歧管　通过改变进气歧管的气道长度或直径，来满足不同发动机工况的性能要求。图 2 - 56 所示是比较常用的长短两个气道可变的进气歧管。其工作原理是在发动机中低转速时为了保证有更大的转矩，采用长气道进气；在发动机高转速时为了保证有更大的功率，采用短气道进气。长短气道的切换是通过气道中旋转阀片的开关进行的，阀片的驱动方式一般有气压差驱动和电动机驱动两种方式，对于要求响应快、阀片开启角度精确的，常常采用电动机驱动。

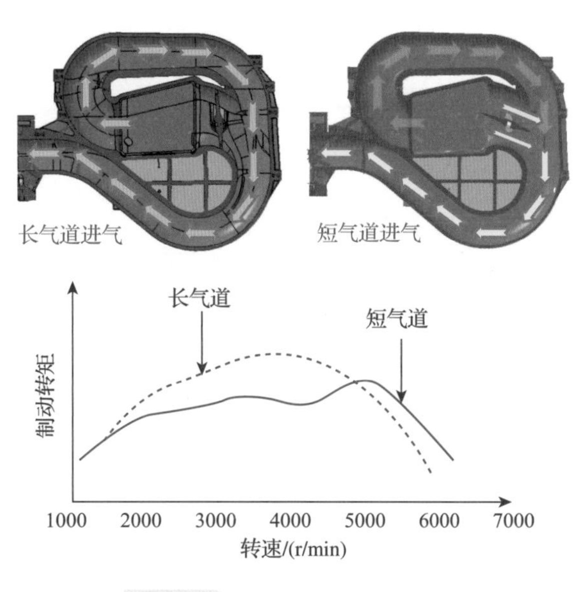

图 2 - 56　可变气道长度进气歧管

（2）可变谐振进气歧管　通过改变进气歧管的不同谐振参数（例如气道长度、直径或谐振腔容积），使发动机在整个转速范围内均能不同程度提升转矩性能，考虑到谐振效应

对各缸进气行程产生的波动效应的相互干扰比较明显，要求各缸进气行程尽可能不重叠，发动机布置上相邻点火顺序的各缸路径越长，以及各缸的进气时间间隔越长，其谐振效应的效果越明显，因此，谐振效应在 L6 和 V6 发动机上应用较多。常见的谐振效应进气歧管主要有二阶段变化和三阶段变化两种可变方式。图 2－57 所示为丰田某 L6 发动机二阶段进气谐振系统。

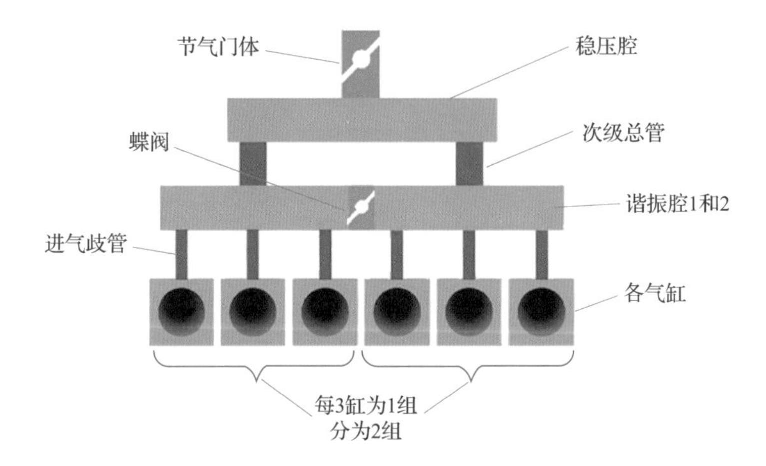

图 2－57　发动机二阶段进气谐振系统示意图

2. 进气增压中冷技术

在发动机排量不变的情况下，可以通过提高进气密度来增大发动机进气量，使发动机输出更高的功率转矩，从而提高发动机的功率密度，实现发动机小型化的趋势需求。进气增压中冷技术就是通过进排气系统集成增压器＋中冷器组合（增大进气压力、降低进气温度）来提高发动机进气密度的。从实现气体压力增大的方式来看，主要有废气涡轮增压、机械增压以及联合增压等技术。目前车用发动机上废气涡轮增压技术应用最为广泛，其结构如图 2－58 所示。

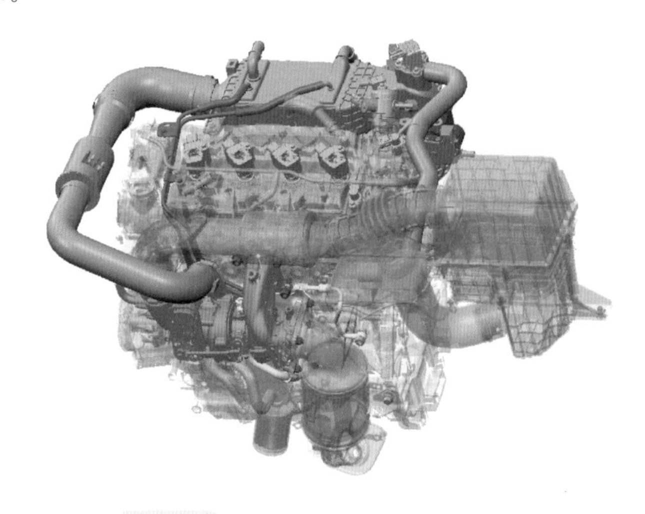

图 2－58　进气增压中冷系统结构示意图

进气增压中冷系统需可靠、高效、准确地按发动机需求提供适宜的进气压力及温度，并避免带来 NVH 抱怨。其中，增压器的气动选型与发动机进行合理匹配是实现动力需求的前提，这部分内容本书将在第 3 章中进行介绍。基于增压器系统应用工况及工作环境，在设计过程中需要特别考虑以下几个方面：

（1）合理的边界控制　从系统的角度看，压前的空滤器进气压力损失和进气温度，涡后的排气背压和排气温度，润滑系统提供的增压器核心部件的进油压力和回油阻力，以及冷却系统提供的增压器水套散热量等，都对增压器的功能产生影响，需要设置合理的指标进行控制，比如推荐空滤器进气压力损失小于 10kPa 以降低增压器漏油风险。

（2）高可靠性的系统设计　增压系统运行在高温高压的恶劣环境中，汽油增压发动机排气温度一般高于900℃。对材料特别是涡端（涡壳、涡轮等）的材料要求比较高，需要重点关注材料的耐高温性能，涡壳一般采用高镍铸铁或铸钢材料。因为增压器系统的接口及关联件比较多，在结构设计方面需要系统考虑，除产品本身的结构强度外，同时要考虑接口的密封、紧固件的可靠性。目前，在可靠性领域 CAE 仿真手段已较为成熟，可采用仿真手段对整个系统设计方案进行综合评价、优化，缩短开发周期，如图 2－59 所示。

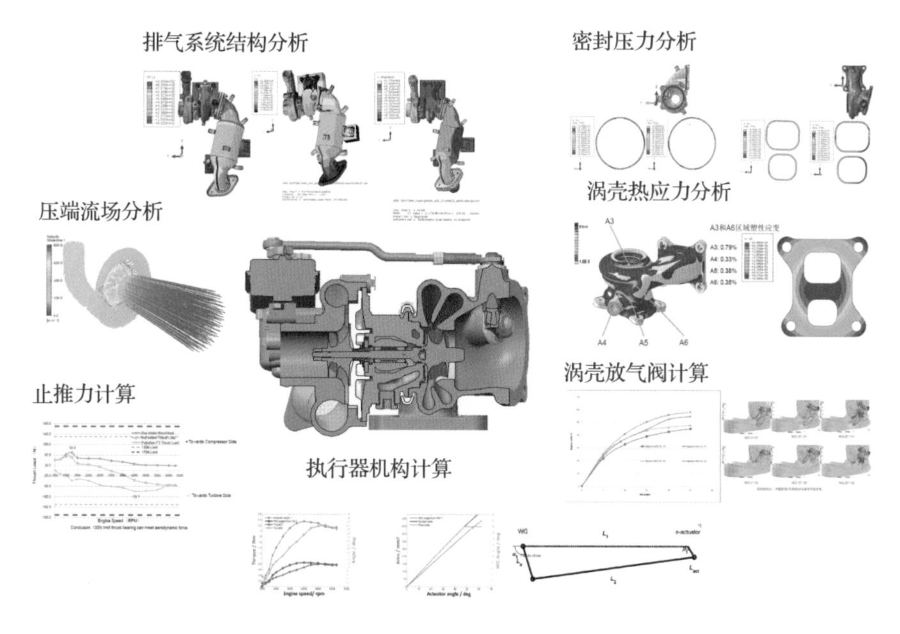

图 2－59　增压系统可靠性分析

（3）避免 NVH 抱怨　相较于自然吸气发动机，进气增压中冷技术的应用在带来性能提升的同时，也带来更为突出的噪声问题（表 2－14）。其中，涡轮增压器是本项技术中的关键噪声源，可从噪声传递路径以及噪声源控制两个方向上解决系统噪声抱怨，如图 2－60 所示。以叶轮产生的脉冲噪声为例，从声源主动消声路径上可通过控制叶轮产品质量一致性达成，如将铸造叶轮变更为机加工叶轮；从控制噪声传递路径上，可以在紧接压气机出口位置处增加谐振消声腔，还可通过增加增压器与中冷器连接管路的壁厚或者管壁密度，避免噪声向外辐射。

表 2-14　增压系统常见噪声类型

声源位置	常见噪声
压气机	喘振噪声，脉冲噪声，高频进气噪声，BPF 噪声
核心部件	油膜噪声，动不平衡噪声
涡轮机	废气阀盖（开启状态下）敲击噪声，废气盖落座噪声，BPF 噪声
进气泄压阀	泄气噪声

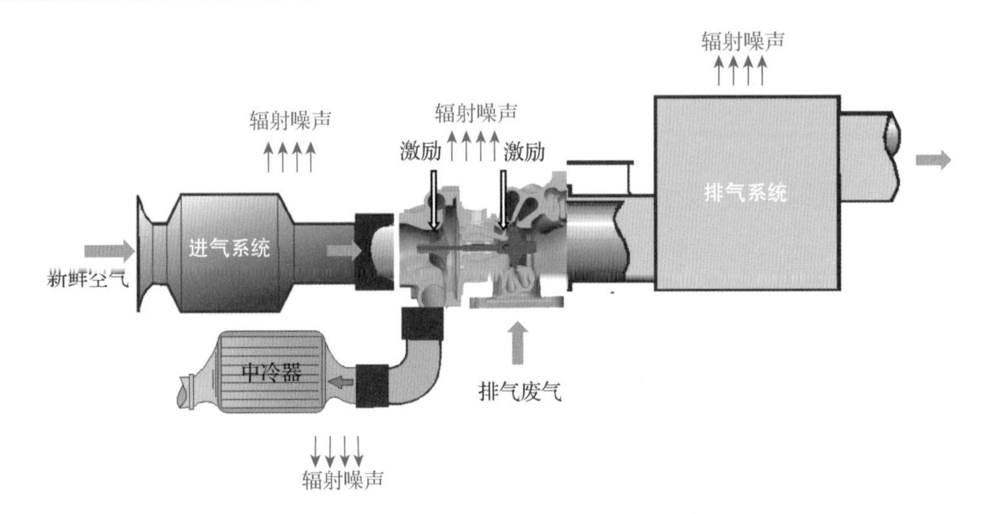

图 2-60　增压器的噪声传递路径

另外，增压系统设计中涉及的系统及影响因素众多，通过 CAE 仿真分析及单体试验验证无法全面覆盖，为此需要开展一些基于发动机和整车上的专项试验进行验证，以保证增压系统的性能及可靠性满足发动机的设计需求，见表 2-15。

表 2-15　增压系统专项试验

序号	试验	试验目的
1	增压器性能试验	验证确认增压器选型满足整机开发目标
2	温度场及回热试验	验证确认增压器在极限工况下的应用温度满足开发目标
3	起停试验	验证确认增压器在恶劣润滑工况下的轴系磨损风险
4	增压器轴系漏气量试验	验证确认增压器核心轴系漏气量满足开发目标
5	机油密封性试验	验证确认增压器在整机极限工况下的机油密封可靠性
6	轴心轨迹试验	验证确认增压器轴系窜动量满足开发目标
7	增压器发动机振动试验	验证确认增压器在整机状态下的振动满足开发目标
8	增压器油路试验	验证确认发动机中增压器机油压力和温度满足开发目标
9	夏季试验	验证确认增压器在极热环境下的应用温度满足开发目标
10	高原试验	验证确认增压器在高原工况下的应用满足开发目标
11	冷起动试验	验证确认增压器在极寒环境下的润滑条件满足开发目标
12	路谱试验	采集路谱数据以计算增压器寿命
13	NVH 试验	验证确认整车、整机 NVH 性能满足开发目标

随着油耗、排放法规的进一步加严以及国内汽车消费升级的到来，为满足高效清洁动力及优良的驾驶感受需求，增压中冷技术也在不断地升级优化。传统的风冷中冷技术逐步被水冷中冷技术替代，以实现更准确、更稳定的进气温度控制；成熟的废气旁通式单流道涡轮增压器也逐步向更复杂的应用技术上升级。例如，双流道涡壳技术旨在通过两个流道来实现在较小发动机流量工况下，废气从较小的流道截面积进入涡轮，使增压器转速得以提升，进而提高增压压力（图 2－61）；可变涡轮截面技术通过增加一套可调的涡轮机叶片导向结构，实现连续可调的有效涡轮截面积变化，在相对较小的发动机流量下，减小有效涡轮截面积以提高增压压力，在相对较大的发动机流量下，增大有效涡轮截面积以降低发动机排气阻力（图 2－62）。

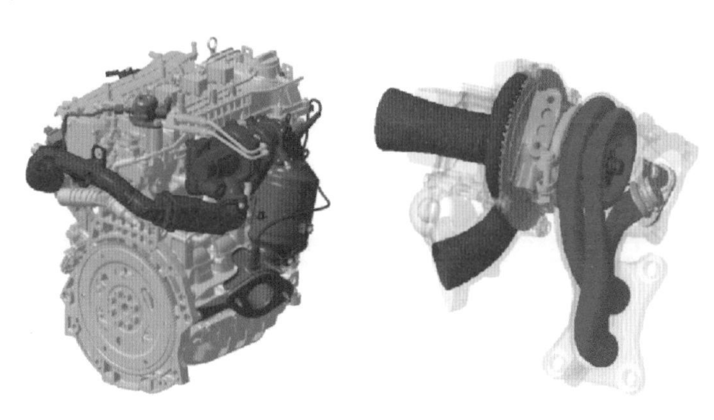

图 2－61 长安汽车蓝鲸 1.5T 发动机双流道废气阀增压器

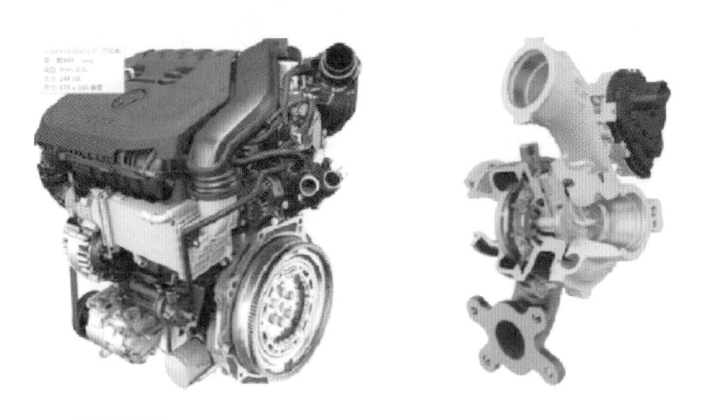

图 2－62 大众 EA211 EVO 1.5T 发动机可变截面增压器

电辅助涡轮增压技术是未来主要发展方向之一，目前较主流的布置方式是将一个电驱动的压气机即电子增压器连接到废气涡轮增压器系统中，迅速提升发动机低转速工况下的增压压力以提升发动机低速转矩，弥补传统废气涡轮增压器响应迟滞的缺点；受到电动机可达到的最高转速限制，电子增压器需要与废气涡轮增压器共同配合使用。以奥迪 Q5 2.0T GDI 为例，如图 2－63 所示，相较于传统的废气涡轮增压技术，电子增压系统的应用对发动机低速及峰值转矩的提升，以及整车加速响应性的改善均有显著效果。

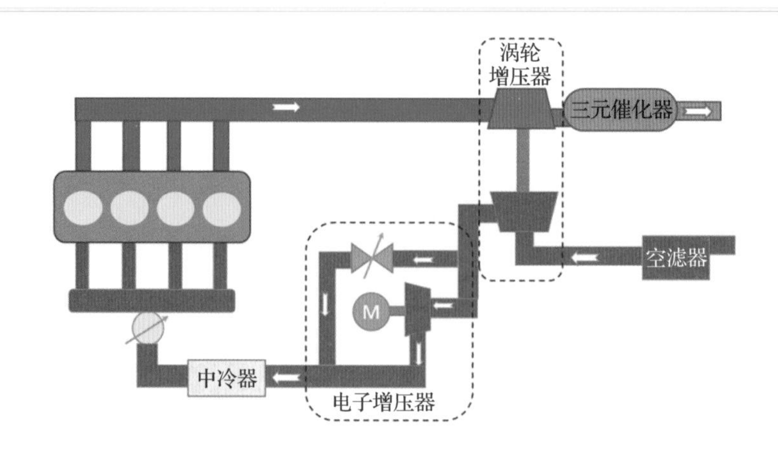

图 2-63 电辅助涡轮增压系统布置原理图

3. 排气再循环技术（EGR）

将燃烧后的一部分排气从排气系统引入进气系统，通过降低泵气损失、增加可燃混合气比热容、降低燃烧速率、降低最高排气温度等方式，来实现改善燃油经济性，降低 NO_x 和颗粒物的排放。对于增压发动机上的 EGR 应用，根据 EGR 引入引出位置，外部 EGR 可分为高压 EGR（HP-EGR）、低压 EGR（LP-EGR）和混合 EGR（Mixed-EGR）三种类型，如图 2-64 所示。

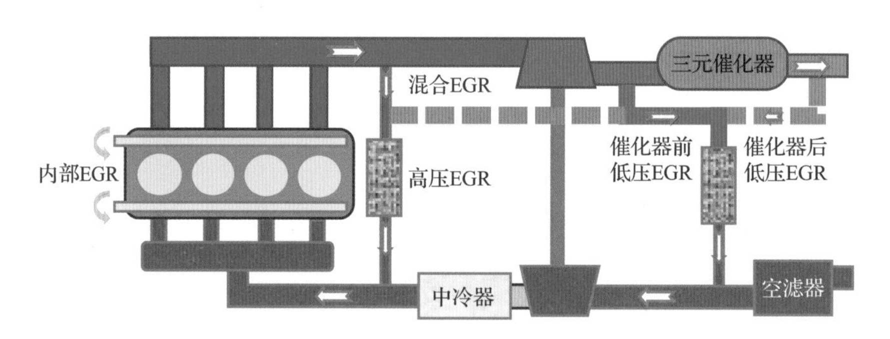

图 2-64 各类 EGR 系统布置示意图

低压 EGR 系统：低压 EGR 增压器涡轮机后取气，在增压器压缩机前与新鲜空气混合后一起经压缩机压缩后进入进气歧管。

高压 EGR 系统：在增压器涡轮机前取气，在增压器压缩机后与新鲜空气混合后一起进入进气歧管。

混合 EGR 系统：在增压器涡轮机前取气，在增压器压缩机前与新鲜空气混合后一起经压缩机压缩后进入进气歧管。

以上 3 种 EGR 系统在行业内均有应用，对于低压 EGR 系统，根据取气位置的不同，又可分为催化器前取气和催化器后取气两种方式，其优缺点见表 2-16。

表 2-16 低压 EGR 取气方式对比

取气方式	优点	缺点
催化器前取气	对排气中的部分 HC、CO 进行再次燃烧，排放较好，燃油经济性略有提高	污染 EGR 冷却器、压轮、中冷器 EGR 阀黏滞
催化器后取气	无污染、无黏滞	相对催化器前取气，排放、燃油经济性略差存在催化器陶瓷颗粒，磨损压气机叶轮

对于增压发动机，EGR 系统对增压区域节油作用的有效性主要体现在 EGR 系统增压区域可实现应用范围、爆燃限制能力、排气温度降低能力这三个方面。上述两种 EGR 形式在这三个方面的相对优劣势见表 2-17。

表 2-17 不同类型 EGR 的对比

类型	低压 EGR	高压 EGR	混合 EGR
增压区域可实现应用范围	＋＋	－	＋
抑制爆燃的能力	＋＋	＋	＋
降低排气温度的能力（混合气加浓）	＋＋	＋	＋

如表 2-17 所示，低压 EGR 系统相比其他 EGR 系统在以上三个方面更具有提升涡轮增压发动机的增压区域燃油经济性潜力，目前行业内多采用低压 EGR 技术，如图 2-65 所示。

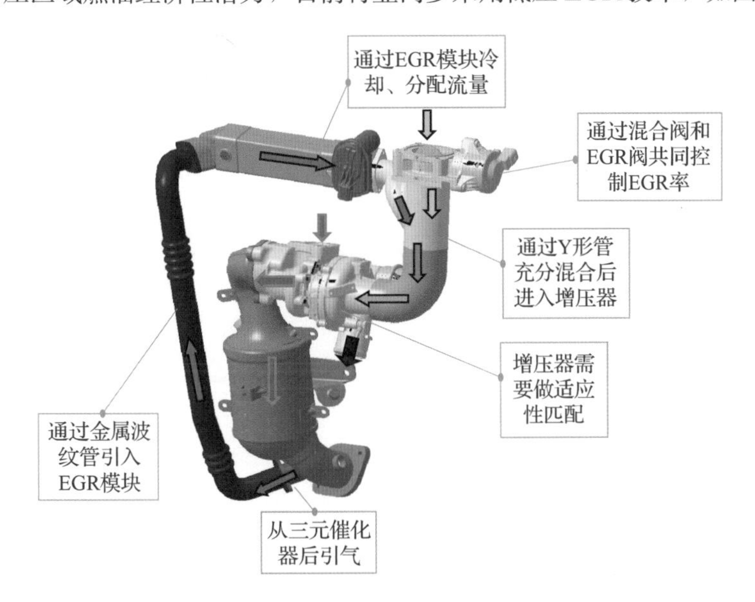

图 2-65 LP- EGR 布置方式示意图

EGR 技术在柴油机上应用广泛，但在汽油机上很少应用，这主要是因为 EGR 传统的节油作用，在汽油机上可以通过 VVT、GDI、米勒循环等技术也能有效实现，从性价比上考虑很少采用单独 EGR 技术。但是，随着国家油耗和排放法规要求的日益加严，为了进一步挖掘节油潜力和减少排放，越来越多的 OEM 开始在汽油机上采用 EGR 技术。

为更好地实现节油减排效果，EGR 技术往往会与其他发动机先进技术组合使用，

图 2-66展示了行业内 NA 和 TC 发动机所采用的较为流行的技术路线。

1）NA 发动机上采用高压缩比+阿特金森或米勒循环+冷却 EGR 技术组合，并配合混合动力技术，实现强劲动力和高效的综合热效率。

2）TC 发动机上采用缸内直喷+分层/均质燃烧+多火花点火+冷却 EGR 技术组合，实现强劲的动力性、高效的燃烧效率并降低 NO_x 和颗粒物的排放。

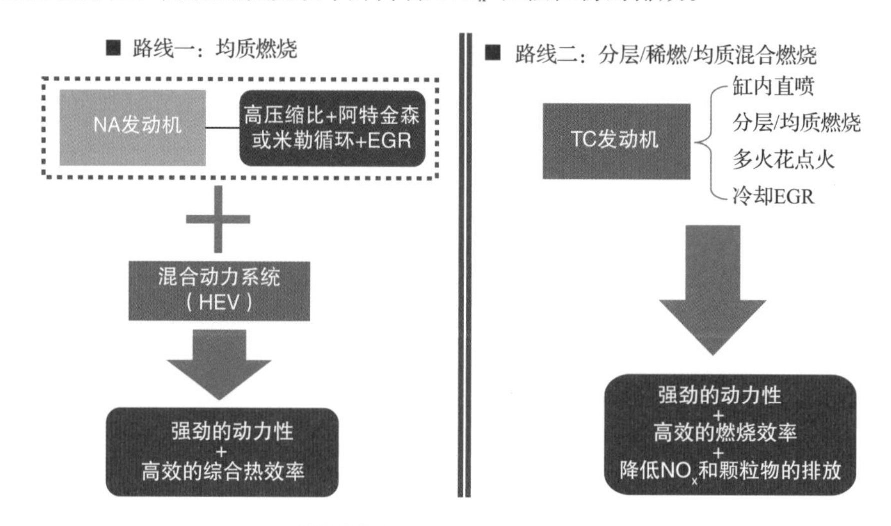

图 2-66　EGR 技术应用路线

2.8 曲轴箱通风系统

2.8.1 设计策略与原则

汽油机在运行过程中，气缸中的少量混合气（燃烧废气、未燃气体、机油、水蒸气等混合物）通过活塞环与缸孔间隙、活塞环环槽间隙、气门与气门导管间隙等位置漏入曲轴箱内形成混合气体。曲轴箱通风系统（简称曲通系统）是发动机呼吸系统的组成部分，负责调节曲轴箱内压力，确保满足法规要求，也负责将上述窜气从曲轴箱通过通气管路等引入进气系统，重新参与燃烧，防止其直接排入大气污染环境；也可避免窜气中的碳氢化合物与机油反应产生变质和沉淀，影响机油的润滑性能；同时，分离窜气中的机油颗粒使其回流到曲轴箱内，避免机油过度消耗。

汽油机曲通系统按照结构来说，一般由压力调节阀、油气分离腔/装置、加热/保温装置和连接管路四部分组成。

曲通系统主要应遵从以下设计原则：

1）控制曲轴箱压力在合理范围内。随着目前排放法规越来越严格，曲通系统不能将活塞窜气直接排入大气。需保证曲轴箱压力保持在略低于大气压的水平，以满足排放法规要求。压力过高还会造成油封等密封结构失效、机油泄漏等问题。

2）控制窜气在油气分离后的机油携带量在合理范围内。曲通系统的油气分离装置在设计时，要求分离效率高，确保经过分离后的窜气中机油含量极低，甚至在 1.5 倍活塞漏气量工况下也不出现异常。

3）控制曲轴箱白色泡沫，避免寒冷季节出现白色泡沫。一般要求发动机在设定的低温环境试验工况下，发动机内曲轴箱壁面及曲通管路上的白色泡沫处于合理范围。

4）避免管路结冰导致系统故障。保持结冰量处于合理范围，不能堵塞管路引起发动机故障。

结合上述设计原则，曲通系统可按照表2－18的需求与策略进行设计。

表2－18 曲通系统设计目标

设计原则	控制目标	实现模式
控制曲轴箱压力	GB 18352.6—2016《轻型汽车污染物排放限值及测量方法（中国第六阶段）》中曲轴箱污染物排放试验（Ⅲ型试验）要求	压力源的选择和调整；选用合适的压力调节阀
控制窜气油气分离后的机油携带量	确保分离后的窜气中机油含量极低，甚至在1.5倍活塞漏气量工况下也不出现异常	通过CFD优化设计油气分离器内部结构以提高分离效率，通过CFD模拟曲通内部气体流动和机油回流来指导油气分离器入口的合理布置和确定机油回油口和新鲜空气入口的大小和位置
控制曲轴箱白色泡沫	严寒时特殊工况下机油乳化物，控制在可接受范围	通过曲轴箱通风系统零部件布置，如避免管路、油气分离零部件处于发动机舱的迎风面，避免曲轴箱通风系统内部温度过低
避免管路结冰	严寒时特殊工况下的结冰量，不堵塞管路	选用较大直径连接管路，并进行包裹；增加加热保温装置，如电加热或水加热

2.8.2 基于属性需求的设计

现代高效率、大功率发动机在设计曲通系统时应着重考虑满足排放要求，一方面系统设计需保证发动机工作过程中曲轴箱压力保持在非正压，避免窜气排入大气影响排放，另一方面从提高曲通系统的油气分离效率着手，避免引入过多的机油成分参与燃烧、影响排放。曲通系统设计还要考虑规避极端环境下内部出现过多白色泡沫和曲通管路结冰问题。

随着乘用车节能环保要求的不断提高、油耗排放法规的加严，对曲通系统有严格的排放法规要求。表2－19展示了GB 18352.6—2016《轻型汽车污染物排放限值及测量方法（中国第六阶段）》中曲轴箱污染物排放试验（Ⅲ型试验）要求的测试工况。

表2－19 GB 18352.6—2016要求的测试工况

工况号	车速/（km/h）	测功机吸收的功率
1	怠速	无
2	50±2（3档或前进档）	相当于Ⅰ型试验50km/h下的调整状况
3	50±2（3档或前进档）	第2号工况的设定值乘以系数1.7

上述工况法规要求曲轴箱压力不能出现正压。

对于曲轴箱压力的控制，首先考虑压力源的选择和调整。一般选择空滤器管作为压力源，通过空滤器管流动阻力分析，在空滤器管上选择合适的曲通管连接位置，来获取合适的真空度，该位置应具有压力波动小，不易污染其他管路及连接管路的优点。其次考虑选用合适的压力调节阀，压力调节阀的形式分为柱塞式阀和膜片式阀，它们可根据阀前后压力差，动态调节通气量，尤其是膜片阀具有调压后压力稳定和系统布置简单的特点。图 2 - 67 为膜片式压力调节阀的特性曲线图。

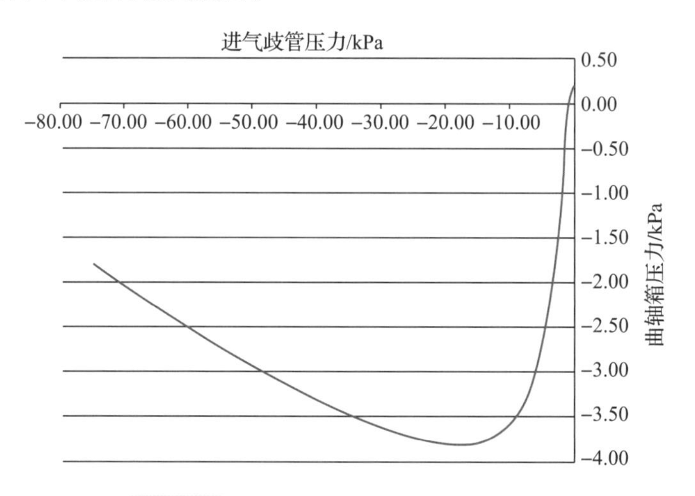

图 2 - 67 膜片式压力调节阀的特性曲线图

油气分离腔/装置有多种结构形式，汽油发动机常见的有旋风式油气分离器和挡板式油气分离器，其他诸如碟式、电动分离器等运用较少。图 2 - 68 是常见的旋风式和挡板式分离器，它们虽然分离效率不高，但由于结构简单、可靠性高，可小型化地串联或并联放置在气缸体或缸盖罩等部件中。

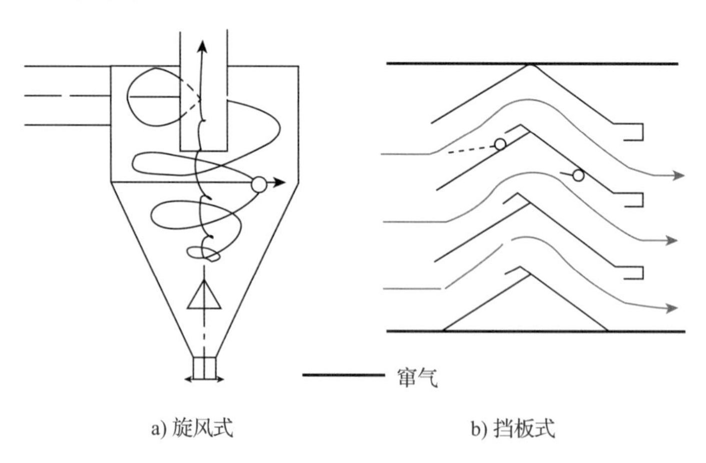

图 2 - 68 旋风式和挡板式油气分离器

为了提高曲通系统的油气分离效率，需开展油气分离腔/装置 CFD 分析，得到油气分离腔/装置的流动阻力，以及气体运动规律和各进口的流量分配、油滴分布情况，由此调整油气分离腔/装置结构（包括进气口面积和朝向、回油孔位置和大小、分离挡板的位置和孔参数等），使得流动阻力更小、分离效率更高。

随着增压机型的广泛运用，活塞漏气量增大，这对分离能力提出了更高的要求。在设计分离器时，更注重它们的灵活运用，图 2 - 69 所示是挡板式分离的组合应用，由金属板组装或塑料件注塑而成。在左侧的入口处设置了条状和单层多孔挡板，吸附较大机油油滴，在中部设置了错开的双层多孔挡板，吸附较小的机油油滴，在出口设置了较大的沉淀腔，利用气流减速沉降机油油滴，所有油滴通过底板上开槽流入回油槽，回流到曲轴箱。该方式结构简单，可靠性高，成本低，具有阻力小、分离效率较高的优点。

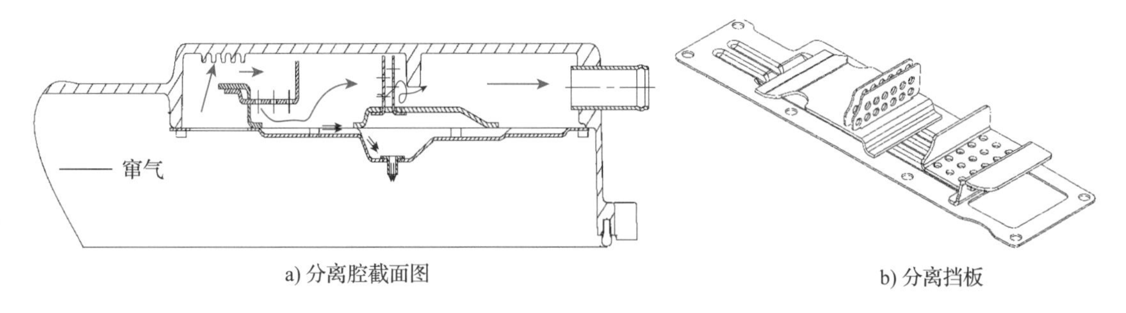

a) 分离腔截面图　　b) 分离挡板

图 2 - 69　挡板式分离腔示意图

为适应发动机新技术、新能源汽车带来的新挑战，极端场景下的应用也越来越多，在冬季极冷环境下，以及混合动力汽车发动机长时间在低温工况下运行时，内部出现白色泡沫和曲通管路结冰的风险在增加。曲通系统合理设计对于防止这些风险的产生很重要，特别是针对环境温度低于 - 35℃ 的地区。通过曲通管路和油气分离系统的温度场分析，能详细直观地得到低温情况下，曲通管路和曲通系统内的温度变化情况，判断其结冰和乳化等问题出现的可能性，确定是否需要对曲通管路设置辅助加热装置或者优化布置采用机体内部管路等措施。如判断有结冰风险，可设计加热装置，通过电加热或水加热方式对通气管与空滤器接口部位进行加热，如图 2 - 70 所示。

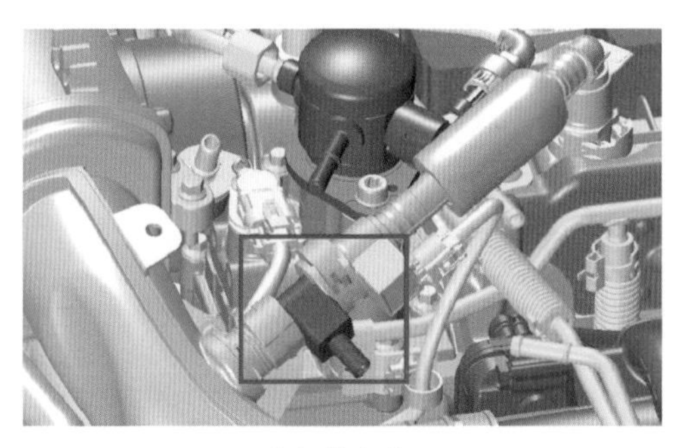
a) 电加热方式

b) 水加热方式

图 2 - 70　通气管加热形式示意图

2.9 轮系驱动系统

2.9.1 设计策略与原则

轮系驱动系统通常位于发动机前端，主要用于驱动水泵、发电机、压缩机、助力泵、机械增压装置等附件。轮系驱动系统主要采用多楔带驱动，传递功率转矩给各个附件，带动整个附件系统运转。

1. 设计原则

从轮系驱动系统的功能和作用来看，轮系驱动系统主要遵循如下设计原则：

1）轮系可靠性：轮系设计首先要满足系统的可靠性要求。

2）系统摩擦损失最低：轮系的摩擦损耗，不仅影响整车油耗，而且对系统 NVH 和各带轮的耐受寿命都有影响。

3）轻量化：在性能满足要求的前提下，合理的布置设计能够使系统重量更轻。

2. 设计策略

要实现轮系可靠性、低摩擦、轻量化原则，轮系驱动系统设计策略如下：

（1）轮系可靠性策略　轮系要保证系统可靠性，首先需要满足系统性能指标要求，静态布置指标主要有包角、跨长（表 2－20）。动态性能指标有传动带打滑率、张紧器摆幅和寿命、传动带振幅、动态最大最小力、传动带寿命、带轮载荷及轴承寿命等（表 2－21）。

表 2－20　静态布置推荐指标

指标	曲轴带轮	水泵带轮		发电机带轮	自动张紧轮		压缩机带轮	助力泵带轮	惰轮		备注
		楔面	带背		楔面	带背			楔面	带背	
推荐最小包角/(°)	≥165°	≥90°	≥120°	≥120°	≥45°	≥90°	≥120°	≥90°	≥30°	≥45°	当带轮包角小于推荐包角时，必须对轮系动态模拟分析进行最终确认
推荐跨长 L/mm	50≤L≤300										

表 2－21　动态性能推荐指标

项目	评价指标	备注
张紧器摆幅	≤5°	当张紧器摆幅超过 5°时，需要基于张紧器载荷及位移量计算阻尼所承受摩擦功，评估寿命
传动带打滑率	≤2%	起动瞬间打滑除外
传动带振幅	单边≤5%跨长 双边≤10%跨长	在运动包络与周边件无干涉且 NVH 评价合格时，瞬态的传动带双边振幅在 15%以内可接受
各带轮载荷	基于寿命计算结果评估	—

（2）系统摩擦损失最低策略　在轮系驱动系统设计中，需追求低摩擦设计，主要通过以下三个方面实现：

1）需要在满足性能的前提下，尽可能设计低的静态张力，同时控制动态张力的变化，通过仿真、测试等手段进行评估和优化，使得轮系驱动系统摩擦尽可能低，以提升 NVH 性能、耐久寿命，降低油耗。

2）在满足系统滑移率等性能前提下，传动带尽可能采用最少的楔数，这样不仅重量轻，系统摩擦损失也更低。

3）在满足系统性能前提下，尽量减小传动带的弯曲、包角和长度，尽量采用带背传动，这样系统的摩擦损失会更低。

（3）轻量化策略　设计时重点考虑以下方面：

1）布置精简紧凑：各附件带轮的布置尽可能紧凑，以缩短传动带的长度。各附件直接装配到曲轴箱和油底壳上，避免使用支架、托架，达到轻量化的目的。

2）系统性能参数调试优化：对发电机、压缩机的转动惯量，曲轴输出端的转速不均匀性等进行管控，在系统综合性能处于边界或仍有优化空间时，进行调试和优化，控制振动、提升寿命。

现代发动机为了追求较好的燃油经济性和降低排放，各系统都追求低摩擦设计。根据研究显示，摩擦损失约占整个发动机能量的 5%，而附件轮系摩擦损失约占整个摩擦损失的 12%，因此，附件轮系低摩擦设计是现代发动机的一个重要需求。此外，现代发动机逐渐向小型化、高效化、混动化、电动化转型，如采用电子水泵、电动压缩机等。为了获得更可观的节油效果，综合考虑布置和性价比，采用 48V 技术也越来越受到欢迎，应用P0－48V 技术时，因电机有起动、助力、回收、发电功能，因此轮系松紧边需要互换，这对于附件轮系来说需要采用全新设计来满足需求。

2.9.2　基于属性需求的设计

现代新型发动机为了追求更好的燃油经济性，采用低摩擦设计、新技术、混动节油装置来达到节油效果，因此本节重点讲述附件轮系的低摩擦设计以及采用 P0－48V 技术来降低油耗。

1. 轮系低摩擦设计

对于附件轮系来说，除了保证可靠性外，低摩擦设计是重要需求，而低摩擦最重要的因素是系统的低张力，如图 2－71 所示，系统张力越低，所消耗的功率转矩越低。

（1）低张力选择　设计时考虑张紧器弹簧公差、传动带公差及传动带延伸量后，在保证系统性能的前提下，将系统静态张力设计到最低。图 2－72 为某自动张紧轮系驱动系统张力设计。同时在满足系统性能的条件下，尽量减少传动带的楔数，以降低摩擦，但楔数减少会导致张力的增加，因此通常用软件来模拟分析系统的摩擦损失，以确定最优的楔数和张力。

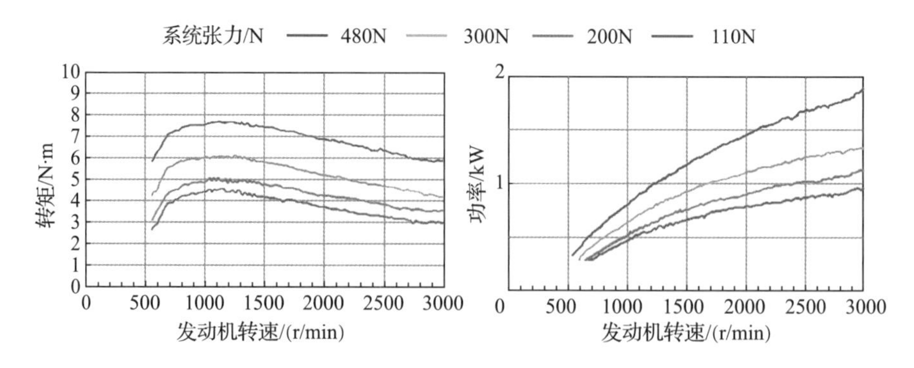

图 2-71　不同张力消耗功率转矩

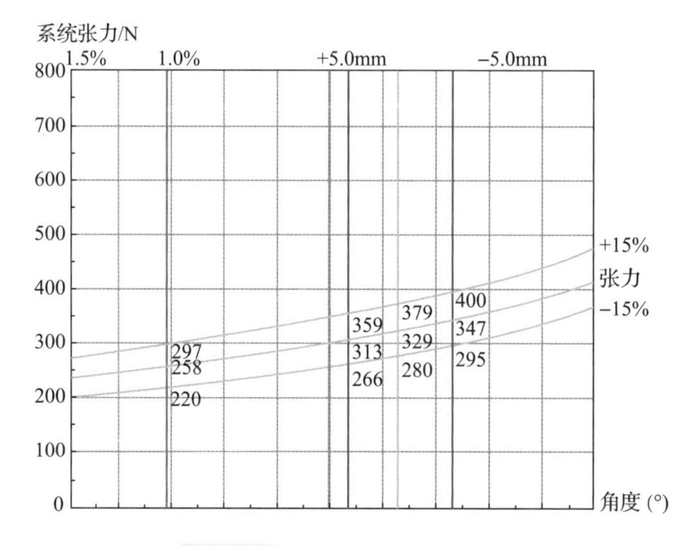

图 2-72　轮系驱动系统张力设计

(2) 低张力确定　测试时针对不同配置确定最低张力和系统最优方案，如图 2-73 所示。

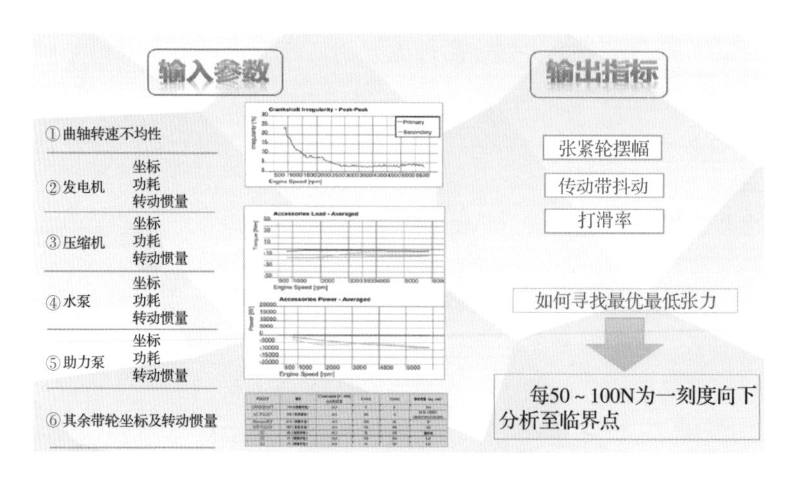

图 2-73　轮系测试低张力方案

1）张力分组：根据理论分析，每 50N 为一刻度，确定最优张力。

2）传动带分组：阿拉米/聚酯，确定最优配置。

3）OAD/OAP/PYD 等附件配置分组，确定最优配置。

（3）轮系减振零部件　由于发动机各缸周期性燃烧做功，作用在曲轴上的瞬态转速波动较大，图 2-74 为某发动机转速波动示意图。瞬态转速波动通过曲轴带轮传递到附件轮系，对轮系冲击较大，为了保证轮系运行平稳可靠，对交流发电机这种带轮直径小但转动惯量较大的附件，通过隔离惯量、降低振动来减小发电机加减速时对附件轮系的影响，从而降低系统张力，因此发电机超越带轮（OAP）、发电机耦合器（OAD）等技术应运而生。同理为降低曲轴扭振对附件轮系的影响，可采用曲轴耦合器（PYD）隔离曲轴的转速波动，从而实现降低系统张力。

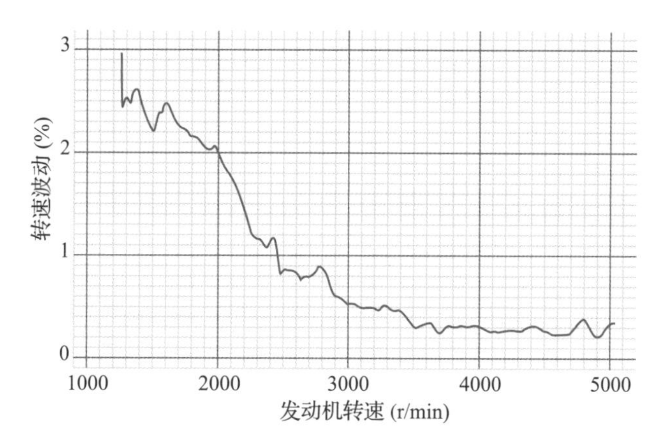

图 2-74　某发动机转速波动示意图

1）OAP、OAD 的应用。OAP 通过离合器单元的离合原理，使得当发动机在急减速时，发电机带轮转速超越发电机枢轴，从而将发电机转子惯量从附件轮系中解耦，有效降低附件轮系振动。其结构如图 2-75 所示。

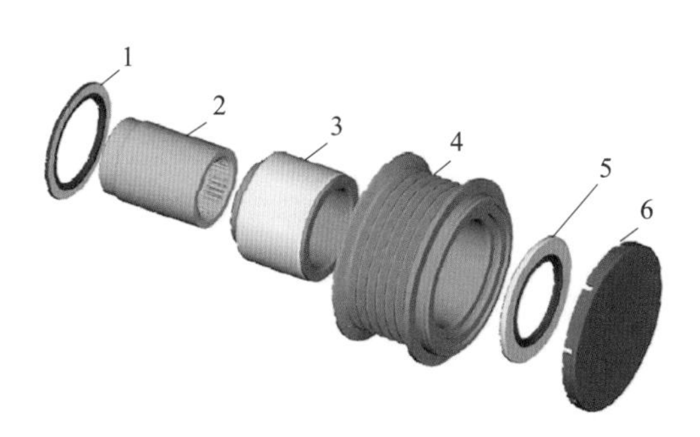

图 2-75　OAP 结构

1、5—密封圈　2—内圈　3—离合器单元　4—外圈　6—防尘盖

OAD 除具备带轮超越功能外，还能通过弹簧降低轮系电动机间振动传递，使得轮系运行更加平稳。OAD 结构如图 2-76 所示，带轮外圈的振动通过离合器总成传递到弹簧，减振后连接到电动机轴。

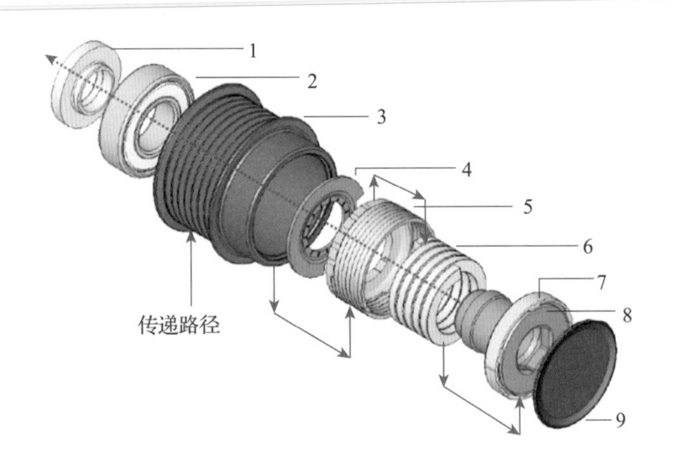

图 2－76　OAD 结构

1—适配器　2—轴承　3—带轮外圈　4—止推垫圈
5—离合器总成　6—弹簧　7—衬套　8—轴座　9—防尘盖

当曲轴转速的瞬间波动作用于附件轮系时，会对各个附件的运转产生非常大的影响，通过 OAD 的耦合及弹簧减振作用，发电机的转动惯量对附件轮系的影响降到最低，使得轮系运行更加平稳，附件载荷减小，有效延长轮系寿命。同时可降低系统张力，减小摩擦损失，降低油耗和排放。图 2－77 为使用 OAD 后，发电机的转速波动很低。

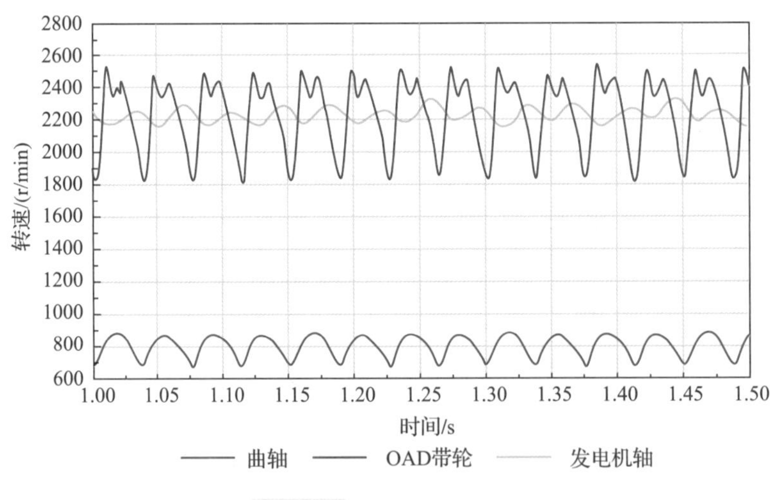

图 2－77　发电机转速波动

使用 OAP/OAD 后，通过模拟计算，通常系统张力可降低 20%～30%（图 2－78）。当然，因每个轮系布置不同，包角、附件的功耗惯量不同，使用 OAP/OAD 降低张力的效果会有所区别，具体需要根据动态计算情况而定。

目前很多主机厂附件轮系采用了 OAP/OAD 技术以降低系统张力，降低振动，以保证轮系的可靠性。图 2－79 所示为某主机厂部分机型 OAP/OAD 应用情况。

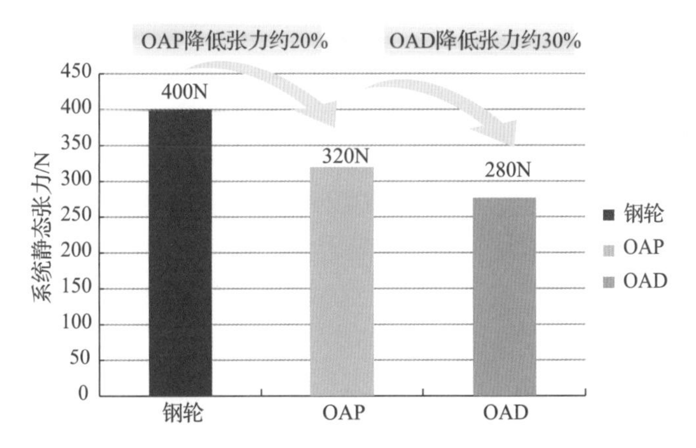

图 2-78　某机型使用 OAP/OAD 降低张力效果

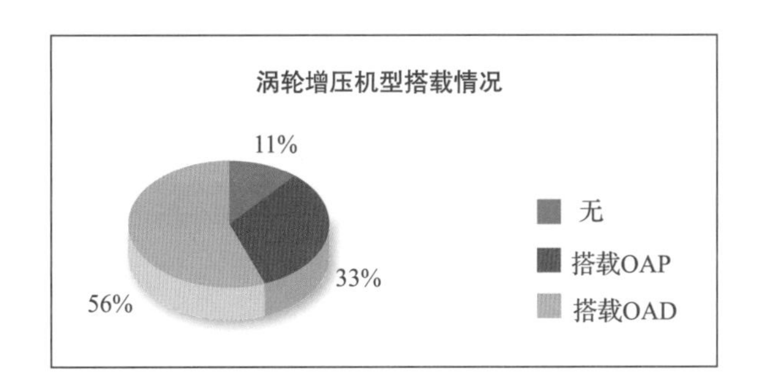

图 2-79　某主机厂部分机型 OAP/OAD 应用情况

2）PYD 应用。PYD 结构及工作原理如图 2-80 所示。发动机周期性点火产生的曲轴转速波动激励传递到附件轮系，引起传动带抖动、张紧器剧烈摆动等问题，使用 PYD 后，通过 PYD 中弹簧减振作用降低曲轴系统的转速波动对附件轮系的影响，较大程度地改善了附件轮系的振动和传动带抖动，由于附件轮系所受曲轴振动激励的降低，因此附件轮系较低的张力即可满足系统性能要求，从而降低摩擦，改善油耗。

图 2-81 为某两款发动机使用 PYD 后附件轮系传动带动态张力的变化，从图中可以看出，传动带动态张力明显减小。但因 PYD 价格较为昂贵，目前国内市场应用较少，欧美市场上如戴姆勒、通用、福特等主机厂部分机型上有应用。

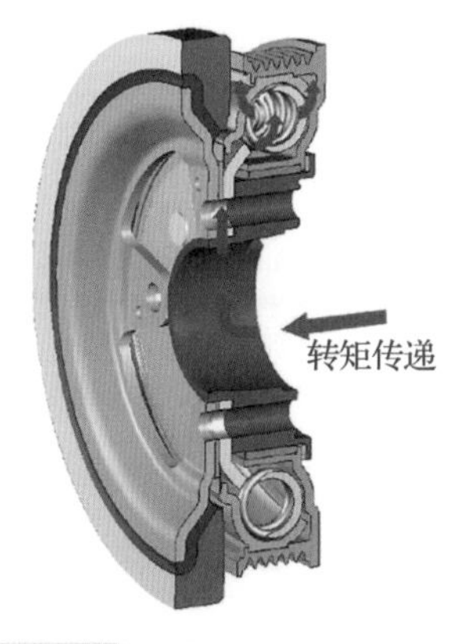

图 2-80　PYD 结构及工作原理

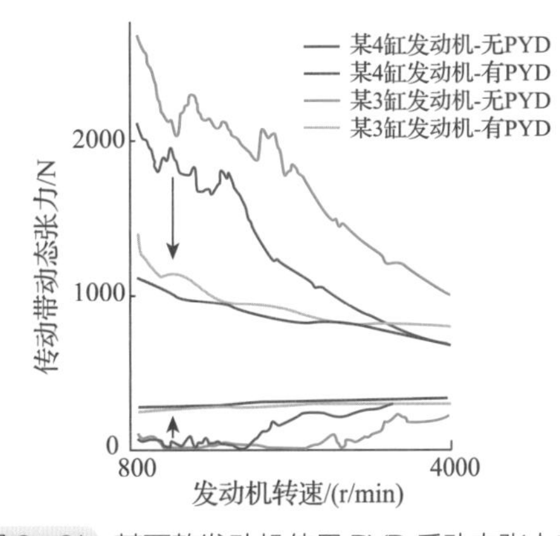

图 2-81　某两款发动机使用 PYD 后动态张力变化

2. P0-48V微混发动机前端轮系设计应用

通常情况下，发动机的主动轮只有曲轴带轮，从动轮则消耗能量，但随着动力总成的电气化、混动化，逐步出现了P0、P2、P3、P4等结构的48V混动机型。采用P0-48V结构时，因48V电机同时具有发电、助力、能量回收及起动的功能，因此对附件轮系的影响是巨大的。当48V电机消耗功（发电、能量回收）时，其作用和传统电动机类似，但在48V电机起动或助力时，其作用是作为驱动轮起动或助力发动机。传统意义的附件轮系松紧边，在P0-48V系统中是可变化的，如图2-82所示。

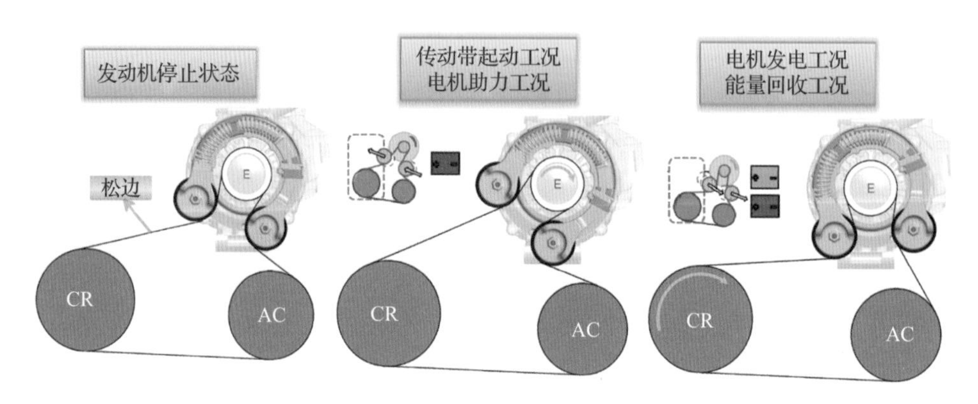

图2-82　P0-48V系统各工况轮系传动带松紧边变化

因P0-48V发动机的附件轮系松紧边在不断变化，因此轮系从最初采用液压结构或双张紧器，逐渐演变为当前的双向张紧器（图2-83），汽车厂家也在关注48V系统的优缺点，不断完善和优化。随着油耗排放法规的加严，应用48V的附件轮系会成为降低油耗技术的选择之一，相比传统的附件轮系系统，附件轮系无论是张紧器还是传动带都必须承受更大的转矩和更多次数的起停，应具备良好的耐久寿命和NVH性能，以进一步适应汽车和发动机电气化、混动化的趋势。

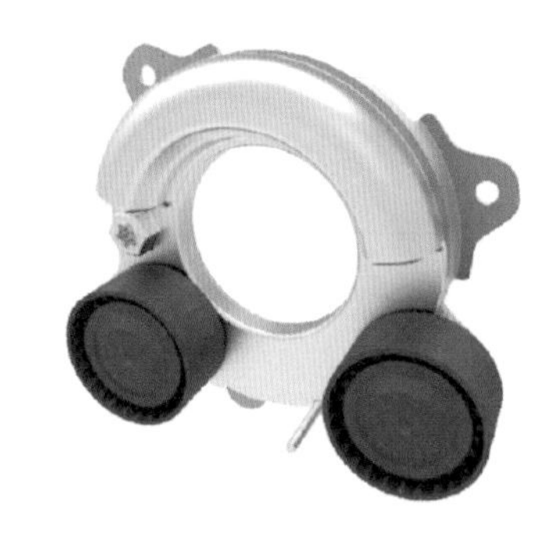

图2-83　某机型双向张紧器

2.10 小结

本章介绍了汽油机产品设计考量因素，一是基于当前，支撑产品设计目标达成，二是基于长远，适应产品平台未来拓展。介绍了汽油机产品设计逻辑，即基于功能属性从属关系，自上而下，逐级分解；自下而上，顺次达成。

介绍了总体设计核心要义，即抓住主线、把握关键，平衡协调；介绍了总体设计基本内容，即设计目标确定、技术路线制定，燃烧系统设计、主体骨架设计及主体结构设计；介绍了典型分子系统的设计策略、设计原则，设计要点。

产品设计源于开发目标，源于性能驱动，面向制造，交付产品图样、产品技术要求，用于样件试制、实物验证、批量生产，如图 2-84 所示。

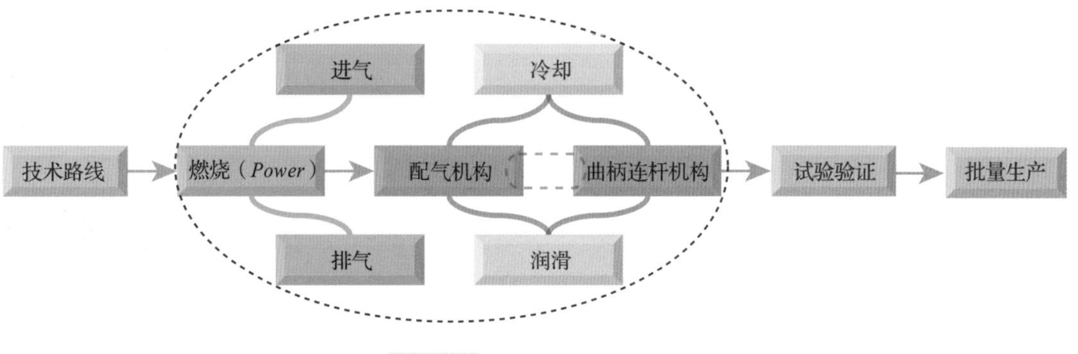

图 2-84 主要系统相互关系

参考文献

[1] 魏春源，张卫正，葛蕴珊. 高等内燃机学 [M]. 北京：北京理工大学出版社，2007.

[2] 杨连生. 内燃机设计 [M]. 北京：中国农业机械出版社，1981.

[3] 范明强. 现代缸内直喷式汽油机开发（下）——新技术的开发与应用 [M]. 北京：机械工业出版社，2019.

[4] 爱都瓦尔多·科勒尔，鲁道夫·富利尔. 内燃机设计 [M]. 张建强，译. 北京：机械工业出版社，2015.

[5] 尚汉冀. 内燃机配气凸轮机构设计与计算 [M]. 上海：复旦大学出版社，1988.

[6] 陈家瑞. 汽车构造 [M] 5 版. 北京：人民交通出版社，2005.

[7] Mazda Motor Corporation. MAZDA SKYACTIV-X 2.0L Gasoline Engine [Z]，2019.

[8] KENNEDY M，HOPPE S，ESSER J. 采用新型活塞环涂层降低摩擦功率 [J]. 国外内燃机，2015（03）：64-66.

[9] BLÜMM M，BABERG A，DÖRNENBURG F T H，et al. 用于汽油机和柴油机的新型活塞裙部涂层 [J]. 国外内燃机，2016（04）：56-58.

[10] MIN B H，HWANG K M，CHOI H Y，et al. The New Hyundai-Kia's Smartstream 1.5L Turbo GDI Engine [C]. //28th Aachen Colloquium Automobile and Engine Technology. [S. l.：s. n.]，2019.

[11] DEMMELBAUER-EBNER W，MIDDENDORF H，BIRKIGT A，et al. The New 4-Cylinder Gasoline Engines from Volkswagen [C] //25th Aachen Colloquium Automobile and Engine Technology. [S. l.：s. n.]，2016.

Chapter 03

第 3 章 汽油机性能开发

3.1 性能开发概述

发动机性能开发是使发动机实现所有性能指标，以及辅助达成整车动力性、油耗、排放等性能的所有工作过程。该过程一般以发动机性能开发或管控流程为依托，梳理关键交付内容及节点以及相应的指导文件，利用热力学分析软件、计算流体动力学（Computational Fluid Dynamics，CFD）分析软件等计算机辅助工程（Computer Aided Engineering，CAE）工具开展技术方案优化设计，确保性能开发工作过程顺利完成。

发动机性能开发包括发动机性能指标开发、燃烧性能开发、发动机性能相关的控制策略开发、发动机台架标定、机车集成相关的发动机性能开发等方面，是发动机最终可靠地实现动力性、经济性和排放目标的保障。

发动机性能指标开发包括基于整车动力经济性需求的目标分解、竞品分析、热力学性能分析等工作，通过大量的仿真分析优化及对标，完成发动机性能指标的目标设定及相应的技术方案优化设计。整车到发动机的目标分解，根据汽车理论，利用相关的软件工具，求解达成整车目标的发动机性能目标，其目的是使发动机性能开发从目标设定之始就考虑纳入整车的需求。竞品分析一是基于市场竞争对性能目标的考量，二是取长补短，充分利用现有产品的技术开发成果。热力学性能分析是根据内燃机原理，基于性能目标，利用软件工具，优化增压匹配的换气过程，同时提出燃烧性能需求。

燃烧性能开发主要包括燃烧系统关键参数的设计优化过程、发动机燃烧性能试验开发及整机性能目标验证，贯穿从设计到试验验证全过程，最终得到发动机燃烧系统的设计方案。燃烧系统关键参数的设计优化是根据发动机燃烧性能与流动特性的研究，如缸内湍流强度随燃烧速率的关系等研究成果，通过 CFD 分析，将燃烧性能需求转化为流动性能需求，以及为了抑制爆燃等相关的传热性能需求，开展气门夹角，气道，活塞顶面形状，缸盖燃烧室附近水套等关键参数设计优化。发动机燃烧性能试验开发及整机性能目标验证主要是在台架开展不同设计方案的燃烧性能试验，通过发动机控制参数寻优后，对燃烧系统各方案进行评价，并根据测试结果开展进一步优化。

发动机性能相关的控制策略开发，主要是发动机燃烧系统方案确定后，进一步开展如喷油策略、热管理模块（Thermal Management Module，TMM）热管理控制策略、可变气门正时（Variable Valve Timing，VVT）、可变气门升程（Variable Valve Lift，VVL）、废气再循环（Exhaust Gas Recirculation，EGR）等子系统或功能的特性测试及标定寻优，并根据测试结果，提出软件的控制策略。

发动机台架标定是完成全MAP详细的充气模型、点火控制、爆燃控制、可变变量的寻优标定及环境修正等工作。

机车集成相关的发动机性能开发包括发动机在不同整车状态及环境下的动力性、经济性、排放及驾驶性等开发及标定工作。

发动机性能开发从性能指标开发到发动机搭载应用机车集成相关的发动机性能开发，存在一定时间上的逻辑关系，需统筹基于时间轴的整个开发流程。发动机性能开发所有的工作内容，贯穿于发动机开发至机车集成应用的整个过程，镶嵌于发动机性能管控体系，服务于整机性能指标达成。如长安汽车的发动机开发流程，以性能开发为核心，突出了性能开发在产品开发中的重要地位，是性能开发指标全面达成的可靠保障（图3-1）。

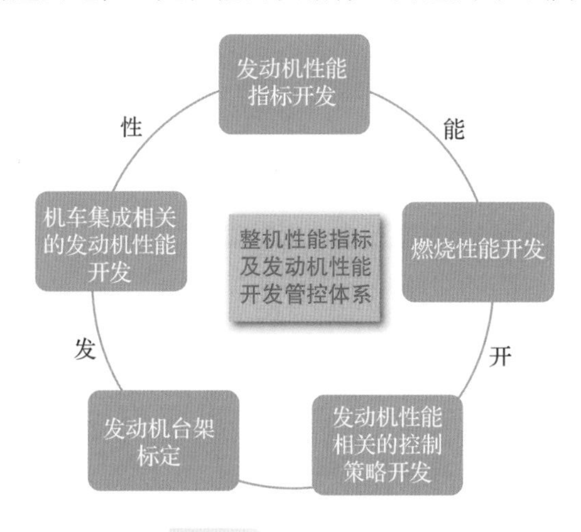

图3-1 性能开发逻辑

3.2 性能指标及优化路径

3.2.1 性能指标体系

性能指标是用来表征发动机性能特征的系列参数，是评价各类发动机性能参数优劣的依据。发动机性能指标主要包括动力性指标、经济性指标、排放指标、噪声和振动控制（Noise Vibration Harshness，NVH）指标、可靠性指标和耐久性指标。

本章主要展示表征动力性、经济性及排放指标包含的参数以及其相互关系，其他指标对于内燃机同样不可忽视，它们将在本书的其他章节进行分析探讨。

表征发动机动力性能指标的参数主要有发动机有效功率和有效转矩，对于排量相同的发动机，其功率、转矩的大小可以直接衡量发动机性能的优劣；对于不同排量的发动机，可以通过升功率、升转矩来评价发动机的动力性能及强化程度。

表征发动机经济性能的重要指标是有效热效率和有效燃油消耗率。有效热效率定定义为燃料燃烧所产生的热量转化为有效功的百分数，有效燃油消耗率是指单位有效功的耗油量。

排放指标主要是指从发动机油箱、曲轴箱排出的气体和从发动机气缸内燃烧排出的废气中所含的有害排放物的量。对柴油机来说需要重点关注氮氧化物（Nitrogen Oxide，NO_x）和颗粒物含量，其中颗粒物排放通常用颗粒物质量（Particle Mass，PM）和颗粒物数量（Particle Number，PN）两项指标进行评价。对汽油机来说需要关注废气中的一氧化碳（CO）、碳氢化合物（HC）、NO_x、PM 和 PN 排放指标。

3.2.2 发动机性能开发路径

3.2.2.1 动力性提升

提升发动机动力性的常用方法有提高缸内充气量、提高循环指示效率及降低摩擦损失。其中降低摩擦损失对动力性提升贡献相对较小，提高外特性下循环指示效率的主要措施为抑制爆燃以提高燃烧等容度。因此，工程开发过程中一般主要从缸内充气量提升和爆燃控制两个关键影响因素着手来提升发动机的动力性。

1. 提高缸内充气量

提高缸内充气量的技术途径有增压技术、可变气门技术等。在应用这些技术的同时，通过改善换气过程以进一步提高气缸的充气效率。汽油机增压技术分为废气涡轮增压、机械增压、电子增压及复合增压四种，其中废气涡轮增压技术目前已在行业内广泛应用。其通过对进入气缸前的空气进行预压缩加压，同时对压缩后的空气进行冷却，增加进气密度，可以使得发动机功率按比例增长。可变气门技术主要是指可变气门正时及可变气门升程技术。可变气门正时（VVT）是指发动机气门的开启和关闭时间可以根据不同的转速和负荷工况而变化，以充分利用低速时的压力波动效应和高速时的气流惯性来改善发动机充气过程；可变气门升程（VVL）是指凸轮型线可以根据发动机运行的转速和负荷工况而变化，以通过改变进排气流通阻力来影响充气过程。

业内通常使用充气效率作为发动机充气过程的评价指标。内燃机充气效率是指内燃机每个循环实际吸入气缸的新鲜空气质量与以进气管状态充满气缸工作容积理论充量之比，是衡量发动机动力性能的重要指标。提高充气效率的技术措施有：

1）降低进气系统的阻力损失，提高气缸内进气终了时的压力。

2）降低排气系统的阻力损失，减小缸内的残余废气系数。

3）减少换气过程中对新鲜充量的加热，降低进气终了时的气体温度。

4）合理的气门正时和气门升程规律，合理利用进气谐振，兼顾高、低转速的充气效率。

2. 爆燃控制

汽油机的爆燃是指火花塞点火后，末端混合气受缸内已燃区的热辐射及压缩作用，在传播火焰到达前，发生快速自燃的现象。发生爆燃时，缸内燃烧压力会出现不同程度的“锯齿波”，燃烧温度、压力升高率和最高燃烧压力均大幅度增加，易导致气缸盖、活塞等零件损坏。此外，在发生强烈爆燃时，燃烧室局部过热会产生表面点火，即在火焰到达以前，混合气因炽热表面而着火，从而引起发动机燃烧过程的进一步恶化。为避免爆燃带来的不利影响，在硬件不变的前提下，汽油机通常采用推迟点火角的方法来抑制爆燃，这将导致指示热效率下降，限制汽油机功率提高。长期以来，为提升汽油机的动力性，采用抑制爆燃措施使得点火角尽量接近最佳点火提前角（Maximum Brake Torque，MBT），以提高循环指示热效率，成为提升汽油机动力性的必由之路。

由于爆燃是在火焰前锋尚未到达末端混合气时发生自燃引起的，因此缩短火核至火焰前锋传播到末端混合气的时间，或者延长火核形成至末端混合气自燃着火的时间，都可以达到抑制爆燃的效果，例如从结构设计、标定控制等方面减少火焰传播距离、加速火焰传播速度、合理冷却末端混合气、加长滞燃期及提高燃料抗爆性。

3.2.2.2 经济性改善

发动机动力输出的过程，本质上是进入气缸内的燃料化学能转化为曲轴有效输出功的过程，因此，油耗高低取决于化学能转换为有效输出功的效率。工程开发过程中通常用有效燃油消耗率（B_e）来评价燃油经济性的好坏。根据燃油消耗率的综合表达式 $B_e=3.6\times10^6/(\eta_c\eta_t\eta_m H_u)$ 可知，燃油消耗率与燃烧效率、循环热效率、机械效率及燃油的低热值有关。由于汽油机采用均匀混合气当量比燃烧，燃烧效率通常较高（$\eta_c\geqslant0.98$），燃油的低热值主要与燃料特性相关，因此，在工程开发过程中，主要围绕循环热效率和机械效率两个方面来改善经济性指标。

1. 提高循环热效率

根据内燃机三种理论循环的热效率表达式及实际循环存在的不可逆损失分析可知，提升循环热效率主要有以下几个技术方向：

1）在满足动力性要求的同时规避异常燃烧等情况，尽可能提高发动机的压缩比。

2）合理的气流组织及燃烧，改善燃烧室冷却，抑制爆燃，提高循环加热的等容度。

3）保证工质具有较高的等熵指数。

4）减少传热损失。

为提高发动机循环热效率，可采用的具体技术方案有高压缩比、米勒或阿特金森循环、废气涡轮增压、高压缸内直喷、低压 EGR、高滚流气道、智能热管理、高能点火、稀燃和均质压燃等。

2. 提高机械效率

机械损失在发动机能量转换中是不可避免的，降低整机机械损失，提高机械效率，对

改善整机经济性至关重要。机械损失由摩擦损失和泵气损失两部分组成。发动机的摩擦损失主要是指发动机运动件的机械摩擦、搅油及空气动力损失，以及发动机运转时必不可少的附件驱动功率消耗。摩擦损失主要由活塞连杆组摩擦损失、曲轴摩擦损失、配气机构摩擦损失、机油泵功耗损失和前端附件驱动功耗损失等组成。改善摩擦损失，对提高发动机机械效率较为显著，因此，降摩擦技术的实施对改善整机燃烧经济性尤为重要。

3.2.2.3 排放优化

缸内实际燃烧过程中，汽油不能完全燃烧，未燃汽油和燃烧过程中间产物形成了汽油机的主要排放产物，其主要成分包含 HC、CO 和 NO_x（统称为气体排放），以及颗粒物排放。这些物质含有毒性，或者具有强烈的刺激性和致癌作用，需要严加控制。

汽油机排放优化措施，主要从优化燃烧过程完善程度以及优化催化器起燃速度和催化转化效率着手，前者叫作机内净化技术，后者叫作机外净化技术或者后处理技术。

机内净化技术主要是改善喷油雾化性能、提升混合气均匀性、减小燃烧室狭隙容积等，以降低原始排放。

机外净化技术主要是减少排气热量损失，减小催化剂载体热容，使其快速起燃，以及提升载体本身催化转化效率；同时，优化催化剂载体前端截面排气入流分布均匀性，以使催化剂与排气充分接触，提高利用率。

车用汽油机排放开发非常重要的一环，是发动机标定控制优化，它是连接机内净化与机外净化的纽带。主要可分为两部分：一部分是起燃工况的标定优化，另一部分是发动机瞬态空燃比控制。起燃工况的排放性能，几乎决定了整车排放水平，是发动机燃烧系统性能开发的核心指标。起燃工况要求发动机提供足够的热流量，同时降低原始排放，要求燃烧系统能够在非常滞后的点火时刻稳定燃烧。发动机瞬态空燃比控制主要从控制策略及标定方面，提升发动机瞬态工况负荷预测精度，以提高空燃比控制精度。

3.3 汽油机产品性能开发关键技术

3.3.1 基于整车需求的性能目标设定

汽油机性能目标的设定主要考虑两个方面：一方面是基于整车动力、经济性及排放目标要求通过机车集成仿真分析进行整车指标到发动机指标的分解；另一方面是通过行业内先进发动机技术及性能的对标，产生相应性能指标。最终，综合整车产品性能定位、发动机性能指标的先进性及产品的性价比等多方面因素确定发动机性能开发目标。

动力性指标主要通过整车、变速器及发动机参数化的数值迭代计算，最终基于整车加速时间、最高车速、最大爬坡度等主要动力性指标反推出发动机的功率、转矩等目标（图 3-2）。对于当前广泛应用增压发动机的车辆，增压系统的延迟响应也是影响整车加速体验的一个重要指标，该指标也应通过整车动力响应性目标分解到发动机加速转矩响应性指标。

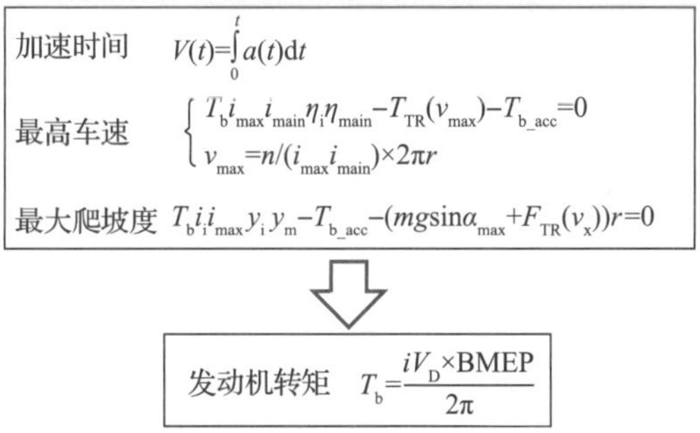

加速时间 $V(t)=\int_0^t a(t)\mathrm{d}t$
最高车速 $\begin{cases} T_b i_{max} i_{main} \eta_i \eta_{main} - T_{TR}(v_{max}) - T_{b_acc} = 0 \\ v_{max} = n/(i_{max} i_{main}) \times 2\pi r \end{cases}$
最大爬坡度 $T_b i_i i_{max} y_i y_m - T_{b_acc} - (mg\sin\alpha_{max} + F_{TR}(v_x))r = 0$
发动机转矩 $T_b = \frac{iV_D \times BMEP}{2\pi}$

图 3-2 基于整车动力性指标反求发动机转矩目标

持续降低车辆油耗既是法规的要求，也是降低用户用车成本、提升产品竞争力的关键。从整车燃油经济性指标向发动机油耗指标分解过程应基于车辆的使用工况，比如基于新欧洲行驶测试循环（New European Driving Cycle，NEDC）、世界轻型车测试循环（Worldwide Harmonized Light Vehicles Test Cycle，WLTC）和用户实际使用工况进行机车仿真分析，确定发动机油耗开发的权重点工况，发动机开发聚焦这些权重点工况有针对性地进行技术方案选择、开发（图 3 - 3）。当然，由于车辆采用的动力驱动形式不同（如常规动力、PHEV、HEV、REEV 等），发动机油耗的权重点工况亦有所不同。

BMEP/10^5Pa
发动机转速/(r/min)

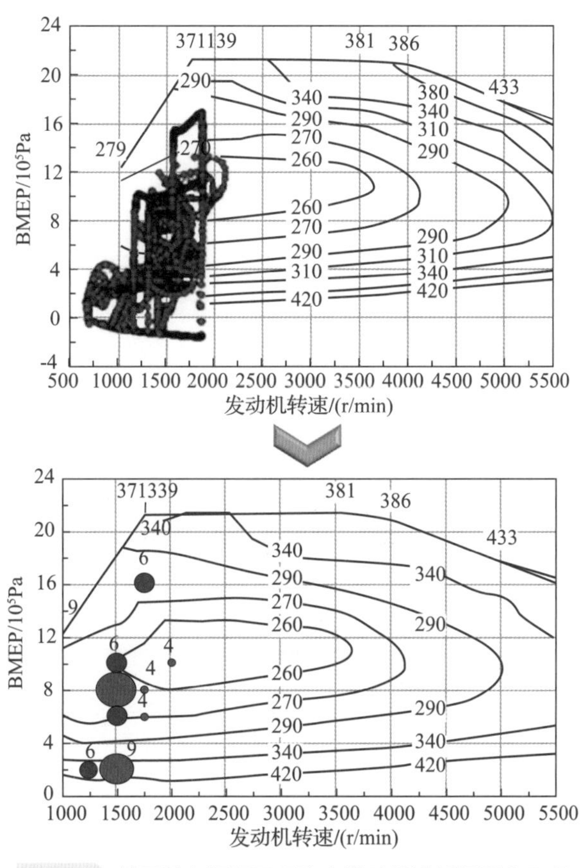

图 3-3 基于整车运行工况确定发动机油耗权重点工况

整车排放物均源自发动机，为了满足不断加严的排放法规要求，持续降低发动机原始排放和进行排气后处理系统升级优化是排放控制的两个重要方面。从整车排放要求反推发动机原始排放控制指标与动力经济性指标分解方法类似。对于气体排放（CO、THC、NO_x）而言，由于发动机热机后三元催化器转化效率极高，只要确保整车排放工况对应的发动机运行工况排气 λ 控制在 1 左右，所有气体排放均能得到较好控制；但同时基于产品性价比考虑，降低气体原始排放同样重要，低的原始排放意味着低成本的后处理系统（图 3－4）。在冷机运行阶段（如发动机起动暖机工况），由于排气温度难以快速达到三元催化器高催化转化效率温度要求，此阶段对发动机气体原始排放进行重点控制成为产品工程化排放开发的焦点（图 3－5）。常用的方法包括提升发动机排气热流率以缩短三元催化器起燃时间和降低原始排放产物。对颗粒物排放（PM 和 PN）而言，同样基于产品性价比考虑，整车使用到的发动机工况点均要进行重点控制（图 3－6）。

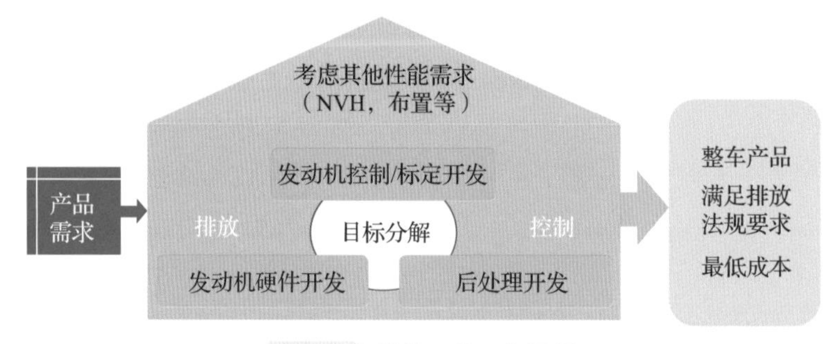

图 3－4　排放开发工作逻辑

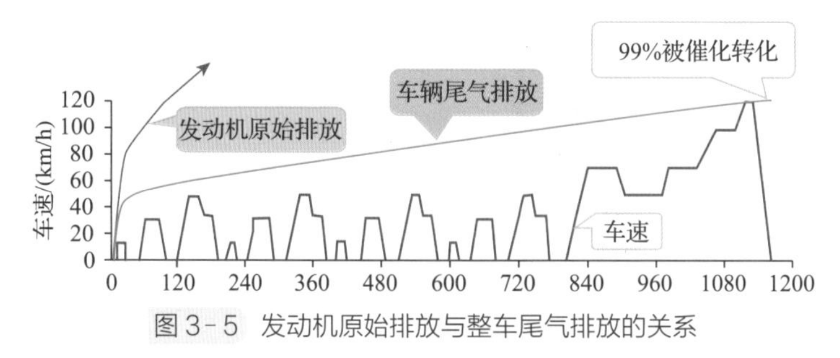

图 3－5　发动机原始排放与整车尾气排放的关系

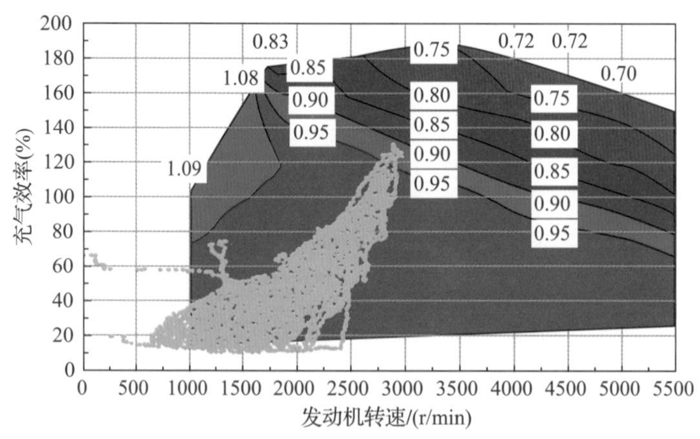

图 3－6　整车排放运行工况在发动机 λ MAP 中的分布

3.3.2 高效燃烧系统开发

3.3.2.1 燃烧系统开发存在的挑战

如前所述，均质充量燃烧系统和分层充量燃烧系统各有特点。同样，涡轮增压发动机燃烧系统、机械增压发动机燃烧系统和自然吸气发动机燃烧系统也是如此。这是不同发动机类型对应燃烧系统的功能需求以及优化目标各不相同的必然结果。

近20年来，均质充量当量比混合气燃烧系统由于在尾气后处理方面的优势，成为市场主流。其中涡轮增压缸内直喷均质充量当量比混合气燃烧系统更是成为市场的绝对主力，这是因为涡轮增压缸内直喷发动机可以在动力性、经济性和排放方面取得较好的综合性能表现。在随后的章节中，我们也重点聚焦于缸内直喷均质充量当量比混合气燃烧系统和涡轮增压缸内直喷均质充量当量比混合气燃烧系统的开发。

缸内直喷均质充量燃烧系统和进气道燃油喷射（PFI）发动机非常类似。两者都需要通过气道设计来尽量维持较高的充气效率，同时需要生成足够的湍流以实现快速燃烧及改进燃烧稳定性。但是，缸内直喷均质充量燃烧系统开发面临新的技术挑战，包括如何改善缸内油气混合均匀性、降低炭烟排放，以及规避机油稀释问题。一个优秀的缸内直喷燃烧系统需要在发动机整个工作MAP上尽可能达成多项性能指标参数的最佳平衡，在开发过程中通常选取一些代表性的工作点（比如mini-MAP工作点）进行燃烧系统开发及综合能力评估。图3-7是对应于蓝鲸280T发动机（1.5TGDI）燃烧系统开发目标的mini-MAP工作点。

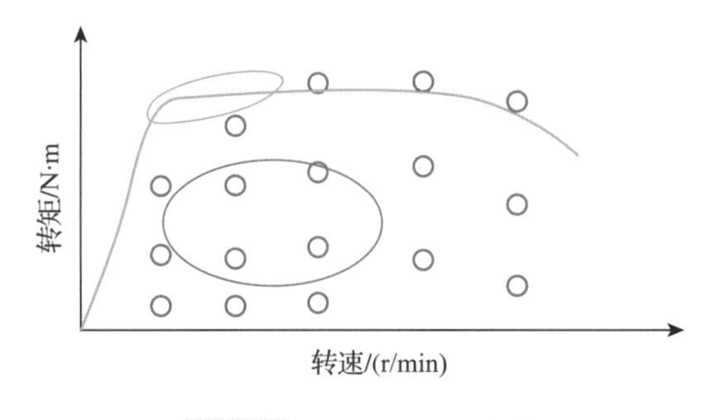

图3-7 mini-MAP工作点

发动机在不同工作点对燃烧系统的技术挑战也不一样，比如在满负荷条件下对燃烧系统最大的挑战是容积效率、抗爆燃特性、混合气均匀性以及机油稀释。而在部分负荷条件下，主要是要保证混合气均匀性和燃烧稳定性。下面会讲述如何通过气流运动组织、燃油喷射系统开发和油气混合过程控制优化来应对这些挑战。对于涡轮增压缸内直喷均质充量当量比混合气燃烧系统开发也会在随后的章节中进行讨论。

3.3.2.2 气流运动组织

气流运动组织最核心的动力源就是高滚流进气道。在气道设计过程中，有两个关键目标需求驱动气道设计实现不断迭代优化，直至达成这两个目标需求。第一个关键目标需求

就是气道流通能力需求，它是影响容积效率的关键因素，也决定了发动机提升功率、转矩的潜力。第二个关键目标需求是缸内气流运动水平。

随着空气进入气缸，会在气缸内形成旋转气流，一直持续到燃烧阶段。这个旋转气流中心轴线会和气缸轴线形成一个倾角，其中旋转轴平行于气缸轴线的气体流动分量称之为涡流，垂直于气缸轴线的气体流动分量称之为滚流。

一般情况下，这种旋转气流的角速度大体上和发动机转速成正比，因此，通常用该旋转气流的角速度与发动机转速的比值来定义涡流比和滚流比，即涡流比和滚流比可以用来表征缸内气流运动的强度。

对于缸内气流运动水平设计，需要关注四方面因素，即平均流动成分、平均流动的稳定性、压缩过程中随时间演变的湍流发展情况，以及点火时刻火花塞附近的平均流速。该流动需求针对均质充量和分层充量有一定差异。进气行程的流场结构对均质充量燃烧模式的混合气准备更重要，而压缩行程的流动情况则对分层充量燃烧模式的分层混合气准备更为关键。

通常，对于均质充量燃烧模式，进气过程中形成的滚流运动结构，在促进油气均匀混合方面优于静态流动或涡流运动结构。该滚流可以有效地转变成小尺度的流动结构，并最终在压缩行程转化成湍流动能。对于快速燃烧来说，在压缩行程后期形成足够可用的湍流动能是非常必要的。对于分层充量模式，进气过程中形成的涡流运动结构，由于其黏性耗散低于滚流运动结构，可以保持地更久一些，对压缩行程形成及保持分层混合气更有利一些。

由于进气过程中形成滚流运动对均质充量燃烧系统的重要性，本节将重点聚焦于如何开发兼顾气道流通能力和滚流运动水平的进气道。进气道流通能力（一般用流量系数表征）和滚流运动水平（一般用滚流比表征）存在此长彼消（trade - off）关系。如图 3 - 8 所示，当滚流比增加，则流量系数会降低。这是因为在高流通能力的气道设计中，一般会在气道附近形成比较均匀的流场结构，而在高滚流气道的设计中，一般在气道附近形成偏心的流场结构，较高的动量分量沿着气道上侧及排气侧流动，而比较低的动量分量沿着气道下侧及进气侧流动，并在该处壁面附近形成局部流动分离（图 3 - 9）。由于该处流动分离的存在，高滚流气道的流通能力会随之降低。

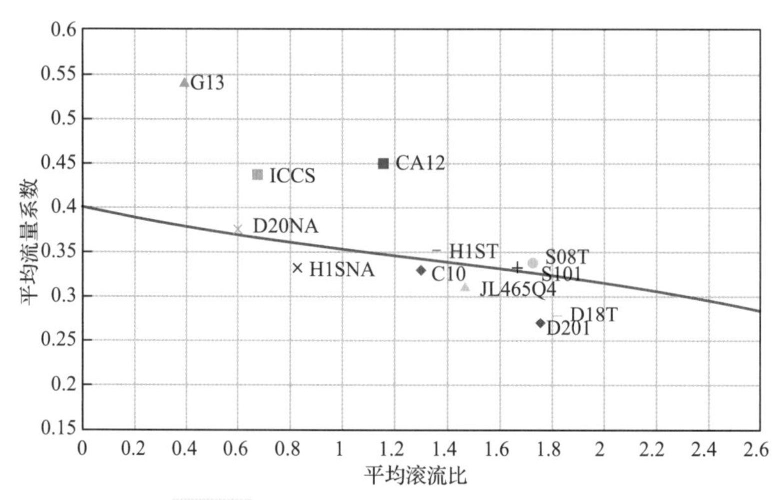

图 3 - 8　进气道流通能力和滚流水平的关系

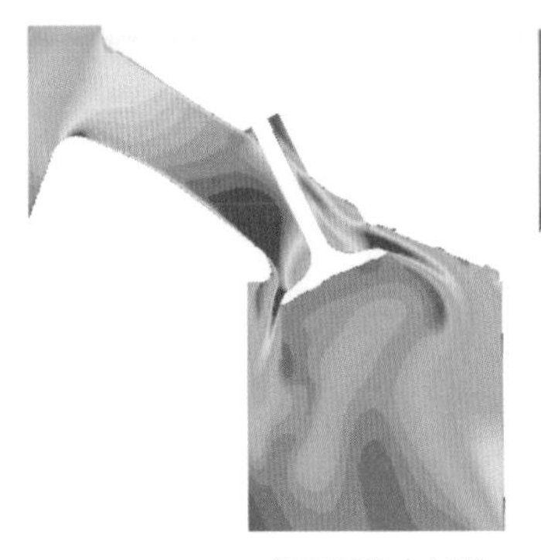

a)高流通能力气道

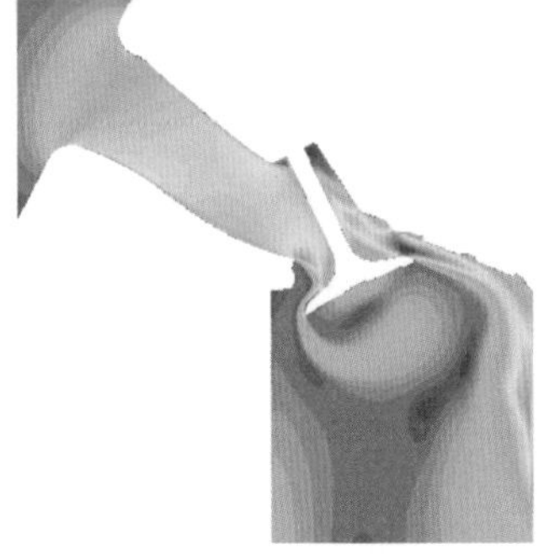

b)高滚流气道

图3-9 高流通能力气道和高滚流气道流场对比

当然，除了气道结构，燃烧室结构、活塞顶面形状，以及缸径、行程及余隙容积等参数也对气流运动组织过程有一定影响。在气流运动组织过程中，也需要对包括缸盖燃烧室及活塞顶部形状在内的狭义燃烧系统进行迭代优化，使之更有利于缸内气流运动，以在进气过程中在缸内形成较强的滚流运动，并在活塞运动过程中尽可能维持这种大尺度滚流运动，最后，在压缩行程末期转变成小尺度湍流促进燃烧。除此之外，通常也通过在缸盖下底面及活塞上顶面设计挤流面，以充分利用挤流运动增强湍流，从而提升燃烧速率。

如前所述，由于气道、燃烧室和活塞顶部形状对缸内气流运动影响较大，在实际发动机性能管控过程中一定要关注气道、燃烧室和活塞顶部几何形状的公差，及产品制造散差对发动机性能的影响。目前，通过典型零部件解析结合 CFD 仿真分析也可以快速寻找影响气流运动组织的关键结构尺寸，并给出气道、燃烧室和活塞顶部上的关键位置处的推荐公差范围，这样可以提升发动机性能一致性管控水平，提升用户满意度。

3.3.2.3 燃油喷射系统开发

对于先进的缸内直喷汽油机开发而言，燃油喷射特性比如喷雾形状、喷雾液滴尺寸、贯穿距离以及喷油器流量直接影响发动机缸内油滴蒸发、油气混合和燃油碰壁。而油滴蒸发、混合气形成及燃油碰壁对发动机着火、燃烧、排放及性能目标达成影响较大，因此在发动机性能开发过程中必须重点关注燃烧喷射系统开发。在发动机燃烧系统优化过程中，需要通过不断迭代设计，保证燃油喷射系统与缸内流场及火花塞位置相配合，以实现性能目标。

对于均质充量燃烧模式，油气混合过程起始于燃油以某个预定的压力喷入气缸内。然后，燃油雾化成油滴，并在气流的作用下在燃烧室内分散开。这些油滴随后蒸发并和新鲜空气进行混合（通过湍流混合和分子层级混合），在缸内形成均匀的可燃混合气。在这个过程中，各个环节都会对混合气的均匀性有一定影响，其中油滴的均匀分布和快速蒸发对形成高质量混合气更为重要。

液滴蒸发过程取决于液滴大小（液滴直径）、液滴温度，以及背景气体的热力学属性。其中液滴尺寸取决于喷油器类型、喷孔尺寸以及喷油压力。

油滴分散过程主要受喷雾过程及缸内气流运动影响，该油气交互过程又取决于喷雾的液滴特性，比如液滴尺寸、贯穿距、油束方向，以及缸内流场结构。该过程可以通过调整喷油器方案、喷油器工作条件（比如喷油压力、喷油时刻），以及气道和燃烧室进行优化。该过程是一个高度三维非定常多相流动及混合过程，也依赖于发动机工作条件，比如转速和负荷。

发动机在高速高负荷，要想实现比较好的油气混合均匀性，通常受到两个因素的挑战。一个因素是在高速高负荷通常很难实现燃油喷雾在缸内均匀分布，因为喷雾轨迹在高转速容易受到高动量的进气气流运动的影响。另一个因素是喷油时刻的灵活性受到限制，即只能在有限的范围内进行调整。因为喷油器的流量设计通常是基于高速高负荷工况的喷油窗口确定的，该喷油窗口大致与整个进气过程相当。增加喷油器流量可以改善全速全负荷时喷油策略的灵活性，但是会影响部分负荷以及怠速工况的燃油计量准确性（喷油脉宽进入非线性区间）。

在中速大负荷，比如3000r/min满负荷（Wide Open Throttle，WOT）工况，要想实现比较好的油气混合均匀性，主要的挑战来源于喷油周期相对较长，不足以支撑更灵活的喷油策略（比如三次及以上次数的分段喷射策略）。同时，由于发动机转速不是很高，也不足以促进较强的湍流混合，以改善油气混合效果。

在低速大负荷，燃油喷射策略具有很大的灵活性（比如可以采用四次及以上次数的分段喷射策略），但是由于转速较低，湍流混合效果差，油气混合均匀性依然面临挑战。

如图3-10所示，发动机在低速和高速工况PM和PN排放均处于较高水平。这里炭烟排放可以用来表征混合气均匀性，因为炭烟排放对应于这些工况的局部过浓区。

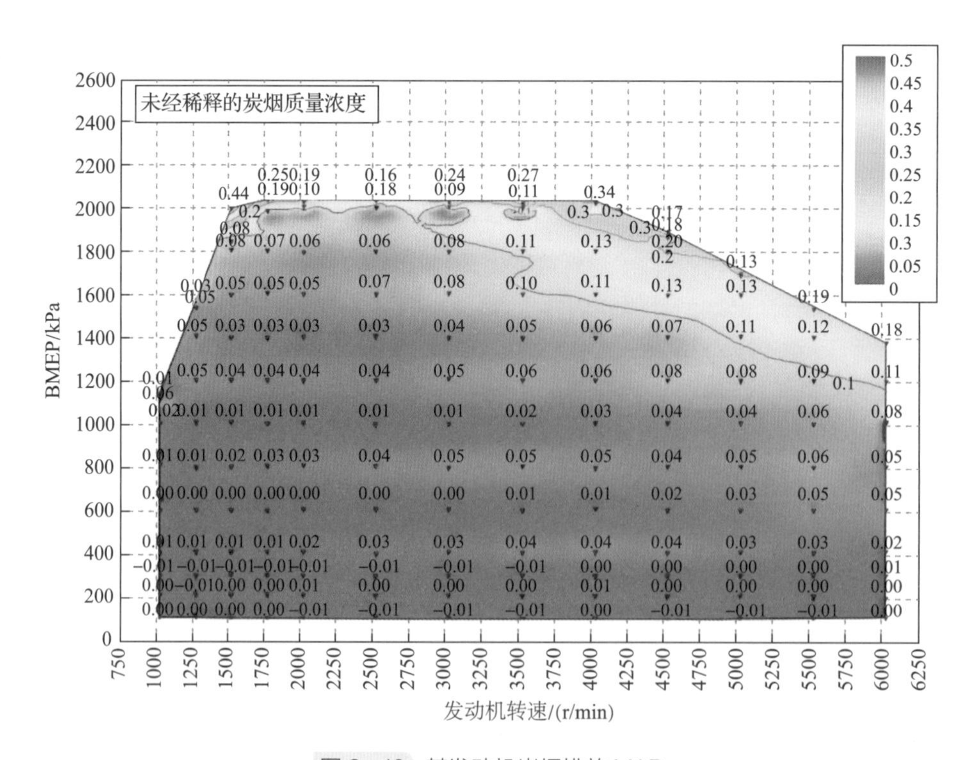

图3-10 某发动机炭烟排放MAP

如前所述，改善缸内油气混合过程可以通过调整喷油器方案、喷油器工作条件（比如喷油压力、喷油时刻及多次喷射比例），以及对气道和燃烧室进行优化。但该过程是一个高度三维非定常多相流动及混合过程，同时也依赖于发动机工作条件。

当然，在发动机燃油喷射系统开发过程中除了关注混合气均匀性，也必须尽最大可能减少燃油碰壁。首先，燃油碰壁会导致燃油在壁面形成油膜，而这些油膜的蒸发本身是吸收燃烧室壁面的热量，而不是吸收缸内气体的热量，这也导致充气效率下降，对于追求动力性的直喷发动机来说这是不可接受的。其次，如果大量的燃油碰撞气缸壁，则可能会导致燃油稀释润滑油（机油稀释），影响发动机可靠性及耐久性。同时，如果大量的燃油碰撞活塞表面，则可能会导致炭烟排放问题。因此，在发动机燃油喷射系统开发过程中，必须尽最大可能地减少缸套湿壁和活塞湿壁。

对于缸内直喷汽油机，如果大量的燃油碰撞进气门壁面，包括燃油喷射过程以及进气回流过程中的燃油碰撞进气门，也可能会导致较高的炭烟排放问题。

然而，炭烟形成是一个非常复杂的过程，包括复杂的炭烟先驱物形成、成核及生长等。目前通过 CFD 仿真来理解炭烟形成过程中的物理和化学现象，以及准确预测炭烟生成量是非常困难的。即使我们充分理解了炭烟形成过程，通过三维 CFD 仿真工具模拟实际发动机炭烟形成过程中的物理和化学现象，依然受到现有计算机硬件资源的限制。当然，一般主机厂会建立燃油碰壁和机油稀释及炭烟排放的拟合关系数据库。这样只要通过三维 CFD 仿真捕捉燃油碰壁情况，结合这些拟合关系数据库，也可以很好地为发动机燃油喷射系统开发提供指导，实现迭代设计。

燃油喷射系统中最核心的零部件就是喷油器。在直喷发动机不断发展的历史过程中，人们为了不断改进燃油喷雾特性，缸内直喷喷油器也在过去 20 年经历了巨大的技术演变，先后出现过旋流喷油器、空气辅助喷油器、多孔喷油器、外开式喷油器和缝隙式喷油器等。目前多孔喷油器成为汽车行业主流应用技术，这主要是因为多孔喷油器具备以下优势：①流量范围非常宽，适合发动机不同工况的喷油量需求；②喷雾形状受环境气体压力（密度）影响较小；③在燃烧系统开发过程中每个喷孔的方向可以单独改变，可以为油束优化设计过程提供很大的自由度，保证性能目标的达成。

目前的多孔喷油器，其喷射压力可以覆盖 3～35MPa 的压力范围，由于随着喷油压力的提高，喷雾粒径随之减小（图 3-11），可以进一步改善燃油雾化，以及促进油气混合和

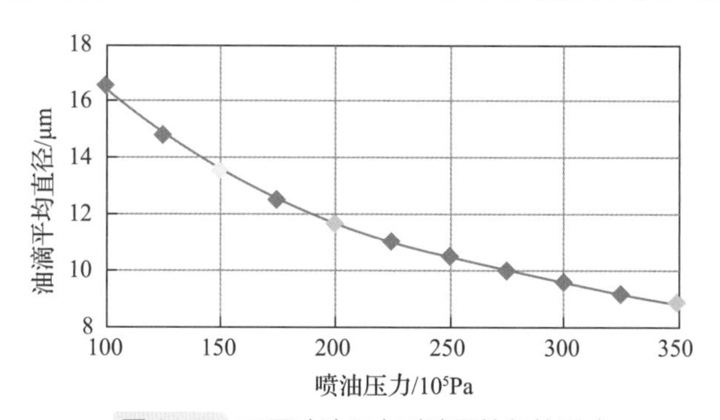

图 3-11 不同喷油压力对喷雾粒径的影响

改善排放。随着排放法规的不断加严，各主机厂倾向于尝试采用更高喷油压力的多孔喷油器以进一步改善排放，及减少排放后处理系统成本。这也促进了更高喷油压力的多孔喷油器的持续研发，比如部分主机厂正在开展采用 50MPa 和 100MPa 的高压多孔喷油器对发动机性能改善效果的先期技术研究。

当然高压油泵和燃油管技术的不断进步也是直喷发动机不断发展的重要推手。特别是随着系统喷油压力的不断提高，高压油泵及燃油管的密封问题需要不断攻克。同时发动机需要为高压油泵工作提供更高的驱动力矩，这也促使了高压油泵驱动技术的不断升级。有兴趣的读者可以阅读第 2 章关于燃油系统硬件介绍的内容。

3.3.2.4 油气混合过程控制

如前所述，改善缸内油气混合过程可以通过调整喷油器方案、喷油器工作条件（比如喷油压力、喷油时刻及多次喷射比例），以及对气道和燃烧室进行优化。其中关于调整喷油器工作条件的过程，即油气混合过程控制。

图 3 - 12 所示是典型的缸内直喷发动机喷油次数 MAP。由于发动机在高速大负荷工况，喷油周期较长，考虑到喷油器电磁阀及控制信号的高速响应性问题，目前大部分发动机在高速大负荷工况一般都采用单次喷射策略。

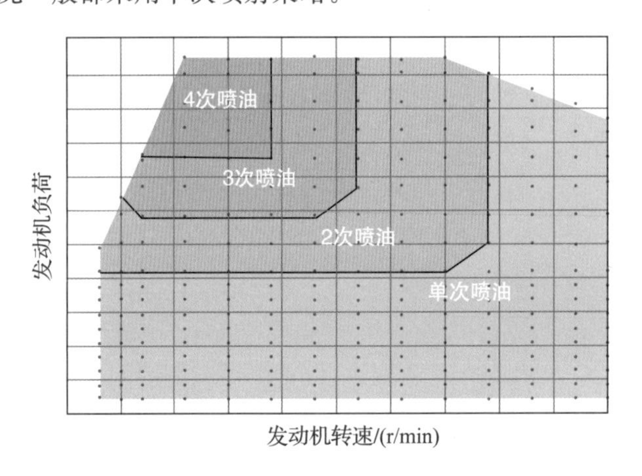

图 3 - 12　某发动机不同工况下喷油次数 MAP

发动机在低负荷工况，由于喷油需求量较小，如果采用分段喷射，则容易导致喷油脉宽过短，引起燃油计量准确性（喷油脉宽进入非线性区间）问题。所以，发动机在这部分工况也都是采用单次喷射策略。

随着发动机转速降低以及负荷的增加，发动机更倾向于采用更复杂的多次喷射策略。这是因为随着转速降低，湍流混合效果降低，发动机需要更复杂的喷油策略来改善混合气形成。同时，随着负荷的增加，循环喷油量增加，喷雾贯穿距离也随之增加，只有采用更复杂的分段喷射，才可以减少燃油碰壁及改善油气混合。当然，随着负荷的增加，循环喷油总脉宽也是增加的，这也为分段喷射策略的实现提供了前提条件。

近年来随着排放法规的不断升级，特别是国六排放法规引进了对颗粒物数量（PN）的限值，目前大部分发动机倾向于在中等以上负荷工况采用燃油系统最高喷油压力（图 3 - 13）。

这是因为喷雾粒径随着喷油压力的增加而减小。发动机采用更高喷油压力可以在减小喷雾粒径的同时缩短喷油总脉宽，再结合分段喷射策略就可以达到同时减小喷雾粒径及缩短贯穿距离，促进油滴蒸发及减少燃油碰壁，实现完美的油气混合效果，改善排放，及减少排放后处理系统成本。

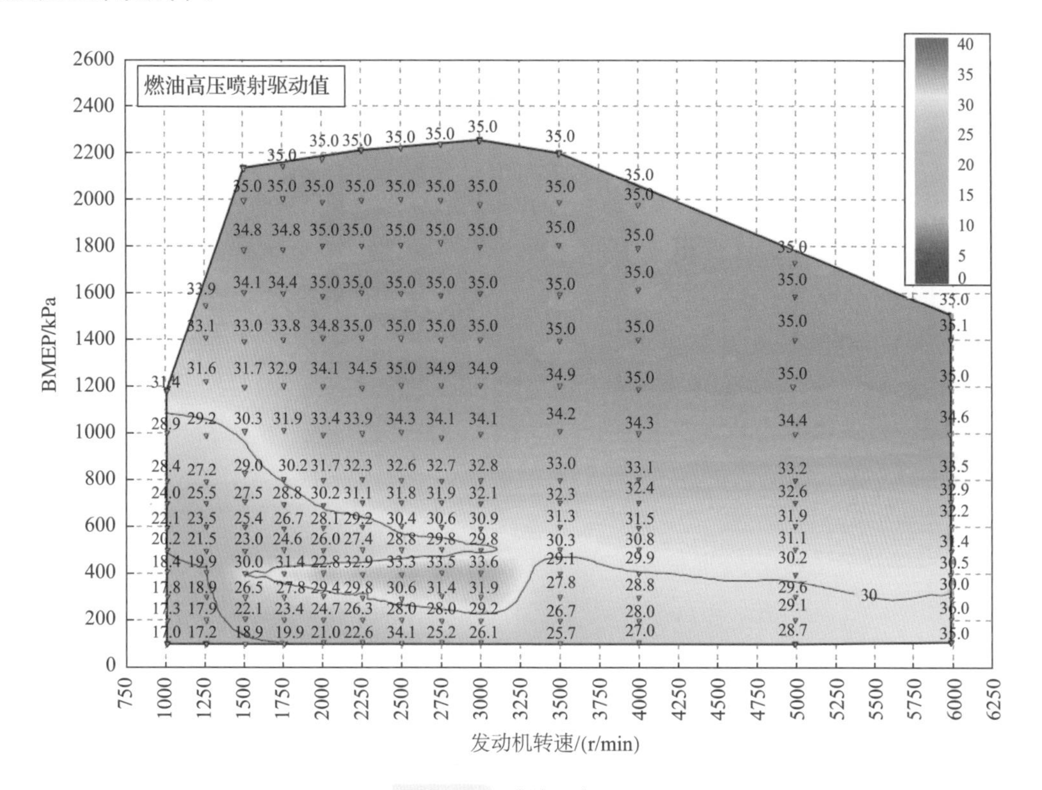

图3-13 喷油压力MAP

但是当发动机负荷较低时，由于喷油需求量较小，提高喷油压力容易导致发动机喷油脉宽过短，引起燃油计量准确性（喷油脉宽进入非线性区间）问题。所以，发动机在低负荷只能采用相对低的喷油压力。

近年来随着发动机控制技术的不断进步，部分电喷控制供应商（比如德国博世公司）推出小脉宽修正技术，通过开发过程中的前期标定，可以进一步缩短发动机某次喷射过程中的最短喷油脉宽（保证燃油计量准确性）。这也为发动机小负荷工况提高喷油压力，以及分段喷射向更低负荷区域拓展提供了可能。

对于喷油时刻的控制，这是一个非常复杂的问题。发动机在高速高负荷工况，喷油时刻的灵活性非常有限，一般是采用较早的喷油时刻，如进排气上止点后30°～40°曲轴转角，以促进油气混合及减少缸套湿壁，提高充量冷却效果，增加容积效率。同时，也可以避免发动机在可靠性试验过程中容易出现的活塞环槽积炭及活塞环卡滞等可靠性及耐久性问题。

发动机在低负荷工况，虽采用单次喷射策略，但是喷油时刻具有很高的灵活性，理论上可以在进气行程的任何时刻把燃油喷射进气缸内。但是相关实践研究表明：过早的喷油时刻容易导致活塞湿壁量的增加，而过晚的喷油时刻，则容易导致混合气形成时间缩短以及缸套湿壁的增加。因此，存在一个最佳的喷油时刻，既可以促进油气混合，又可以减少燃油湿壁。实际开发过程中，最佳喷油时刻需要结合缸内气流运动、喷雾油束方案、活塞顶部形状，以及进气 VVT 相位来确定。关于 VVT 相位调节及换气过程组织，是另一个复杂的话题，通过进排气 VVT 的调节可以降低泵气损失，但同时也对缸内气流运动和油气混合过程造成一定影响，有兴趣的读者请参考本章相关小节。一般建议在进气门最大升程对应的曲轴转角附近进行喷油相位寻优是个不错的选择。该喷油相位的寻优过程可以通过三维 CFD 仿真工具来实现，然后在发动机台架上进行验证，这样既可以获得最佳喷油策略，又可以缩短发动机喷油标定周期。

如前所述，随着发动机转速降低，以及负荷（或喷油量需求）的增加，发动机采用了更复杂的多次喷射策略。在整个多次喷射过程中，每次喷油的时刻及喷油比例都是独立变量，要想获得最佳喷油策略，必须进行多参数寻优。这是一个非常庞大的工程，因为随着喷射次数的增加，喷射过程的变量也随之增加，整个过程的寻优难度越来越大。比如某个工况点采用 4 次喷射，则喷油策略寻优涉及喷油压力、第一次喷油始点（Startoffirst Injection，SOI1）、第二次喷油始点（Startofsecond Injection，SOI2）、第三次喷油始点（Startofthird Injection，SOI3）、第四次喷油结束（Endoffourth Injection，EOI4）、第一次喷油量占比、第二次喷油量占比和第三次喷油量占比共 8 个参数（图 3－14）。假设在喷油策略的寻优过程中，对每个参数取 3 个水平（这些参数的影响都是非线性的）进行全因子试验，仅仅一个工况点就需要进行 3^8 次试验。因此，采用田口试验设计（Design of Experiment，DOE）等方法进行喷油策略寻优是个不错的方法。

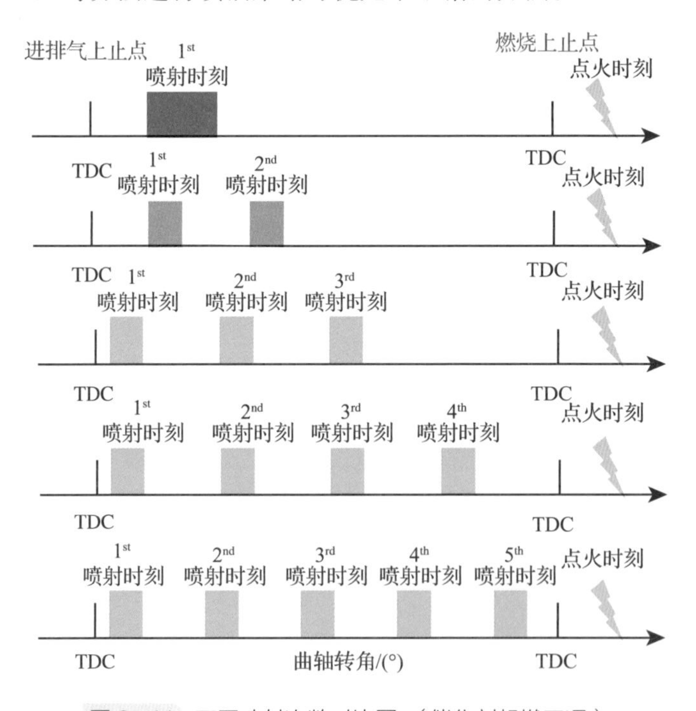

图 3－14　不同喷射次数对比图（催化剂起燃工况）

当然由于试验周期和成本的问题，一般的做法是通过三维 CFD 仿真工具开展多次喷射策略寻优。然后在发动机台架上进行验证，这样既可以获得最佳喷油策略，又可以缩短发动机喷油标定周期。由于三维CFD仿真工具可以揭示气门运动、活塞运动、气流运动、燃油喷射、雾化、油滴输运、油滴蒸发、燃油碰壁、油膜蒸发和油气混合整个过程的宏观及微观现象的物理本质，可以帮助工程师理解整个油气混合物理过程的本质。仿真工程师在多次喷油策略寻优过程中面临的是透明的发动机，即各个参数对油气混合过程的影响，通过CFD结果可以直接呈现出来。这远远超越了传统意义上的试验寻优过程（试验寻优过程中，缸内的油气交互过程是黑盒子过程）。仿真工程师在迭代优化过程中，可以基于对上一次仿真结果的分析，寻找优化点，然后开启下一轮迭代优化，如此往复，通过有限次的迭代优化，就可以找出完美的多次喷射策略。从这个角度出发，一个企业的仿真工程师团队实力，直接决定着该企业缸内直喷发动机的开发品质。

长安汽车在缸内直喷发动机开发过程中，经过长期的技术积累形成了独特的CAE仿真辅助喷油策略标定体系。可以基于CAE仿真缸内喷雾过程，快速进行喷油策略优化。并基于此掌握了燃油喷射系统及喷油策略正向设计核心技术，可开发出既满足发动机性能需求，又可以规避机油稀释和超级爆燃等国际难题，同时还可以考虑对排放的影响，又能满足在不同的环境温度下稳健性应用的燃油喷射系统及喷油策略方案（图3-15）。

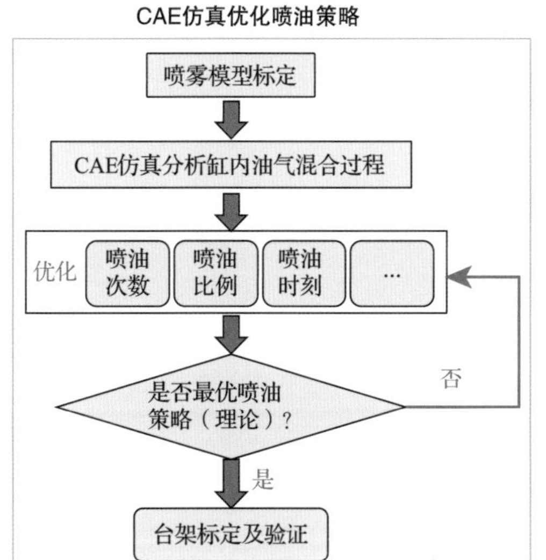

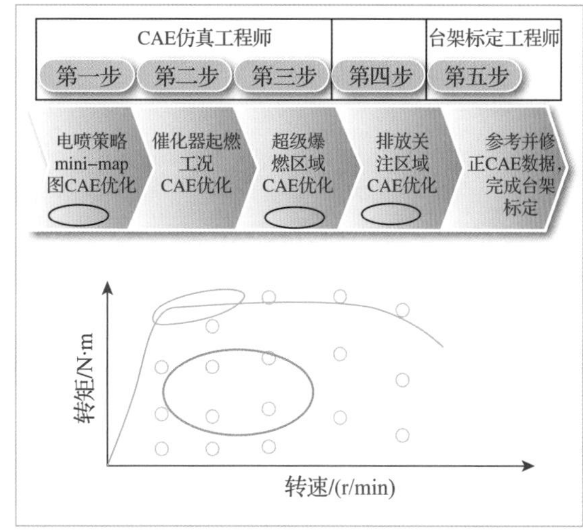

图3-15 CAE仿真辅助喷油策略标定

3.3.2.5 增压直喷发动机燃烧系统开发

近十年来，随着油耗法规的不断加严，越来越多的主机厂开始致力于研发涡轮增压发动机。由于增压气道喷射（PFI）发动机在缸内充量冷却方面的劣势，导致其面临爆燃倾向高、超级爆燃不易控制、动力性受到限制、油耗高、排放处理成本高等技术难题，其市场占比已经越来越少了。而涡轮增压缸内直喷发动机，由于集成了涡轮增压技术和缸内直喷技术，并实现了这两个技术的优势互补，可以在增加进气密度的情况下，通过缸内直喷技术进行缸内充量冷却，爆燃倾向得到抑制，而通过多次喷射策略寻优，也可以规避超级爆燃。因此，涡轮增压缸内直喷发动机可以提高发动机功率密度，及通过发动机小型化

(Downsizing) 改善油耗。

由于增压直喷发动机的负荷水平、换气过程组织、缸内气流运动组织，以及油气混合过程相对于自然吸气发动机均有较大差异，所以增压直喷燃烧系统开发相对于自然吸气发动机开发也有一定的区别。这种区别给增压直喷发动机带来了技术挑战，同时也带来了机遇。

相对于自然吸气直喷发动机，增压直喷发动机主要面临三大技术挑战。首先是实现油气均匀混合的难度有所增加。因为增压后的高气体动量的进气流动会对燃油喷射及油滴输运轨迹造成一定影响，不利于燃油油滴在缸内均匀分散开。同时，循环喷油量也随着进气压力的增加而增加，这都将导致实现油气均匀混合的难度有所增加。其次，增压条件下，发动机爆燃倾向更高，控制爆燃的难度相对于自然吸气直喷发动机来说有所增加。此外，冷起动期间，增压发动机由于排气通过涡轮会产生一定的热损失，发动机需要更多的排气热流量以实现催化剂快速起燃。

当然，增压技术也给直喷发动机带来机遇，发动机进气道流通能力的重要性，已经不再像在自然吸气发动机中那么重要了。相关技术实践及研究表明：某些特意设计成高滚流比及低流通能力的增压发动机，可以利用其高滚流运动优势，促进油气混合，实现快速燃烧（抑制爆燃），以及改善燃烧稳定性，发动机的综合性能相当有竞争力（比如大众汽车旗下的 EA211 - 1.5TSI evo 发动机）。因为高滚流运动使得气流运动对燃油喷射、油滴输运以及油气混合过程的影响作用增强，相关研究表明：在缸内气流运动和喷油器油束方案匹配较好的情况下，发动机可以实现较好的油气混合以及减少燃油碰壁。

超级爆燃问题是增压发动机开发过程中不可回避的问题。某些情况下，增压发动机面临的超级爆燃问题，可以通过缸内气流运动、喷油器油束方案以及多次喷油策略的匹配进行规避。相关研究表明：通过缸内气流运动、喷油器油束方案以及多次喷油策略的最佳匹配，发动机可以实现缸内混合气不均匀性、燃油湿壁，以及压缩行程末期缸内混合气温度的同步降低，超级爆燃频次可以大幅降低。当然，超级爆燃是个非常复杂的话题，感兴趣的读者可以阅读本章相关小节内容。

3.3.2.6 发动机燃烧系统开发未来发展趋势

随着排放和油耗法规的不断加严，以及动力总成电气化的发展趋势，未来发动机燃烧系统开发将更聚焦于更高热效率，以及满足更严苛排放法规的发动机研究。发动机为了进一步提升热效率将采用更多相关技术，比如，采用米勒循环、高压缩比、冷却 EGR、电子增压（含复合增压技术）、新型点火技术（含高能点火）和稀薄燃烧等技术。

同时，在发动机燃烧系统的开发过程中，也需要对这些技术配置进行针对性设计，比如进一步增强滚流，以及采用更高燃油喷射压力，达到更均匀的混合气质量、更好的充量冷却效果，以实现快速燃烧、抑制爆燃、降低燃烧循环变动。

此外，还有一些或崭新或复古的技术，在未来发动机燃烧系统开发过程中将被实际批量应用，比如进气道隔热、进气道激光熔覆、燃烧室绝热涂层、被动预燃室和主动燃烧室技术。

当然，在这些高效清洁发动机燃烧系统开发过程中，先进的仿真和试验技术也不断随之发展，并不断成熟。比如，随着电子计算机计算能力的突破，未来基于流动、喷雾耦合化学反应动力学的 CFD 仿真技术将不断发展，未来将有望在发动机燃烧系统开发过程中准确进行爆燃及排放预测。同时，光学发动机结合先进的激光诊断技术，将可以更深入地研究燃烧过程中更复杂的技术细节，以进一步促进发动机燃烧开发效率的提升。

此外，随着控制技术的不断发展，基于瞬态测功机的发动机在环（Engine in Loop，EIL）技术将得到规模应用，以快速验证瞬态工作过程中燃烧系统设计对发动机动力性、经济性和排放的影响，为发动机燃烧系统开发提供更多信息，促进发动机燃烧系统开发品质的不断提升。

3.3.3 空气系统开发

一般将发动机排出废气和吸入新鲜空气或可燃混合气的整个过程定义为发动机换气（Gas Exchange）过程。良好的换气过程是实现发动机高充气效率和高动力性指标的重要前提，在发动机工程化性能开发时需要按以下原则对换气过程进行优化组织：

1）保证全负荷的充气效率，满足发动机外特性转矩及功率的需求。

2）保证多缸机各缸进气量和废气量尽量均匀。

3）尽量小的泵气损失。

4）进气后在缸内形成燃烧所需的一定强度的滚流场或涡流场，应能满足燃烧系统的需求。

发动机空气系统与其换气过程优劣密切相关，是确保良好换气的硬件基础。广义而言，空气系统包含发动机增压系统、EGR 系统和进排气系统等。因此，在发动机工程化性能开发时，应从性能需求的角度出发，针对性开展增压器匹配选型、EGR 系统开发、气门运动规律设计和进排气系统开发。

3.3.3.1 增压器匹配选型

随着油耗及碳排放法规的持续加严，发动机小型化，即通过小排量增压发动机代替大排量自然吸气发动机已成为行业主流技术趋势，废气涡轮增压发动机作为全球各主机厂（Original Equipment Manufacturer，OEM）的主流产品已推向市场，得到广泛应用。

废气涡轮增压器与发动机的合理匹配选型是涡轮增压发动机实现优秀动力性能的关键，在发动机开发过程中需要根据发动机性能目标要求对增压器进行匹配选型，重点在于发动机外特性工况与增压器压气机和涡轮机的匹配。匹配选型时，不仅要考虑平原、稳态工况下的匹配，还要考虑整车在高原、瞬态工况下对发动机动力性能的需求。另外，在工程化开发应用中还需考虑增压器废气旁通阀的匹配对基础增压压力的影响。

在增压器压气机和发动机工作特性匹配时，发动机外特性运行线应尽量处于增压器压气机 MAP 图的高效率区域。同时，发动机低速和高速外特性工况线应分别与压气机 MAP 图的喘振及壅塞边界线保持一定距离，即匹配的压气机具有合理的喘振和壅塞裕度（图 3 - 16），确保在高原、高速高负荷等极端工况下压气机能正常工作。

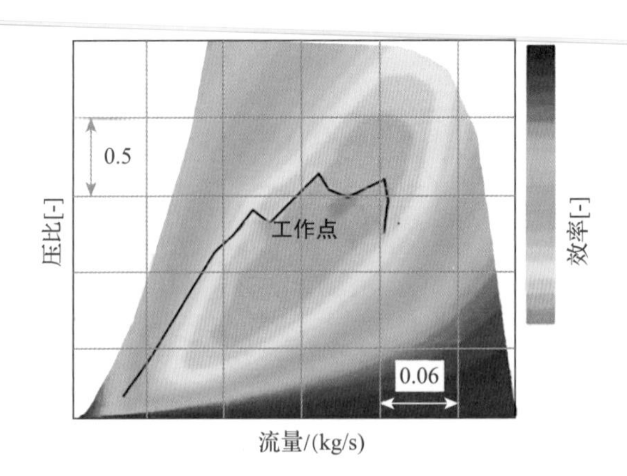

图 3-16 发动机外特性在压气机 MAP 上的运行线

涡轮机的选择原则是在发动机低速时为压气机提供足够的功率，保证发动机低速转矩，另外在功率点的涡前压力不能超过增压器供应商的要求，以免增加密封失效风险。通常在满足上述条件下，为了兼顾瞬态响应，选择惯量较小的涡轮机。

在发动机及整车产品开发过程中，经常会遇到高原地区动力损失过大、加速瞬态响应不好等涡轮增压发动机动力性问题。高原地区动力损失过大，一般来讲都是压气机或者涡轮机在平原环境下匹配选型时所留储备余量不足。在工程化性能开发时，需要结合整车制定高原环境下的动力性能目标，比如海拔 1000m 时，要求低速转矩劣化≤10%，功率保持不变；海拔 3000m 时，要求低速转矩劣化≤50%，功率劣化≤15%，然后采用 1-D 仿真方法对发动机高原环境下的动力性能进行评估、优化，并以此为目标来更好地选择废气涡轮增压器。对于车辆加速工况动力瞬态响应不好问题，一般来讲，主要影响因素是增压器的转动惯量、压气机后和涡轮机前的管路容积。转动惯量和管路容积越小，增压器的增压响应越快，发动机的动力响应也越快。因此，需要在工程化研发时，采用仿真和试验相结合的方法对进排气系统和增压器方案进行优化。

如上所述，增压器废气旁通阀的匹配也是增压器和发动机匹配选型时必须考虑的重点，其匹配的好坏直接影响到增压器的基础增压压力和发动机性能。

一般而言，增压器废气旁通阀都是由发动机控制器发出占空比控制信号进行控制的。占空比为 0 时，旁通阀开度最大；占空比为 100%时，旁通阀开度最小。在废气旁通阀开度最大且发动机节气门全开时，发动机的进气压力称为增压器的基础增压压力。废气旁通阀流通直径的大小及相关机构的参数等都会影响到基础增压压力。对好的发动机性能而言，基础增压压力不能过大也不能过小。如果基础增压压力过大，表明发动机控制器可用于控制旁通阀的可调占空比范围较小，不利于增压控制的稳定性，且同时对发动机大负荷工况油耗有不利影响；如果基础增压压力过小，则意味着发动机在达到相同外特性动力性能时需要较大的控制占空比，这使得控制器的可调占空比余量减小。当发动机长期运行，增压器性能有衰减时，可调占空比余量不能补偿增压器的衰减性能，会使发动机增压不足，引起性能下降。

近几年，随着增压发动机动力性以及米勒程度的不断提高，发动机对低速和高速的增压压力要求也不断提高，因此双涡管单涡轮增压器以及可变截面废气涡轮增压器（图 3－17）的运用越来越广泛，其中双涡管单涡轮增压器的匹配原则和普通废气涡轮增压器相同。而对于可变截面废气涡轮增压器，由于其没有废气旁通阀，在性能匹配时，需要注意涡端最大流通能力的余量，如最大流量余量较小，则基础增压压力会过高，增加中大负荷泵气损失，从而影响油耗，一般情况下在平原匹配时需留有 10%的流量余量。

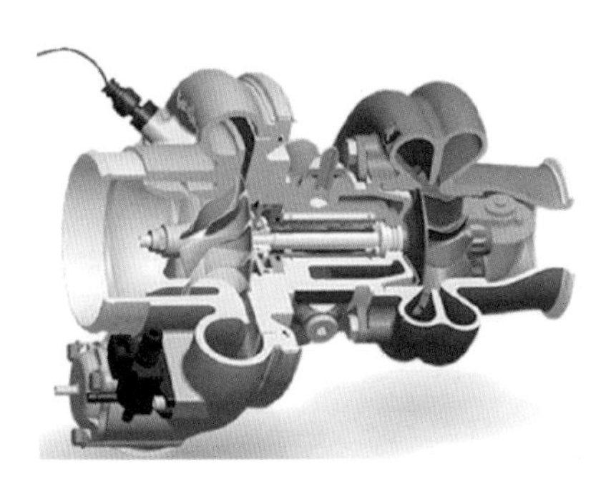

a）双涡管单涡轮废气涡轮增压器　　b）可变截面废气涡轮增压器

图 3－17　新型废气涡轮增压器

3.3.3.2　EGR 系统开发

近年来持续加严的车辆油耗法规在不断倒逼发动机热效率提升。冷却 EGR 技术是当量燃烧汽油机实现热效率突破的重要技术手段，同时在控制压燃燃烧速率进而实现大负荷低温燃烧等方面也能起到重要作用，已开始广泛地应用于汽油机工程化产品中。自然吸气汽油机如果作为混合动力专用发动机，应用 EGR 具有天然优势，丰田、本田、日产及现代等业内知名企业均已推出应用 EGR 技术的自然吸气混合动力专用汽油机产品。同时，近年来 EGR 技术在增压汽油机上的应用也开始流行，部分企业已推出相关产品。

冷却 EGR 布置形式对发动机性能影响较大，为实现较好的 EGR 应用效果，一方面要保证在发动机需要 EGR 的工况区域具有较高的废气引入能力，另一方面还需要具有较好的 EGR 瞬态响应及使用可靠性，因此在工程化开发时需结合发动机实际匹配情况进行针对性设计。

冷却 EGR 主要是通过外部管路将排气管中的废气引出并经过冷却器冷却后重新引入到进气管中。对于自然吸气机型，EGR 系统结构简单紧凑，通过相关管路将废气直接引入到节气门后靠近进气道入口的位置即可（图 3－18）。

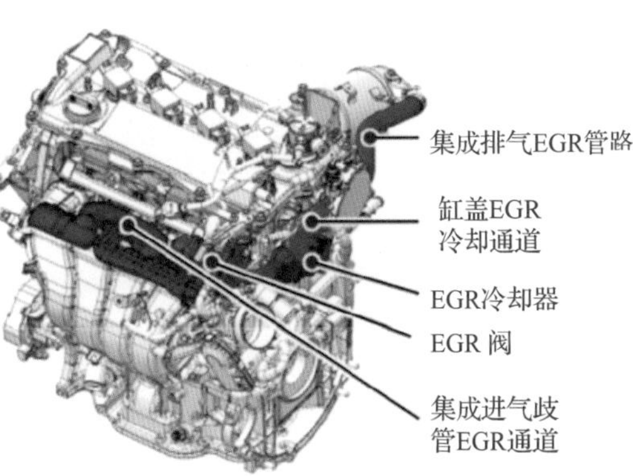

图 3－18　自然吸气发动机 EGR 系统布置

对于增压机型而言，EGR 系统布置形式较多，根据废气取气及引入位置的不同主要可分为低压 EGR 和高压 EGR（图 3－19～图 3－21）。

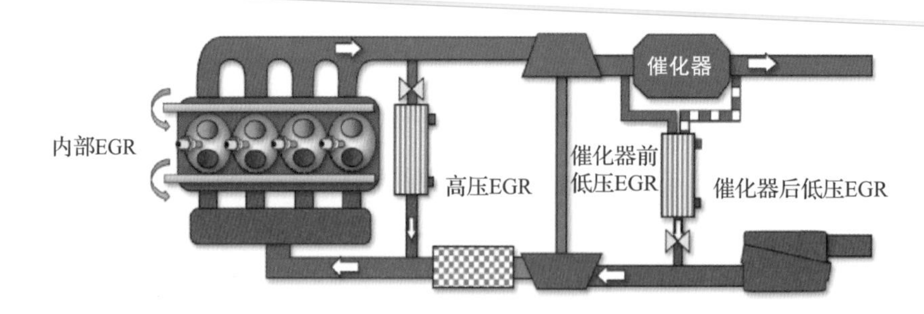

图 3-19　增压发动机 EGR 系统布置

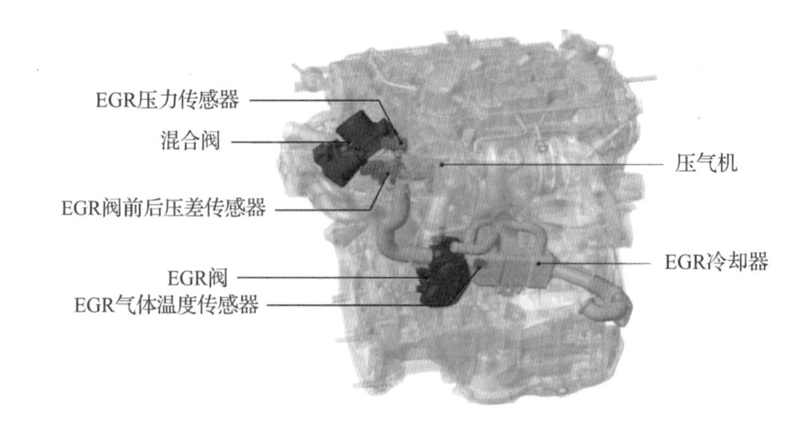

图 3-20　现代 1.5TGDI 低压 EGR 管路布置

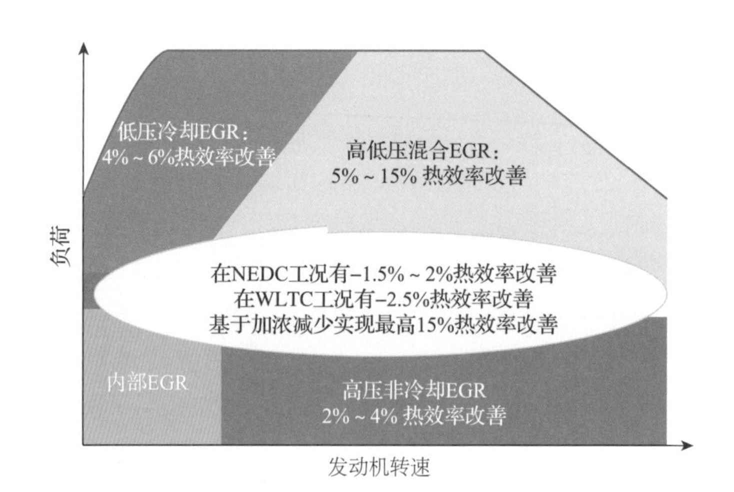

图 3-21　高低压 EGR 可使用工况区域

低压 EGR 是将废气从增压器涡轮机后（三元催化器前、后取气均可）引入到压气机前，其连接管路相对较长，因此瞬态响应性能相对较差，且废气中的冷却水和排放产物容易引起压气机叶轮叶片耐久失效。但另一方面，较长的连接管路也使得发动机进气中空气与废气的混合更均匀，进入各缸的废气质量一致性更好。更为重要的是，低压 EGR 废气的引入不受发动机工况限制，且对涡轮机做功能力没有影响，这使得在保证正常增压的同时，EGR 的使用工况和使用率更加灵活。为了解决排气污染物成分对压气机叶轮污染带来的压气机效率下降问题，行业内通常采用催化器后取气的低压 EGR 取气策略，以确保排气中的污染产物得到充分处理。在工程化研发使用该取气策略时，需注意压气机前和三元催化器后的管路压差对废气流量的影响。三元催化器后的排气压力通常较低，为了保证足够的废气能被引入压气机，需在压气机入口前或取气口后增加控制阀，以保证二者间有足够的压降。

对于低压 EGR 动态响应慢问题，在 EGR 系统工程化设计时应尽可能优化 EGR 管路长度和容积以提升响应速度，例如将 EGR 中冷器直接布置在进气歧管内部以缩短管路长度；将 EGR 阀尽可能布置在靠近进气管入口处以减小阀后进气管路容积等。此外在瞬态工作过程控制标定时还需尽可能提升 EGR 响应模型计算精度，以实现实际 EGR 率和目标之间的良好跟随性。

高压 EGR 是将废气由增压器涡轮机前直接引入到发动机节气门后，其连接管路较短，布置较为紧凑，因此瞬态响应性较好。此外，在增压器不完全增压工况下将部分涡轮机前的旁通废气引入气缸，还可有效降低涡前排气压力，进而降低排气泵气损失。但在发动机常用低速中高负荷工况区域，由于增压后的进气压力较高，废气通常难以引入气缸，使得 EGR 的使用工况和使用率受到较大限制。同时，由于涡前引出的废气未经过排气后处理系统净化，且 EGR 阀需尽量布置在靠近涡前取气位置以减少排气脉冲能量的损失，EGR 阀会受到排气中高温水蒸气和各种污染物成分的影响，对其可靠耐久性能要求较高。

3.3.3.3 气门运动规律设计

气门升程是影响发动机性能的关键参数之一，其直接影响气门运动规律和发动机的进排气过程，进而影响充气效率。在工程化开发时，通常采用 1-D 发动机性能分析软件（比如 GT-power），对不同持续期、高度的气门升程进行仿真分析，分析工况覆盖外特性、部分负荷、怠速和冷起动等，然后综合考虑各个工况的性能，得到若干组气门升程曲线，再通过配气机构的动力性分析进行凸轮型线设计，然后再次进行性能仿真校核，满足性能要求后可得到最终的气门升程曲线。

进、排气门升程曲线的关键参数主要是升程开启位置、最大升程和关闭位置，且进气门和排气门升程曲线对汽油机性能的影响各不相同。

对进气门而言，其开启和关闭时刻与缸内及进、排气道的压力情况共同决定了进气门打开或关闭时刻的缸内气流运动状态（比如是正流还是倒流），会进一步影响发动机的充气效率、泵气损失（缸内压力会受影响）和缸内残余废气量；除此外，进气门关闭时刻还会直接影响发动机的有效压缩比，影响爆燃倾向。

进气门最大升程决定了进气门最大流通面积，并直接影响缸内滚流强度。进气升程越大，进气门最大流通面积越大，缸内滚流越强。进气最大升程在发动机高转速时会受到气门落座性能、凸轮和摇臂的接触应力、气门弹簧裕度等气门机构动力学的限制，通常气门持续期越宽，可实现的最大升程越大。

对排气门而言，排气门开启时刻决定了膨胀功和排气损失的相对大小。排气门开启越晚（排气提前角越小），发动机膨胀做功越充分，有效功越大，但排气损失也相应增大。

在相同排气开启时刻前提下，排气关闭时刻决定了排气持续期的长短。如发动机排气流量大，则需要较长的排气持续期，即需要较晚的排气关闭时刻。另外，由于四缸增压发动机的发火间隔为180°CA，同时排气歧管较短，若气门持续期大于180°CA，在发动机功率点会出现较为强烈的各缸排气干扰，影响排气顺畅度及缸内残余废气比例，所以四缸增压发动机通常采用4-2-1式排气歧管来解决该问题。

排气门最大升程决定了排气门最大流通面积，与进气门类似，排气门最大升程越大，排气最大流通截面越大，同时排气最大升程也受到发动机在最高转速时气门机构动力学的限制，通常在一定范围内气门持续期越宽，可实现的气门升程越大。

近年来，随着车辆油耗法规的持续加严，汽油机热效率提升已成为行业热点话题，采用高压缩比设计已成为提高汽油机热效率的有效路径，但会导致发动机爆燃倾向有所增加。当前行业普遍通过对进气凸轮型线（进气门升程曲线）的优化来解决该问题。比如采用进气门早关（EIVC）和进气门晚关（LIVC）的米勒循环凸轮型线策略。

对于进气早关策略，气门升程1mm的持续期通常为120～170°CA，由于进气门早关，发动机在进气行程中后期和压缩行程前中期分别形成闭口膨胀和闭口压缩工作过程。这会产生两个效果：一是进气开启持续期减短，充气效率降低，导致在进气行程进气歧管及缸内的压力更大，从而降低泵气损失（图3-22）；二是由于上述压缩过程和膨胀过程抵消，减小了有效压缩比。

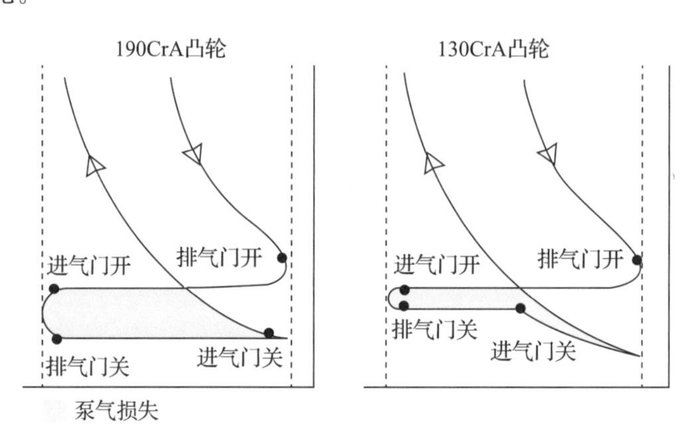

图3-22　EIVC对泵气损失的影响

EIVC由于凸轮型线较窄，受高转速气门动力学的影响，最大气门升程高度较小，从而导致缸内湍流强度减弱，影响燃烧速度。为了缓解这个问题，通常在燃烧室进气门侧下方，增加遮挡（Masking），使气流从进气门上方流过，可大幅提升滚流比（图3-23）。另外通过采用进气VVL技术，在某一中间转速（比如3000r/min）以下采用专用凸轮，因为该凸轮所使用的发动机转速较低，在相同的气门持续期可实现更高的气门升程，这样可保证滚流比不受影响。

对进气晚关策略，气门升程1mm的持续期通常为215～240°CA。由于进气门远晚于压缩下止点关闭，会带来两个效果：一是由于部分工质在压缩行程被推出气缸，充气效率降低，进气系统和缸内压力上升，泵气损失减小；二是由于压缩行程进气门还未关闭，真正的压缩推迟，有效压缩比降低。如图3-24所示，本田雅阁混动2.0自然吸气发动机使用了两级进气凸轮，其中的油耗较低凸轮（FE cam）使用了LIVC策略来降低油耗。

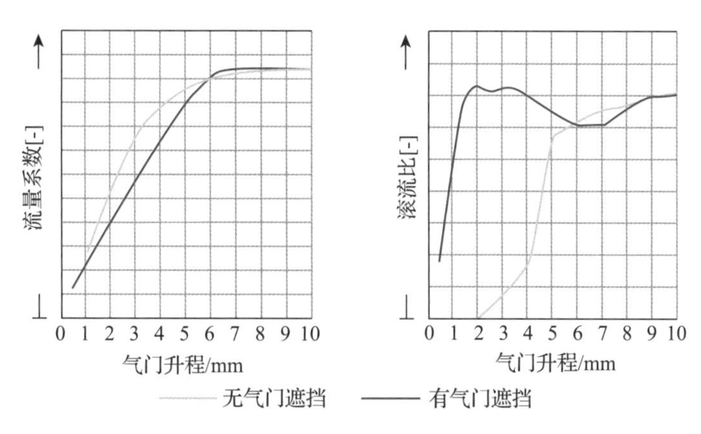

图3-23 进气门遮挡对气道流动性能的影响

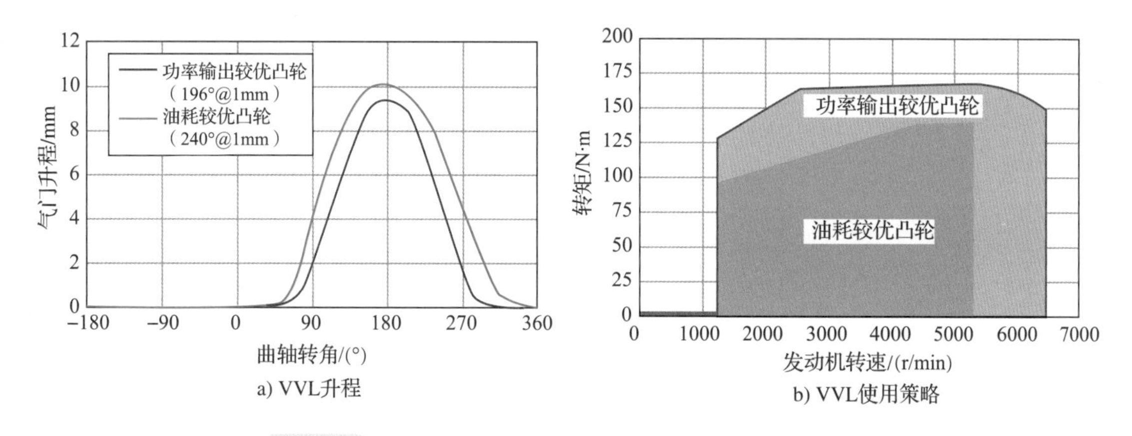

图3-24 本田雅阁混动2.0自然吸气发动机进气VVL策略

LIVC进气持续期较宽，由于低速倒流影响，对低速外特性转矩影响较大，但对高速功率影响相对较小；另外在增压发动机上由于进气歧管较短，LIVC导致的新鲜混合气通过进气回流到歧管稳压腔后，会被其他缸再次吸入缸内，导致各缸空燃比均匀性差；而EIVC由于进气持续期较窄，对高速充气效率影响较大，即对高速的转矩功率影响较大，但由于没有回流作用，对于直喷发动机，缸内燃料蒸发的充量冷却作用更加明显，即抑制爆燃效果更好。所以通常自然吸气发动机较多采用LIVC策略，增压发动机较多采用EIVC策略。

3.3.3.4 进排气系统开发

进排气系统是实现发动机换气过程的硬件基础，对发动机的充气效率、泵气损失和各缸进气均匀性，甚至缸内气流运动状态都有较大影响，需要在工程化开发时从性能角度进行重点研究。

进气系统主要包含空滤器、进气中冷器、节气门、进气歧管和相关连接管路。为了确

保实现如上所说的高充气效率、各缸进气均匀性和良好的缸内流动状态，在进气系统设计时需要考虑如下原则：

1）每个零件的流动阻力需要尽量小，如采用短的连接管路和优化的管路容积。

2）各缸进气歧管布置尽量对称，比如采用中间进气，即进气总管在进气谐振腔的中央。

3）严格控制整个进气系统的进气温升，以保证在高环境温度下发动机具有足够的动力性能。进气中冷器的设计方案、进气系统在机舱的布置位置等都与此密切相关。

4）对于自然吸气汽油机，歧管的长度及直径的设置需充分利用气体压力波的谐振效应，以提升充气效率。

5）采用可变进气技术，进一步提升充气效率及缸内湍流强度。

可变进气技术作为提升自然吸气汽油机性能的主要技术，分为可变进气歧管长度技术和可变进气截面技术两类。其中前者通常用于提升汽油机的外特性转矩，后者则常用于优化汽油机的油耗和排放。

可变进气歧管长度技术充分利用了发动机进气系统中的进气压力波谐振效应，发动机出现最大充气效率的转速随进气歧管长度的变化而变化（图 3 - 25）。为实现发动机在低中高转速都有较高的充气效率，越来越多的现代汽油机采用了可变进气歧管长度技术。对工程化汽油机产品而言，通常是采用两级长度可变进气歧管长度技术。

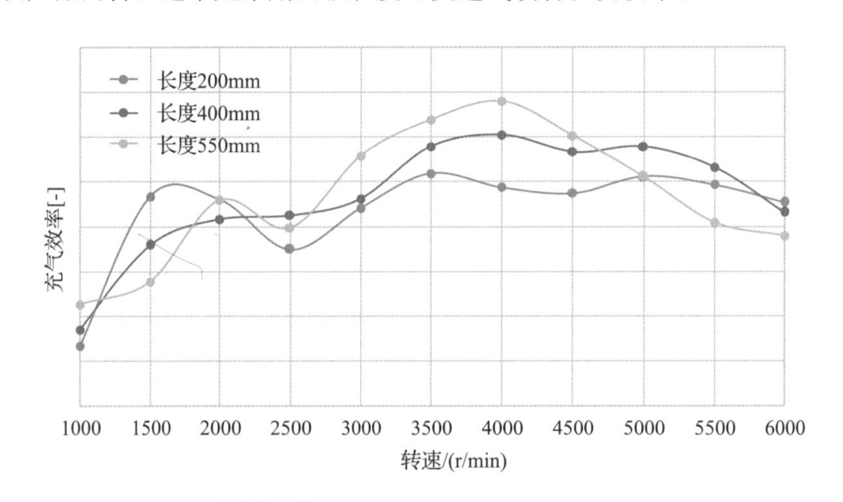

图 3 - 25　不同长度进气歧管的充气效率

可变进气截面技术（图 3 - 26）通常用于增加发动机低速低负荷工况的缸内滚流（该工况活塞速度较低，缸内气流运动较弱），以优化油耗及排放。该技术通过在进气歧管末端或者进气道入口处增加一个可转动的阀片，来控制进气流通截面。当截面变小时，进气流速增加，缸内滚流相应增强，进而改善燃烧过程；当截面变大时，进气有效流通截面增加，可满足高速或者大负荷工况下较大的进气流量需求。工程化开发可变进气截面技术时，通常需要依靠 CFD 分析技术优化控制阀片截面形状及面积，并通过试验验证找到最佳设计方案。

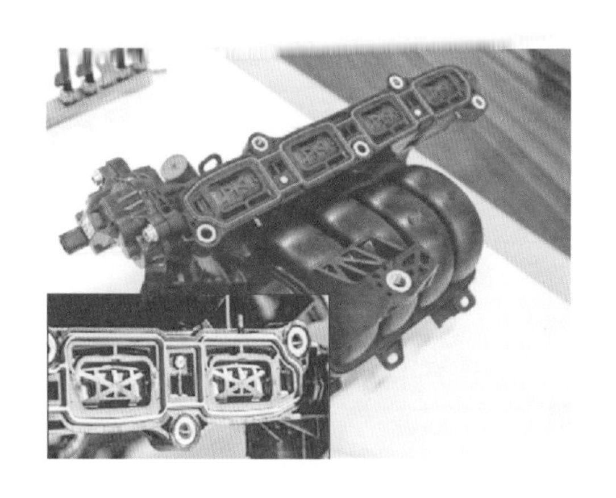

图 3-26 可变截面进气歧管

排气系统通常包含排气歧管、催化器和消声器等零件。同样为了追求高充气效率和各缸进气均匀性，从发动机性能角度对排气系统的设计优化可遵循以下原则：

1）排气系统各部件的阻力尽量降低，如采用尽量短的排气管路和优化的管路容积。比如大众、长安汽车等企业近年来推出的排气歧管和缸盖集成式发动机产品，在降低排气歧管阻力的同时，还可在冷机起动阶段利用排气热量对冷却液加热，实现快速升温，有利于冷机运行阶段的油耗和排放控制。

2）排气歧管尽量设置成各缸等长，以保持各缸残余废气的均匀性。

3）对于四缸自然吸气汽油机，排气歧管的长度和直径设置也应充分利用排气压力波的谐振效应，以尽量降低缸内残余废气。比如日本马自达公司的创驰蓝天 SKY－G 发动机就采用了较长的 4－2－1 排气歧管结构（图 3－27）来避免各缸排气压力波的相互干扰，以减小各缸残余废气，间接增加充气效率。

图 3-27 马自达 SKY-G 发动机的 4-2-1 排气歧管

4）排气系统各零件间的布置应尽量紧凑（如紧耦式布置方式），以尽量减少排气热量损失，可在发动机冷机起动及催化剂起燃阶段使三元催化器和汽油机颗粒捕集器（GPF）载体快速升温，以降低排放。

3.3.4　机械损失及传热控制

发动机的机械损失来源分为三类：一是摩擦损失，主要是发动机各摩擦副产生的摩擦功；二是附件功损失，包含驱动发动机正常运转所必需的附件功耗；三是泵气损失，即将新鲜充量吸入气缸和将废气排出缸外所消耗的机械功，见表 3－1（本节重点介绍摩擦及附件功损失控制）。

表 3－1　发动机机械损失分类

类型	发动机	部件	摩擦副
摩擦损失	曲柄连杆	曲轴系	主轴承、连杆轴承、前后油封
		活塞组件	缸套与裙部、缸套与活塞环
		风阻	曲轴扇形板空气阻力
		搅油	曲轴搅油损失
	前端附件驱动（FEAD）	附件传动	传动带和带轮的传动损失
	正时阀系	正时传动	链条、导轨和链轮摩擦损失
		凸轮轴	轴承摩擦损失
		阀系	凸轮－滚子、气门－导管摩擦损失
	平衡轴	平衡轴	支撑轴承、驱动链条摩擦损失
	增压器	增压器	支撑轴承摩擦损失
附件功损失	电器部件	泵	水泵、燃油泵和机油泵的轴功
		发电机	轴功
		压缩机	轴功
泵气损失	进排气系统	泵气	燃烧吸气和排气摩擦损失

3.3.4.1　发动机摩擦控制

摩擦功是发动机能量损失的重要组成部分，降低摩擦可有效提升发动机热效率。研究表明：整机摩擦平均有效压力（Friction Mean Effective Pressure，FMEP）降低 4%，CO_2排放可降低 1%。AVL 公司基于测试与仿真，给出了各个低摩擦措施对 2000r/min 的 FMEP 和 NEDC 循环 CO_2排放的改善效果，如图 3－28 所示。从产品性价比考量，大量工程实践证明，通过摩擦损失控制来优化油耗是性价比较高的方案，如图 3－29 所示。

国内外诸多科研院所、企业和咨询设计公司，如清华大学、MIT、日本丰田、美国福特、德国大众、德国 FEV、英国 Ricardo 和奥地利 AVL 等，均对发动机摩擦副的润滑、摩擦和磨损等进行了大量的仿真和测试研究，其中 Ricardo 公司的发动机概念设计阶段摩擦仿真软件 FAST 已经实现商业化应用。图 3－30 给出了一个典型动力总成的摩擦损失占比研究结果，从图中可见，发动机摩擦损失占比为 83%，变速器摩擦损失占比为 17%。而发动机摩擦损失中，曲轴占比 10%，活塞组占比 31%，阀系占比 14%，附件系统占比达

28%（发电机占比 16%，水泵占比 4%，机油泵占比 8%）。

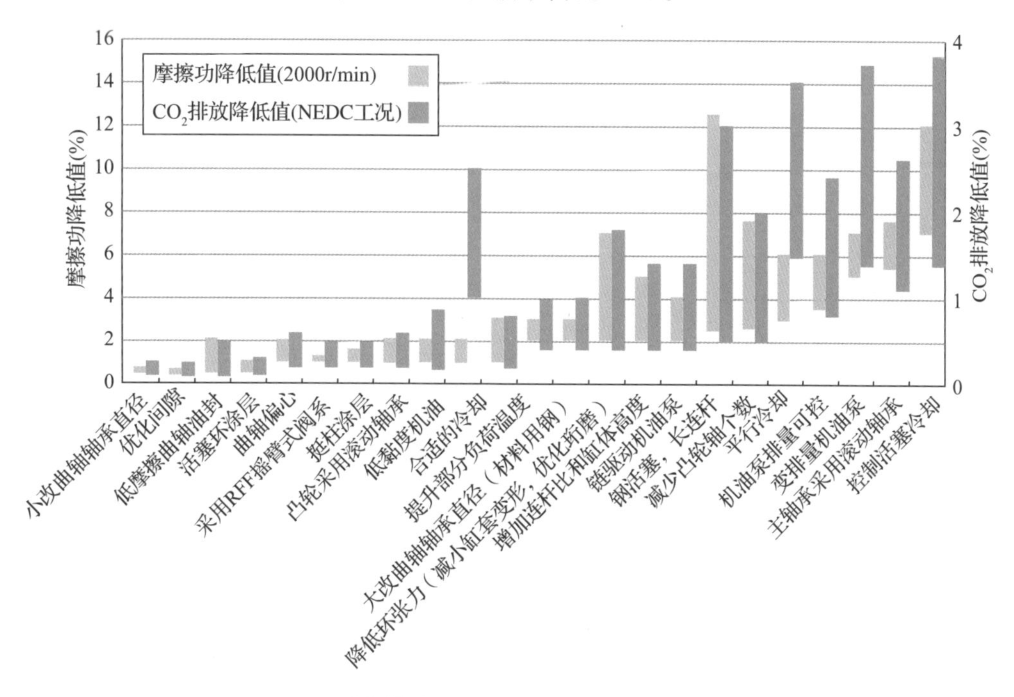

图 3-28 低摩擦技术与油耗关系

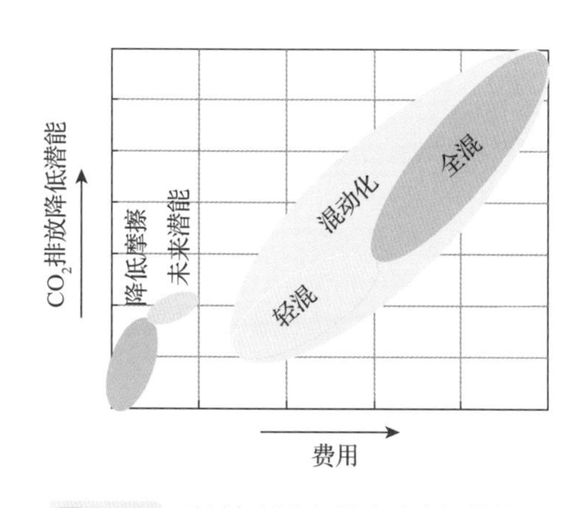

图 3-29 降油耗措施与技术成本间的关系

图 3-30 典型动力总成（FEV C-class 1.8L I4 TC DI）

摩擦占比如上所述，发动机摩擦损失主要来自于摩擦副的摩擦功，摩擦功大小是决定发动机摩擦损失大小的关键。发动机运动副的摩擦大小与两个相对运动的摩擦表面间的润滑状态强相关。润滑的目的是在相互摩擦表面之间形成稳定的油膜厚度，该油膜须具有法向载荷能力和切向剪切强度低的特征，同时可以利用它来减少摩擦阻力和降低材料磨损。

根据润滑油膜的形成原理和特征，其润滑状态可分为液体动压润滑、流体静压润滑、弹性流体动压润滑、薄膜润滑、边界润滑和干摩擦六种基本状态。在发动机中各个摩擦副的运动、载荷等工况不同，润滑状态及摩擦情况也不尽相同。图 3-31 为典型的 Stribeck 曲线，表示了润滑状态转化过程中摩擦系数随特征参数的变化规律。横坐标表示油膜厚度与表面粗糙度的比值，比值小于1为边界润滑，比值大于1且小于4为混合润滑，比值大于4为完全润滑。纵坐标表示摩擦系数，从低速到高速，阀系和活塞环从边界润滑转换为完全润滑，轴承从混合润滑转换为完全润滑，活塞裙部基本都工作在完全润滑状态。

轴承
活塞裙部
活塞环
阀系
摩擦系数
边界润滑
混合润滑
液力润滑
油膜厚度/粗糙度

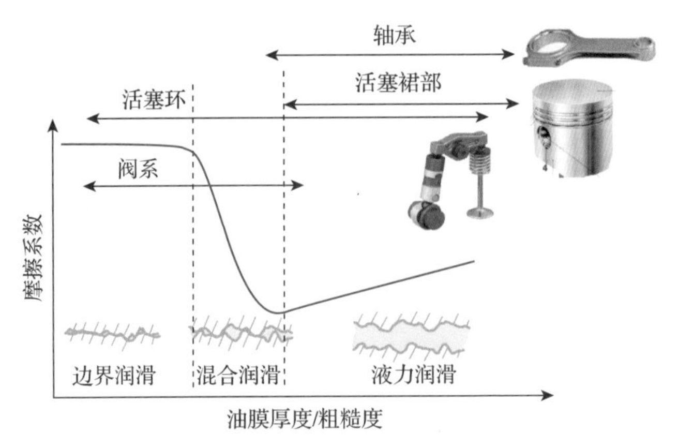

图 3-31 Stribeck 曲线

一般而言，发动机摩擦损失优化工作可从分析测试、Benchmark 对标、优化方案分析与测试再验证几个方面着手开展，如图 3-32 所示。在发动机概念设计阶段，以整机摩擦预测为基础，进行整机摩擦设计与管控。整机摩擦预测一般采用经验公式方法，并结合对标机的整机摩擦分解测试，综合制定整机摩擦设计目标。详细设计阶段，基于整机低摩擦设计方案，从结构尺寸、间隙、轻量化等角度进行优化设计，在满足可靠性、NVH 等性能前提下，找到一个折中的设计方案。在样机制作完成后，开展整机摩擦分解测试，基于测试结果验证前期整机摩擦设计是否符合预期，并找到进一步潜在降摩擦部件，再次优化各个摩擦副，并最终达成发动机整机低摩擦及油耗目标。

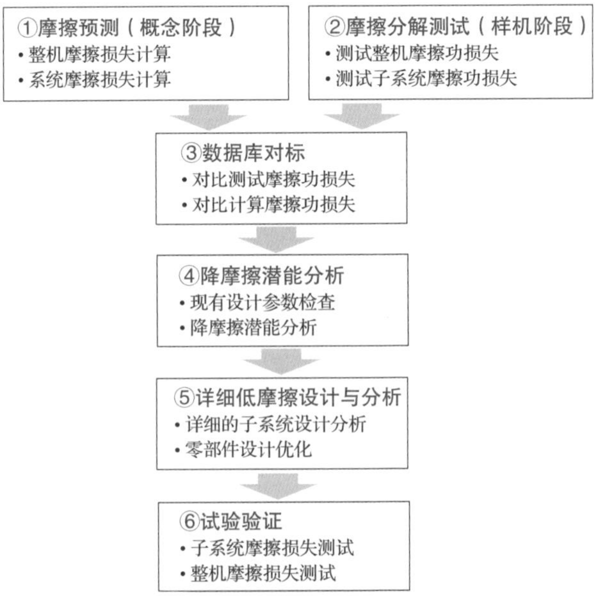

①摩擦预测（概念阶段）
•整机摩擦损失计算
•系统摩擦损失计算
②摩擦分解测试（样机阶段）
•测试整机摩擦功损失
•测试子系统摩擦功损失
③数据库对标
•对比测试摩擦功损失
•对比计算摩擦功损失
④降摩擦潜能分析
•现有设计参数检查
•降摩擦潜能分析
⑤详细低摩擦设计与分析
•详细的子系统设计分析
•零部件设计优化
⑥试验验证
•子系统摩擦损失测试
•整机摩擦损失测试

图 3-32 低摩擦设计思路

低摩擦设计的应用还与产品开发类型相关。通常一个全新的发动机开发，按照上述设计思路即可，但是对于发动机升级项目来说，很多尺寸参数均受到了限制，只有部分降摩擦措施可以采用。表 3 - 2 列举出了不同类型的低摩擦技术措施。

表 3 - 2　不同类型的低摩擦技术措施

措施	概念措施	升级措施	部件局部优化措施
1	曲轴偏心	电子节温器	减少大头轴承直径
2	增加连杆比	变排量油泵	优化轴承间隙
3	增加缸套 - 活塞间隙（保证 NVH 前提下）	缸套的平面珩磨	优化油路压力和流量
4	低摩擦阀系类型（RFF + HLA 或者机械挺杆）	平衡轴采用滚子轴承	结构优化减少缸孔变形
5	最小化的主轴承直径	采用具有 stopper 的缸垫，保证密封的可靠性	优化珩磨参数
6	可控 PCJ	低摩擦涂层（活塞环、挺柱）	降低环张力
7	—	凸轮轴采用滚子轴承	—
8	—	高效水泵（优化密封、叶片）	—
9	—	高效附件系统（发电机、压缩机）	—

3.3.4.2　发动机传热控制

发动机工作时，与缸内高温燃气直接接触的各零件会被加热，如冷却不良则会使其过热，从而引发缸内充量系数下降、燃烧不正常（爆燃、早燃等）、机油变质润滑不良、摩擦损失增加及磨损加剧等一系列问题，导致发动机的动力、经济性能下降，可靠和耐久性能衰减。另一方面，如对各零件的冷却太强，发动机长期工作在低冷却液温度、油温下，又会引发摩擦损失增加，缸内燃烧过程组织困难等问题，不利于发动机节能减排和效率提升。因此，对发动机进行合理的传热控制，是实现其优良的动力、经济性能和耐久、可靠性能的必要保障。

结合汽油机的工作特性，在工程化性能开发时，传热控制工作一般基于以下两个原则开展：

1）提高低速小负荷区域的发动机冷却液温度和燃烧室温度，降低泵气损失，减少燃烧过程中的传热损失以提升燃油经济性。

2）降低大负荷区域的发动机冷却液温度和燃烧室温度，降低爆燃倾向，同时提高各缸燃烧室温度一致性以确保各缸的燃烧一致。

减少燃烧过程传热损失，要从发动机的热 - 功平衡着手。发动机热 - 功平衡中的热量传递关系如图 3 - 33 所示。燃料燃烧产生的热量，部分转化为指示功 P_e；部分随排气排出，即排气损失 Q_{ex}；燃气热量的一部分、发动机机械损失中的大部分和小部分的排气热量最终也传递给冷却系统，构成发动机的冷却损失项 Q_{cool}。排气在流动过程中的动能损

失、辐射传热、燃料不完全燃烧损失及其他一些未计入上述各项的损失统称为杂项损失 Q_{misc}。

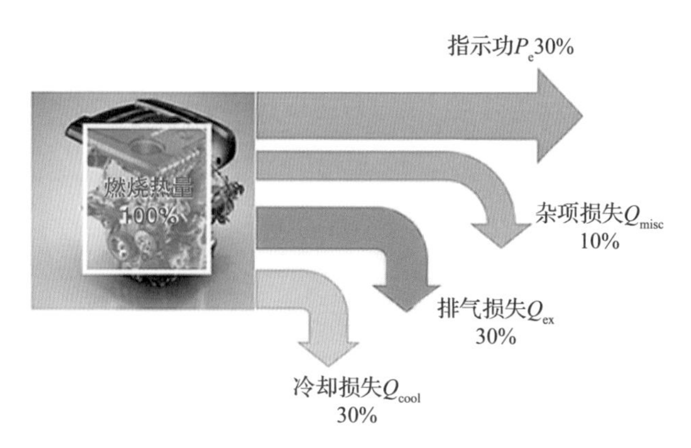

图 3-33　内燃机热流图

某一工况下燃料热能的分配关系可由热力学第一定律进行描述，即

$$Q_f = P_e + Q_{cool} + Q_{ex} + Q_{misc} \tag{3-1}$$

式中，Q_f 是该工况下单位时间内燃料燃烧所释放的总热量。

要想尽可能地减少冷却损失 Q_{cool}，需要将机体的温度尽可能控制得更高，近年来内燃机多采用平行流动式水套，独立控制缸体的冷却液温度，将缸体的冷却液流动控制在出水温度100℃以上，这样可以有效地降低活塞环组的摩擦，同时也能减少冷却传热。

为了进一步减少冷却损失，越来越多的主机厂将排气歧管集成于气缸盖内，排气歧管内的热废气能够更好地与缸盖水套进行热交换，相当于为冷却系统增加一个热源，能更快地实现暖机，减少冷机工况下内部零件的摩擦，使发动机更快地进入高效的工作状态，从而达到降低排放，节省油耗的目的。

在大负荷工况，为了降低爆燃倾向和提高各缸燃烧一致性，需要严格控制燃烧室的最高温度，避免产生局部热点，如排气鼻梁区（燃烧室里两个排气门之间的区域）最高温度需要控制在270℃以内，排气门固态最高温度需要控制在750℃以内。如果条件允许，要确保燃烧室和气门最高温度尽可能低，同时需要将各缸间的最大温差控制在10℃以内，以保证各缸温度的均匀性，才可使各缸的燃烧情况趋于相同，如图 3-34、图 3-35 所示。

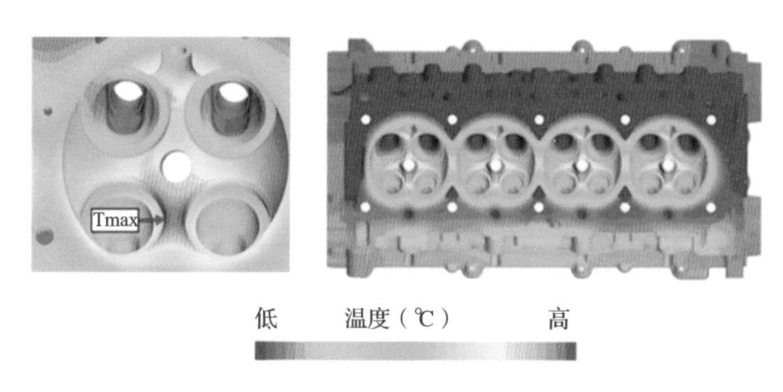

图 3-34　排气鼻梁区温度场仿真结果

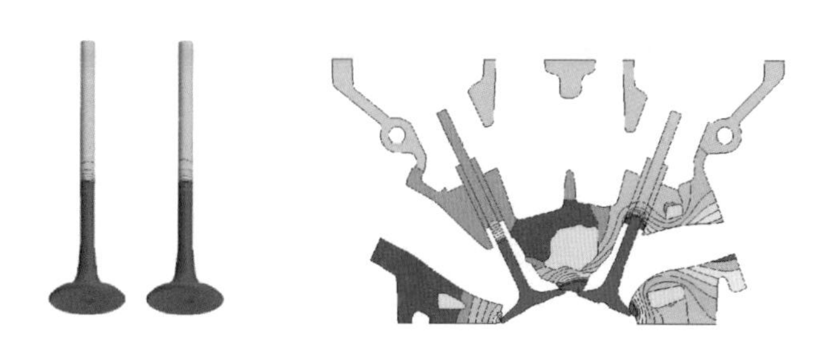

图3-35 排气门温度场仿真结果

在设计前期，可通过CAE仿真手段来设计发动机的冷却系统。因为水套结构复杂，难以采用试验测量的方法来获取内部流场温度及优化冷却系统，而借助CFD方法可以模拟分析冷却液在水套内的流动过程，获得完整的流场和温度数据，并借此评估及优化缸体缸盖温度场水平。

3.3.5 发动机性能验证

发动机性能属性的开发、验证以燃烧系统开发为核心，验证过程按照先后顺序大致可以分为光学单缸机验证、多缸机性能验证、动力传动台架验证以及整车验证四个阶段。下面以增压直喷汽油机为例对这四个阶段的验证工作进行简单说明。

3.3.5.1 光学单缸机验证

就汽油机而言，缸内混合气的组织以及燃烧过程对动力性、经济性以及污染物排放水平有着至关重要的影响。为了实现清洁、高效的燃烧过程，在开发过程中需要观察并且控制缸内混合气组织过程。使用光学单缸发动机可以在开发早期阶段对影响缸内过程的喷油器设计、燃烧室形状以及气道设计进行研究，选出合适的设计组合用于多缸机的开发验证，因此是缸内直喷汽油机开发过程中一种重要的技术手段。

缸内混合气的组织情况一般可以通过激光诱导荧光法（Laser Induced Fluorescence，LIF）进行测量，主要关注点火时刻缸内油气混合气的空间分布，缸内喷雾与气流运动及燃烧室壁面的交互情况。其中，燃油湿壁明显时也可以通过直接的高速摄影进行确认。

直喷汽油机喷雾不可避免地会碰到燃烧室壁面，如果不加以严格控制将带来一系列不良后果，这些喷雾与壁面的交互现象及其影响见表3-3。

表3-3 喷雾与壁面的交互现象及影响

序号	表面/零部件	风险	措施
1	火花塞	着火稳定性	喷油器选型、喷射策略优化
2	气门	积炭、颗粒物排放	喷油器选型、喷射正时优化
3	活塞	活塞顶部积炭、颗粒物排放	活塞顶部形状、喷油器选型以及喷射策略优化
4	缸套	机油稀释、超级爆燃	喷雾-活塞-缸内气流运动交互优化

缸内着火以及火焰传播的情况也可以通过高速摄影进行观察。如果燃烧过程中出现了明显的明黄色火焰，则表明缸内存在局部混合气过浓导致的扩散燃烧，这将产生较多颗粒

物排放，应该通过燃烧系统、喷油器设计以及燃油喷射策略的优化加以控制。

3.3.5.2 多缸机性能验证

通过单缸机试验确定燃烧室和喷油器设计方案后，接下来可以开展多缸机的试制并进行性能验证，以多缸机的动力性、经济性以及原始排放开发目标为依据，最终确认发动机的燃烧系统、换气过程设计，并将超级爆燃频次、机油稀释水平控制在要求的范围内。

由于光学单缸发动机的材料及结构限制一般难以实现现代增压发动机的最大负荷（大于2.1MPa BMEP），且单缸机不存在多缸机存在的各气缸之间的相互影响，因此在进行多缸机的性能验证时，仍然要对喷油器、活塞以及气道的方案再次进行验证，以降低发动机大负荷工作时的异常燃烧及机油稀释风险。

表3-4展示了多缸机性能验证要素、评价依据以及边界条件，该验证大致遵循由气缸内到气缸外的逻辑，以逐步确认多缸机技术方案及能够达成的性能指标。

表3-4　多缸机性能验证一览表

多缸机性能验证要素	评价依据	边界条件
1. 燃烧系统 1）喷油器 2）火花塞 3）活塞 4）缸盖燃烧室 5）进气道 2. 配气系统 1）进气道 2）排气道 3）气门升程及正时 4）进、排气歧管 5）增压系统 6）EGR系统 3. 其他 活塞冷却喷嘴	1. 动力性 1）最大功率 2）最大转矩及其转速 3）低速转矩 4）增压响应 2. 经济性 1）全负荷最低油耗 2）全MAP最低油耗 3）特征点油耗 4）怠速油耗 3. 原始排放 1）催化器加热能力 2）特征点稳态排放 4. 机油稀释 5. 超级爆燃	1. 进、排气系统 1）压力损失 2）中冷后温度 3）涡前排气温度 4）催化器前排气温度 5）催化器中排气温度 2. 燃烧特性 1）最大爆发压力 2）最大压力升高率 3）燃烧循环变动 4）各缸均匀性 3. 冷却液温度 4. 润滑油温度 5. 机械损失 6. 增压匹配裕度

其中，催化器加热能力与喷油器、活塞顶面设计以及气道设计高度相关，因此为了验证这三项设计要素，首先需要开展催化器加热能力的验证，可按照表3-5的稳态工况进行验证。

表3-5　催化器加热能力验证

工况	可变控制参数	评价指标	约束条件
转速：1000～1400 r/min 负荷：0.2～0.4MPa NMEP 冷却液及润滑油温度：常温 节气门前进气温度：常温	燃油喷射压力 燃油喷射次数 燃油喷射比例 燃油喷射正时 点火提前角 气门正时	排气热流率 HC排放物浓度 NO_x排放物浓度 颗粒物排放浓度	NMEP标准偏差

燃油喷射与燃烧室（缸体）壁面的交互即燃油湿壁情况需要通过机油稀释专项试验来验证，可以按照表 3 - 6 中的稳态工况进行验证。

表 3 - 6　机油稀释专项验证工况

工况	可变控制参数	评价指标	约束条件
转速：最大转矩最低转速 负荷：WOT	燃油喷射压力 燃油喷射次数 燃油喷射比例 燃油喷射正时	机油稀释率 颗粒物排放浓度	燃烧稳定性

在进行机油稀释水平的验证时可同时观察发动机的超级爆燃表现，如超级爆燃频次不满足标准且无法通过燃油喷射策略降低到可接受的水平，可借助缸内可视化技术手段确认超级爆燃发生的空间位置从而判断其诱因并采取相应的措施予以消除。

发动机燃烧系统基本确认后开展配气系统的验证，评估发动机的动力性、经济性以及瞬态响应性等，逐步确认气门运动规律、进排气系统、增压器以及 EGR 系统等。最终综合各项性能目标达成情况并经成本、工艺、质量等各方面的综合评估选定最优技术方案进行后续工程化开发，同时确定相关的整机性能边界条件。

发动机完成台架基础标定后需再次对性能开发目标以及相关边界条件的达成情况进行确认，此时应增加发动机机油稀释、超级爆燃验证的工况。可考虑设计图 3 - 36 所示的工况验证发动机机油稀释水平。

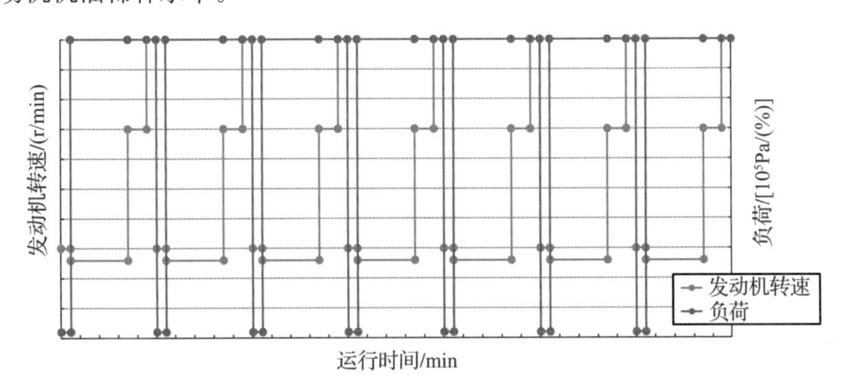

图 3 - 36　机油稀释验证工况

3.3.5.3　动力传动台架验证

发动机台架标定、性能测试主要针对发动机稳态、准稳态运行工况，为了进一步验证发动机性能，可以在机车匹配开发前期开展动力传动台架试验验证，验证内容包括整车动力性及经济性模拟、整车动态运行时的超级爆燃检查及优化等。

动力传动台架的核心是类似图 3 - 37 所示的多电动机系统及相关测量、控制模块。

试验时发动机冷却系统可根据试验目的采用外循环控制或布置完整的整车冷却系统。比如进行整车动力性、经济性模拟时一般布置完整的整车冷却系统并对前端散热模块的进风按照设计状态进行控制。

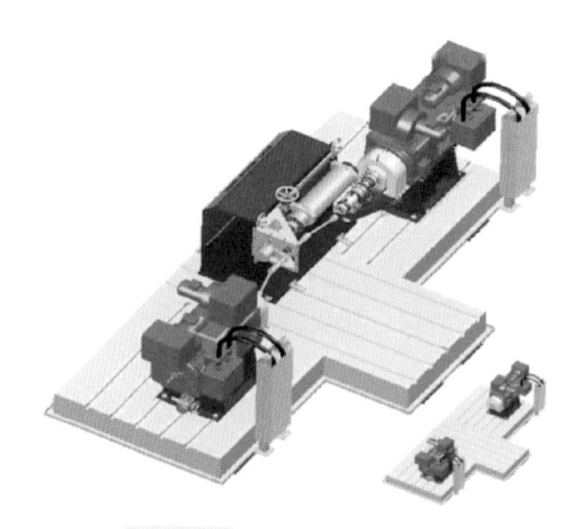

图 3-37 动力传动台架核心

3.3.5.4 整车验证

机车匹配阶段除了关注整车动力经济性、排放等基本性能之外，对于增压直喷发动机还需重点关注整车在高温、高寒环境下的诸如超级爆燃、机油稀释等典型问题，以及动态驾驶过程中增压压力超调控制。

对于超级爆燃控制效果的验证可以通过设计专项试验来进行。试验一般在较高环境温度（通常>35℃）条件下进行，试验路面包括城市道路、高速路以及山区路段（有足够长的坡道），试验工况包括各种节气门开度下的起步、换档、加速、匀速、减速以及坡道提速过程，根据试验人员感知的超级爆燃声音及因超级爆燃发生后 EMS 采取主动控制措施而导致的动力丢失感等负面感受程度及频次进行评价。

根据对影响机油稀释的各项运行参数、环境条件的分析，整车通常在下面两个条件下可能会面临机油稀释问题：

1）气温较低的环境，如冬季的北方地区。

2）车辆行驶里程过短以致发动机不能充分暖机，从而使得进入机油管路的汽油不能充分蒸发及经由曲通系统返回缸内燃烧，长时间积累以后可能造成较高的机油稀释。

因此在整车开发过程中须对上述情况下的整车机油稀释控制水平进行验证。验证可在环境实验室或实际道路试验条件下进行。根据对用户驾驶场景、习惯的分析，设计如图 3-38 所示工况开展试验。经过多次浸车-试验-浸车的循环后，采集机油油样并分析其汽油质量占比。

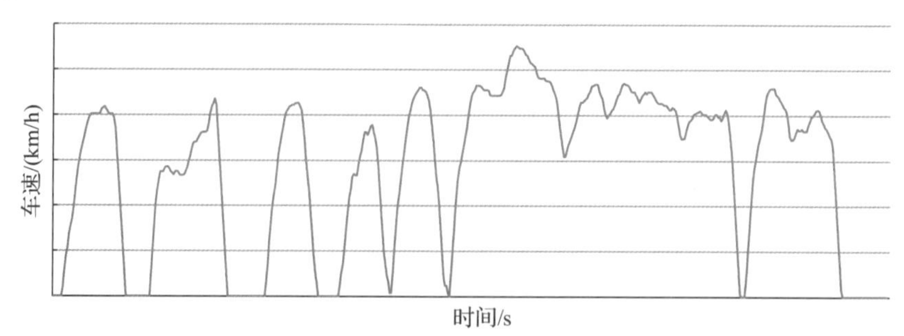

图 3-38 整车机油稀释验证循环工况

3.4 典型问题及其控制技术

3.4.1 典型问题

增压、直喷等技术的应用在提升发动机动力性及改善燃油经济性等方面发挥了巨大的作用，但同时带来诸如异常燃烧、机油稀释等问题，如果这些问题未得到有效控制，不但会影响用户的体验，同时也会对发动机的可靠性及耐久性产生影响。

一般对发动机产生破坏性影响的异常燃烧主要有爆燃和超级爆燃两种。其中，爆燃是指火花塞点火后，离火花塞最远的末端气体，受到火焰前锋面的热辐射和压缩作用，压力和温度升高，从而在火焰前锋面到达之前自行燃烧的现象。爆燃发生时，燃烧室壁面的热边界层和油膜被破坏，从而使散热增加，热负荷增大，严重时会导致活塞顶烧熔；此外，由于油膜层被破坏，也会导致活塞组异常磨损、拉缸甚至活塞环断裂。发生爆燃时，最大爆发压力和压力升高率都急剧增高，受压力波的剧烈冲击，相关零部件所受应力大幅增加，严重时会造成连杆轴瓦破损。同时，由于燃烧不正常，以及散热损失的增加，使循环热效率下降，导致动力性及经济性恶化。

超级爆燃是指可燃混合气在火花塞点火之前，已被气缸内的发热源提前点燃的现象。该现象通常存在于增压或增压直喷发动机的低速大负荷工况，其出现时缸内瞬时爆发压力可能会超过 20MPa（图 3 - 39），达到正常燃烧压力的几倍以上，不但会引起尖锐的爆炸声，同时也可能对发动机火花塞、活塞等零部件造成极大破坏。由于其出现具有随机性及无法预测性，常规解决爆燃的方法无法解决，而且一次发生后将有连续发生的倾向。业界针对超级爆燃的产生机理还不完全明确，现有研究结果普遍认为其与机油油滴进入气缸、燃烧室存在热点以及积炭等因素相关，归结起来可以定义为热点自燃。

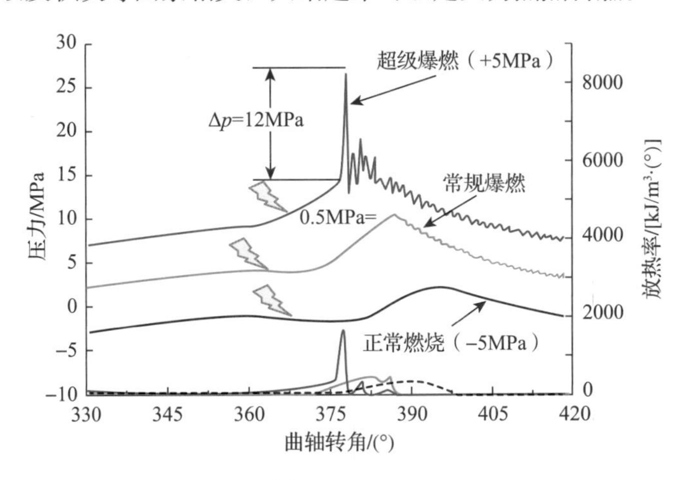

图 3 - 39　超级爆燃缸压

机油稀释主要是直喷发动机中直接喷入缸内的燃油打到气缸壁面，或由于油滴气流运动黏附在气缸壁面来不及挥发，这部分燃油伴随活塞的上下运动而进入油底壳中，导致机油被汽油稀释。该现象通常多存在于缸内直喷发动机上。机油稀释的危害主要表现为两方面：一方面机油稀释会导致机油黏度下降，当机油稀释严重到一定程度后可能引起发动机润滑功能失效，从而导致发动机异常磨损、轴瓦抱死，甚至报废；另一方面，整车长期低温短里程行驶会导致因机油稀释而进入油底壳的燃油持续累积，累积到一定程度后会导致油底壳中机油液面的异常上升，引起用户的抱怨。

造成机油稀释的原因也主要有两方面：一是喷油器选型布置不合理，喷油器油束布置与缸盖气道及活塞顶部形状不匹配等设计缺陷会导致大量的喷油油束直接打到缸套壁面，引起机油被汽油稀释，这是造成机油稀释的主要原因（图 3－40）；二是冷却系统设计不合理，导致发动机升温速度慢，不利于进入机油管路的汽油快速挥发出去。

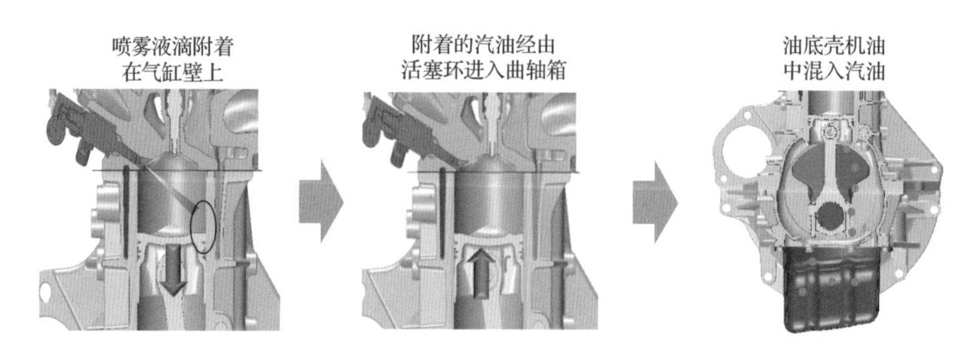

图 3－40　造成机油稀释的主要原因

3.4.2　异常燃烧控制技术

3.4.2.1　爆燃控制技术

爆燃是末端混合气在火焰前锋尚未到达时发生自燃引起的，如果定义由火焰前锋传播到末端混合气所需的时间为 t_1，末端混合气自燃着火所需的时间为 t_2，则发生爆燃的充分必要条件是 $t_1>t_2$，凡是使 t_1 增加或 t_2 减少的因素都会使爆燃倾向增加。因此，可以缩短火焰传播到末端混合气的时间 t_1 和延长末端混合气自燃着火所需时间 t_2 的相关技术均可以作为爆燃控制的主要方案。爆燃控制的主要技术路径如图 3－41 所示。

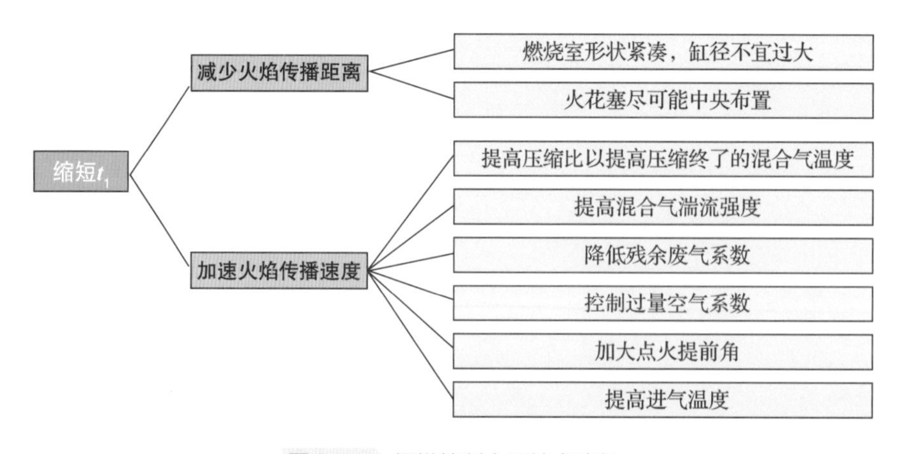

图 3－41　爆燃控制主要技术路径

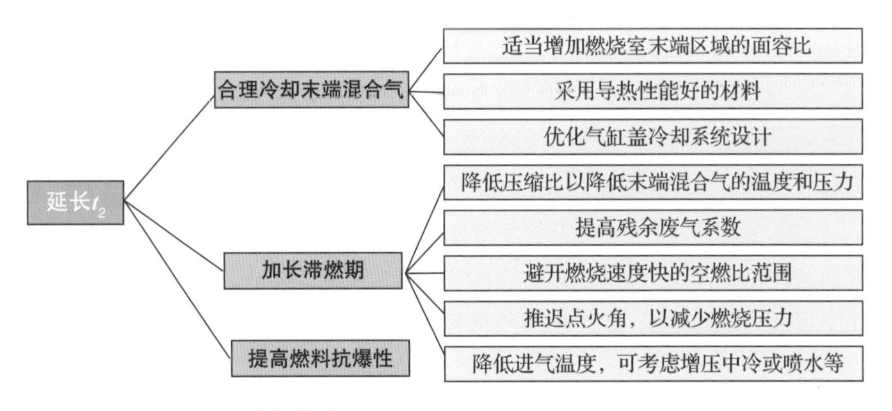

图 3-41　爆燃控制主要技术路径（续）

3.4.2.2　超级爆燃控制技术

超级爆燃由于其复杂的产生机理（图 3-42），目前无法做到完全消除，只能通过技术优化尽可能降低其出现的频次。当前降低超级爆燃频次的措施主要从设计及电喷控制两方面入手。设计上主要从减少机油进入缸内，避免缸内沉积物、热点及降低混合气自燃概率等多个方面进行技术方案优化。

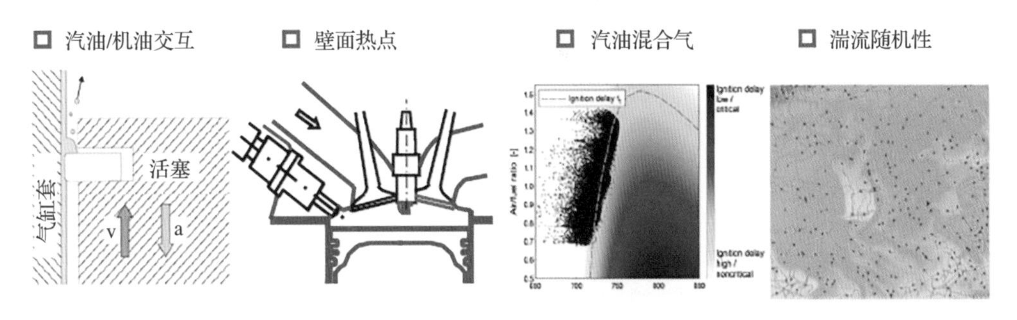

图 3-42　超爆产生的可能机理

为了避免燃烧室内零部件因散热不良产生的热点，一方面应避免燃烧室内活塞顶面、气门及气门座、火花塞等零部件存在尖角、锐边或异常凸起；另一方面应强化燃烧室的冷却，尽可能降低燃烧室内部金属表面温度，同时匹配散热能力较好的低热值火花塞。为了避免机油进入缸内形成热点，一方面应提升活塞环组的回油能力及刮油能力，减少机油液滴窜入燃烧室；另一方面应提升曲轴箱通风系统的油气分离能力，减少机油液滴经曲通系统进入燃烧室。同时关注气门油封的密封性，避免机油液滴因油封泄漏问题而进入缸内。为了避免因缸内气温过高而引起的混合气自燃，一方面应提升中冷器的冷却能力，降低进气温度；另一方面应进行换气过程的优化，减少缸内残余废气量。为了尽可能降低沉积物进入缸内形成的热点，喷嘴积炭、活塞顶积炭、进气门背面及气门杆部积炭也应进行控制。

抑制超级爆燃除了从硬件设计方面考虑外，电喷的控制策略对超级爆燃控制也非常重要。电喷控制重点通过优化喷油参数以减少燃油湿壁，降低缸内温度，提升缸内温度均匀性来降低超级爆燃频次。对于增压直喷发动机来说，缸内直喷的油束打到缸套上后会与油

膜在第一道环的间隙处形成混合小液滴，与燃油的混合导致润滑油的表面张力降低，压缩行程中在惯性力和活塞窜气的作用下，液滴逃离缝隙进入燃烧室而自燃。因此，控制燃油湿壁是降低超级爆燃频次的一项重要手段。在发动机开发过程中，可以从电喷控制方面进行燃油喷射策略的优化，避免油束打到缸套壁面。目前在这方面的成熟做法是通过 CFD 进行缸内喷雾、流场分析，确定湿壁量较少的喷射策略方案，最终进行控制集成验证（图 3-43）。对于当前的高压直喷系统，燃油喷射已经可以实现单个循环内 4 次喷油，可以最大限度地减少缸套湿壁。当然，优化的燃油喷射控制策略除了可抑制燃油湿壁外，在降低压缩终了混合气温度方面也有重要的作用。除了燃油喷射策略优化外，加浓混合气及通过 VVT 的扫气控制也可作为抑制超级爆燃的控制方案。

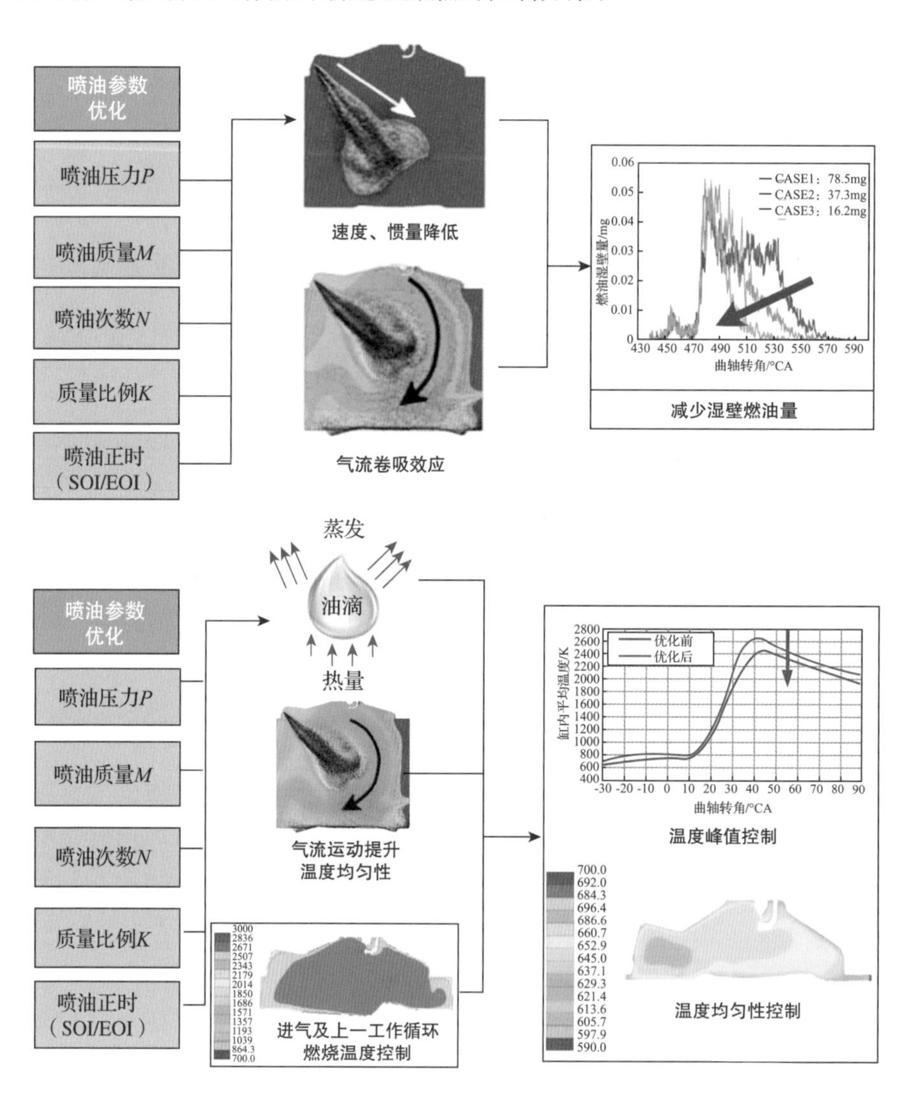

图 3-43　喷油策略优化

由于超级爆燃存在一次出现而诱导连续发生的倾向，连续出现的超级爆燃其破坏力极强。为了尽可能降低连续超级爆燃的发生，电喷控制方面可以有针对性地根据连续出现的超级爆燃次数实施不同的后处理策略。超级爆燃后处理逻辑主要为基于一定时间内超级爆燃出现的次数而执行如加浓、降低气门重叠角度、降低进气量、断油等措施。采用该控制策略可最大限度地降低连续多次超级爆燃出现的概率，避免发动机的损坏。

3.4.3 机油稀释控制技术

影响机油稀释的因素较多，通常主要从降低缸套湿壁量和加快发动机暖机速度两个方面来进行控制。

发动机硬件设计方面，喷油器的布置、选型极为重要，喷油器顶置布置方案先天具有避免燃油湿壁的优势，但侧置喷油器布置通过合理的喷嘴落点选择、喷雾贯穿距控制、油束和活塞形状及缸盖气道的合理匹配，同样也可规避机油稀释问题（图 3 - 44）。

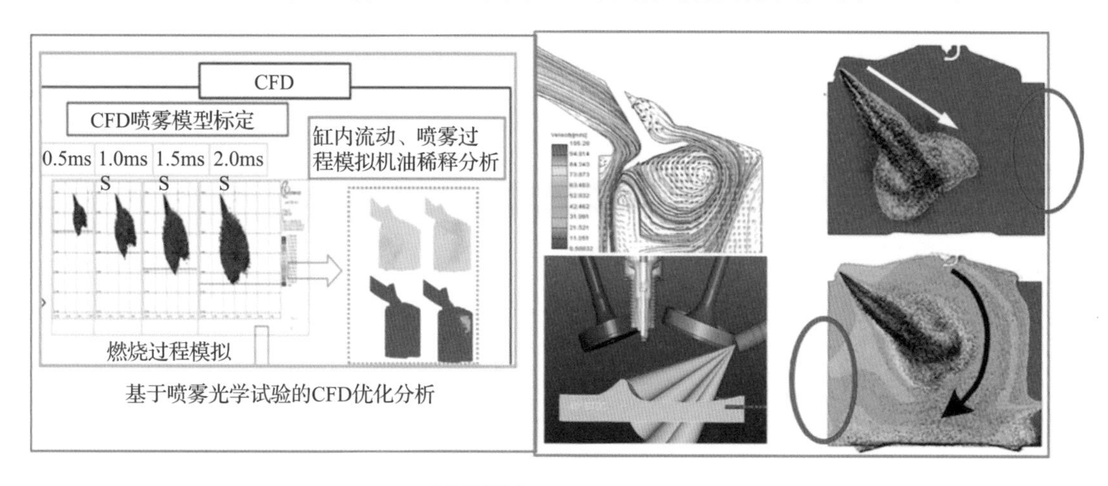

图 3 - 44 CFD 喷雾选型

降低机油稀释的另外一条途径是快速暖机，让已经进入油底壳中的汽油快速挥发出来。在冷却系统设计时，可以考虑减少水套容积、减少水循环量来降低水套散热，加速发动机暖机；同时，也可以通过在冷却系统中增加温控阀来提高冷却液及机油温度，从而加速汽油挥发；另一方面可以提升曲轴箱通风系统能力，让挥发出的汽油快速被分离出来，这也是降低机油稀释的重要路径（图 3 - 45）。

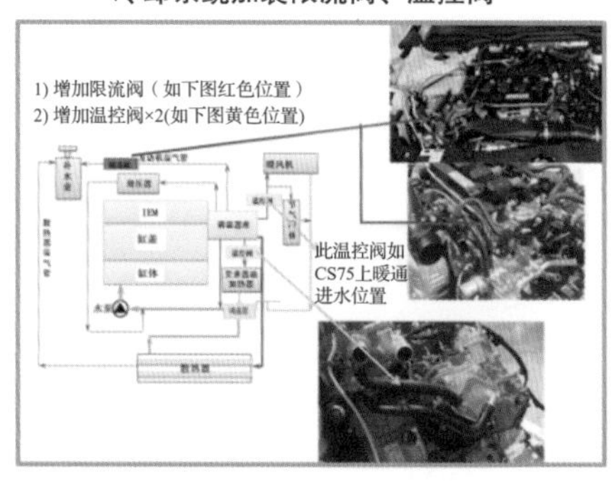

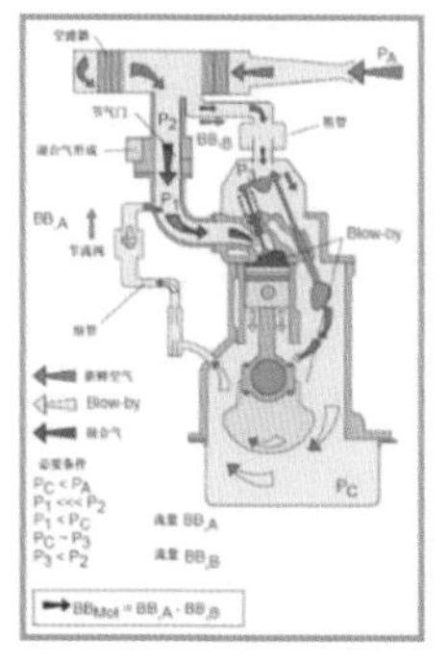

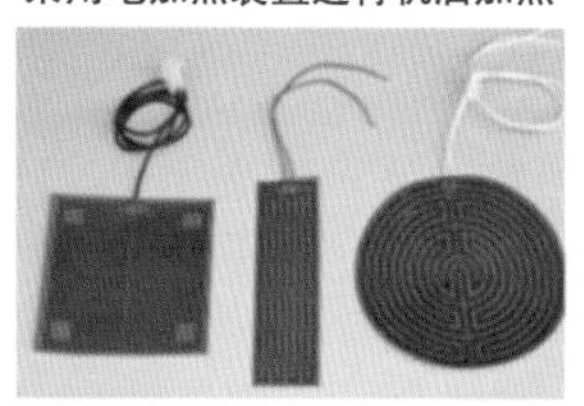

图 3 - 45 设计优化降低机油稀释措施

由于发动机全MAP运行工况的喷油量不同，同时油束受气流、环境温度的影响程度也不同，一般仅靠硬件设计无法完全避免燃油湿壁，而灵活的燃油喷射策略则可以确保发动机在不同工况（高低转速、负荷）、不同环境条件下（常温、低温）的燃油湿壁均能得到有效控制。其中多次喷射策略及基于温度变化的燃油喷射策略都是解决机油稀释问题的重要控制方案（图3-46）。

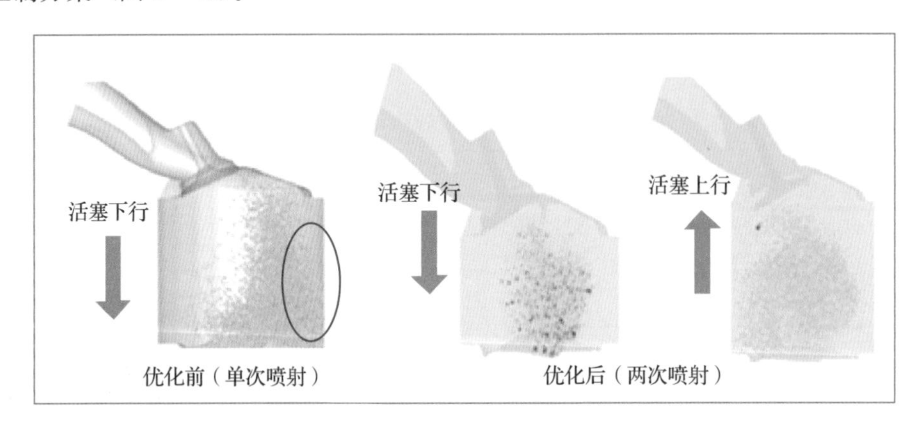

图3-46 多次喷射对燃油湿壁的优化

3.5 汽油机高效清洁燃烧技术发展趋势

汽油机高效清洁燃烧过程组织是其实现优异的动力性、经济性及低排放的核心技术措施。随着油耗和排放法规的不断加严以及多元化动力系统竞争日益激烈，不断突破更高的热效率极限同时实现超低排放已成为当前行业所面临的主要挑战及重要驱动力，其中燃烧技术不断进步和创新性突破起到了决定性作用。

汽油机燃烧属于预混合燃烧方式，其放热过程接近于等容循环，也被称为奥托循环。通过理论分析可知，为了获得更为高效的燃烧过程，需尽可能使混合气在靠近压缩上止点附近迅速完成放热，而为了提高混合气绝热指数，同时避免燃烧温度过高导致传热损失及NO_x排放增加，则需尽可能增加混合气稀释程度。此外，采用燃油缸内直喷时，由于混合时间较短，因此通常还需配合高压喷射等措施提高混合气均匀度以抑制炭烟排放。

目前市场中绝大部分汽油机受限于三元催化器的工作特性，仍以当量混合气配合火花点火的燃烧方式为主，同时还可配合米勒循环或废气稀释降低爆燃倾向及泵气损失等。尽管当量燃烧方式可较好地解决排放问题，但由于混合气成分固定，其热效率极限也因此受到了制约。随着人们对碳排放的重视程度增加，为了获得更高热效率水平，稀薄燃烧已成为未来汽油机发展的必要技术路径。稀薄燃烧通常采用大量空气稀释，因此可使混合气成分更加接近理想状态，进而使热效率水平进一步提高。但在高稀释条件下，由于混合气着火稳定性及燃烧速率通常将明显降低，为此通常需配合超高的点火能量并组织极强的滚流运动，这也限制了高热效率区域的拓展。近年来，由均质压燃结合汽油燃料特性发展而来的汽油压燃技术在燃烧过程控制研究及工程化应用方面取得了长足进步，再次受到行业极大关注。汽油压燃可在高稀释混合气基础上实现快速放热及低温燃烧，从而使燃烧过程更为接近理想热力循环。汽油压燃的应用从根本上改变了传统汽油燃烧方式，展现出了良好的应用前景。下面将对以上几种汽油机燃烧方式及相应的混合气组织过程进行详细论述。

3.5.1 当量比燃烧

混合气当量比燃烧是目前汽油机应用最为广泛的燃烧形式，其主要燃烧过程及燃烧特性在前面已进行了详细论述。当量燃烧汽油机最初多通过进气道喷射（Port Fuel Injection，PFI）实现油气混合，而近年来缸内直喷（Gasoline Direct Injection，GDI）技术已逐渐发展成熟并开始普遍应用于高性能汽油机中（图 3-47）。

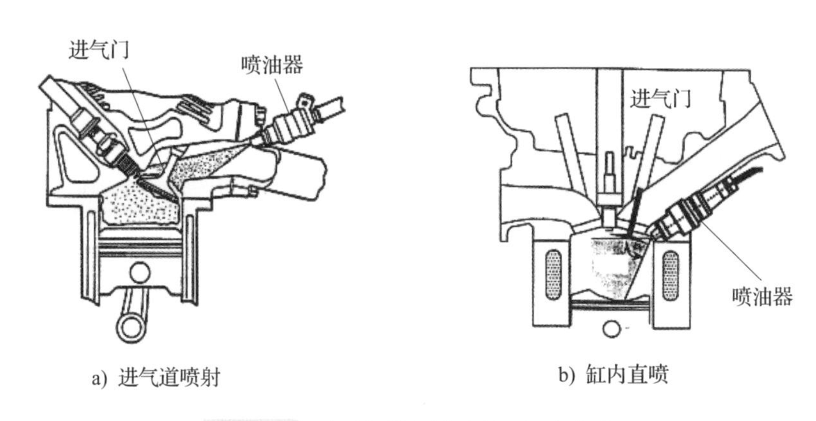

a) 进气道喷射　　b) 缸内直喷

图 3-47 汽油机进气道喷射及缸内直喷

进气道喷射的喷油压力一般较低（0.3～1.5MPa），其混合气形成过程十分复杂，包含喷雾、液滴的破碎蒸发、油束碰壁、油膜的蒸发剥离流动以及混合气湍流流动等。在发动机常用的怠速及中低负荷工况通常采用闭环喷射方式。在低速大负荷工况进气道喷射为获得最大充量以及混合气冷却效果通常采用开环喷射策略。此外，为提高发动机加速时的动态响应，燃油控制系统还会进行补喷以获得加浓混合气，通常喷油量不会太大且必须在进气门开启前结束。

缸内直喷技术应用于当量比燃烧模式时具有明显优势。采用当量比燃烧的直喷发动机主要采用进气行程早喷方式或多次喷射的方式形成均质混合气，与进气道喷射相比，燃油在缸内直喷雾化可降低缸内温度，使充量系数提高 2%～3%，并进一步抑制爆燃倾向，提高压缩比，从而有效改善发动机的动力性和经济性。缸内直喷还可有效改善冷起动工况下的燃油雾化，从而减少加浓，使冷起动更快且未燃碳氢（Unburned Hydrocarbon，UHC）排放更低。此外，缸内直喷对瞬态工况下的空燃比控制也更为精确，因此其瞬态响应更快且可减少动力加浓，进而改善整车油耗。然而在中高负荷工况，直喷汽油机由于混合时间短，燃油湿壁量多，将不可避免地产生更多的炭烟排放（图 3-48）。随着排放法规的进一步严格，直喷汽油机也逐渐开始加装颗粒捕集器（Gasoline Particle Filter，GPF）。

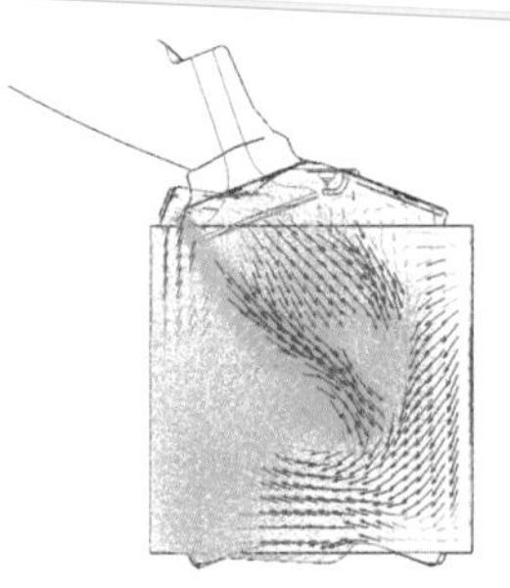
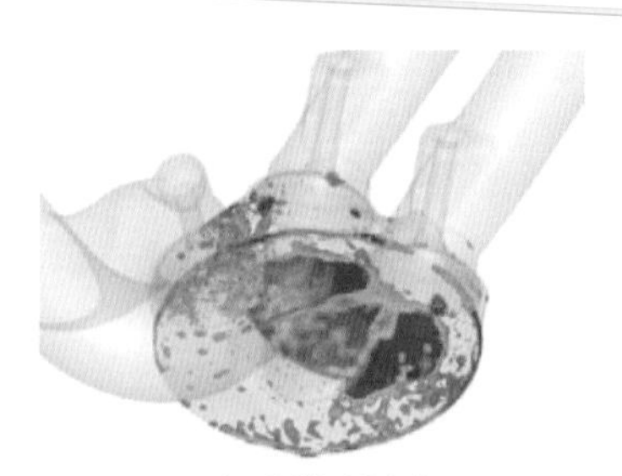

a) 缸内流体速度　　b) 缸内燃油湿壁

图 3-48　直喷汽油机燃油湿壁及强滚流对燃油喷雾形态的影响

在低速中高负荷工况区域，直喷汽油机通常需采用两次或三次等多次喷射策略。多次喷射可避免由于单次早喷燃油喷射量增大造成的活塞及气缸壁面燃油湿壁量明显增加，从而减少机油稀释及炭烟排放，尤其在冷起动和暖机工况下的作用更为重要。另一方面，采用多次喷射时由于部分燃油在压缩行程喷入缸内，其蒸发雾化产生的缸内冷却效果更强，且多次喷射还将产生混合气分层，使末端混合气浓度有所降低，因此可有效减少低速中高负荷的爆燃倾向，改善燃烧相位，提高发动机经济性。缸内爆燃倾向的降低及燃油湿壁的减少也将有效避免在满负荷附近工况区域出现超级爆燃。在长安某发动机开发过程中，通过采用多达四次的燃油喷射策略以及合理的机车匹配策略，不仅实现了优异的整车油耗表现，还在国内率先实现了无 GPF 达到国 6b 排放标准，其机油稀释程度也同时做到了行业最低，这为后续机型开发提供了宝贵的经验。

为了更好地降低直喷汽油机的机油稀释及炭烟排放，在燃烧系统开发过程中通常需设计高强度滚流从而优化喷雾形态并加速油膜蒸发，以减少或避免燃油湿壁，此外也可采用气道喷射结合缸内直喷的方式，使部分燃油在缸外实现均匀混合后再进入缸内。

如前所述，为了在当量比燃烧约束条件下提高发动机热效率水平，近年来各主机厂开发的高性能汽油机已逐渐开始应用米勒/阿特金森循环及废气再循环（EGR）等关键技术措施。

米勒或阿特金森循环是通过进气门控制策略实现发动机压缩比与膨胀比解耦的一项技术措施。米勒循环和阿特金森循环分别采用了进气门早关（Early Intake Valve Closure，EIVC）与进气门晚关（Late Inlet Valve Closure，LIVC）两种策略，EIVC 是将进气门在下止点前提前关闭，活塞在气门关闭后膨胀至下止点，后又上行至气门关闭时刻位置，此过程近乎等熵故没有多余能量消耗，且由此缩短了实际压缩行程，降低了有效压缩比。LIVC 则主要通过延长气门开启时间使进气门在压缩行程中关闭，从而实现类似效果，在此过程中部分缸内充量在活塞上行期间将被推回进气道中（图 3-49）。通过降低有效压缩比抑制爆燃可使发动机采用更高几何压缩比，从而增加膨胀比，提高热效率。通常采用米勒或阿特金森循环时，汽油机几何压缩比可提升至 12～14。此外，采用米勒或阿特金森循环还可以有效降低部分负荷泵气损失，通过调整气门关闭时刻控制进气充量，在一定范围内实现负荷控制，从而明显改善部分负荷燃油经济性。由于米勒或阿特金森循环将导致充气效率下降，因此通常需配合进气增压或增大发动机排量保证发动机实现较高动力输出。

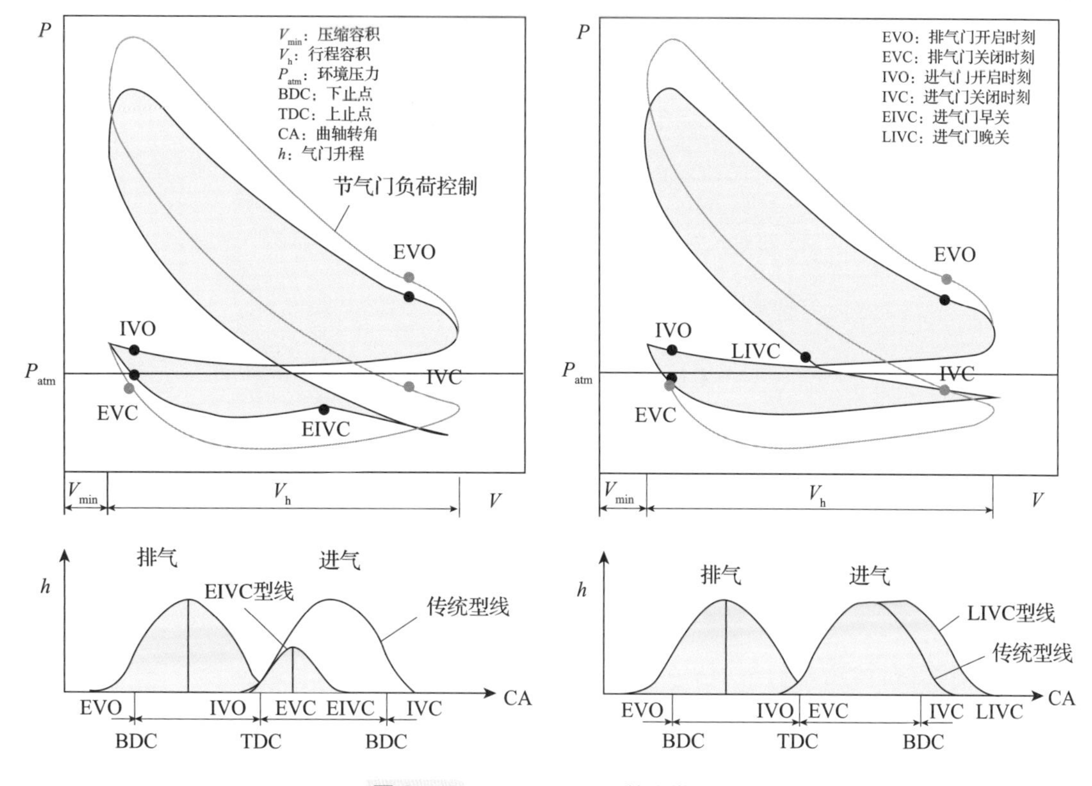

图 3-49 EIVC 及 LIVC 的米勒循环

废气再循环（EGR）是将废气重新引入缸内实现混合气稀释并参与燃烧的一项技术措施。由于废气中含有大量 CO_2 和 H_2O，因此 EGR 可有效增加混合气比热容，降低混合气压缩及燃烧温度，从而降低发动机爆燃倾向，改善中高负荷燃烧相位并减少传热损失，同时 EGR 还可替代空气填充部分缸内容积，进而增加小负荷节气门开度，减少节流损失，因此 EGR 可有效改善当量比燃烧发动机的经济性。此外，由于 EGR 还可大幅降低原始 NO_x 排放，减少或消除高速大负荷工况的混合气加浓。但是，由于 EGR 的引入将导致燃烧速率明显降低，因此为尽可能利用 EGR 所具有的优势，通常需进一步提高缸内湍流强度及点火能量。

EGR 主要包括内部 EGR 和外部 EGR 两种形式，在小负荷工况通常利用可变气门正时技术增加气门重叠角引入内部 EGR，从而有效减少泵气损失，而在中等负荷工况则主要引入外部冷却 EGR 以抑制爆燃倾向。

通过燃烧系统及燃烧过程优化，当量比燃烧发动机的动力性、经济性及排放均得到显著提升。丰田汽车公司推出的 2.5L 自然吸气混动专用发动机通过采用阿特金森循环、14 的高压缩比、低压 EGR 以及 GDI + PFI 等技术措施，其热效率最高达到 41%，为其混动系统实现超低油耗水平提供了重要基础。大众最新一代 1.5evo TSI 增压直喷发动机通过采用米勒循环、12.5 压缩比以及停缸等技术，实现了 38%的最高热效率及优异的整车经济性（图 3-50）。

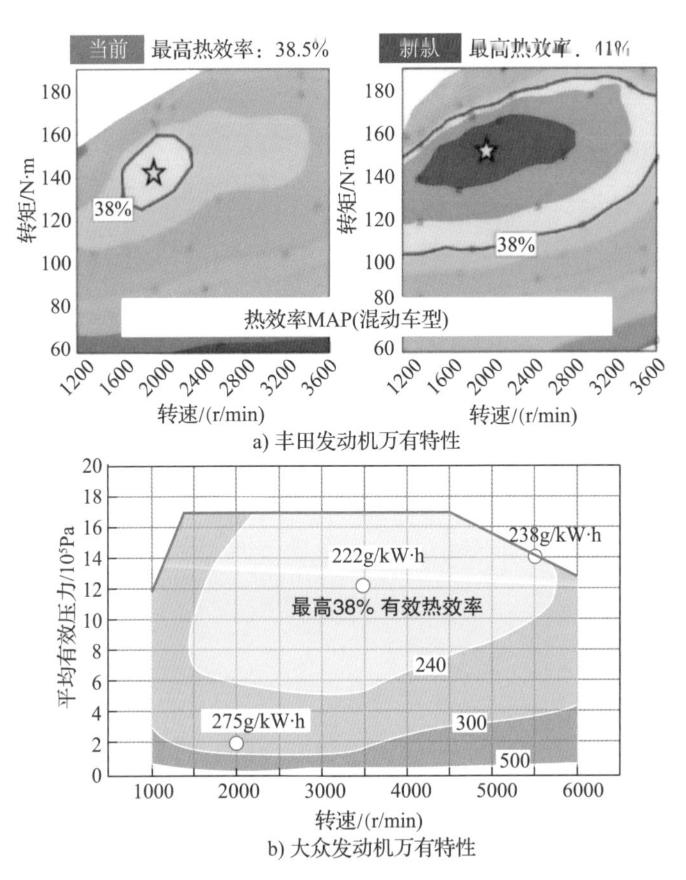

图 3-50　丰田 2.5L 自然吸气发动机和大众 1.5L 增压直喷发动机万有特性

近年来长安汽车在先进汽油机开发方面也取得了长足进步，目前已掌握高滚流进气系统开发、高压燃油直喷系统开发、先进热管理系统开发以及低摩擦设计和附件电气化等关键核心技术（图 3-51），其高效增压直喷发动机热效率已达到 40%，低油耗区域得到显著

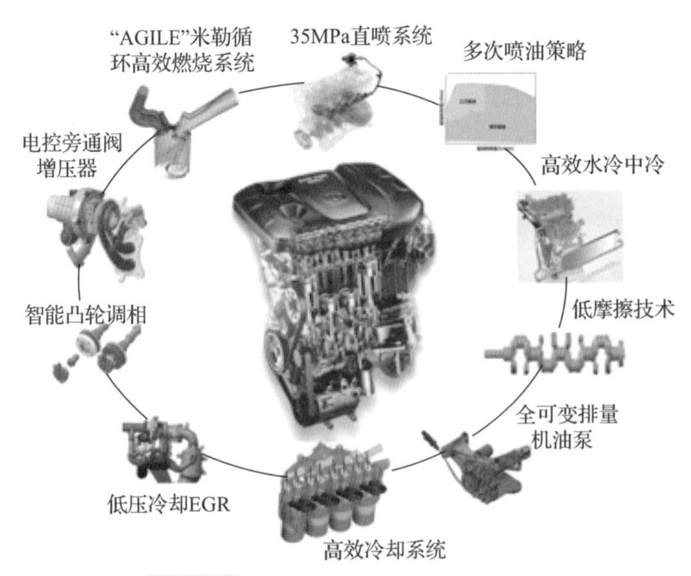

图 3-51　长安高热效率发动机技术组合

扩展。在此基础上，通过增加低压 EGR 系统及对相应燃烧系统进一步优化，动力性则与相同热效率水平下的机型相比具有显著优势，发动机综合性能整体达到行业领先水平。

3.5.2 稀薄燃烧

稀薄燃烧是汽油机降低油耗的重要途径，也是未来发动机不断突破热效率极限的必要技术路径。稀薄燃烧采用了大量空气稀释，可增加混合气绝热指数，减少节流损失，同时降低压缩及燃烧温度，从而减少传热损失和爆燃倾向，大幅降低 NO_x 原始排放。然而混合气过稀将导致燃烧速率降低，循环波动明显增加甚至失火，因此不断突破稀燃极限实现稳定快速燃烧是稀燃技术发展所面临的主要挑战，也是实现高热效率和超低 NO_x 排放的关键。

混合气浓度分层是拓展稀燃极限的重要技术手段，其主要思想是通过在火花塞周围产生较浓混合气，从而实现稳定着火并引燃周围稀混合气。因此通常情况下分层稀燃在燃烧初期放热速率较快，随后则相对有所放缓。混合气浓度分层可通过燃油在压缩行程后期缸内直喷的方式更好实现，此外，还可增加少量燃油早喷在缸内形成均质，从而避免周围混合气过稀，减少 UHC 排放，同时这也有利于提高负荷较低工况下的燃烧速率（图 3-52）。

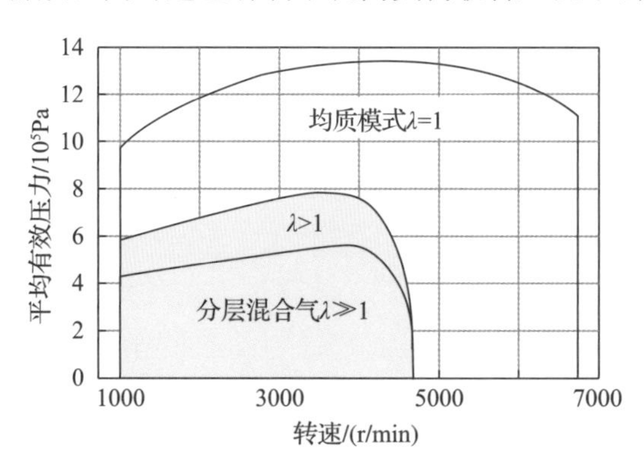

图 3-52 稀燃发动机全 MAP 典型燃烧模式

分层稀燃的混合气形成方式主要可分为壁面引导、气流引导以及喷雾引导（图 3-53）。壁面引导和气流引导通常需要在活塞顶面设计特殊形状凹坑并配合滚流运动、燃油喷射时刻以及喷雾形态达到理想的混合气输送效果。两种方式对气流运动组织及气流稳定

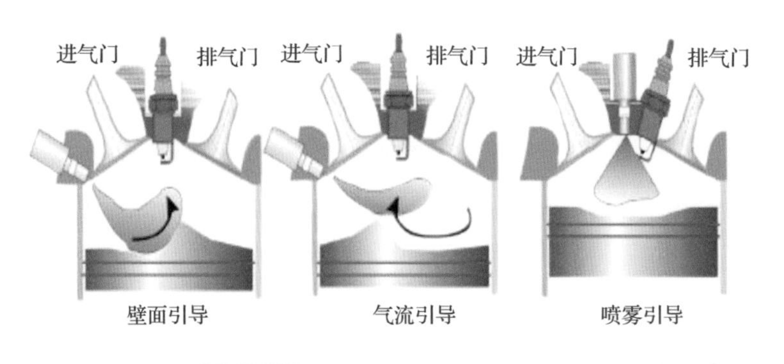

图 3-53 分层稀燃混合气引导方式

性要求较高，且在小负荷燃油输送效果较差，容易造成 UHC 及炭烟排放增加。喷雾引导是依靠喷嘴喷雾将燃料直接输送到火花塞附近形成可燃混合气，减少了对气流运动的依赖，因此稳定性更好。采用喷雾引导时喷油器通常竖直布置在气缸轴线附近，而点火最佳位置需在喷雾锥外层很薄的区域，以避免火花塞润湿导致积炭或失效等现象。

混合气分层燃烧在小负荷工况下对发动机性能改善的优势较为显著，主要是由于分层燃烧可实现极稀混合气燃烧，因此可实现无节气门控制，显著降低泵气损失。然而在中等负荷工况，节气门开度较大，节流损失不明显，而采用分层燃烧时由于存在局部混合气较浓和晚喷燃油湿壁量增加，炭烟排放逐渐增加，且局部燃烧温度较高使得 NO_x 排放也开始增加。此外，由于燃油晚喷使得局部混合不均匀而周围较稀混合气燃烧速率较低，燃油经济性及 UHC 排放也逐渐变差。

为解决上述问题，在中等负荷工况通常需采用空燃比为 26～30 的均质稀燃方式，以实现超低 NO_x 和炭烟排放，同时进一步提升发动机热效率（图 3－54）。为保证均质稀混合气的稳定着火及快速燃烧，一方面需通过进气道及燃烧室改进实现强滚流，另一方面则需要配合高能点火技术实现极稀混合气着火燃烧。与分层燃烧不同的是，为实现超低 NO_x 排放以最大限度降低后处理成本，在混合气组织过程中应极力避免混合气不均匀性。随着混动系统应用的逐渐普及，发动机运行工况逐渐变窄，这为不断突破高热效率提供了更大的可行性。

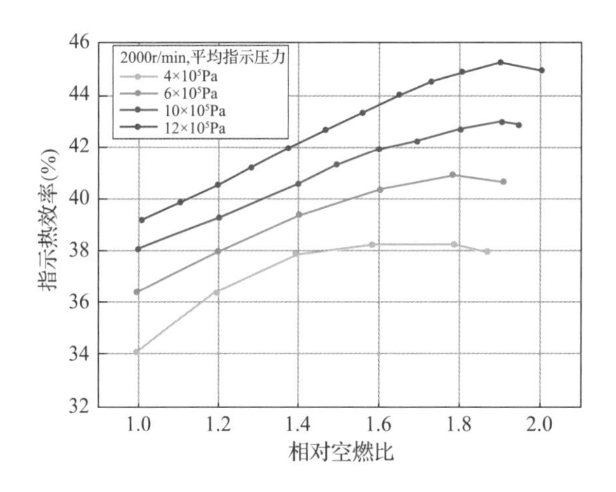

图 3－54　FEV 均质稀燃样机不同负荷工况测试结果

FEV 及里卡多的测试结果表明，通过将混合气空燃比增加至 28（过量空气系数 1.9），同时配合超高压缩比（FEV 和里卡多样机压缩比分别采用了 13.5 和 17），发动机最大有效热效率可提升至 43%～45%（图 3－55）。

日本庆应大学和东京工业大学也进行了类似研究，在同样混合气稀释程度配合 17 压缩比的基础上，进一步采用了分层水蒸气隔热的降爆燃措施，即在压缩上止点前 120°CA 向缸内直接喷水并结合气流运动在活塞表面附近形成水蒸气层从而降低末端混合气自燃倾向以及活塞传热损失，其单缸机测试得到的总指示热效率可达到 52.63%（图 3－56）。上述研究结果充分展现了均质超稀薄燃烧在突破热效率极限上的巨大潜力。

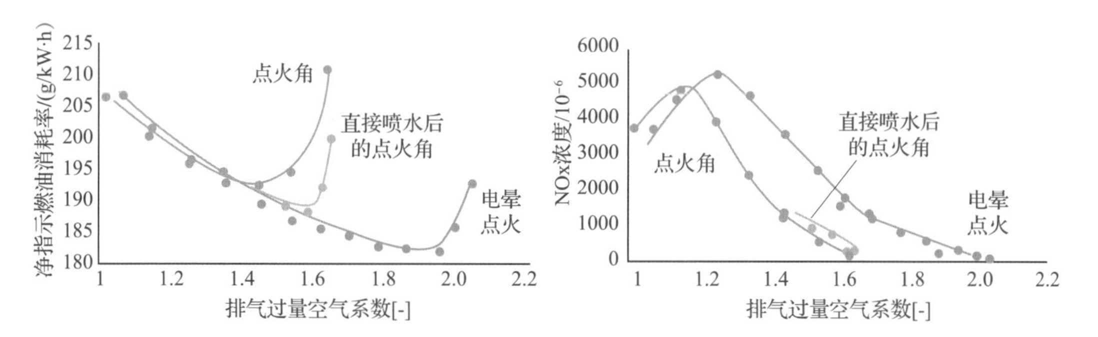

图3-55 里卡多均质稀燃样机测试结果

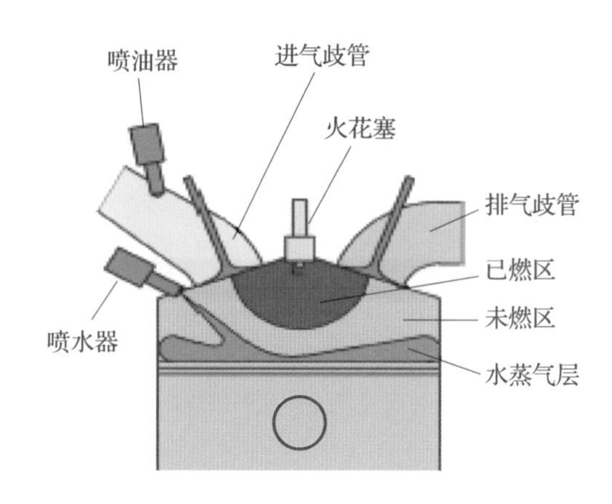

图3-56 均质稀燃配合分层水蒸气隔热

预燃室射流点火稀燃也是研究较多的一种稀燃方式（图3-57），主要分为主动式与被动式两种。主动式预燃室结构中通常需要在进气道（或缸内）和预燃室内设置两组喷油器，通过进气道（或缸内）喷油器喷射在缸内形成极稀混合气，而预燃室内喷油器则与火花塞一起安装于预燃室内，可以将燃油直接喷入预燃室并在火花塞周围形成接近当量比的混合气。被动式预燃室则只在气道或缸内设置一组喷油器向主燃室中喷入燃油，预燃室中

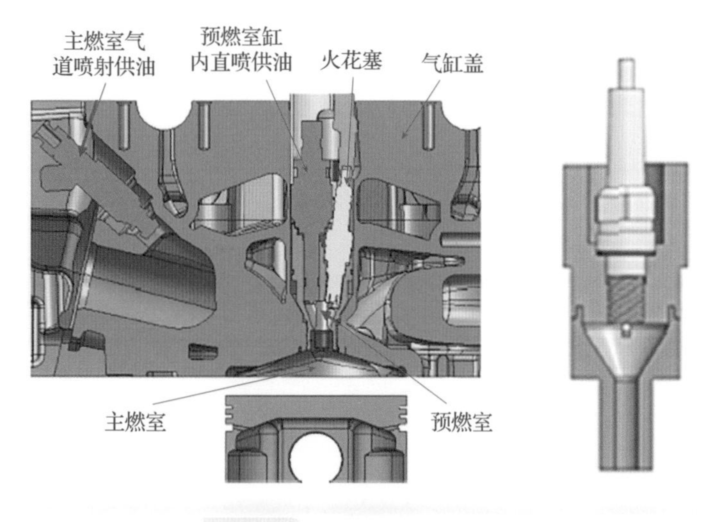

图3-57 预燃室燃烧系统结构

通常只安装火花塞。由于预燃室中火花塞周围混合气流动相对较弱，点火后热量不容易散失，因此在一定程度上也可以提高着火稳定性，但其稀燃极限相比预燃室独立供油方式有所降低。

预燃室中的混合气被点燃后将产生大量 HC 及 CO，使得预燃室中压力迅速上升，并通过头部的通道形成射流火焰喷向主燃室，与高温燃烧产物一起点燃主燃室内极稀混合气。预燃室结构形成的射流火焰可形成多个着火点并进一步提高主燃室湍流强度，因此相同空燃比条件下相比火花塞点燃可获得更高的燃烧速率，尤其在燃烧初期阶段。由于主燃室中混合气浓度极稀，NO_x 排放可大幅降低甚至近乎为零，但 UHC 排放将明显增加。

3.5.3 汽油压燃燃烧

汽油压燃的燃烧模式最初源于均质压燃（Homogeneous Charge Compression Ignition，HCCI）的思想，与传统汽油机产生爆燃时出现的末端自燃现象不同的是，汽油均质压燃实际上是一种燃烧速率可控的自燃着火过程，因此也被称为可控自燃着火（Controllable Auto-Ignition，CAI）。与传统汽油机燃烧过程相比，汽油均质压燃是多点大面积同时压缩着火，没有火焰前锋面，因而可在极短时间内完成燃烧放热，其燃烧速率和等容度明显提高，由此使得指示热效率和油耗明显改善。此外均质压燃模式通常需引入大量空气或废气稀释以控制燃烧速率及燃烧温度，且混合气均匀程度较高，因此可实现极低的 NO_x 和炭烟排放，与此同时也可大大减少或消除进气节流损失。

汽油自身具有活性低、挥发性强的特点，在延长滞燃期及实现快速混合方面具备天然优势，因此更有利于结合上述控制手段实现预混或部分预混压燃，进而实现高效清洁低温燃烧（图 3-58）。随着研究的不断深入，汽油压燃（Gasoline Compression Ignition，GCI）的概念目前已正式被提出并逐渐发展成为较为独立成熟的燃烧模式及技术应用体系。

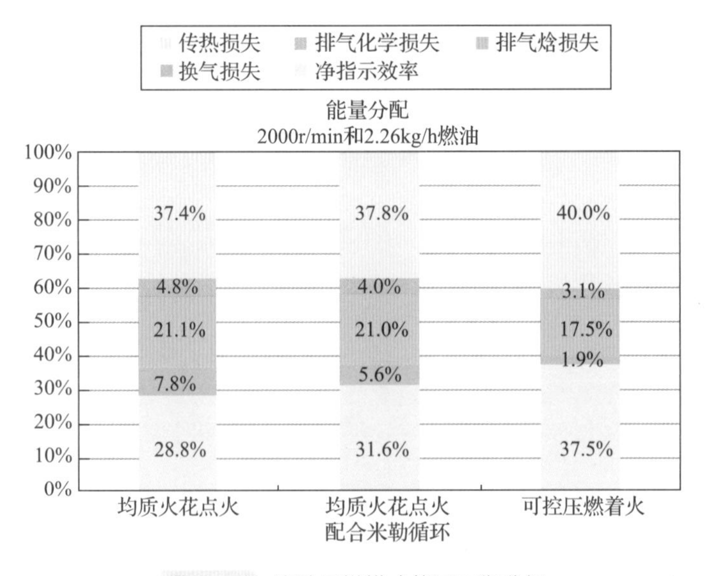

图 3-58 汽油压燃模式能量平衡分析

均质压燃着火的燃烧过程主要受物理及化学等复杂因素影响，其应用可行性受到很大制约。然而近年来，随着内部 EGR、混合气浓度分层、火花辅助点火等技术手段的提出，有效提升了汽油压燃燃烧过程的可控性。其中相对较为成熟且具有代表性的技术包含以下两种压燃控制方式。

3.5.3.1 混合气浓度分层控制

通过喷油参数调整缸内混合气浓度分层是实现压燃着火时刻、燃烧相位以及放热速率的重要技术手段。当全部或部分汽油燃料通过单次或多次喷射的方式在上止点附近喷入气缸时，汽油凭借高挥发性和低燃料活性的优势可在着火前即完成油气混合并在缸内形成适度分层，进而使局部浓度和温度适宜的区域优先发生着火，随后引发其他区域混合气相继压燃着火。通过混合气分层燃烧可使压力升高率得到有效抑制，同时使着火时刻及燃烧相位能够通过直喷时刻得到有效控制。此外，在多次喷射基础上，研究者还提出通过采用接近压缩上止点的较晚主喷时刻适当增加部分扩散燃烧比例，从而更加有效延长大负荷放热过程，更好地控制燃烧速率。与此同时，为了抑制扩散导致局部混合气不均匀及燃烧温度过高进而造成炭烟和 NOx 排放增加，必须采用更高比例的 EGR 和更高的燃油喷射压力。

针对专用汽油压燃发动机的开发，最具代表性的研究成果来自于美国德尔福的汽油直喷压燃（Gasoline Direct Injection Compression Ignition，GDCI）燃烧系统。其最新的第三代样机（Gen3X GDCI）为一台 2.2L 汽油直喷压燃发动机。第三代汽油压燃样机采用了与柴油机相当的 17 高压缩比，设计了浅凹坑 ω 燃烧室以避免燃油湿壁，采用了最高喷油压力为 50MPa 的汽油直喷系统使燃料充分汽化以减少中高负荷部分预混扩散燃烧模式下晚喷导致的燃油湿壁和炭烟排放。空气系统方面采用了高低压冷却 EGR、改进后的宽流量可变截面涡轮（Variable Nozzle Turbocharger，VNT）以及全可变气门升程机构，此外还采用了快速进气加热结合排气门二次开启实现稳定冷起动，并基于可变气门技术实现废气重吸，同时结合活塞冷却控制保证低负荷稳定高效运行。通过燃烧及空气系统的突破设计，当前样机最高有效热效率达到 43.5%，且 40%以上热效率区间得到有效拓展（图 3-59）。作为德尔福的长期研发项目，其第四代产品或将进一步采用隔热涂层减少传热损失，同时降低摩擦损失以及提高增压器效率等，最终实现接近 50%的热效率目标。

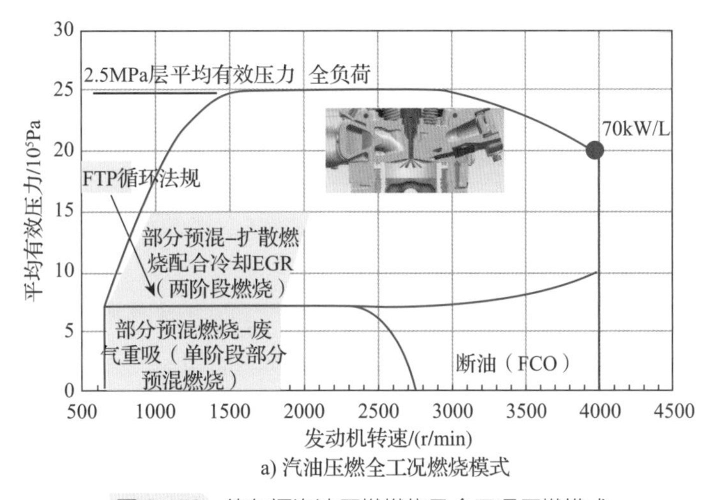

a) 汽油压燃全工况燃烧模式

图 3-59 德尔福汽油压燃燃烧及全工况压燃模式

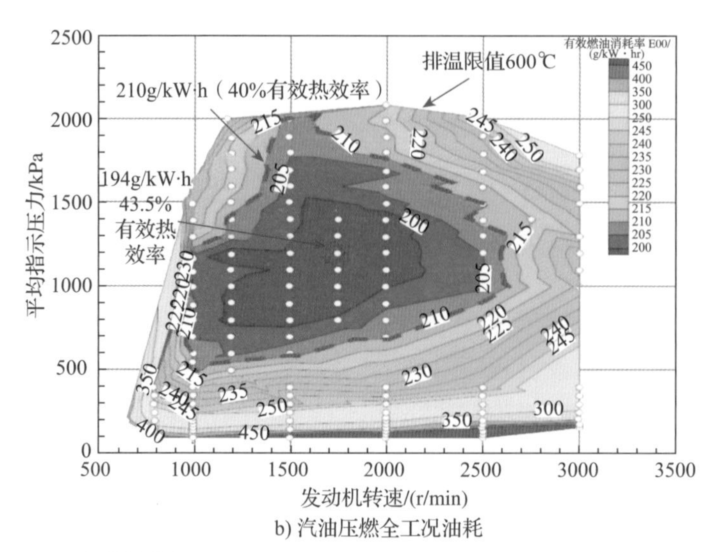

b) 汽油压燃全工况油耗

图 3-59　德尔福汽油压燃燃烧及全工况压燃模式（续）

3.5.3.2　火花点火辅助控制

通过合理调控火花点火可在一定程度上降低小负荷循环波动，而在中高负荷工况下，通过火花点火形成的火焰传播可消耗一部分混合气的能量，从而起到降低自然着火的比例以控制燃烧速率的作用。在针对这种燃烧模式的研究过程中，研究者们逐渐提出并形成了火花辅助压燃（Spark Assisted Compression Ignition，SACI）的概念。火花辅助压燃同时存在火焰传播以及自燃着火的燃烧过程，这种混合燃烧模式能够有效避免由于缸内能量不足而无法实现稳定自燃着火燃烧，同时也能够避免中高负荷下过多的混合气以压燃模式燃烧产生的燃烧粗暴现象。此外，火花辅助压燃模式能够自然地将传统的火焰传播燃烧（Spark Ignition，SI）模式和 CAI 模式连接起来，通过调节混合燃烧中火焰传播和压缩着火燃烧的比例，实现不同燃烧模式的平滑过渡。

近年来马自达汽车公司在其最新的 SKYACTIV - X 发动机中成功运用了火花辅助压燃技术并实现了量产，其也将这种技术称为火花控制压燃（Spark Controlled Compression Ignition，SPCCI）。SKYACTIV - X 发动机整体采用了均质稀混合气压燃的燃烧模式，以最大限度降低油耗及原始 NO_x 排放。在中低负荷工况发动机采用空燃比 30 以上的空气稀释，且为了提高火花点火稳定性在小负荷采用了弱混合气浓度分层使火花塞周围浓度略高，而大负荷工况则进一步引入 EGR 稀释并利用燃烧室涡流将更多燃油输送到燃烧室周边蒸发吸热以控制自燃着火的放热速率（图 3-60）。

为了更好地满足 SPCCI 燃烧过程所需空燃比及温度等边界条件需求，发动机还采用了 70MPa 的最大燃油喷射压力及多达十孔的喷油器实现燃油快速均质混合、带有电子离合器的机械增压器实现空气供给快速响应，以及先进热管理系统保证发动机维持在最佳热状态等。此外，由于火花点火后的 SPCCI 燃烧过程受到边界条件影响，为了解决这一问题，马自达还开发了混合燃烧预测模型以进行 SPCCI 燃烧相位主动控制，并加装缸压传感器进行实时反馈修正。SKYACTIV - X 发动机最高热效率可达到 48%，且在实际运行过程中，

SPCCI 用到的工况占比可达 95%，整车燃油经济性提高了 20%～30%，该发动机的成功开发实现了汽油压燃工程化应用的重大技术突破（图 3-61）。

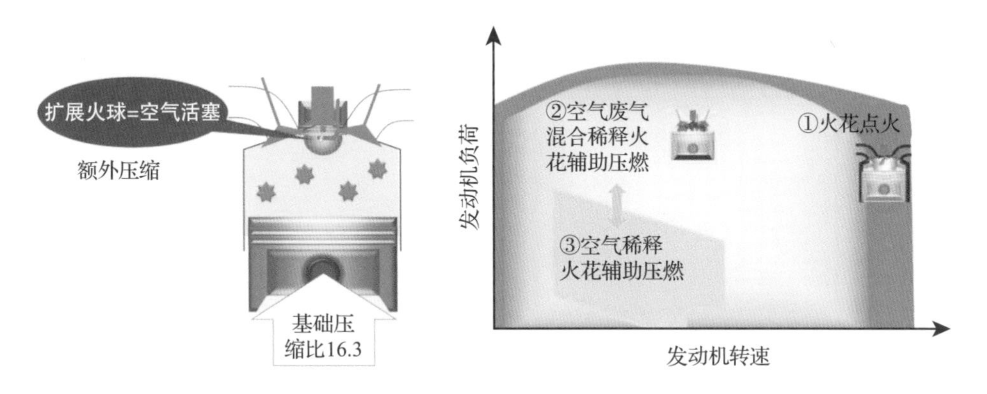

图 3-60 马自达 SKYACTIV-X 发动机火花点火控制压燃

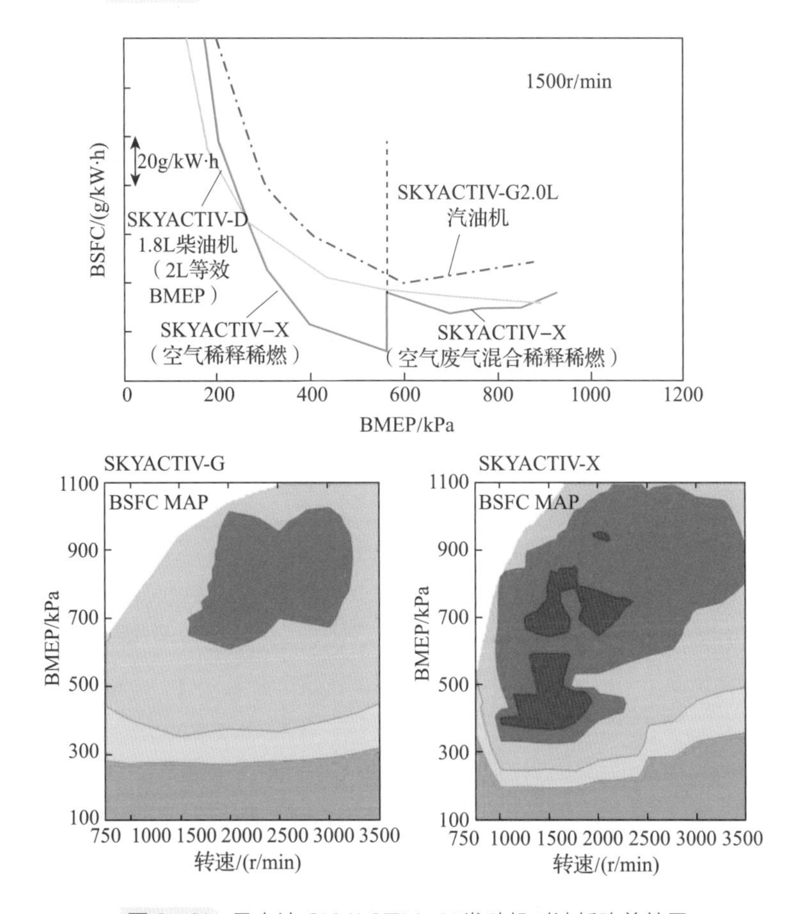

图 3-61 马自达 SKYACTIV- X 发动机对油耗改善效果

3.5.4 燃烧技术发展趋势

随着汽车电气化趋势的快速发展，混合动力系统已日趋成熟，未来绝大部分汽油机将与电机系统协同工作。通过电机辅助，汽油机运行工况可大为简化，并主要运行于高效区

间，因此这为汽油机先进燃烧技术的应用提供了极为有利的条件（图 3-62）。近年来，随着多元动力系统竞争加剧，全生命周期碳排放已逐渐成为最为重要的评价标准之一，为此不断突破热效率极限再次受到行业的极大关注，并已成为当前汽油机发展最为重要的方向和驱动力。

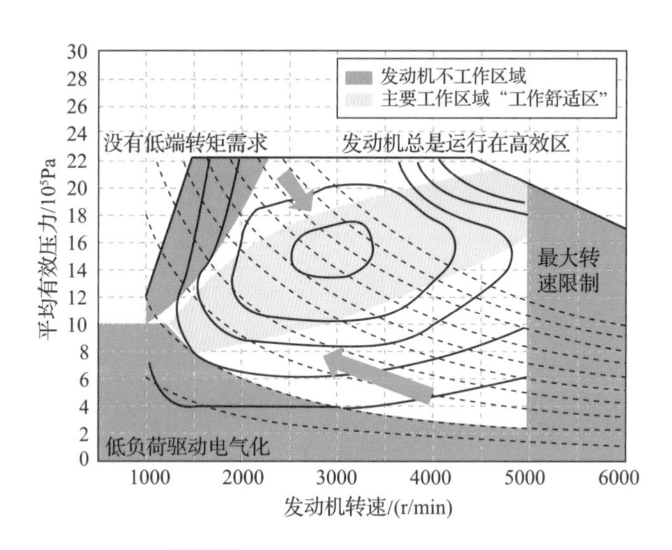

图 3-62　混动发动机运行工况区间

为了实现更高热效率水平，汽油机压缩比近年来得到大幅提升，目前量产机型的最高压缩比已提升至 14，为了有效抑制爆燃，通常需采用高压燃油缸内直喷、深度米勒或阿特金森循环、高比例的冷却 EGR，同时采用较高的单缸排量以降低发动机强化程度。另一方面，为了提高燃烧速率及着火稳定性，通常需设计高滚流气道和较大的行程/缸径比以强化缸内气流运动，并采用高能点火装置。尽管当前量产汽油机仍多采用当量燃烧方式，其最高热效率可达到 41%左右，而研究表明，通过将压缩比提升至 15 以上并配合上述技术措施的进一步强化，如缸内喷水、隔热涂层或余热回收等，当量燃烧汽油机最高热效率可突破 43%，并有望接近 45%。在此基础上若要实现汽油机热效率的进一步突破则需采用稀薄混合气燃烧。如前所述，通过进一步采用均质稀燃方式配合分层水蒸气隔热等关键技术，最高有效热效率当前已突破 50%。另一方面，汽油压燃近年来在边界条件及燃烧过程控制方面取得了长足进步，由此使其在实际工程化应用方面开始逐渐趋于成熟。汽油压燃技术从本质上改变了传统汽油燃烧方式，其高预混燃烧的特点同时结合了汽油机与柴油机的优势。当前研究表明，汽油压燃技术也有望突破 50%的热效率，同时其高热效率运行区间的拓展也将更为显著，因此也被视为未来极具潜力的高效清洁燃烧技术（图 3-63）。

通过上述讨论可以预见，随着近年来汽油机先进燃烧技术的快速发展及电气化程度的提高，汽油机在降低油耗及排放水平方面仍具有巨大潜力及可挖掘空间，在动力系统竞争及法规的推动作用下，汽油机不同燃烧技术将逐渐趋于成熟并实现工程化应用，从而使汽油机在未来很长时间内仍将展现出巨大活力。

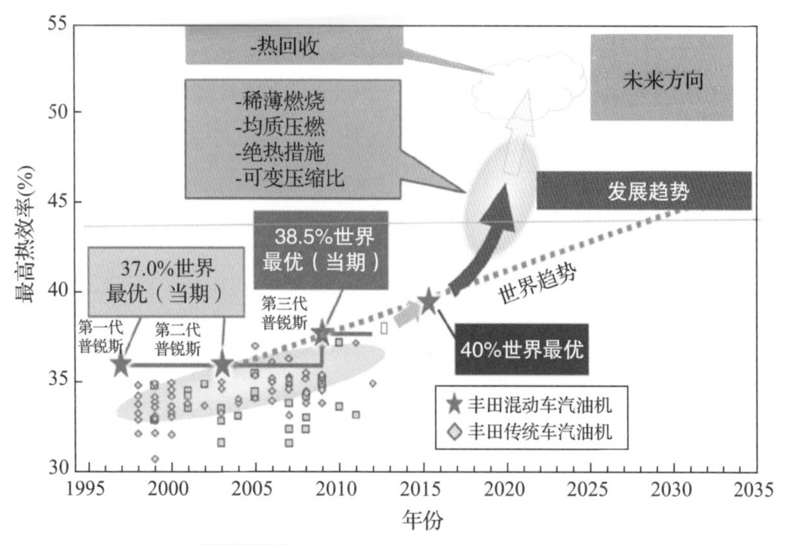

图3-63 汽油机高热效率技术路线

3.6 小结

本章介绍了发动机性能开发的定义及指标体系，从动力性、经济性及排放三方面给出了发动机性能优化路径；总结了当量比燃烧、稀薄燃烧及汽油压燃燃烧三种汽油机高效清洁燃烧技术，为实现未来汽油机更高燃油效率、更低排放，不同燃烧技术将趋于成熟并实现工程化应用。

为提升汽油机性能，从发动机缸内气流运动组织、燃油喷射系统、缸内燃烧过程优化、增压器匹配、EGR系统、气门运动规律、进排气系统、机械损失、传热控制等方面梳理了汽油机产品性能开发关键技术，并通过光学单缸机验证、多缸机性能验证、动力传动台架验证以及整车验证四个阶段，完成发动机性能属性的开发和验证。同时阐述了异常燃烧及机油稀释两种典型共性难题的控制技术，为高效、环保、可靠地实现汽油机动力性、经济性及排放提供了技术参考

参考文献

[1] 帅石金，董哲林，郑荣，等. 车用汽油机颗粒物生成机理及排放特性研究进展［J］. 内燃机学报，2016，34（2）：105－116.

[2] 王建昕. 汽车发动机原理［M］. 北京：清华大学出版社，2011.

[3] ZHAO F，LAI M C，HARRINGTON D L. Automotive spark-ignited direct-injection gasoline engines［J］. Progress in Energy and Combustion Science，1999，25（5）：437－562.

[4] COUTO C，ROSO V R，et al. A review of prechamber ignition systems as lean combustion technology for SI engines［J］. Applied Thermal Engineering，2018，

128：107－120.

[5] ADOMEIT P，SCHARF J，THEWES M. Extreme lean gasoline technology-best efficiency and lowest emission powertrains [J]. Internationaler Motorenkongress，2017：101－122.

[6] ATTARD W P，BLAXILL H. A lean burn gasoline fueled pre-chamber jet ignition combustion system achieving high efficiency and low NOx at part load [C] //SAE. SAE Technical Paper no. 2012－01－1146. [S. l. ：s. n.]，2012.

[7] WEI H Q，ZHU T Y，SHU G Q. Gasoline engine exhaust gas recirculation-A review [J]. Applied Energy，2012，99：534－544.

[8] MANENTE V，JOHANSSON B，TUNESTAL P. partially premixed combustion at high load using gasoline and ethanol，a comparison with diesel [C] //SAE. SAE Paper 2009－01－0944. [S. l. ：s. n.]，2009.

[9] SELLNAU M C，SINNAMON J，HOYER K，et al. Full-time gasoline direct-injection compression ignition (GDCI) for high efficiency and low NOx and PM [J]. SAE Int. J. Engines，2012，5 (2)：300－314.

[10] 王新颜. 汽油机火花点火－可控自燃混合燃烧机理研究 [D]. 天津：天津大学，2014.

[11] ZHAO H. Advanced direct injection combustion engine technologies and development，Volume 1：Gasoline and gas engines [M]. Cambridg：Woodhead Publishing，2010.

[12] FUERHAPTER A，PIOCK W F，FRAIDL G K. CSI-controlled auto ignition-the best solution for the fuel consumption-versus emission trade-off [C] //SAE. SAE paper 2003－01－0754. [S. l. ：s. n.]，2003.

[13] FUERHAPTER A，PIOCK W F，FRAIDL G K. The new AVL CSI engine-HCCI operation on a multi cylinder gasoline engine [C] //SAE. SAE paper 2004－01－0551. [S. l. ：s. n.]，2004.

[14] ZHAO H. HCCI and CAI engines for the automotive industry [M]. Cambridg：Woodhead Publishing，2007.

[15] NAGASAWA T，OKURA Y，YAMADA R，et al. Thermal efficiency improvement of super-lean burn spark ignition engine by stratified water insulation on piston top surface [J]. International Journal of Engine Research，2020：1468087420908164.

[16] MIN B H，HWANG K M，CHOI H Y. The new hyundai-kia's smartstream 1. 5 L turbo GDI engine [C] // 28th Aachen Colloquium Automobile and Engine Technology. [S. l. ：s. n.]，2019.

[17] SELLERS R，OSBORNE R，CAI W Y，et al. Designing and testing the next generation of high-efficiency gasoline engine achieving45% brake thermal efficiency [C] // 28th Aachen Colloquium Automobile and Engine Technology. [S. l. ：s. n.]，2019：1129－1143.

[18] NAKAI E，GOTO T，EZUMI K，et al. MAZDA SKYACTIV-X 2. 0L gasoline

engine [C] // 28th Aachen Colloquium Automobile and Engine Technology. [S.l.: s.n.], 2019: 55-78.

[19] WANG Z, QI Y L, HE X. Analysis of pre-ignition to super-knock: Hotspot-induced deflagration to detonation [J]. Fuel, 2015, 144: 222-227.

[20] FRAIDL G, PIOCK W F, WIRTH M, et al. Gasoline direct injection—an integrated systems approach [C] // Proceedings of AVL Engine and Environment Conference. [S.l.: s.n.], 1997: 255-278.

[21] SELLNAU M, CHO K, ZHANG Y. Pathway to 50% brake thermal efficiency using gasoline direct injection compression ignition (GDCI) [C] //28th Aachen Colloquium Automobile and Engine Technology. [S.l.: s.n.], 2019: 1145-1171.

[22] YAMAJI K, TOMIMATSU M, TAKAGI I, et al. New 2.0L I4 gasoline direct injection engine with toyota new global architecture concept [C] //SAE. SAE Paper 2018-01-0370. [S.l.: s.n.], 2018.

[23] DEMMELBAUEREBNER W, PERSIGEHL K, GÖRKE M, et al. The new 1.5-L four-cylinder TSI engine from volkswagen [J]. MTZ Worldwide, 2017, 78 (2): 16-23.

[24] CEVIK C, SCHWADERLAPP M, DOHMEN J, et al. Friction reduction-the contribution of engine mechanics to fuel consumption reduction of powertrains [C] // 3rd Aachen Colloquium China Automobile and Engine Technology. [S.l.: s.n.], 2013: 1-20.

[25] 王成焘，姚振强，陈铭，等. 汽车摩擦学 [M]. 上海：上海交通大学出版社，2002.

[26] 刘圣华，周龙保，韩永强，等. 内燃机学 [M]. 北京：机械工业出版社，2017.

[27] 温诗铸，黄平，田煜，等. 摩擦学原理 [M]. 北京：清华大学出版社，2019.

Chapter 04

第 4 章
汽油机 NVH 开发

4.1 概述

随着人们对美好生活的追求，汽车用户对乘坐舒适性的要求越来越高。噪声、振动与声振粗糙度（Noise，Vibration and Harshness，NVH）是最能引起用户在驾乘体验中主观感受的汽车关重性能之一。各大汽车企业大约有 1/3 的售后维修与 NVH 性能有关，可见汽车 NVH 性能是影响用户满意度的重要因素，直接影响驾乘体验。作为汽油发动机（本章所述发动机均指汽油发动机，后面简称汽油机）汽车的动力核心，汽油机是汽车振动与噪声最主要的激励源之一。无论是车内还是车外噪声，车辆加速时汽油机的噪声贡献都是最大的。因此，各汽车厂商越来越重视汽油机的振动与噪声水平的控制，不断提升整车乘坐舒适性，并将其作为新车的亮点。

一个新的汽油机开发项目从立项开始，历经市场分析与对标、概念设计、布置设计、详细设计和样机验证等一系列过程，每一个环节都影响 NVH 性能表现。近年来，汽车用户对 NVH 需求逐步提升，越来越多的汽车公司在汽油机开发阶段将 NVH 性能指标明确地列入开发目标，组建专业的 NVH 团队进行 NVH 性能的设计和开发。

4.1.1 汽油机 NVH 开发概念

汽油机 NVH 开发是与产品设计同步并达成产品 NVH 性能指标的过程。

为适应当前电气化时代的市场变化，基于用户体验和企业发展需要，NVH 性能开发从传统的救火方式转变为正向设计，广泛使用虚拟仿真技术，在产品全设计周期实行虚拟设计分析和优化，NVH 设计理念从传统的只关注振动和噪声转变为 NVH、重量、成本、可靠性、动力性、经济性等多属性并重，NVH 设计原则从振动和噪声越小越好转变为满足用户需求和喜好的综合属性"刚刚好"，使得开发进度和产品综合性能最佳，实现效益最大化。

面向电气化时代的汽油机 NVH 开发有如下几大特点：

1）满足用户喜好的声品质开发。用户对舒适性的要求越来越高，现今的 NVH 开发不仅关注对振动与噪声的控制，还包括声品质的设计，除了要对汽油机所有发声体（根据各个厂家自己的动力声品质技术方案）进行针对性设计以外，不少企业已经在尝试和应用主动发声控制系统来进行汽油机声音的声学缺陷补偿，以满足用户对车内声品质的感知需求。一个从 NVH 控制转化成声品质设计的趋势正在各大汽车企业中逐渐形成。

2）关注不同驾乘场景的用户需求。用户对 NVH 的敏感程度和魅力需求在不同使用场景中各不相同。如何满足用户对 NVH 的喜好和魅力需求，如何体现同一套动力总成在不同车型上的 NVH 设计差异化，成为汽油机开发急需解决的问题。关注用户在不同驾乘场景（起动、怠速、加速、匀速、减速和停机）下对动力 NVH 的需求，以用户体验为设计主导的全新 NVH 设计理念和开发思路是电气化时代 NVH 开发的重要特点。

3）达成产品综合性能最优，一次设计对。动力性、经济性和排放决定汽油机的生命力，开发进度和效益则是企业的生存之本。在产品设计过程中，同步考虑动力性、经济性、排放和 NVH 等多个属性，使得汽油机综合性能最优，可减少设计阶段方案的反复迭代，避免迭代不充分导致样机阶段的 NVH 问题突出，节约开发费用，缩短开发周期，提升产品性能和质量。

4）广泛使用虚拟技术的正向设计开发。传统的 NVH 开发多依赖于试验手段，CAE 仅作为方案验证和优化的工具。尽管这种开发模式能够取得一些效果，但通常差强人意，导致开发周期严重滞后和成本居高不下。随着仿真技术的逐步发展，汽油机 NVH 设计部门广泛使用 CAE 手段，将被动的 NVH 性能验证转变为主动的 NVH 性能设计，以仿真驱动设计，而不是验证设计，在开发前期就完成零部件及系统的仿真设计、优化和验证，实现全虚拟的 NVH 正向开发。

5）瞬态响应问题更加突出。随着动力 NVH 技术在稳态工况下的开发日趋成熟，用户对瞬态问题的关注度比以往更多。有很多研究证明，用户对一个事物的喜好往往在一个瞬间完成。要开发用户喜好的产品，就必须花大力气研究那些瞬态 NVH 问题。另一方面，随着智能与自动控制技术的应用，使得汽油机的电子元器件数量增加，给汽油机增加了新的振动与噪声源。最后，现代混合动力系统的能源管理策略使得汽油机起、停频繁，加上电机的快速响应，容易引起系统的瞬态冲击与高频振动和噪声。尽管面向电气化时代的汽油机瞬态响应问题越发突出，但 NVH 仿真技术的发展使得设计者有能力对瞬态问题进行预测分析，并找到合适的解决方案。

6）融合电气化控制系统的 NVH 智能控制。随着电子控制技术的日益发展，汽油机控制系统的功能也在不断拓展。先进的电气化自动控制技术不但可以提高汽车动力性、经济性、排放性和安全性，还可以提高汽车驾乘舒适性，为解决汽油机 NVH 问题提供了新的解决思路与方法，使得汽油机及其子系统可以方便快捷地实现 NVH 控制的智能化。

4.1.2 汽油机 NVH 开发体系

汽油机 NVH 性能开发是一项综合性技术，涉及传统动力和混合动力的零部件、系统

和整机在稳态和瞬态工况下的振动、噪声和声品质。完善的 NVH 开发体系是开发出拥有卓越 NVH 性能的汽油机的必要条件。汽油机 NVH 开发体系是一套以汽油机 NVH 目标体系为依据，以汽油机 NVH 开发流程为主线，以软硬件资源为支撑，以汽油机 NVH 开发技术为保障，以各种工作文件为指导的知识和管理系统。它主要包含以下内容：

1）汽油机 NVH 目标体系。NVH 开发的依据，一般包含零部件 NVH 目标、系统 NVH 目标和整机 NVH 目标。

2）汽油机 NVH 开发流程。按时间先后顺序详细定义每个阶段的工作内容，各项工作的输入、输出及完成时间。

3）汽油机 NVH 开发工作文件。包括方法、流程、标准、规范、指南、手册、作业指导书、目标体系、评审文件等。

4）汽油机 NVH 测试平台。包括消声室、测功机、各种传感器等测试环境和测试设备，以及数据分析软件和测试技术。

5）汽油机 NVH 仿真平台。包括高性能工作站、个人工作站、仿真计算软件和仿真技术。

6）汽油机 NVH 开发技术团队。指专门从事 NVH 开发的工程团队。

7）数据库。包括具有 NVH 特点的结构库和响应库，包括振动、噪声、模态等。

8）知识总结。包括工作中积累的案例和研究报告，可供传承和借鉴。

9）汽油机 NVH 数据管理平台。包括仿真数据管理平台和实验数据管理平台。

4.1.3 汽油机 NVH 开发流程

汽油机 NVH 开发流程与产品开发流程是同步的。从项目预研到概念设计、布置设计、详细设计、方案验证，最终到产品上市，NVH 开发一直贯穿始终，如图 4-1 所示。前期设计阶段主要采用虚拟仿真方法进行迭代设计，而在方案验证和产品上市阶段主要采用测试手段进行性能验收和问题排查，辅以仿真手段排查问题。另外，汽油机 NVH 开发流程中，明确了各个工作阶段的各项工作输入、输出物及完成时间，可以从体系上保证精准、有效地完成汽油机 NVH 性能正向开发。

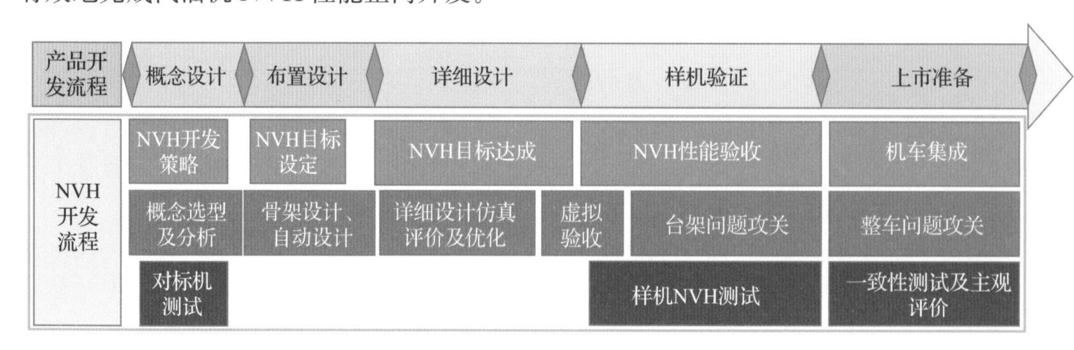

图 4-1 汽油机 NVH 开发流程

一般来说，汽油机的开发流程相对于整车来说要长 1～2 年。由于同一款汽油机可以集成在很多不同的整车上，所以在汽车开发过程中，汽油机开发要早于整车，这也叫“先机后车”。如图 4-2 所示，在整车项目预研启动（FKO）节点上，汽油机的硬件选型已经完成，因为汽油机的硬件配置是用来作为整车项目 FKO 的输入依据的，所以汽油机样机的 NVH 性能也被用来作为整车项目的输入，以此制定整车的 NVH 开发目标和确定属性兼容性。因此，在机车项目选定汽油机以后，需要根据所选汽油机特有的 NVH 属性进行匹配，以满足整车车内 NVH 的项目要求。

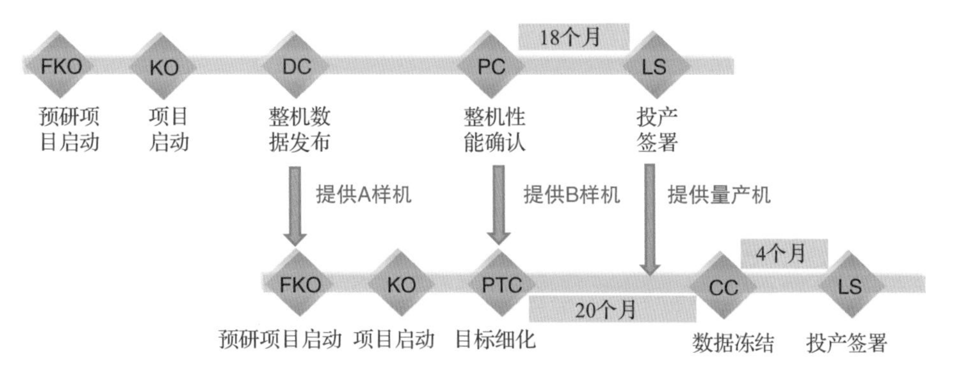

图 4-2 汽油机开发与整车开发节点关系

汽油机零部件的 NVH 正向设计主要体现在产品开发流程的概念设计、布置设计和详细设计阶段。在正向设计过程中，将虚拟仿真工作安排在项目前期，并建立产品多属性目标的联动开发机制。在整个设计阶段，采用虚拟手段进行反复迭代计算，达成一次设计对的目的，可以缩短开发周期、提升产品性能、节约开发成本。图 4-3 所示为汽油机零部件 NVH 正向设计过程，它包含以下步骤。

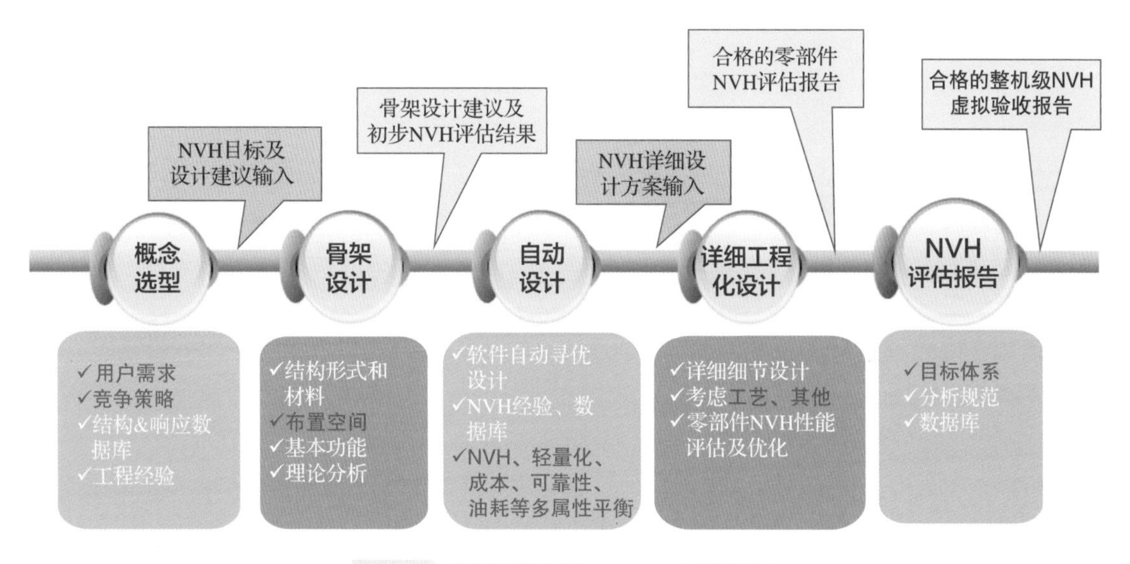

图 4-3 汽油机零部件 NVH 正向设计过程

1）概念选型。根据汽油机市场定位和产品策略需求，对汽油机总体设计参数、总体布置形式、重要零部件结构形式和材料等进行优劣势分析和建议，提出 NVH 的设计概念，并与动力性、经济性、重量、工艺等交互权衡。

2）主骨架设计。根据各零部件的布置空间和边界以及基本功能需求，将 NVH 设计概念融入到汽油机零部件的主骨架设计中，得到零部件基本骨架模型。

3）虚拟自动设计。利用虚拟分析软件，对骨架模型进行 NVH 分析并自动优化迭代，快速识别最佳的力传递路径，找到影响 NVH 性能的关键部位，通过减少或去除非关键路径的材料实现轻量化，形成详细设计方案的雏形。

4）详细工程化设计及 NVH 性能评估。详细 CAD 模型建成以后，利用仿真手段对零部件 NVH 性能进行评估，根据需求进一步提出具体优化建议，并由 NVH 工程师出具 NVH 性能评估报告。

5）NVH 性能虚拟验收。搭建完整的汽油机模型，开展不同运行工况的整机级 NVH 性能分析，验收合格后出具 NVH 性能虚拟验收报告。

4.1.4 NVH 基础知识

噪声（Noise），泛指所有人类不希望听到的声音。

振动（Vibration），是指物体按照某种形式（有规律和无规律）的往复运动。

声振粗糙度（Harshness），是指人对振动和声音的主观感受的预判与实际感受发生不一致时，人在主观上产生的一种不和谐感觉。它与人的主观判断息息相关。

4.1.4.1 声学基础

声波是声源产生的振动在弹性媒质中的传播，是媒质内稠密和稀疏的交替过程，可以用波动方程来描述：

$$\frac{\partial^2 p}{\partial x^2}+\frac{\partial^2 p}{\partial y^2}+\frac{\partial^2 p}{\partial z^2}=\frac{1}{c_0^2}\frac{\partial^2 p}{\partial t^2} \tag{4-1}$$

其中，描述声音传播过程涉及两个最基本物理量，即声传播速度 c_0 和声压 p。声波在媒质中传播，其速度 c_0 取决于媒质在具体状态下的压强 p 对密度 ρ 的依赖关系，结合理想气体的状态方程，对于小振幅波动，在平衡态（p_0，ρ_0）附近按泰勒展开，忽略高阶项，很容易计算出平衡态时的声速 c_0：

$$c_0^2=\left(\frac{\mathrm{d}p}{\mathrm{d}\rho}\right)_{s,0}=\frac{\gamma p_0}{\rho_0} \tag{4-2}$$

声压是声扰动产生的逾量压强（简称逾压），是动压的概念。声压是一种标量，在任何一点测量的声压，均与测量方向无关，它的单位是 Pa。存在声压的空间称为声场，声场中具体某点的声压可以用峰值、峰峰值、均值、有效值来描述。

假设在无限均匀媒质里有一个无限大平面刚性体沿法线方向做往复振动，这时所产生的声场是平面波声场。那么对平面波声场的求解则可归结为对一维波动方程的求解。运用控制变量法很容易求解出声压的一般形式：

$$p(t,\ x)=p_{\mathrm{a}}\mathrm{e}^{\mathrm{j}(\omega t-kx)} \tag{4-3}$$

式中，p_{a} 是声压幅值，ω 是声波的圆频率，k 是波数。可见，声压是时间和空间的函数。知道声压解的形式后，根据运动方程可计算出质点振速 v 的表达式：

$$v(t,x)=-\frac{1}{\rho_0}\int\frac{\partial p}{\partial x}\mathrm{d}t=\frac{p_{\mathrm{a}}}{\rho_0 c_0}\mathrm{e}^{\mathrm{j}(\omega t-kx)} \tag{4-4}$$

可以看出，平面波声场中任何位置，声压和质点振速都是同相位的。最后必须注意的是：声波以速度 c_0 传播出去，并不意味着媒质由一处流到远方，事实上任意位置 x_0 处的质点都只是在平衡位置附近做往复振动。实际上声源就是以这种形式，影响周围以至更远的媒质也跟着在平衡位置附近来回振动，从而把振动的能量传播出去。

讨论声音的传播，声阻抗率与特性阻抗是非常重要的概念。声阻抗定义为声压 p 与体积速度 U 之比。但是在研究声场时，体积速度 U 的含义是不明确的，因而为方便起见，常常定义和使用声阻抗率。声阻抗率为声场中具体位置的声压与质点振速的比值：

$$Z_s = \frac{p}{v} \tag{4-5}$$

根据声阻抗率的定义，可计算出平面声场前进声波的声阻抗率 $Z_s = \rho_0 c_0$。由此可见，在平面声场中，各位置的声阻抗率在数值上都是相同的，并且是一个实数。由于只有实部没有虚部，在平面声场中各位置上都没有能量的存储，前一个位置上的能量可以完全传播到后一个位置上去。注意到乘积 $\rho_0 c_0$ 是媒质的固有常数，在声学中具有非常特殊的地位，又考虑到它具有声阻抗率的量纲，所以称 $\rho_0 c_0$ 为媒质的特性声阻抗，其单位为 $\mathrm{N \cdot s/m^3}$ 或 $\mathrm{Pa \cdot s/m}$。

在声场中取一体积为 V_0 的微元来研究声场中的能量关系，取一个周期内时间平均，可以得到平均声能量：

$$\overline{\Delta E} = \frac{1}{T}\int_0^T V_0 \frac{p_a^2}{\rho_0 c_0^2} \cos^2(\omega t - kx)\mathrm{d}t = \frac{V_0}{2}\frac{p_a^2}{\rho_0 c_0^2} \tag{4-6}$$

进一步定义单位体积内的平均声能量为平均声能量密度：

$$\bar{\varepsilon} = \frac{\overline{\Delta E}}{V_0} = \frac{p_a^2}{2\rho_0 c_0^2} = \frac{p_e^2}{\rho_0 c_0^2} \tag{4-7}$$

声学上定义单位时间内通过垂直于声传播方向的面积 S 的平均声能量为平均声能量流或称为平均声功率。声功率是声源的基本特征，是可以用于比较声源强弱的绝对参考量。声功率的单位为 J/s 或 W，声学上常用 W 表示：

$$W = \bar{\varepsilon} c_0 S = \frac{p_e^2}{\rho_0 c_0} S \tag{4-8}$$

声学上还定义通过垂直于声传播方向的单位面积上的平均声能量流为平均声能量流密度或称为声强。声强是一种矢量，声学上常用符号 $\boldsymbol{I}$ 表示，其单位是 $\mathrm{W/m^2}$，表达式为：

$$\boldsymbol{I} = \frac{W}{S} = \frac{p_e^2}{\rho_0 c_0} \tag{4-9}$$

根据声强定义，声强还可以表示为单位时间内、单位面积的声波向前进方向毗邻媒质所做的功：

$$\boldsymbol{I} = \frac{1}{T}\int_0^T \mathrm{Re}(p)\mathrm{Re}(v)\mathrm{d}t \tag{4-10}$$

进一步，可以得到：

$$I=\frac{p_a^2}{2\rho_0 c_0}=\frac{p_e^2}{\rho_0 c_0}=\frac{1}{2}\rho_0 c_0 v_a^2=\rho_0 c_0 v_e^2=\frac{1}{2}p_a v_a=p_e v_e \tag{4-11}$$

不难发现，声强与声压幅值或质点振速幅值的平方成正比。在相同质点振速幅值的情况下，声强与媒质的特性阻抗成正比，这对于研究声辐射非常有意义。

由于声压大小的范围很宽，应用不方便，因此常用对数来描述，即用声级来描述声的强弱，如声压级、声强级和声功率级。声级的单位为分贝（dB）。式（4-12）为声压级 L_P 的定义：

$$L_P=10\log\frac{p^2}{p_{ref}^2} \tag{4-12}$$

式中，p 为声压，p_{ref} 为参考声压。常用人耳可听的最小声压 2.0×10^{-5} Pa 为参考声压。

声音的频率结构是研究声学特性的重要内容。人耳可听见的频率范围为 20Hz～20kHz。对声压的时间历程进行傅里叶变换可以得到声音在频域的特征，还可以将频率范围划分为首尾相连的频带（即频程）。根据频带的划分宽度不同，有倍频程带宽、1/3 倍频程带宽和 1/6 倍频程带宽等恒百分比带宽。常用的 1/3 倍频程带宽是将一个倍频程带宽分为三个频带，每个频带的上限截止频率为f_2，下限截止频率为f_1，二者满足：

$$f_2=\sqrt[3]{2}f_1 \tag{4-13}$$

人耳对不同频率的声音的敏感度不同，为更好地描述人对声音的主观感受，引入了声音的等响曲线和计权网络。定义 1kHz、40dB 的纯音信号响度为 1sone，响度级为 40phon。计权是模拟人对声音听觉灵敏度的记权网络，具体做法是通过将声音信号进行滤波分析，按照人耳的听觉灵敏度特征，将人耳听觉敏感的频率成分进行增强，不敏感的频率成分进行衰减，修正后的声压级与等响的 1000Hz 纯音的声压级接近。目前国际上常使用的计权方法为 A、B、C 计权，分别是模拟人耳对 40phon、70phon 和 100phon 纯音的听觉特性而设置的计权网络。

4.1.4.2 振动基础

振动是机械或结构在其平衡位置附近的往复运动，表示物体运动特征的物理量（位移、速度、加速度等）随时间增大和减少的反复变化。

系统按自由度分为单自由度系统和多自由度系统，振动系统按照所受的激励类型分为自由振动和外在激励作用下的强迫振动。其中，初始干扰、强迫力等外界因素对于系统的作用，能量的输入过程称之为激励，系统在激励作用下产生的振动即为振动响应。

1. 单自由度系统的振动

对于无阻尼的单自由度系统的自由振动，其运动微分方程可描述为

$$m\ddot{x}+kx=0 \tag{4-14}$$

可得

$$\ddot{x} + \omega_n^2 x = 0 \tag{4-15}$$

式中，m 为振子质量；k 为系统刚度；x 为振动位移；$\omega_n = \sqrt{k/m}$。设初始时刻物体的位移为x_0，对式（4－15）进行求解，可得

$$x = X\sin(\omega_n t + \varphi) \tag{4-16}$$

其中，$X = \sqrt{x_0^2 + \left(\frac{\dot{x}_0}{\omega_n}\right)^2}$，$\varphi = \mathrm{artan}\,\frac{\dot{x}_0}{\omega_n x_0}$，可见振幅 X 与相位角 φ 同初始条件有关；ω_n 与初始条件无关，是系统的固有属性，称作振动系统的固有圆频率。

2. 单自由度系统的强迫振动

单自由度系统受到简谐激励下的强迫振动，其运动微分方程可以描述为

$$m\ddot{x} + c\dot{x} + kx = F_0\sin\omega t \tag{4-17}$$

式中，$F_0\sin\omega t$ 为系统受到的激励力。x 是时间域的位移，三角函数平衡法假设时间响应 $x = X\sin(\omega t + \varphi)$，带入式（4－17）中可得

$$X(k - m\omega^2)\sin(\omega t + \varphi) + c\omega X\cos(\omega t + \varphi) = F_0\sin\omega t \tag{4-18}$$

将式（4－18）中的三角函数展开，并令式（4－18）等号两边的 $\sin\omega t$ 和 $\cos\omega t$ 的系数分别相等，可求得振幅和相位，分别为

$$X = \frac{F_0}{\sqrt{(k - m\omega^2)^2 + (c\omega)^2}} \tag{4-19}$$

$$\varphi = \arctan\frac{c\omega}{m\omega^2 - k} \tag{4-20}$$

对振幅公式进行变形，可得振动系统的频响函数：

$$\frac{X}{F_0} = \frac{1}{\sqrt{(k - m\omega^2)^2 + (c\omega)^2}} \tag{4-21}$$

3. 多自由度系统的振动

多自由度的强迫振动方程可以描述为

$$\boldsymbol{M}\ddot{x} + \boldsymbol{C}\dot{x} + \boldsymbol{K}x = \boldsymbol{f} \tag{4-22}$$

式中，$\boldsymbol{M}$ 为质量矩阵；$\boldsymbol{C}$ 为阻尼矩阵；$\boldsymbol{K}$ 为刚度矩阵；$\boldsymbol{f}$ 为激励力矩阵。

限于篇幅，方程求解过程这里不做详细阐述。

振动分析是已知激励和振动系统特性的情况下，求解系统振动响应的过程。模态是结构或系统的振动固有特性，一般用模态振型和模态频率表示。模态参数识别是研究振动系统的一种重要手段。

4. 共振

当激励频率与结构的自振频率耦合时，会产生共振，将振动放大，导致振动和噪声恶化，甚至导致零部件的破坏。将激励频率和自振频率错开（避频）是防止共振的重要手段。

4.2 汽油机 NVH 指标及其达成方法

4.2.1 汽油机 NVH 指标

传统的汽油机 NVH 开发以整机级 NVH 目标为主。零部件级 NVH 目标与整机 NVH 目标的逻辑关系较为松散，甚至部分零部件级 NVH 目标是缺失的。通常，在实物样机制作出来后直接进行整机级 NVH 测试和改进，这将导致后期设计变更多、投入高，各种属性难以平衡。随着系统工程思想的普及，现代汽车行业多采用“V”字产品开发思路，针对 NVH 正向开发的特征与作用，改造产品开发 NVH 目标体系。首先基于机械工作原理和 NVH 知识经验，结合对标和产品开发性能预期，确定整机 NVH 目标，并将 NVH 目标分解到系统级和零部件级单体目标；然后结合产品成本投放策略，利用 CAE 仿真工具实现产品设计与 NVH 性能需求融合的最佳设计方案；最后通过零部件级单体 NVH 目标、总成子系统级 NVH 目标、整机级 NVH 目标的逐级验证达成，确保产品开发过程中 NVH 性能得到同步开发和管控。

NVH 目标体系主要的指标项可以分为三大类，分别为振动、噪声和声品质。NVH 目标体系制定需要考虑汽油机运行工况的变化。一般情况下，评价的主要工况有怠速、重点稳态转速、定转速升负荷、定负荷升转速等。评价机械噪声时通常还会有汽油机台架机械倒拖工况。表 4-1 为某汽油机 NVH 开发体系关键指标项示例。

表 4-1 某汽油机 NVH 开发体系关键指标项

整机 NVH 指标	指标参数
振动指标	模态频率 振动(角)加速度 振动(角)速度 振动(角)位移
噪声指标	声压级 声功率级
声品质指标	响度 尖锐度 语言清晰度 发散指数 明亮指数 动感指数

4.2.1.1 振动

汽油机的振动可分为内部振动和外部振动，主要来源于气缸内周期变化的气体压力和曲柄连杆结构运动产生的惯性力。

内部振动是指在汽油机内部的振动，由运动惯性力和交变压力引起的汽油机部件间的相互运动。其中，曲轴的扭转、弯曲和轴向振动、活塞敲击，连杆小头敲击，以及阀系零部件的振动是最主要的内部振动。这些振动必须加以控制，以保证汽油机正常工作，避免引起机械破坏、断裂和噪声。

外部振动是指汽油机作为整体的振动，由不平衡力矩、惯性力矩和波动的输出转矩引起。活塞往复运动导致的往复惯性力、曲轴旋转导致的旋转惯性力、由于气体压力和往复惯性力的周期性变化导致曲轴输出的转矩和机体所受的倾覆力矩，都是周期变化的。这些力和力矩将使汽油机产生整机振动。

汽油机各零部件及系统在激励与结构特性的共同作用下产生振动响应，对辐射噪声产生不利影响，如果发生共振还会导致可靠性问题。因此需要设定汽油机零部件和系统的模态频率和振动位移、速度和加速度等指标，规避振动和噪声问题。

汽油机的主要零部件及系统均可以根据实际使用环境设置模态目标，如动力总成、缸体、缸盖、大刚度小体积的辅机及支架系统等。动力总成模态分为刚性模态和弹性模态，刚性模态的设置需要调整悬置橡胶的刚度和阻尼特性对动力总成刚体模态进行避频和解耦。动力总成的弹性模态主要是指动力总成的弯曲和扭转模态，参考汽油机发火频率进行避频，一般设计在200～250Hz以上。如图4-4所示，燃气压力随着频率的升高而衰减，可参考该特性制定缸体、缸盖的模态控制指标。进排气系统、外围辅机系统、悬置支架的模态指标通常参考汽油机的发火阶次及其倍频进行避频设计，同时还要考虑与动力总成弯扭模态进行避频，对于金属材料零部件，行业内选取的避频系数一般为1.2～1.4，塑料、尼龙类材料由于具有发声效率低、材料阻尼大的特点可不受限制。如发电机、压缩机的安装模态频率要求高于汽油机最高转速对应的发火频率的1.2～1.4倍，同时避免与动力总成的弯扭模态耦合。

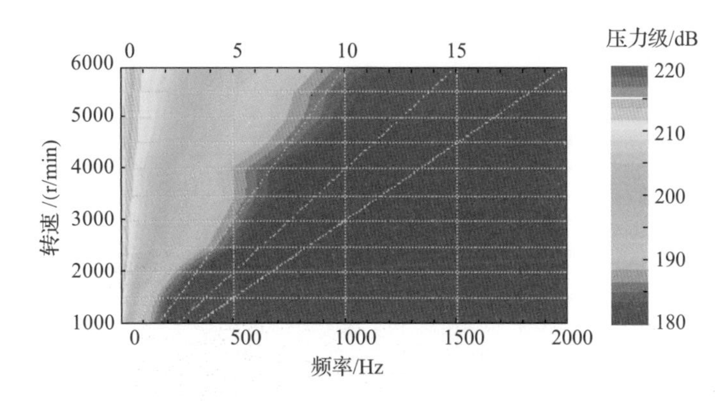

图4-4 单缸燃气压力级的频率特征

对于汽油机结构中主要的受力部位，如主轴承孔、凸轮轴承孔等需要考察源点动刚度。油底壳、正时罩和缸盖罩等罩壳类零部件通常是大面积的薄壁结构，考虑模态的同时还需要考查结构表面振动速度水平。

为避免振动引起的可靠性问题，需要设定汽油机零部件的振动加速度指标。一般要求最大振动加速度不超过$200m/s^2$。如果振动加速度超过规定指标，要求进行可靠性评估及优化，以避免可靠性问题发生。

对于旋转零部件和系统应该关注结构的弯曲和扭转模态及扭转的角速度、角加速度

等。如曲轴系统的模态指标通常参考汽油机的发火阶次及其倍频进行避频设计。曲轴带轮的扭转角位移、角加速度限值等可以根据FEAD系统的耐受度确定。飞轮的扭转振动通过离合器或中间传递装置传递给变速器输入轴，是影响变速器敲击的激励来源，其限值标准可以根据变速器的轴系布置形式不同进行设定。

4.2.1.2 噪声

对于汽油机的辐射噪声，常规的评价指标项有声压级和声功率级等。业界常用工程四点声压级法来评价汽油机的噪声水平，即分别在轮系侧、进气侧、排气侧和顶部距离汽油机外包络面1m远的中心位置布置传声器，然后计算各个测点声压级的能量平均值，又称为四点平均一米声压级，如图4-5所示。

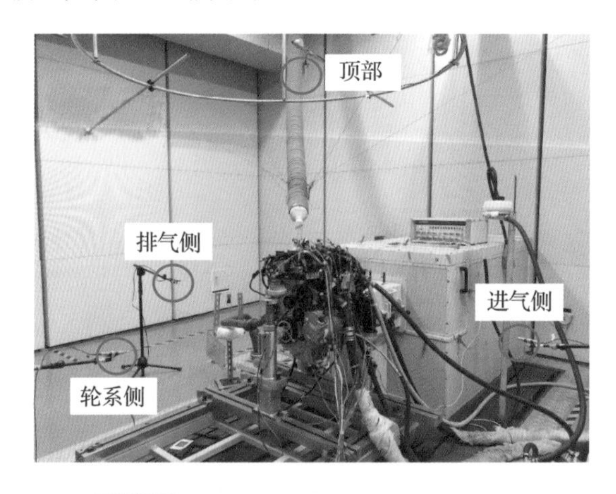

图4-5 汽油机四点声压级法测试示意图

图4-6所示为典型涡轮增压汽油机的四点声压级随转速和负荷的变化云图。一般来说，汽油机转速每增加500r/min，声压级增加约2～3dB（A）；负荷每增加10%，声压级增加1～1.5dB（A）；在等功率输出的前提下，低转速高负荷区域的声压级相对较小。

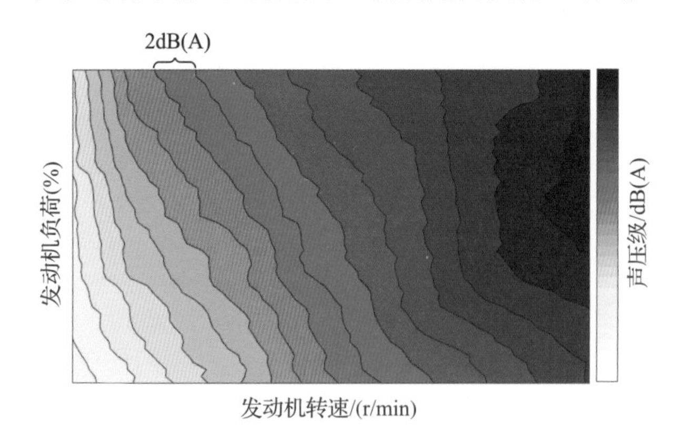

图4-6 典型涡轮增压汽油机的四点声压级变化云图

由于声压是空间的函数，距离的远近对声压的幅值大小有直接的影响，所以不能简单地用声压或声压级来衡量一个声源的声辐射能力。而声功率定义为声源在单位时间内向外辐射的声能量，因此 GB/T 1859—2015《往复式内燃机 声压法声功率级的测定》给出了系列方法，分别包含半消声室精密法、工程法、简易法、使用标准声源简易法 4 个部分，具体差别见表 4-2。

表 4-2 往复式内燃机声功率级测试方法对比

参数	GB/T 1859.3 半消声室精密法 1级	GB/T 1859.1 工程法 2级	GB/T 1859.2 简易法 3级	GB/T 1859.4 使用标准声源简易法 3级
测试环境	1个反射面上方的自由场	1个反射面上方的近似自由场	1个反射面上方的声场	多个反射面的声场
声源体积	最好小于测试房间容积的 0.5%	无限制，取决于测试环境		
背景噪声准则	$\Delta L_p \geqslant 10$dB $K_1 \leqslant 0.5$ dB	$\Delta L_p \geqslant 6$dB $K_1 \leqslant 1.3$ dB	$\Delta L_p \geqslant 3$dB $K_1 \leqslant 3.0$dB	$\Delta L_p \geqslant 3$dB $K_1 \leqslant 3.0$dB
测试环境声学合适性准则	特殊要求	$K_2 \leqslant 4$dB	$K_2 \leqslant 7$dB	特殊要求
传声器位置合适性准则	$S(L'_{pm}) \leqslant 1/2$dB	$S(L'_{pm}) \leqslant \sqrt{2}/2$dB	$S(L'_{pm}) \leqslant 1$dB	$S(L'_{pm}) \leqslant \sqrt{2}$dB
测量仪器 声级计/滤波器/声校准器	1级/1级/1级		2级/2级/1级	
可获得的声功率级	A计权或频带		A计权	
用途	声功率级校准试验：工程措施的制定	声功率级验收试验：工程措施的制定	声功率级比较试验	

基于操作便捷性和测试精度等方面的综合考量，工程常用方法为 GB/T 1859.1 的九点声功率法。该方法在距离汽油机外表面 1m 定义六面体包络面，然后在每个面单元的中心和角上（落入反射面的位置除外）布置 9 个传声器，具体位置如图 4-7 所示，通过计算九点平均声压级和包络面面积得到九点声功率级。

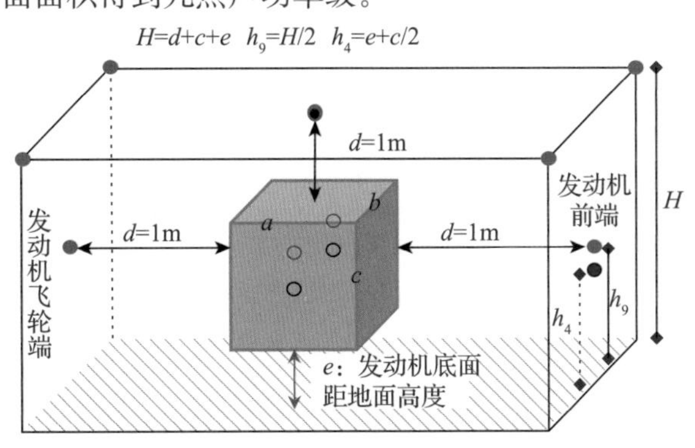

图 4-7 九点声功率法与四点声压法的测点布置对比

为了进一步明确不同额定功率的往复式内燃机的声辐射能力，全国内燃机标准化技术委员会在2018年发布了GB/T 14097—2018《往复式内燃机　噪声限值》。该标准首次给出了噪声限值公式，并增加了汽油机噪声等级规定及其评定方法。对于常见的水冷式多缸汽油机而言，各噪声等级汽油机的A计权声功率级限值 L_{WGN} 由式（4-23）计算，精确到0.1dB（A）：

$$L_{WGN}=10\lg\left[\left(\frac{P_r}{P_{r0}}\right)^{0.75}\left(\frac{n_r}{n_{r0}}\right)^{-1.75}\right]+10\lg\left(\frac{n}{n_0}\right)^{3.5}+28.5+\begin{cases}0, & \text{Ⅰ}\\3, & \text{Ⅱ}\\6, & \text{Ⅲ}\end{cases} \tag{4-23}$$

式中，P_r 为汽油机额定功率；P_{r0} 为额定功率基准值（1kW）；n_r 为汽油机额定功率下的额定转速；n_{r0} 为额定转速基准值（1r/min）；n 为汽油机转速；n_0 为转速基准值（1r/min）；Ⅰ、Ⅱ和Ⅲ分别代表噪声1级、噪声2级和噪声3级。

图4-8所示为满载加速工况下不同汽油机的九点声功率评级结果，国标规定当且仅当所有转速点下的声功率级测定值均小于或等于某一等级的声功率级限值时，才能评定为相应等级，因此汽油机A评定为国标1级，汽油机B评定为国标2级。

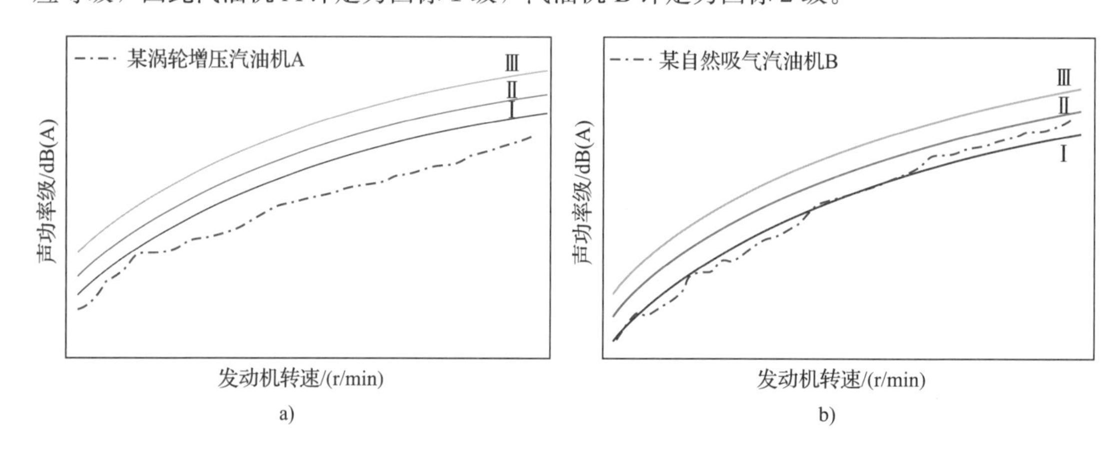

图4-8　九点声功率评级结果

4.2.1.3　声品质

声品质分析需要准确反映人耳对声音的主观听觉特性。生理声学的相关研究显示，人耳的听觉感知对频率成分具有选择性。同样是100Hz的频率间隔，人耳可以轻易地区分100Hz和200Hz的区别，但是却很难辨别出10000Hz和10100Hz两个频率成分，因此工程信号处理时通常考虑将人耳的连续可听域（20Hz～20kHz）离散成若干频带进行分析。

汽油机NVH领域常见的三种频段划分方法如图4-9所示。1/3倍频程根据上、下限频率之比为固定值进行划分，因此中心频率与对应带宽呈绝对线性关系；Zwicker临界频带将人的听域分为0～24bark，通过中心频率与带宽间的指数对应；等矩形带宽（Equivalent Rectangular Bandwidth，ERB）使相邻带宽的重叠度更高，在500Hz以下低频段中心频率与带宽呈指数关系，而在500Hz以上频段逐步靠近为线性关系。根据上述的频段划分方法，各种声品质评价模型如响度、尖锐度等相继被提出，并被广泛应用。

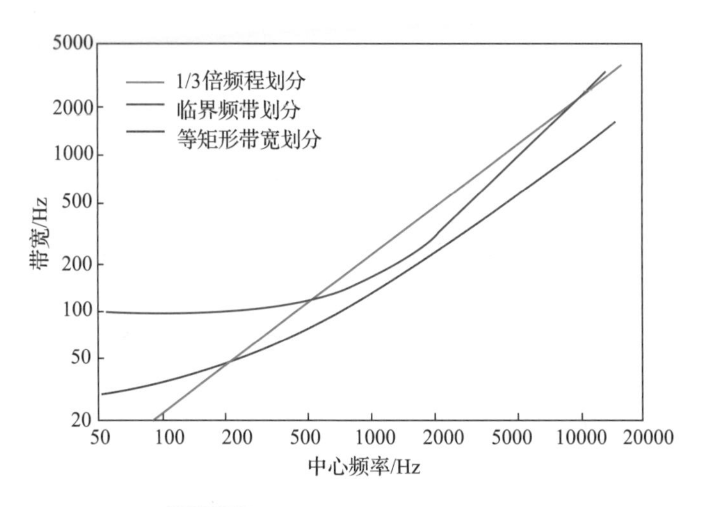

图 4-9 中心频率与带宽的对应关系

响度是声品质研究中最成体系的物理参数。其考虑了人耳的掩蔽特性，能客观反映人耳对声音响亮程度的感受。根据不同的频段划分方式，目前被广泛应用的模型为基于 ISO 532B 国际标准的 Zwicker 响度模型和基于 ANSI S3.4 美国国家标准的 Moore 响度模型。对比两种模型的计算结果可以发现，在特征响度的分布上大致相同，但 Moore 响度模型对峰值成分的描述更加细致，这同 Moore 模型的等矩形带宽数比 Zwicker 模型的临界带宽数多有关，如图 4-10 所示。

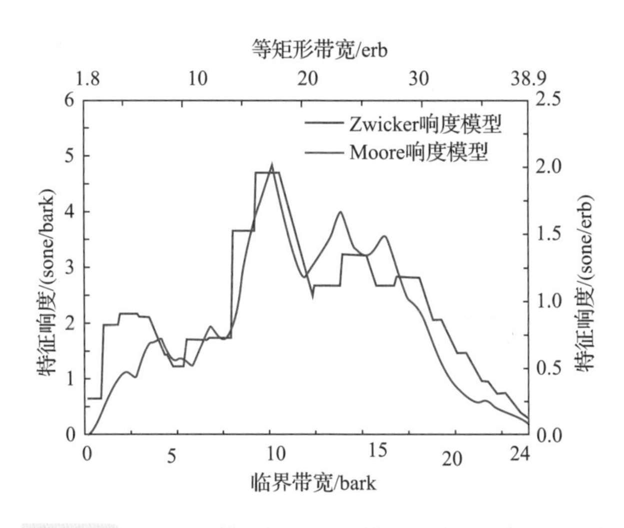

图 4-10 Zwicker 模型与 Moore 模型的特征响度分布对比

尖锐度是在响度模型上发展而来，主要反映人耳对声音刺耳程度的感知。定义中心频率 1k Hz、带宽 160Hz 的 60dB 窄带信号尖锐度为 1 acum。声音信号中高频成分对尖锐度的贡献量大，而低频成分贡献量相对较小。尖锐度的计算尚没有确定的国际标准，常用的模型包括 Zwicker 模型、DIN 模型和 Von Bismark 模型等，计算结果如图 4-11 所示。不同的尖锐度模型本质上都是特征响度的加权矩，主要差异在于响度加权函数的不同。

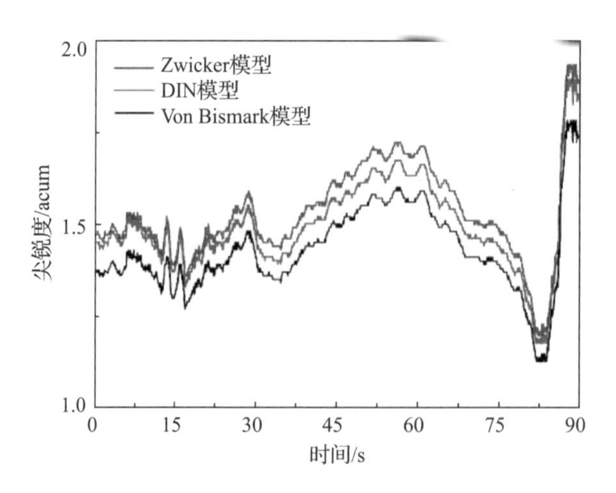

图 4-11　不同尖锐度模型的计算结果差异

粗糙度和波动度都是反映人耳对声音瞬时变化的不同听觉感受。主要区别在于当调制频率在 20Hz 以下时，人耳感受到的是声音的高低起伏，即波动度；而当调制频率超过 20Hz 时，人耳感受到的是声音的粗糙程度，即粗糙度。人耳对 70Hz 的调制声音所感受到的粗糙度最大，对 4Hz 变化的调制声音感受到的波动度最大。定义 1kHz、60dB 纯音信号经 100%调幅调制、4Hz 调频调制时的波动度为 1vacil。经 100%调幅调制，70Hz 调频调制时的粗糙度定义为 1asper，如图 4-12 所示。粗糙度和波动度的计算模型较多，但目前尚未取得统一的国际标准。

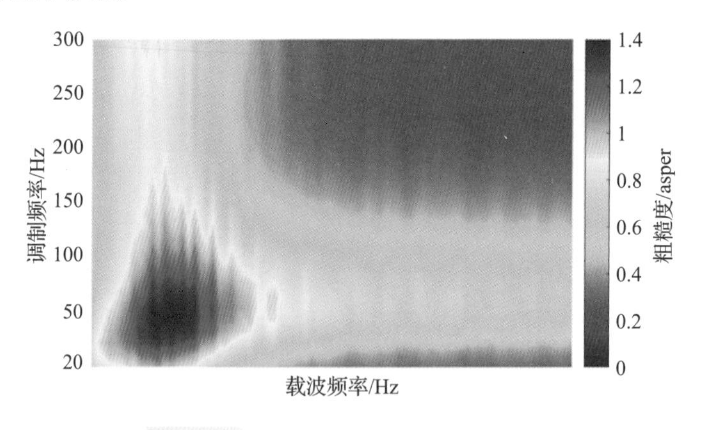

图 4-12　粗糙度随调制频率的变化云图

语言清晰度反映人耳在当前背景噪声下进行顺畅交流的难易程度。Beranek 早在 1947 年首次公开了语言清晰度的计算模型，但是由于计算过程繁杂并没有得到广泛应用。直到 1982 年 Interkeller AG 以 1/3 倍频程谱作为输入，通过表格插值的形式简化整个计算流程，之后在汽车 NVH 领域的应用才逐步增加。常规的语言清晰度定义为 0～100%，主要用于评价 200～6300Hz 中心频段信号成分的贡献量，对应的云图分布如图 4-13 所示。总体而言声压级越小，语言清晰度越大；相同声压级量级下，1600～2000Hz 的中频成分语言清晰度重要性更大，对人与人之间的交流影响最大。

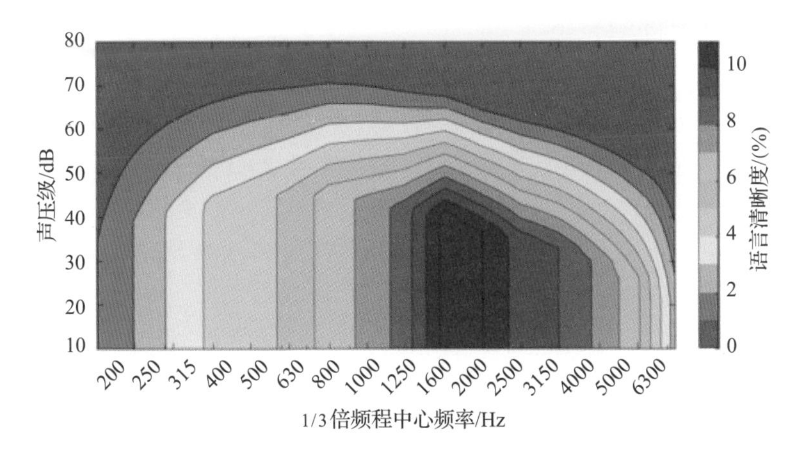

图4-13 不同频段的语言清晰度重要度分布云图

上述声品质的客观参数本质上与声压级大小直接相关。而随着汽车和汽油机NVH性能开发的深入，越来越多的客户会更加关注动力声品质。理想的汽油机燃烧激励所发出的声音应该被客户所喜欢。诸如阿斯顿·马丁、法拉利、保时捷等豪车品牌均形成了自身特色的动力声品质DNA，可以进行听音辨车。由于汽油机运转具有明显的阶次特征，如何设计主点火阶次与其他阶次间的最佳能量比，如何量化阶次之间的调制程度与特定工况抱怨度的关系等问题成为动力声品质的研究热点。

以汽油机怠速工况为例，类似气门声、喷油声等随汽油机转速呈周期性脉动的声音总是客观存在，并容易引起客户的关注及抱怨。针对该现象，一种有效的评价手段是从粗糙度的基本机理出发，进行人耳不同临界带宽滤波，并计算包络线的调制频率及其调制深度，然后选取关重发火阶次的调制深度进行能量叠加。为此提出了敲击指数，可有效识别此类周期性脉动声。

对于加速工况的动力声品质评价，主要存在以下几个参考方向：

1）发散指数。理想情况下汽油机燃烧阶次成分的能量会明显高于周围的背景噪声。但是受附件结构的共振或气流宽频噪声的影响，阶次成分基于非阶次声音成分的掩蔽效应可能不易感知，给人以声音发散无重点的主观感受。通过研究低阶重要阶次相对背景噪声的能量分布，可以有效地评价此类现象。

2）明亮指数。汽油机辐射噪声中的高频成分主观感受较嘈杂，并不是人耳喜欢的声音。相对而言，低频成分会让人感觉低沉浑厚，中频成分会给人轻快明亮的感受。通过对汽油机低、中、高频段进行合理的划分，并提取能量进行归一化对比，可以为汽油机的动力声品质设计提供有效的参考。

3）动感指数。不同阶次之间的能量配比关系类似于音乐声学中的主音和泛音的关系。相关基础研究已经表明，四缸汽油机噪声以偶数发火阶次为主时，声音主观感受偏柔和舒适，而添加适当的半阶次成分则会呈现出富有驾驶乐趣的运动感。通过提取关重半阶次和偶数阶次成分进行能量对比，再结合主观评价，可为运动感声品质设计提供有效支撑。

4）和谐指数。钢琴理论中相对键盘中心C的位置以及五线谱位置等是衡量多音程是否和谐的重要因素。基于此在1/12倍频程下可将1～8度音分为完美和谐、部分和谐以及非和谐音程。比如1度和4度、1度和5度音程属于完美和谐声；1度和3度、1度和6度音程属于部分和谐声，而2度和7度音程则属于非和谐声。借鉴该理论，可以将汽油机主要发声体的避频设计与模态分布结合起来，打造和谐音程下的动力声品质。

根据上述介绍，动力声品质评价需要贯穿人耳多维度的主观感知。目前，国内一些主机厂已经自主开发了动力声品质分析软件，如图4-14所示，某声品质软件集成了四大分析模块，全面涵盖了超过15项关重声品质参数的对比分析功能，可以根据不同的分析需求进行动力声品质的评价和设计。

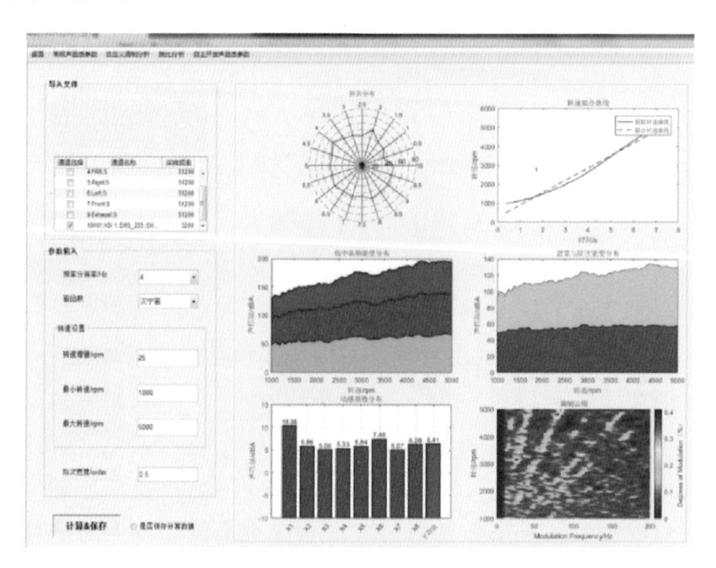

图4-14　动力声品质分析软件界面

4.2.2　汽油机NVH指标达成方法

汽油机周期性点火燃烧及其运动机构的周期性运动是汽油机振动与噪声最主要的来源。

汽油机的噪声可分为燃烧噪声、机械噪声和空气动力噪声。汽油机主要噪声的频率分布见表4-3。

表4-3　汽油机主要噪声的频率分布

噪声源	频率分布/Hz
燃烧噪声	500～8000
进气噪声	50～5000
排气噪声	50～5000
活塞敲击	2000～8000
配气机构	500～2000
高压油泵	4000～8000
油轨	4000～8000
辅机传动带	>4000

燃烧噪声是指气缸内气体燃烧形成压力波动，并通过缸盖、缸体和活塞-连杆-曲轴-缸体途径向外辐射的噪声。由于是气缸周期性变化的压力作用而产生的，故燃烧噪声与汽油机的燃烧方式和燃烧速度有关。

机械噪声是指活塞对缸套的敲击，正时系统、配气机构、喷油系统等运动件之间的机械撞击所产生的振动激发的噪声。它是由汽油机工作时各运动件之间及运动件与固定件之间作用的周期性变化的力引起的。其中，激发力的大小和汽油机结构与动态特性等因素有关。而运动中的零件间存在摩擦和冲击，并由此产生各种各样的噪声。

空气动力噪声是指由空气动力学原因使空气质点振动产生的噪声，主要包括进气噪声和排气噪声。

如图4-15所示，根据振动与噪声的控制机理，可以从激励源、传递路径和响应等方面对汽油机振动与噪声进行控制。

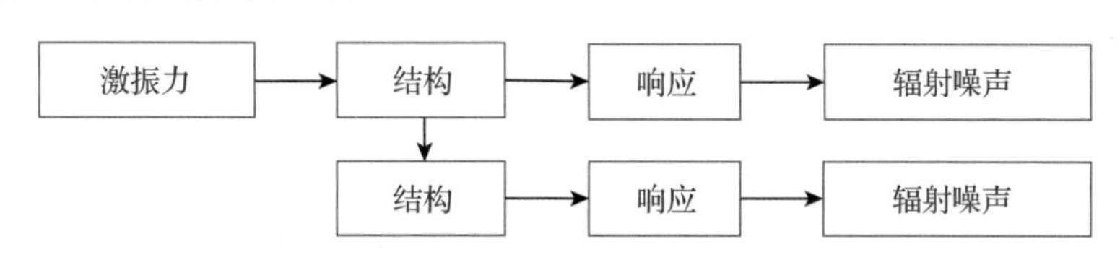

图4-15 结构振动噪声的发生和传播

4.2.2.1 汽油机激励源控制

汽油机在工作过程中受到各种瞬态冲击和周期激励力的作用。瞬态冲击现象一般通过严格控制运动副的间隙来加以控制，而导致稳态振动与噪声的主要原因是各种周期性的激励力或力矩，主要有汽油机气缸压力，活塞、连杆、曲柄等运动部件惯性力与重力等。

1. 燃气压力控制

缸压峰值、压升率、IMEP、缸压形状和燃烧的缸间差异都会对汽油机机NVH产生一定的影响。在满足汽油机功率的情况下，有效地控制燃烧以获得较低的缸压峰值和压升率，是控制振动和噪声的有效途径。

一般认为，燃烧过程中产生的气体压力的变化引起了动力载荷和高频振动，进而引发了汽油机NVH问题。从NVH的角度，缸内压力的交变特性主要取决于缸压峰值和压升率。试验测试结果表明，燃烧噪声声强与压升率的平方和最大缸压的平方均成正比。变化的缸压可以引起一定程度的动力载荷。由于汽油机多数零部件的固有频率处于高频，因此传播出去的燃烧噪声频率也为高频。

此外，燃料着火与火焰传播引起缸内局部区域的压力急剧提高，同时也携带着具有冲击性质的压力波。压力波到达缸壁后进行多次反射，进而形成气体的高频振动。在燃料燃烧过程中将一直伴随着这种高频振动。

汽油机NVH性能与每一循环中瞬时缸压曲线有很大的关系。在低频区域，缸压的压力级最大值主要由缸压曲线的形状积分和缸压峰值决定。峰值缸压越大，低频段压力级的最大值就越高。在中频区域，缸压压力级以对数形式做线性递减，下降速度主要受到压升

率的影响。压升率越小，压力级下降速度就越快，反之压升率越大，压力级下降速度就越慢。在高频段常出现压力级的局部峰值，这是由滞燃期内局部区域缸压突变导致的高频压力波引起的。

气缸压力峰值及其相位主要由汽油机性能决定。一般只在一定范围内进行调整，原则上以不影响性能为准。降低燃烧噪声的根本措施是降低压力升高率。理想曲线为 IMEP 增大，压升率不变，以期将其对 NVH 的影响降到最低。但是，高热效率汽油机追求的高滚流比、高压缩比和高燃烧速度都会直接导致压升率增大，带来 NVH 的恶化。解决手段之一是进行高性能汽油机压升率 MAP 设计，将顾客常用工况的压升率控制在较小值[0.4MPa/(°) CA 以内]，而非顾客常用工况的压升率设计为较大值 [大于 0.4MPa/(°) CA]，以充分利用高速燃烧和高压升率带来的高热效率，对功率点不做限制，从而获得更好的用户体验感。

压升率与滞燃期长度、火焰速燃期长度、后燃期长度和可燃混合物量有关。点火一般在压缩上止点前开始，这时的气缸空间还没有达到最小。滞燃期较短时，燃烧较早开始。这时可燃混合物浓度较低，燃烧会柔和一些。因此减少着火延迟期（滞燃期）对减少压升率有利。但是，高效汽油机要求燃烧在速燃期快速进行并尽可能接近上止点，同时尽量减少后燃期的燃烧，在压力分布上呈现一个尖锐的压力波形状。这样就使得现代高效汽油机的最大压升率大大提高。要控制汽油机 NVH 性能，就需要合理控制喷油过程，合理设计燃烧室，以尽可能地缩短滞燃期，因为压缩温度和压力、喷油参数、转速和负荷等参数均影响着火延迟。常用的降低汽油机振动和噪声的方法有采用隔热活塞、适当延迟点火时间、采用预喷、采用废气再循环、采用进气节流、采用增压技术等。

2. 汽油机不平衡控制

对于不同的气缸数量和汽油机排列形式，曲柄连杆机构往复和旋转运动产生的惯性力和力矩有着一定的差异。不平衡的惯性力和力矩将会导致汽油机的振动和噪声。直列等缸间距的三缸机和四缸机的平衡性及平衡策略见表 4-4。减小汽油机往复运动的惯性力可以有效减小不平衡力和力矩，特别是高转速下的汽油机。因此，活塞、连杆、曲轴的轻量化设计显得尤为重要。此外，还可以用增加平衡轴和偏心质量的方法对汽油机的往复惯性力和力矩进行平衡，进而减小汽油机振动和车内噪声。

表 4-4　直列等缸间距的三缸机和四缸机的平衡性及平衡策略

激励力源	三缸机	四缸机	平衡策略
一阶往复惯性力	平衡	平衡	—
二阶往复惯性力	平衡	不平衡	使用双平衡轴
一阶往复惯性力矩	不平衡	平衡	使用单平衡轴、偏心质量
二阶往复惯性力矩	不平衡	平衡 只对中央主轴颈中点	分量较小，一般不进行平衡
旋转惯性力	平衡	平衡	—
旋转惯性力矩	不平衡	平衡	曲柄配重

3. 冲击控制

汽油机需要通过燃烧将化学能转化为机械能，作为一种动力转换装置，其内部存在诸多运动件，各类运动副间必然存在频繁的相互碰撞和冲击，这些冲击、碰撞必将导致各类冲击振动和噪声。减小运动件相互间的配合间隙、增加接触对的阻尼是控制碰撞和冲击噪声的重要手段，能有效控制汽油机运动件间的噪声水平。表 4－5 为额定转矩≤360N・m 的某系列直列四缸汽油机内部的主要运动副间的配合间隙和油膜厚度推荐范围。

表 4－5 汽油机内部主要配合间隙和油膜厚度推荐范围

系统及部件	配合接触部位	配合间隙/mm	油膜厚度/μm
活塞	活塞与缸孔	0.036～0.064	>2.7
	活塞销与活塞销孔	0.006～0.016	>1
连杆	活塞销与小头孔	0.006～0.016	>0.8
	连杆瓦	0.014～0.042	>0.5
曲轴	主轴瓦	0.014～0.032	>0.7
阀系	气门杆与导管（进气侧）	0.02～0.046	—
	气门杆与导管（排气侧）	0.035～0.06	—

由于汽油机运动件工作环境恶劣，常规试验手段仅能对外部响应进行测量，无法直接监测接触对的激励特性。随着现代 CAE 仿真技术的发展，可以通过 CAE 仿真手段来预测冲击部位和时刻，进而规避噪声风险。以活塞、活塞销、连杆运动副为例，可对活塞运动过程进行三维动力学仿真分析。通过精准的仿真分析技术，提取活塞销与连杆小头动态间隙、动态油膜厚度，活塞销的轴心轨迹、敲击功率、连杆小头振动加速度等作为评价指标，快速准确地锁定连杆小头敲击发生时刻。图 4－16a 所示为连杆小头敲击的仿真预测结果，根据连杆小头振动加速度情况，可以判断连杆小头存在敲击现象。图 4－16b、c 所示为台架试验测试的连杆小头敲击时的噪声特征和汽油机缸体的振动加速度。测试结果和仿真结果吻合较好，说明仿真分析的精准完全足够，可以通过仿真分析来预测和锁定连杆小头敲击，并指导设计优化及问题解决。表 4－6 为汽油机活塞、活塞销、连杆等运动副间常见的冲击特征。

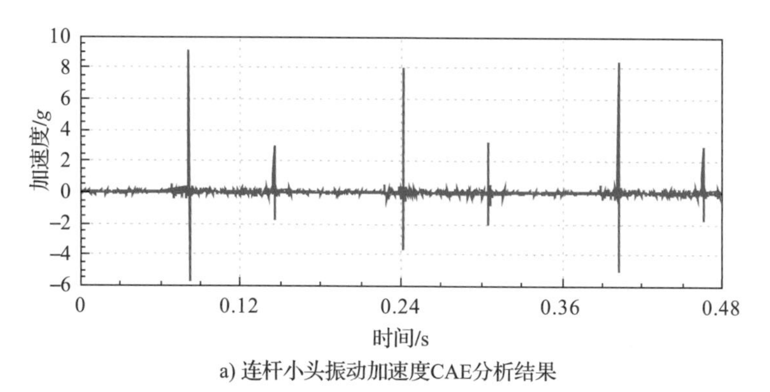

a) 连杆小头振动加速度CAE分析结果

图 4－16 连杆小头敲击 CAE 分析与试验结果对比

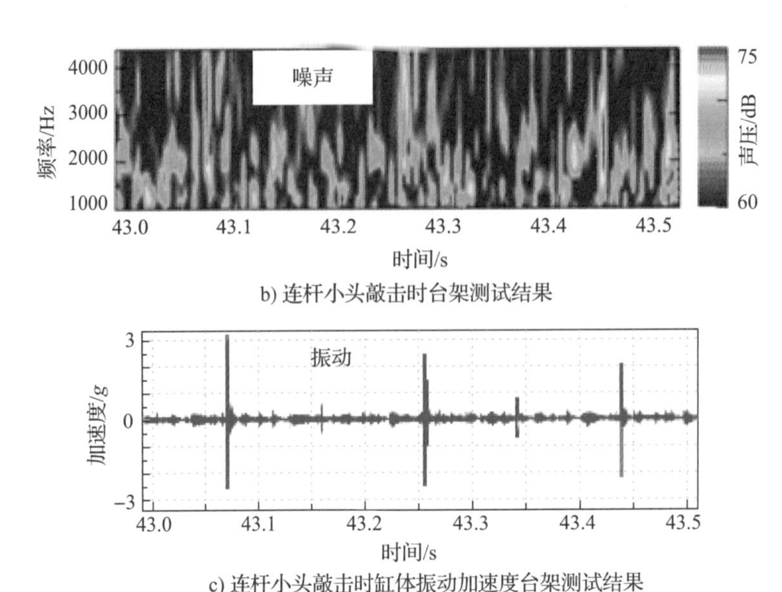

b) 连杆小头敲击时台架测试结果

c) 连杆小头敲击时缸体振动加速度台架测试结果

图 4-16　连杆小头敲击 CAE 分析与试验结果对比（续）

表 4-6　汽油机活塞、活塞销、连杆等运动副间常见的冲击特征

项目	活塞顶部与缸套冲击	活塞裙部与缸套冲击	活塞销冲击
声音特征	“咔嗒”敲击声	清脆“咔咔”声	清脆“嘀嗒”声
通常发生工况	冷机，部分负荷，2000～4000 r/min	冷机或暖机，1000～2000 r/min，部分负荷	冷机或暖机，怠速至1500 r/min，无负荷
冲击现象发生时刻	燃烧上止点后 10°～30°	燃烧上止点附近	进气上止点附近

4.2.2.2　汽油机结构传递路径控制

燃烧噪声、机械噪声和气动噪声都是通过汽油机表面进行辐射的，均是汽油机结构振动引起的噪声。汽油机结构是汽油机表面振动并产生噪声的主要传递路径，经过衰减后传递到多个响应点。为有效降低振动与噪声，需对各种传递路径进行预测和分析。

汽油机的缸体和缸盖是整个汽油机的基础。在汽油机的各种激励作用下，缸体和缸盖会将振动能量传递到与其相连的其他部件（进气系统、排气系统、悬置支架、缸盖罩、油底壳、正时罩壳等）上，进一步向外传递振动或辐射噪声。图 4-17 所示为燃烧噪声的传递路径，缸内气体燃烧形成压力波动，并通过缸盖、缸体和活塞-连杆-曲轴-缸体途径向外辐射噪声。缸体和缸盖的结构设计对整个汽油机的振动噪声有重要影响。

针对汽油机外围的质量大、体积小的辅机类零部件及其支架，主要是进行支架结构、安装形式优化设计，以达到避频目标。针对辐射面积较大的罩壳类零部件，如缸盖罩、油底壳和正时罩等，主要从材料、安装螺栓、增加阶梯面或分割大平面等方面设计和优化。

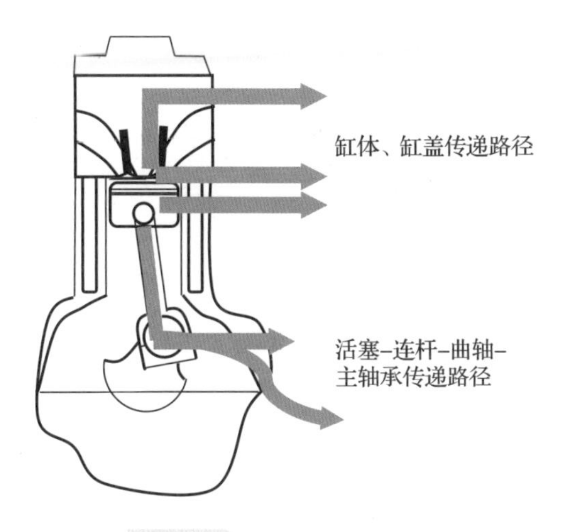

图4-17 燃烧噪声传递路径

缸体和缸盖作为汽油机的重要部件之一，其结构形式必须在汽油机开发的前期（概念设计和布置设计阶段）进行决策。因此，相关的CAE分析和优化工作也需要同步进行。

在概念设计阶段，对汽油机缸盖和缸体进行模态计算，并对汽油机标准激励下的强迫频响进行计算，获得各零部件固有频率、振型和表面振动速度。

进一步根据式（4-24）计算结构表面辐射声功率，确定其NVH水平，并进行相应的结构优化：

$$W = \sigma\rho_0 cA\,\overline{v_{\mathrm{rms}}^2} \tag{4-24}$$

式中，σ为声辐射效率；$\rho_0 c$为空气的声特性阻抗，约为400rayl㊀；A为振动表面面积（m^2）；$\overline{v_{\mathrm{rms}}^2}$是质点振动速度均方值的空间平均值（$m^2/s^2$）。

在布置设计阶段，当曲轴系、阀系、缸体、缸盖的总体结构初步确定之后，建立曲轴系和阀系的动力学模型，计算主轴承激励和阀系激励，将这些激励作为汽油机（缸体、缸盖）多体动力学分析的输入载荷，获得缸体和缸盖的振动响应结果。针对结构的不足进行优化设计，尤其是对激励力的主要传递路径，如主轴承座、凸轮轴承座局部结构，需要提升刚度。

4.2.2.3 汽油机响应控制

汽油机NVH响应的控制，主要从汽油机本体以外的路径上，灵活采用一种或多种基于振动声学原理出发的减振降噪控制措施进行控制。通常的方法有结构隔振减振法、阻尼材料法、吸声降噪、隔声降噪、消声降噪等。

1）结构隔振减振法：通常的结构隔振减振措施是在主要传递路径上的关重固定位置增加隔振减振垫片、汽油机悬置采用液压或主动悬置设计、曲轴前后端增加扭转减振器设计、在结构路径上预留动态吸振器位置、尽量少用大面积薄壳件以及用加强筋对较大辐射面进行切割等，如图4-18所示。

㊀ $1\mathrm{rayl} = 1\mathrm{N \cdot s/m^3}$。

a) 液压悬置

b) 电控主动悬置

c) 动态吸振器

d) 排气管支撑

图 4-18　汽油机隔振减振方案示意图

2）阻尼材料法：阻尼材料对于薄板振动及声辐射有很好的抑制作用。它能较好地抑制结构振动的共振峰值，使脉冲噪声的脉冲持续时间延长，降低峰值噪声强度。阻尼材料分为离散型阻尼器件，比如用于隔振的阻尼器件和用于吸振的阻尼器件（阻尼吸振器等）；附加型阻尼，包括含自由层或约束层的直接黏附阻尼结构、直接附加固定的阻尼结构（如封砂阻尼结构）、直接固定组合的阻尼结构（如接合面阻尼结构）。

3）吸声降噪：利用吸声材料或者吸声结构降低声能在壁面的反射量以达到降噪目的。通过声波进入材料表面空隙，引起空隙中的空气和材料微小纤维的振动来消耗声能达到吸声的目的。常见的吸声材料一般有玻璃纤维、玻璃棉、聚酯泡沫塑料等多孔性材料。吸声材料主要用于汽油机壳体包裹。此外，穿孔板吸声结构可形成亥姆霍兹共振腔，利于耗散声能。

4）隔声降噪：利用介质声特性阻抗的变化，将入射声能的一部分反射回去，以减少透射声能，从而达到降噪的目的。隔声量的大小与隔声构件的材料、结构和声波的频率有关。基本隔声结构有单层壁和双层壁。通常采用双层壁结构。在夹层中填充玻璃棉、聚酯泡沫、毛毡等吸声材料，可进一步提高隔声效果。汽油机和各类附件的隔声罩是典型的应用，如图 4-19 所示。

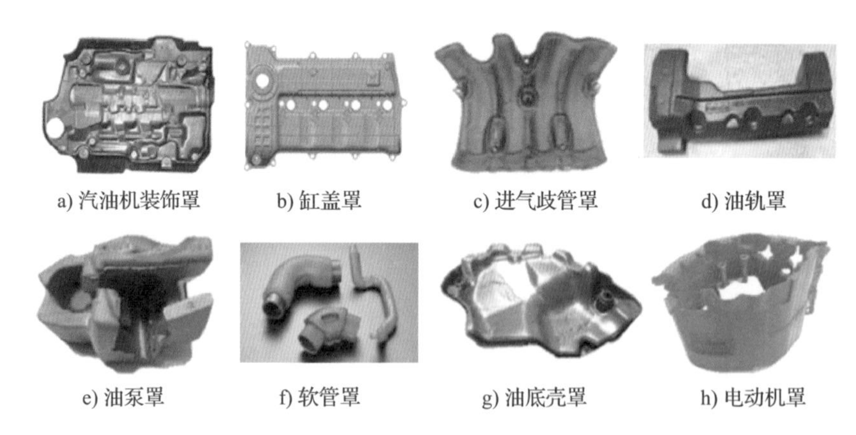

a) 汽油机装饰罩　b) 缸盖罩　c) 进气歧管罩　d) 油轨罩

e) 油泵罩　f) 软管罩　g) 油底壳罩　h) 电动机罩

图 4-19　汽油机隔声吸声方案示意图

5）消声降噪：消声器可有效地阻止或减弱噪声向外传播，是控制空气动力噪声的主要技术措施。消声器可以分为阻性消声器（抑制中、高频率的噪声，消声带较宽，对低频噪声的消声效果较差）、抗性消声器（抑制低、中频率的窄带噪声，对宽带高频率噪声效果较差，如汽油机排气噪声）、阻抗复合性消声器（耐高温、耐腐蚀、阻尼小，但加工复杂，造价高，如微穿孔板消声器）。消声器在应用时也会产生一些 NVH 问题，如气流再生噪声、消声器自身振动等。

以上方法在解决实际工程问题中往往会结合起来使用，以达到最佳性价比的效果。

4.3 汽油机 NVH 性能开发关键技术

4.3.1 汽油机 NVH 性能仿真分析技术

NVH 仿真分析技术作为评价动力总成结构特性的一种手段，已成熟运用于汽油机产品 NVH 开发过程中。在汽油机概念设计阶段，为概念产品提供方案方向选型；在产品设计阶段，模拟产品结构特性，提前发现问题并规避；在产品试验验证阶段，运用仿真技术手段查找问题并提供优化指导。

4.3.1.1 动力传动系统扭振仿真分析技术

在动力 NVH 范畴中，汽油机的扭振是指汽油机曲轴系绕轴向旋转方向的转速或角加速度波动，包括曲轴前、后端在轴向转动方向的速度或角加速度波动。

产生扭振的原因包括三个方面：一是汽油机点火做功的不连续特性，使施加在曲柄连杆机构上的力呈周期性变化，导致曲轴转动角加速度呈周期波动；二是因曲轴扭转刚度的有限性，从而导致汽油机做功时，曲轴各轴段间发生相互扭转振动并叠加到前后端的转速波动上；三是曲轴系由一系列的惯量和刚度组成，具有特定的扭转固有频率，当汽油机点火激励频率与曲轴系固有扭转频率耦合时发生共振，会导致前后端扭转振动大幅度提高，甚至可能造成曲轴断裂。

动力传动系统的扭振仿真分析根据建模深度可分为汽油机扭振分析、动力总成扭振分析和整车传动系扭振分析三个层级。汽油机扭振分析，是指在燃气压力作用下曲轴系的扭转振动分析，用于模拟汽油机台架状态的扭振性能，主要输出前端和飞轮端的扭振结果。动力总成扭振分析，是指在汽油机扭振分析模型的基础上增加离合器和变速器轴系（以及 P2 电机）的扭转振动分析，用于模拟动力总成台架状态的扭振性能，主要输出前端、飞轮端和变速器输入轴端的扭振结果。整车传动系扭振分析，是指在动力总成扭振分析模型的基础上增加差速器、传动轴和半轴等系统的扭转振动分析，用于模拟整车状态下动力传动系的扭振性能，主要输出结果与动力总成扭振分析输出结果一致。

扭振仿真分析技术是将传动系统进行抽象建模，简化为弹性质量惯量系统，预测系统的扭转振动并提出有效解决方案。

汽油机扭转振动是一个多自由度系统在转矩激励下的强迫振动。因此，它受到系统本身和激振力矩的影响。基于一维的多体动力学仿真分析，通过各个体单元表征原结构质量、惯量、刚度、阻尼等信息，采用连接单元耦合部件间的相互作用，传递载荷。

将动力传动系统从前端带轮、曲轴、飞轮、变速器、传动轴和后桥，划分为多个体单元，并通过连接单元耦合部件之间的相互作用，如图 4－20 所示。图中 J_i 为惯量，K_i 为刚度，C_i 为内阻尼，C'_i 为外部阻尼，T_5、T_7、T_9和T_{11}分别为汽油机第一、第二、第三

和第四缸的转矩。其扭转振动基本方程式为

$$J\ddot{\theta}+C\dot{\theta}+K\theta=[T_1, \cdots, T_i]^T_{i\times 1}, \quad i=1, 2, \cdots, k \tag{4-25}$$

式中，$\boldsymbol{J}$ 为惯量矩阵；$\boldsymbol{C}$ 为阻尼矩阵；$\boldsymbol{K}$ 为刚度矩阵；i 为自由度数；等式右侧为激励力矩列向量。

对力矩进行傅里叶级数展开，得到各谐次激振力矩，其中第一缸的力矩为

$$T_1 = A_0 + \sum_{0.5}^{\infty} A_n \sin(n\omega t + \varphi_n) \tag{4-26}$$

式中，A 为幅值；ω 为角频率；n 为阶次；φ 为相位。

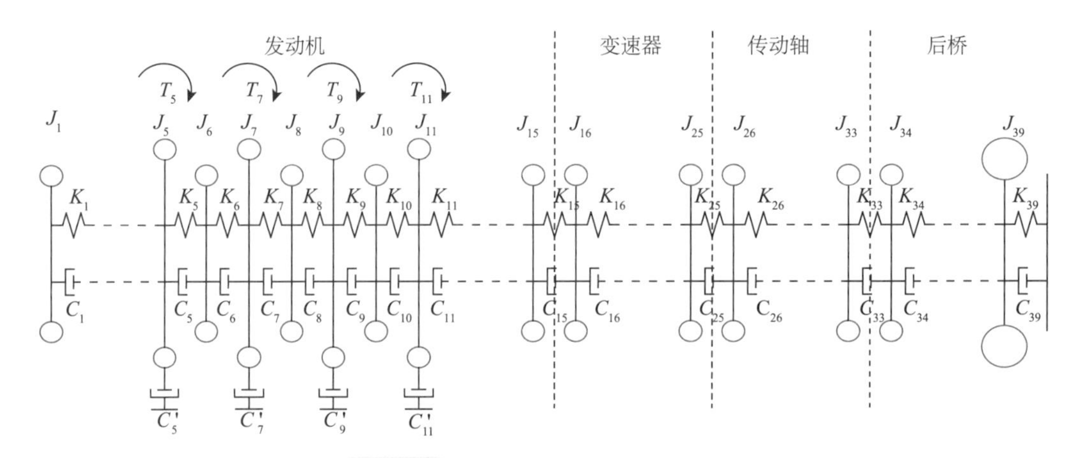

图 4-20　动力传动系统扭转振动模型

第一缸与第三缸之间，第三缸与第四缸之间，第四缸与第二缸之间，第二缸与第一缸之间各阶次力矩相位角相差 $n\pi$，n 为阶次。

直列四缸机的往复惯性转矩成分以 2 阶为主，其次为 4 阶，气体作用力矩成分以 2 阶为主，其次为 4 阶、6 阶等。因此，直列四缸机惯性力矩和燃气力产生的力矩之和，主要成分是 2 阶。当气体作用的 2 阶力矩与往复惯性力作用的 2 阶力矩近似相等时，飞轮端的 2 阶角加速度曲线出现下拐点，如图 4-21 所示。在下拐点之前气体作用力矩大于往复惯性力矩，在下拐点之后往复惯性力矩大于气体作用力矩。

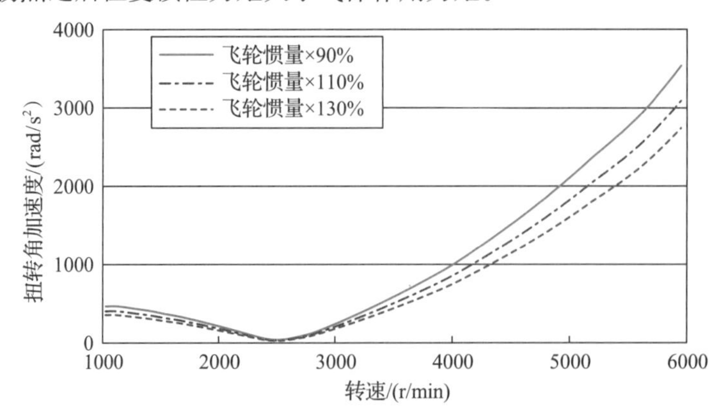

图 4-21　四缸机飞轮惯量对 2 阶角加速度的影响

曲轴前端带轮的扭转振动是传动带系统主要激励之一，影响附件传动带系统的动态性能和可靠性。而曲轴飞轮端的扭转振动通过飞轮－离合器传递到变速器输入轴，该扭转振动是导致变速器敲击的主要激励源。基于工程经验和用户使用工况关注度，飞轮端主要关注中低转速小负荷工况下的扭转振动。

曲轴系参数灵敏度研究表明，飞轮惯量及有效缸压载荷和扭转减振器（Torsional Vibration Damper，TVD）设计参数是曲轴系扭振的主要影响因素。飞轮惯量越大，飞轮端扭转振动越小；有效缸压越大，扭转振动越大。TVD 惯量环（Ring）的惯量和频率可以调整前端不同阶次的扭振峰值的大小及对应转速。图 4－21 所示为某四缸机扭转振动仿真分析结果，从中可以看到飞轮惯量对汽油机飞轮 2 阶角加速度的影响，随着飞轮惯量增大，飞轮 2 阶角加速度减小。

在曲轴前端安装扭转减振器是抑制曲轴扭转共振最常用的方法。TVD 可以将系统的一个较高的共振峰分解为两个幅值较低的共振峰。两个共振频率一个低于原共振频率，另一个高于原共振频率。当两个共振峰幅值相同时，称为同调。当较低频率的峰值低于较高频率的共振幅值时称为过调，反之为失调。在实际的 TVD 设计中，通常希望将曲轴与 TVD 耦合后较低的第一个峰留在常规转速区间，将较高的第二个峰推向汽油机转速较少达到的高转速区间，可使得安装扭转减振器后曲轴前端在全转速段内主阶次扭振指标满足要求，同时各阶次的综合（Overall）角加速度曲线线性度好，实现 TVD 与曲轴的合理匹配。

通过匹配合适的 TVD 和飞轮参数，还可以改善曲轴对前后端的扭振输出。前端可通过匹配主级 TVD、解耦式带轮等减小对传动带系统的影响。后端可以匹配双质量飞轮、离心摆等，减小变速器输入轴的扭振，进而改善变速器敲击噪声。

4.3.1.2 结构有限元仿真分析技术

有限元分析技术是求解复杂工程问题的一种近似数值解法，目前广泛应用于机械、航天航空、电子电器等各个学科。首先，把某个连续体离散成数目有限的小单元，单元之间通过节点相互连接；然后，在节点上引入等效力以代替实际作用到单元上的外力；再次，对每个单元根据分块近似的思想，选择一个简单的函数来近似地表示其位移分量的分布规律，并按弹、塑性理论中的变分原理建立单元刚度阵；最后，把所有单元的这种特性关系集合起来，就得到一组以节点位移为未知量的代数方程组，由这组方程就可以求出物体有限个离散节点上的位移分量。

在汽油机结构开发过程中，也大量使用了有限元仿真分析方法，如曲轴系统、缸盖和凸轮轴总成、缸体总成、罩壳类零部件、进排气系统、辅机及支架系统等结构的动态响应分析，如模态、动刚度、传递函数分析等。

从概念选型工作开始，利用有限元分析工具，对汽油机总体设计参数、总体布置形式、重要零部件结构形式和材料等进行优劣势分析，提出 NVH 最优的概念设计方案。根据汽油机的不同结构功能及结构特征选取合适的分析项，如针对曲轴系统，可以考察曲轴系统的弯扭刚度、曲轴系统的模态等（图 4－22）。缸体和缸盖总成则不仅需要考察模态，还需要考虑主轴承孔和凸轮轴承孔的源点动刚度等。零部件分析优化完成后，进一步考察总成的 NVH 性能，如燃烧激励下的动力总成振动分析、燃烧传递函数分析等。图 4－23

所示为动力总成有限元模型。

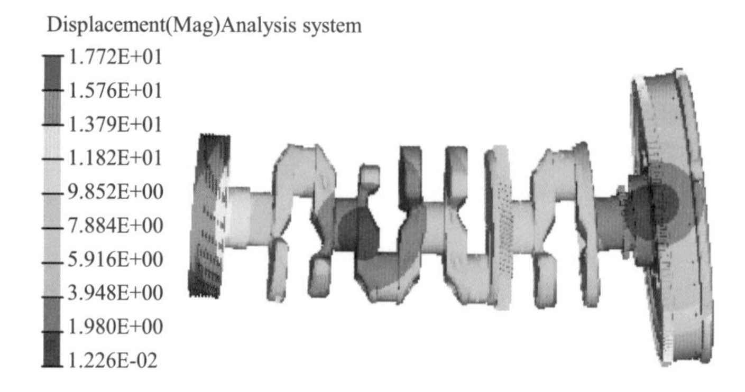

图 4-22 曲轴弯曲模态示意图

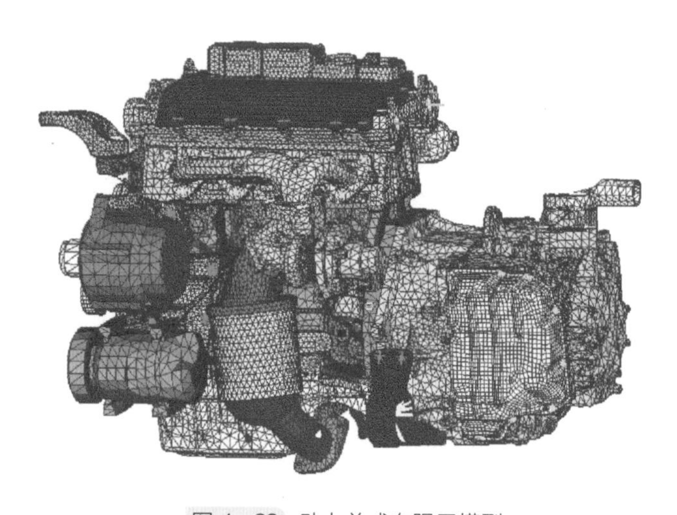

图 4-23 动力总成有限元模型

在零部件的设计过程中，可以借助成熟的商业软件开展拓扑优化分析。优化设计有三个要素，分别为设计变量、目标函数和约束条件。优化的数学模型可以表达为

$$F(X)=F(x_1, x_2, \cdots, x_n) \tag{4-27}$$

$$g_j(X)\leqslant 0 \qquad j=1, \cdots, m \tag{4-28}$$

$$h_k(X)\leqslant 0 \qquad k=1, \cdots, m_h \tag{4-29}$$

$$X_i^L\leqslant X_i\leqslant X_i^U \qquad i=1, \cdots, n \tag{4-30}$$

式中，$X=(x_1, x_2, \cdots, x_n)$ 是设计变量，如产品的结构尺寸等；$F(X)$ 是设计目标，如各种性能或重量；$g(X)$ 和 $h_k(X)$ 是需要进行约束的设计响应，如产品的变形和应力。

带约束的优化问题在最优点处满足 Kuhn-Tucker 条件，即目标函数 $F(X)$ 最小，$g_j(X)\leqslant 0$。利用商业软件开展基于重量和 NVH 性能的拓扑优化设计，用最少的材料达到最佳的 NVH 性能。图 4-24 所示为支架的拓扑优化过程，图 4-25 所示为正时罩的拓扑优化过程。

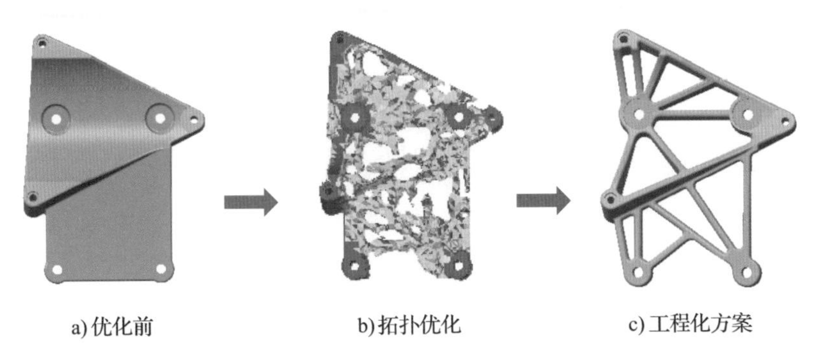

图 4-24 支架的拓扑优化

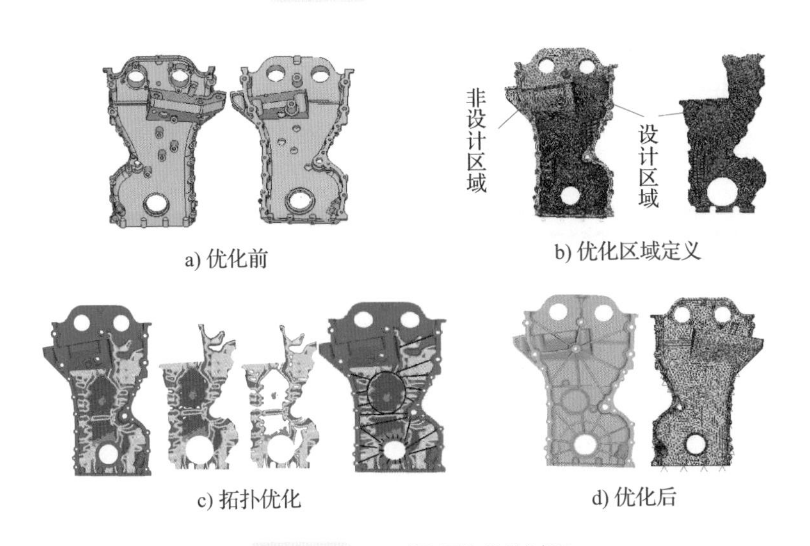

图 4-25 正时罩拓扑优化过程

4.3.1.3 多激励源的汽油机振动仿真分析技术

从汽油机设计到样机需要经过产品设计—模具开发—样件制作—试验验证等一系列过程，大约需要两年的时间，如果试验验收不达标，又要重返设计进行修改优化，然后开始新一轮的样件制作—试验验证，如此循环反复，这将需要大量的时间。为避免样机的振动和噪声问题，在设计阶段构建汽油机总成的多体动力学模型，仿真汽油机在缸压激励作用下的整机振动和噪声水平，为设计提出改进建议，对 NVH 最终目标的达成十分重要。

将汽油机结构总成分为运动件和非运动件，二者通过连接件建立力传递关系。汽油机是多激励的复杂系统，采用子结构模型建立系统数值分析模型。子结构承受内、外力及力矩的作用，其运动遵从动量和角动量定律。子结构的强迫振动方程式为

$$\boldsymbol{M}\ddot{\boldsymbol{u}}+\boldsymbol{C}\dot{\boldsymbol{u}}+\boldsymbol{K}\boldsymbol{u}=f^{k}+f^{nk}+p \tag{4-31}$$

式中，$\boldsymbol{M}$ 为质量矩阵；$\boldsymbol{u}$ 为位移向量；$\boldsymbol{C}$ 为阻尼矩阵，是刚度矩阵和质量矩阵的线性组合，$\boldsymbol{C}=\alpha\boldsymbol{M}+\beta k$，$\alpha$ 和 β 为结构阻尼与频率的函数，$\boldsymbol{K}$ 为刚度矩阵；f^{k} 为已知的力和力矩；f^{nk} 为未知的约束力和力矩；p 为由于坐标变换产生的非线性项。

弹性件的全局运动可以用向量和角速度 ω 表示，连接件的作用是在弹性件之间传递力和力矩，典型的连接件有主轴承等。弹性子结构的强迫振动方程、弹性件的全局运动方程及连接件的力和力矩构成了封闭方程。

连接件的流体动力润滑求解采用雷诺方程，并考虑润滑油膜的厚度、油膜压力等的影响

$$\frac{\partial}{\partial \phi}\left[h^{3}\frac{\partial p}{\partial \phi}\right]+\frac{\partial}{\partial z}\left[h^{3}\frac{\partial p}{\partial z}\right]=6\eta\left[\vec{u}\frac{\partial h}{\partial \phi}+2\frac{\partial h}{\partial t}\right] \tag{4-32}$$

式中，h 为润滑油膜厚度；p 为油膜压力；$\vec{u}$ 为流体动力角速度；η 为润滑油黏度；ϕ 为周向方向；z 为宽度方向。

连接体的作用力和力矩作为弹性体的约束力和力矩，而弹性体的作用力及变形作为连接体流体动力分析的边界条件，进行迭代求解，从而解决了连接体与弹性体之间的耦合关系。

1. 汽油机多体动力学三维振动仿真分析

汽油机多体动力学振动仿真是通过构建汽油机多体动力学模型，求得汽油机零部件的动力学响应，如位移、速度、加速度及相互作用力和力矩，从而评判汽油机的整体振动水平。

汽油机激励分解为燃气力、主轴承激励、阀系激励、正时激励、活塞激励、平衡轴激励、附件传动带激励等，可构建基于台架状态的汽油机多体动力学模型，模拟运行工况下的 NVH 性能。

建立汽油机及曲轴系统有限元模型，通过缩减模型自由度来减少计算量和加快计算迭代速度，保留运动副连接点，激励加载点和结果输出点作为主自由度，将有限元数百万个自由度缩减到几百个主自由度上。通过缩减得到的子结构表征原结构质量、惯量、刚度、阻尼等信息。可在子结构的主节点上施加力和力矩，也可以在主节点间耦合部件间的相互作用，传递载荷。曲轴与主轴承之间采用径向轴承和推力轴承单元模拟，以汽油机燃烧缸压作为激励，作用在缸盖和活塞-连杆-曲轴-主轴承上，并通过缸盖和缸体向外传递振动和辐射噪声。对于带平衡轴的汽油机，需要搭建平衡轴有限元模型，并进行模态缩减，方法与曲轴建模相同。该模型可以预测平衡轴系统对汽油机的平衡效果，预判平衡轴驱动系统的敲击和啸叫现象。

一般阀系激励、正时激励、附件传动带激励通过单独的子系统动力学分析获取，以曲轴动力学仿真或台架实测的曲轴转速波动为输入边界，计算获得不同转速下的气门落座力、气门弹簧力和凸轮轴承力，正时链条导轨受力，张紧轮、附件带轮所受的压轴力等，将这些力加载到动力总成多体动力学模型中，开展振动响应分析。

通过基于模态法的强迫响应计算，获取汽油机各结构的振动加速度或振动速度级，如图 4-26 和图 4-27 所示，用于评判汽油机振动水平。

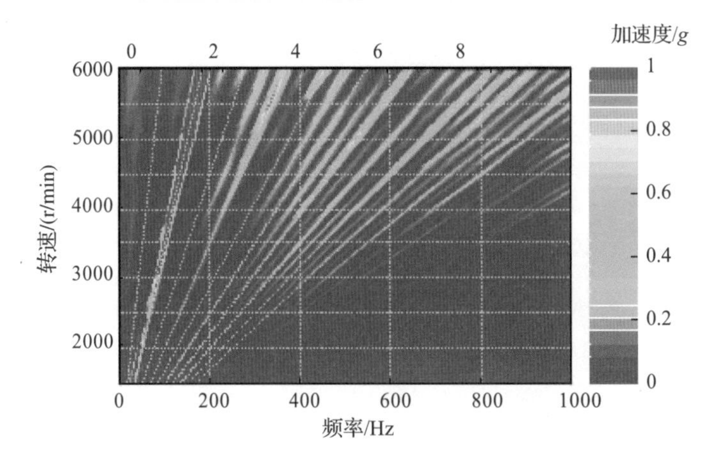

图 4-26　缸体振动加速度坎贝尔图

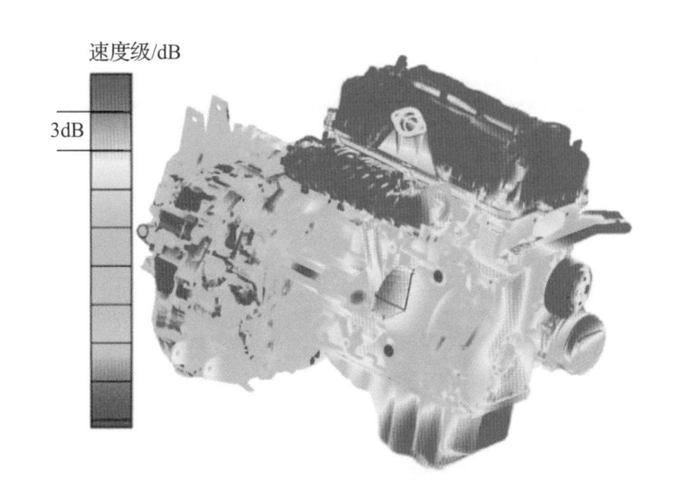

图 4-27　表面振动速度级云图

2. 缸内敲击仿真分析

汽油机缸内敲击异响一般是指活塞敲击和连杆小头敲击，由于敲击问题出现在缸体内部密闭空间，且活塞、连杆组件高速运动，给问题的识别和原因确认带来一定困难。可以运用CAE手段进行瞬态动力学分析，通过构建三维瞬态动力学模型，模拟实际工作环境下活塞-连杆组的动态特性，对活塞敲击和连杆小头敲击进行预测和控制。

根据液体动力学理论，建立缸体、活塞、活塞销、连杆的三维瞬态仿真模型，如图 4-28所示，活塞-缸套、活塞销孔-活塞销以及连杆小头衬套-活塞销等摩擦副采用液动轴承来表征，可考虑摩擦副之间的粗糙度、配合间隙、机油黏度、型线、表面材料以及结构参数等因素对敲击的影响，充分考虑液体（机油）与固体结构的相互作用，最大限度地反映运动摩擦副的实际运动状态，可以对影响敲击的各个参数进行研究分析。

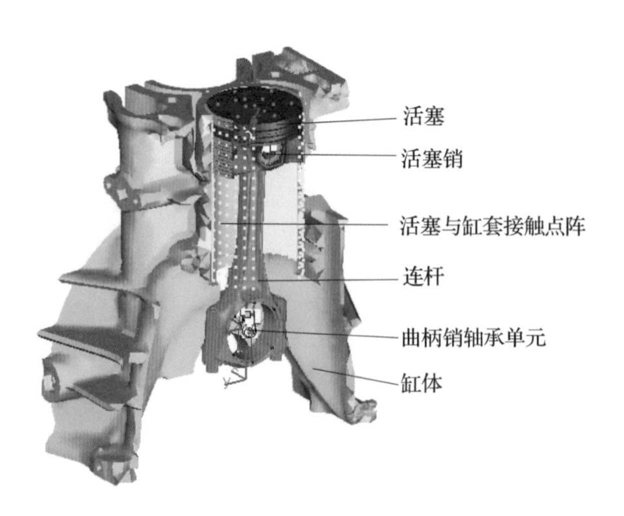

图 4 - 28　连杆小头敲击动力学模型

配合间隙、活塞销偏心、活塞质量、润滑边界等是影响缸内敲击的重要因素，如图 4 - 29a 所示，活塞销与连杆小头动态间隙在 360°曲轴转角左右发生突变的时刻就是活塞销受力换向的时刻，此刻是可能发生活塞销敲击的时刻。对应的连杆小头受到敲击激励引起的振动加速度出现峰值，如图 4 - 29b 所示。结合活塞销与连杆小头动态间隙、动态油膜厚度、活塞销的轴心轨迹等特性可以判断是否存在敲击现象，结合敲击功率、振动加速度等评估敲击风险大小，从而指导汽油机活塞 - 连杆组的正向设计。

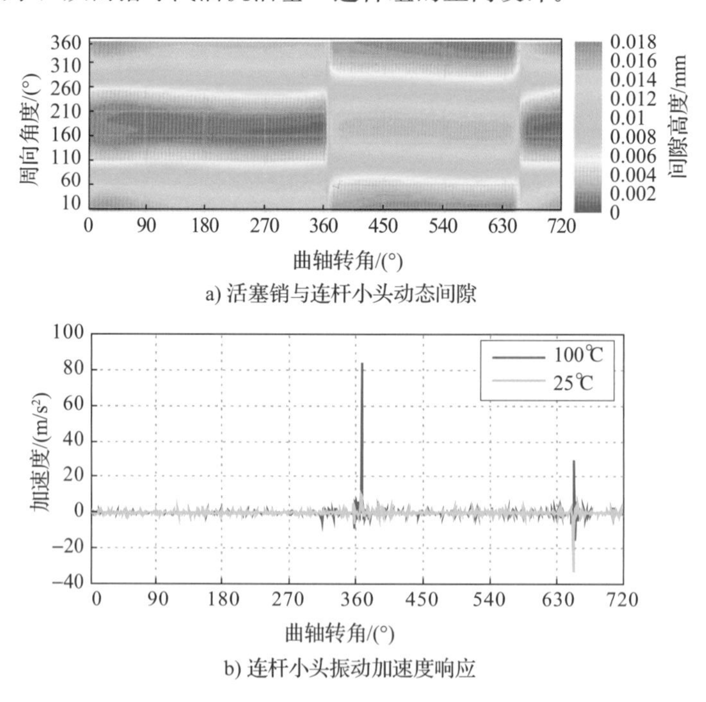

图 4 - 29　连杆小头动力学分析结果

4.3.1.4 声学仿真分析技术

声学仿真分析技术已经比较成熟，常用的有声学有限元法和声学边界元法。利用声学仿真分析技术，可提前预测汽油机的辐射噪声水平。

声学有限元法是将声学波动方程转化为声学有限元形式。静止流体介质中声的传播方程也是基本声学方程：

$$\nabla^2 p' - \frac{1}{c_0^2}\frac{\partial^2 p'}{\partial^2 t^2} = -\rho_0 \frac{\partial q}{\partial t} \tag{4-33}$$

式中，ρ_0、p、c_0 分别表示定常流体的密度、压力和声速；q 表示外部作用于流体的质量源。

根据傅里叶变换，将上述公式转换为频域方程式：

$$\nabla^2 p(x, y, z) - k^2 p(x, y, z) = -j\rho_0 \omega q_0(x, y, z) \tag{4-34}$$

式中，$k = \frac{\omega}{c}$，c 为波长；$\omega = 2\pi f$ 为角频率，f 为频率（Hz）。

对上式进行积分，根据高斯理论，在体积分和面积分之间转化后，进行有限元离散，整理得到数值形式的方程式：

$$(K_a + j\omega KC_a - \omega^2 M_a) p_i = Q_i + V_{ni} + P_i = F_{ai} \tag{4-35}$$

式中，Q_i 为输入的声源向量；V_{ni} 为输入的声质点速度向量，即声质点速度边界条件；P_i 为输入的声压向量，即声压边界条件；F_{ai} 为声学激励；p_i 为求解的网格节点声压；$(K_a + j\omega KC_a - \omega^2 M_a)$ 为稀疏矩阵。

如果给定声源和边界条件，那么通过稀疏矩阵就可以算出声场。声学边界条件归结为三种：声质点速度边界、声压边界和混合边界。将声学边界条件赋予声学边界网格上，形成封闭的方程组，求解声场。

声学有限元法是在整个求解域进行离散，是内场声学仿真和非均匀介质辐射声场的首选。而声学边界元法只在求解域的边界上进行离散，建模容易，网格数量少，在求解内声场和大型问题上具有极大优势。针对同一汽油机结构和振动速度边界，声学有限元法和声学边界元法的计算结果差异非常小。

以下是使用有限元法进行汽油机总成辐射噪声分析的案例。将汽油机表面的振动速度作为分析边界，使用自动匹配层（Automatic Matched Layer，AML）模拟自由场声学辐射边界，如图 4-30 所示，构建汽油机在半消声室的声学有限元计算模型，分别在汽油机进排气侧、前端和顶面 1m 远处建立传声器场点，计算汽油机 1m 远场点位置的声压级。图 4-31 所示为某汽油机整机四点 1m 平均声压级的仿真值与测试值对比。仿真模型中还可以将汽油机按照不同的零部件划分为不同的面板，从而计算每个面板对场点声压的贡献量。根据面板贡献量结果可以对各零部件的声辐射贡献量进行排序，并可以识别贡献量大的频率段，从而进行针对性的优化改进。

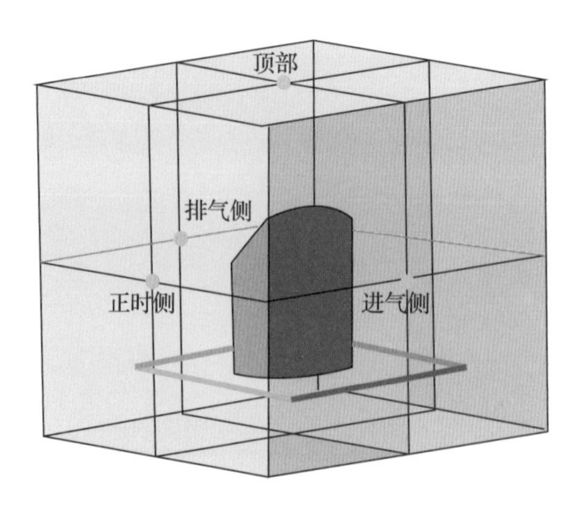

图 4-30　动力总成声学有限元分析模型

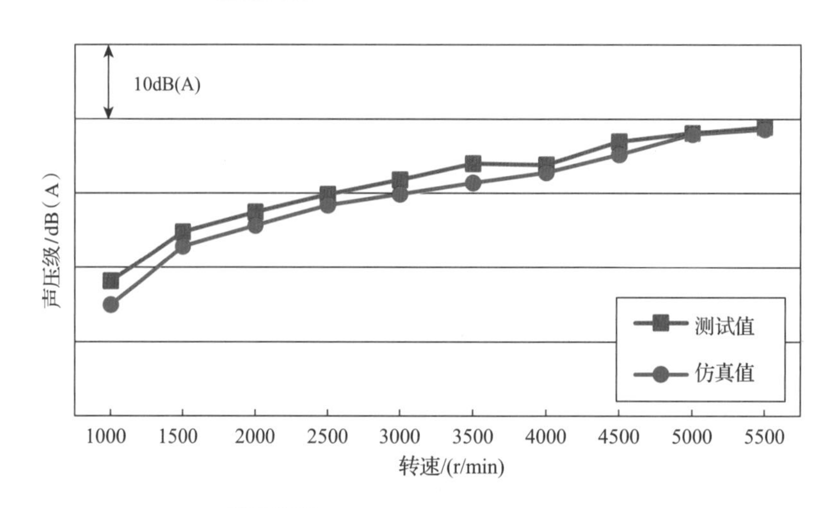

图 4-31　发动机四点一米平均声压级

4.3.1.5　声品质设计技术

汽油机空气动力噪声源包含了进气系统噪声、排气系统噪声和冷却风扇噪声等。对于未做消声处理的汽油机而言，排气的噪声贡献比重最大。在排气消声技术日益成熟之后，进气噪声逐步凸显出来。尤其对于涡轮增压型汽油机，涡轮增压器高速运转时产生的气动噪声会通过压气机侧向进气系统传播，一方面高频噪声成分的增加极易被客户感知，另一方面汽油机原始的低阶燃烧阶次被一定程度上掩蔽，这对汽油机的 NVH 性能尤其是动力声品质表现形成了巨大挑战。因此有效控制进气系统噪声成为汽油机动力声品质设计亟待关注的课题。

以进气管道内噪声为例，假定汽油机发火顺序为 1-3-4-2，各缸工作完全均匀，则可根据理论公式推导进气总管处的声压：

$$p(\theta)=\left(p_{\mathrm{A}}\mathrm{e}^{\mathrm{j}m\left[\theta-\frac{\omega}{c}d_1\right]}+p_{\mathrm{B}}\mathrm{e}^{\mathrm{j}m\left[\theta+\frac{\omega}{c}d_1\right]}\right)\mathrm{e}^{0}+\left(p_{\mathrm{A}}\mathrm{e}^{\mathrm{j}m\left[\theta-\frac{\omega}{c}d_3\right]}+p_{\mathrm{B}}\mathrm{e}^{\mathrm{j}m\left[\theta+\frac{\omega}{c}d_3\right]}\right)\mathrm{e}^{\mathrm{j}m\pi}$$
$$+\left(p_{\mathrm{A}}\mathrm{e}^{\mathrm{j}m\left[\theta-\frac{\omega}{c}d_4\right]}+p_{\mathrm{B}}\mathrm{e}^{\mathrm{j}m\left[\theta+\frac{\omega}{c}d_4\right]}\right)\mathrm{e}^{\mathrm{j}2m\pi}+\left(p_{\mathrm{A}}\mathrm{e}^{\mathrm{j}m\left[\theta-\frac{\omega}{c}d_2\right]}+p_{\mathrm{B}}\mathrm{e}^{\mathrm{j}m\left[\theta+\frac{\omega}{c}d_2\right]}\right)\mathrm{e}^{\mathrm{j}3m\pi}\tag{4-36}$$

式中，p_A和p_B分别为歧管中的入射波和反射波声压；m 是汽油机的发火阶次；θ 是一缸对应的曲轴转角；ω 是角速度；c 是管道内声速；d_1～d_4分别是各缸分管的长度。

通过上述公式推导可以得出如下结论：

1）中间进气形式下，歧管等长时，进气总管噪声以发火阶次及其谐阶为主，即 $d_1=d_2=d_3=d_4$时，各缸的奇数阶次和半阶次成分相互抵消。

2）改变相邻发火缸歧管长度（发火顺序为 1－3－4－2 时，1 缸和 3 缸定义为相邻发火缸），奇数阶成分可调。

3）改变间隔发火缸歧管长度（发火顺序为 1－3－4－2 时，1 缸和 4 缸定义为间隔发火缸），半阶次成分可调。

针对在实机上进行不同方案的试验验证耗费精力多、周期长问题，建立健全的进排气声学仿真能力变得尤为重要。完整的进排气系统声学仿真模型如图 4－32 所示。以进气歧管为例，多缸汽油机进气歧管内的气体流动是非常复杂的三维非等熵不稳定流动，各支管之间的相互干扰对汽油机的进气性能与进气噪声的声品质具有重要影响。仿真建模时进气歧管管路被离散成由简单直管和接头组成的声学单元，单元内空气介质的质量、动量和能量依次传递。管道壁面的流动摩擦、气固传热以及管道本身的截面变化为声学微分方程源项，基于一维有限体积法就可以求解得到管口噪声。通过设置较小的稳态转速步长，可模拟得到瞬态工况下的阶次分布，结合相位信息还可进一步生成时域音频，用于动力声品质的主观评价。

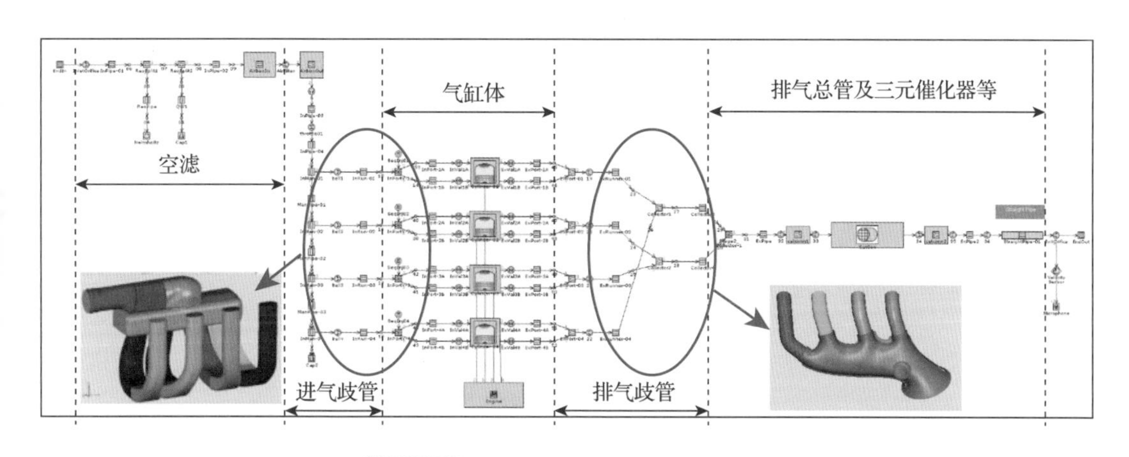

图 4－32　进排气系统声学仿真模型框图

图 4－33 所示为不同形式进气歧管的声学特性，主要分为中间进气及侧面进气形式，其中中间进气形式下各歧管气道保持等长。通过云图对比可以发现，中间进气形式下进气总管以发火阶次（四缸机 2、4、6、8 等）为主，半阶次及奇数阶次成分相对较弱，而侧面进气形式下进气总管的半阶次及奇数阶次明显增强，与上文的公式推导结论一致。通过调节进气歧管各支管的长度、管径等结构参数，可以快速预测管道内噪声成分的变化，用于指导汽油机进气歧管的声学选型。

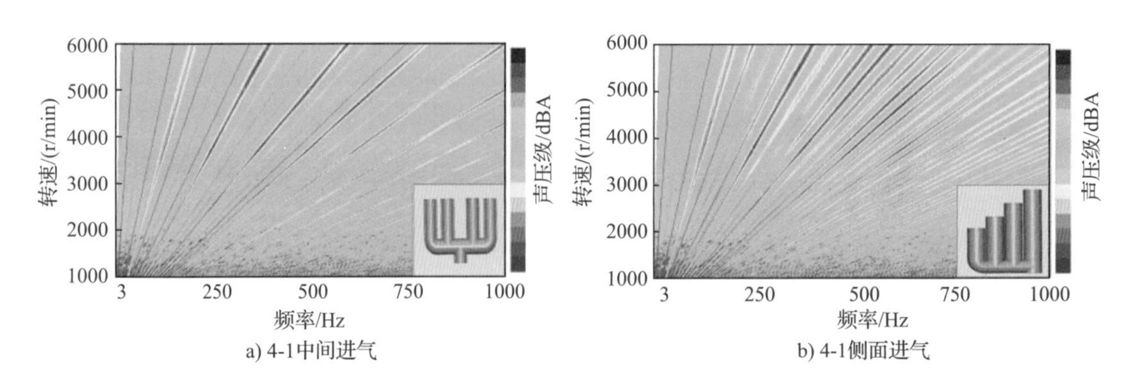

图 4-33 不同形式进气歧管声学特性对比

对汽油机进行结构优化是实现动力声品质设计的途径之一，但目前国际一流车企如法拉利、保时捷、宝马、福特等基于增加顾客主观驾驶愉悦性和弥补动力声品质缺陷的需求，也在热衷于尝试更加多样化的工程方案，基本思路均是让顾客直观感受到汽油机燃烧激励所发出的令人喜欢的动力声音，如图 4-34 所示。

图 4-34 机械式进气声浪技术发展历程

汽油机进气门的周期性开闭会导致汽油机进气管道内存在较强的压力脉动。这种原始压力脉动激励源主要以低频段阶次为主，且伴随明显的调制特性，背景噪声量级相对较低，主观感受为纯净的汽油机声音。为了将上述纯净的汽油机声音引入驾驶舱内以提升用户驾乘感受，可以通过在进气管道的适当位置增加声浪单元，借助管道内的压力脉动激励中心翻板振动，并传递声学向量，实现车内特定频段声音增强的良好效果，这就是机械式进气声浪的基本原理。

基于对不同用户群的驾乘喜好的了解，可以选择针对性的声浪布置方案，结合声腔体积、翻板刚度、附件质量等声浪单元的结构设计灵活实现工作频段的控制。图 4-35 所示为福克斯 ST 2.0L 涡轮增压车型上的声浪应用实例，声浪引出位置选择为进气歧管，主要工作频段约为 270Hz 和 340Hz，着重提升 4.5/5.5/6.5 等半阶次成分，这就是针对欧美客户激进狂野的驾驶风格做出的个性化设计。

相关问卷调查显示，不同的使用场景下用户对汽油机产生的声音有着不同的诉求：如在高速巡航时需要安静、舒适，加速超车时追求动力强劲激情的感觉；在心情平稳时倾向于静谧稳定，而在热情活力时需求的是热烈张扬。机械式声浪控制模块的一个缺陷是仅能实现深踩加速踏板工况下的动力感提升，无法全方位地满足其他工况或场景下的声品质提升需求。在汽车和汽油机电气化的发展浪潮下，不少主机厂创新性地采用电子式主动发声技术，通过合成汽油机理想声信号并通过车载娱乐系统播放，以此实现不同风格的动力声品质主动控制。

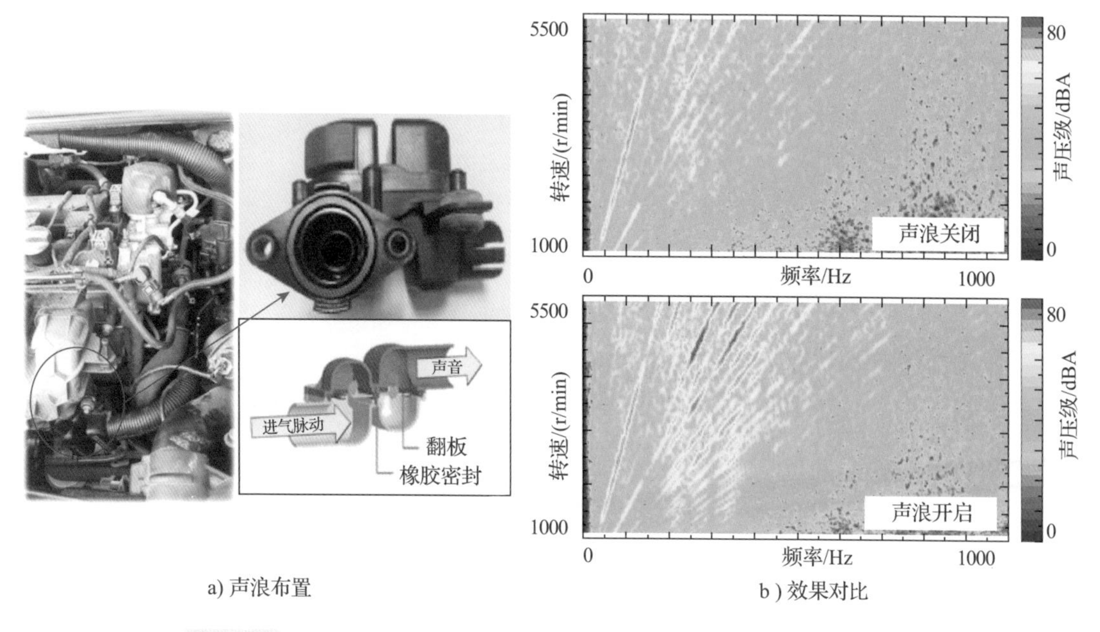

a) 声浪布置　　b) 效果对比

图 4-35　机械式进气声浪在福克斯 ST 2.0L 涡轮增压车型上的应用示例

图 4-36 所示为电子式主动发声技术的发展历程。2001—2002 年 Muller BBM 公司首次提出了针对汽车车内汽油机阶次声音的设计概念，直到 2010 年大众在一款搭载 2.0L 柴油发动机的高尔夫 GTD 车型进行了首次成功应用，之后宝马、捷豹、福特以及奔驰等也相继发布了量产车型。

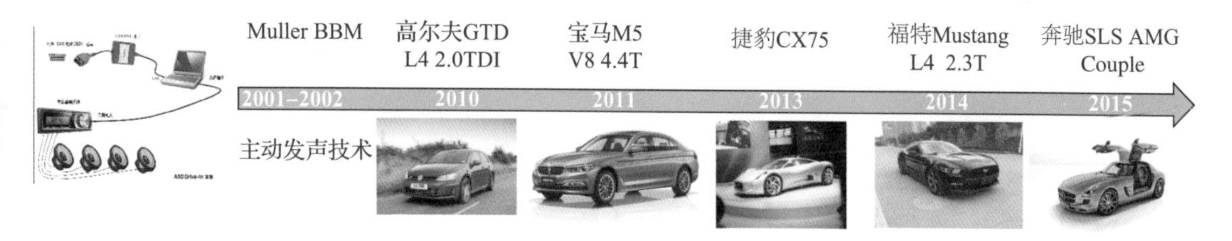

图 4-36　电子式主动发声技术发展历程

电子式主动发声的开发流程如图 4-37 所示。首先根据车内原始噪声的声学特性制定阶次补偿策略，其中在功放—扬声器—驾驶员耳旁的传递路径中声源会形成特定的衰减，需通过传函测试定义车内声学环境；然后需将 CAN 信号中的转速信息与阶次补偿策略进行匹配，将设计好的声音关联到转速域上；接下来的工况识别是最为关键的一环，尤其是对于 DCT、AT 等自动档车型，换档时刻的汽油机负荷变化会进一步影响各项车况参数。通过对车速、加速度、加速踏板位置等信息的实时解析并制定针对性的控制策略，在满足不同场景应用需求的同时，也可以与汽油机实际运行工况紧密结合，有效避免实车工况切换时的分割感或顿挫感，提升动力声品质的平顺感。

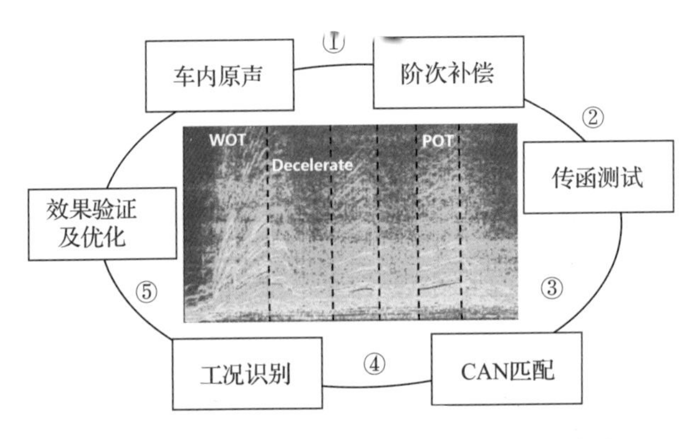

图 4-37　电子式主动发声的开发流程

4.3.2　汽油机 NVH 测试分析技术

在汽油机 NVH 开发过程中，精确测量和分析汽油机的噪声和振动水平是不可或缺的环节，对评判是否达成项目开发目标乃至提高产品的市场竞争力具有重要意义。

4.3.2.1　声振测试系统

1. 概述

一般来说，声振测试系统的组成框图如图 4-38 所示。声振测试系统主要包括传感器、数采系统和分析软件平台等。有时候希望获取的信息并没有直接显示在检测到的信号中，这时就需要在测试系统中增加激励装置，并选用合适的方式激励在被测对象上，使其产生包含希望获取信息的信号。例如我们常见的模态测试，就需要力锤或激振器来激励被测对象。

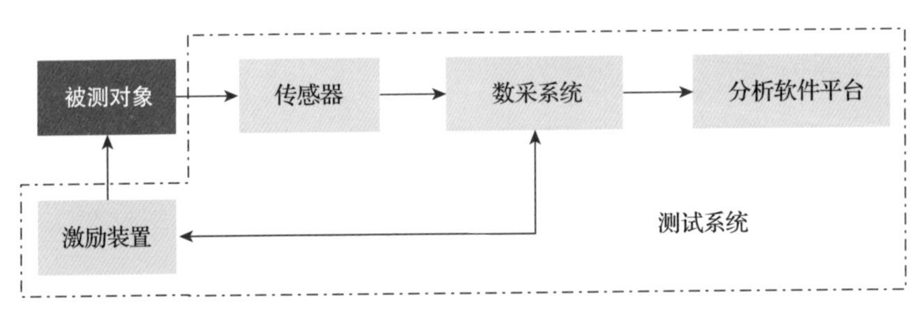

图 4-38　声振测试系统组成框图

在声振测试系统的最前端是传感器，它是整个测试系统的灵魂，传感器的作用是能按一定规律将被测声音或振动信号转换成电信号。在汽油机的 NVH 测试中，NVH 工程师最直接关注的测试物理量是声压和振动加速度，所以最常用的传感器就是传声器和加速度计。有时也需要汽油机的转速、缸压、曲轴转角、凸轮轴转角等其他信息进行辅助分析，因此转速表、缸压传感器、电涡流传感器等也是 NVH 领域常用到的传感器。

2. 声压测量

在进行声压测量时，需要用到传声器。传声器是一种将声音信号转换成电信号的电声器件，俗称麦克风，可以用来直接测量声场中某点的声压。按换能方式分类，传声器可分为动圈式、电容式和压电式等。其中，电容式传声器主要由振膜和固定电极构成一个电容，将极化电压加到固定电极上，声压激起振膜运动，振膜与固定电极间的电容量随声压发生变化，电容的阻抗也发生变化，与其串联的负载电阻的阻值是固定的，电容的阻抗变化表现为传声头输出电压的变化，将变化的电压信号经过放大器后输出声音信号。

传声器有自由场类型和压力场类型之分，在低频环境下它们的工作原理类似，但是对于高频的处理截然不同。当传声器置于声场中时，传声器本身会影响声场并改变声压。根据具体声场的差异以及传声器的形式，可能某些影响可忽略不计，但是也有可能会造成测量上的较大误差。

自由场传声器所测的声压是消除了传声器对声场影响后的声压，其自由场灵敏度平直，主要用于消声室等自由场测试，它能比较真实地测量出传声器放入前该点原来的自由场声压。压力场传声器所测是实际的声压，包括因传声器的存在而引起的声场的变化，典型的应用是测量封闭空间的声压。

在选择传声器时，需要考虑下列因素：

声场的预期特性：封闭房间的自由场、关注的声压级范围、关注的频率范围。

测量精度：灵敏度公差、频率失真公差、相位失真公差、非线性失真公差、自噪声公差。

环境条件：背景噪声、温度、湿度、大气压力、风速、强电磁场、空间。

在进行声压测量时，往往会对声学环境做出要求，这就涉及声学领域的消声室和混响室这两种声学设施。

消声室是声学测试系统的重要组成部分，其声学性能指标直接影响测试的精度。消声室分全消声室和半消声室。房间的六个面全铺设吸声层的称为全消声室，一般简称消声室。房间的六个面中只在五个面或者四个面铺吸声层的，称为半消声室。消声室的主要功能是为声学测试提供一个自由声场或半自由声场，大多采用具有强吸声能力的吸声尖劈或吸声平板。消声室有两项重要的评价指标：背景噪声和截止频率。

混响室是能在所有边界上全部反射声能，并在其中充分扩散，形成各处能量密度均匀、在各传播方向做无规分布的扩散场的声学实验室，主要用于测定材料的吸声系数、声源的声功率等。混响室的混响时间应尽量长，以保证声能充分扩散，故一般建成各表面不相互平行的不规则房间。对混响室的评定，除测量混响时间外，还应检测房间中扩散场条件的符合情况，一般在声场中任选 6 个以上的测点。测点间隔应大于 $\lambda/2$，测得的声压级的标准偏差应小于 ±1dB。

汽油机的声压测量，一般在半消声室的声学环境中进行。传声器布置在轮系侧、进气侧、排气侧和顶部距汽油机外包络面 1m 远的位置，如图 4－39 所示。由于声压是空间的函数，距离的远近对声压的幅值大小有直接的影响，所以汽车行业常用一米远平均声压级来评价汽油机的噪声水平。

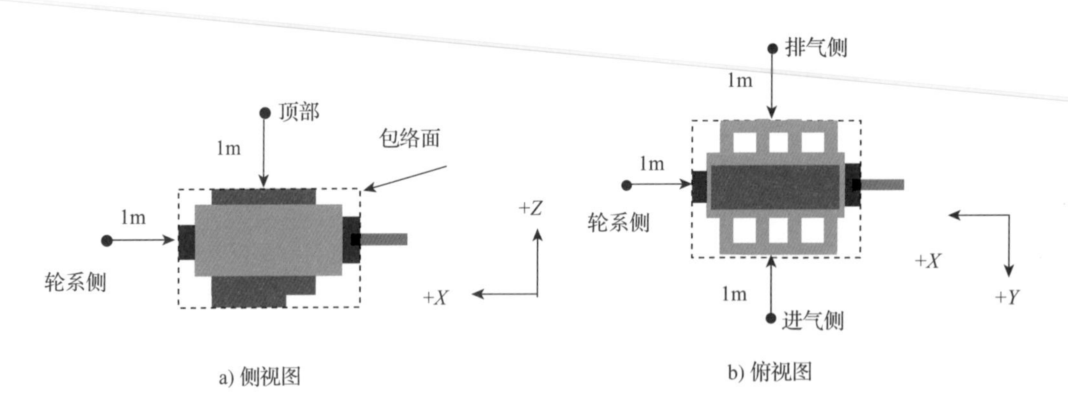

图 4-39　汽油机噪声测点示意图

3. 声功率测试

声压虽然是噪声评价的一个重要声学参量，但是声压的大小同离声源的距离直接相关，所以不能简单地用声压来衡量一个声源的声辐射能力。而声功率定义为声源在单位时间内向外辐射的声能量，因此可以用来衡量声源的声辐射能力。具体测试方法可参考GB/T 1859 测试汽油机的声功率。

4. 振动测量

振动可以通过测量振动位移的峰峰值、有效值和振动频率来对其量化，由于位移、速度和加速度可以通过微积分进行互相关联，因此速度和加速度也是常用的评价振动的指标。测量振动的传感器按测量的物理量划分，有位移计、速度计和加速度计。在汽油机 NVH 开发过程大多数振动测量都是采用加速度计，并且也更多地采用加速度指标作为 NVH 的评价项。当需要评价振动速度和振动位移时，则通过对加速度信号在频域积分来获得。

压电式加速度计采用压力式设计，其压电元件的作用相当于弹簧。当发生振动时，在惯性力的作用下，加速度计内部的振动质量块会在压电元件上形成机械张力并产生正比于振动加速度的电荷。由于电容小、输出阻抗高等原因，必须配合电荷放大器使用。在选择加速度传感器时，需考虑下列因素：灵敏度、线性度限制、工作频率范围、相位响应、环境影响和质量负载效应等。

阻抗头也是振动测量中常用的传感器，顾名思义就是用于测量激励点处的阻抗。机械阻抗定义为输入力与输出速度之比，阻抗测量主要用于确定结构的固有频率、刚度、阻尼和模态振型。

为了确定结构的固有属性，需要采用激振器施加激励来引起结构的振动。最常用的激振器为电动式激振器，基于可动线圈的工作原理，与扬声器的工作原理类似。

在对汽油机进行振动测量时，首先会规定参考坐标系：从飞轮指向轮系被规定为 + X 方向，垂直向上被规定为 + Z 方向，然后根据右手坐标系确定 + Y 方向。

4.3.2.2　声振测试分析技术

声振测试分析技术的核心是声学信号的处理，是从声学信号中解析出有用的信息来解释具体的声学现象。傅里叶变换是声学信号处理的基础，据此可衍生出一系列的声振测试分析技术应用于 NVH 开发过程中的方方面面。

频谱分析是傅里叶变换的直接应用，可以将复杂信号分解成不同频率、不同幅值和不同相位的正弦信号，本质是将信号从时域变换到频域，其基本数学工具是快速傅里叶变换（Fast Fourier Transform，FFT）。利用频谱分析可以确认噪声或振动信号中应该被关注的频率成分，结合汽油机及其各零部件的特征信息，从而实现针对性的减振降噪工作。NVH 商用软件提供的 Spectrum、Autopower Linear、Autopower Power、Autopower PSD、Crosspower Power 、Crosspower PSD、1/n Octave 等各种形式的谱分析结果都是基于 FFT 派生得到的，全都属于频谱分析的范畴。

频谱分析的局限是只能对稳态信号进行处理。而直接对频率随时间变化的非稳态信号进行 FFT 运算，频率会混叠在一起，因此时频分析技术应运而生。时频分析是一种分析时变非稳态信号的有力工具，时频分析方法提供了时间域与频率域的联合分布信息，清楚地描述了信号频率随时间变化的关系。实现时频分析的工具有很多，例如短时傅里叶、连续小波变换、魏格纳分布、伪魏格纳分布等，其中前两者可解决绝大多数汽油机 NVH 开发过程中非稳态声学信号的分析难题。实际开发过程中，可以在时频分析的基础上，综合更多的信号，开展多源信息融合分析，为解决瞬态 NVH 问题提供有力的工具。例如当汽油机发生敲缸问题时，NVH 工程师可以利用小波变换锁定问题发生的时刻，并结合曲轴相位、缸压等信号，从而可以确定缸内敲击的类型和问题发生机理，如图 4-40 所示。

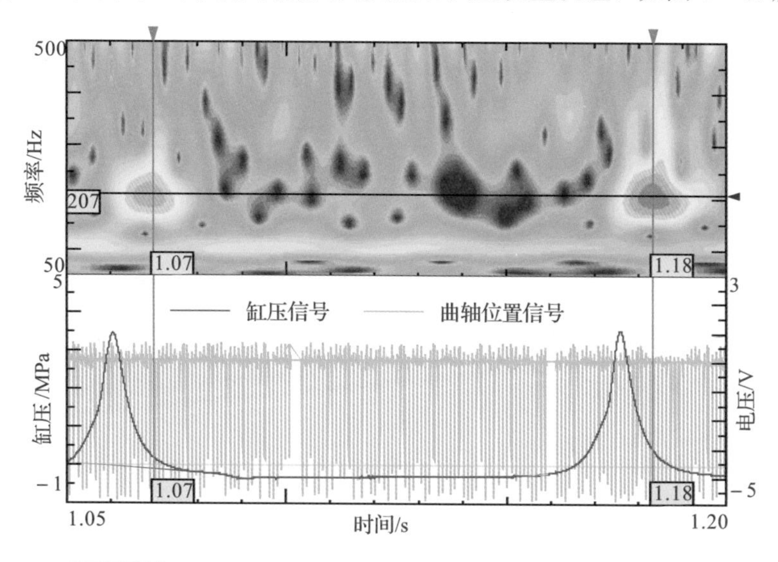

图 4-40　多源信息融合分析技术在缸内敲击异响分析中的应用

对于汽油机而言，阶次分析也是一个非常重要的工具。实际上阶次分析的本质是时频分析中的短时傅里叶变换，只是将短时傅里叶变换结果（时频谱中的时间轴）映射到对应的转速轴。由于阶次是转频的倍数，NVH 工程师确定汽油机各旋转零部件与曲轴的速比关系后，就可以通过阶次分析来确定每一个独立旋转部件对总声压级的贡献有多大，另外还可确定阶次问题的来源，从而可以有针对性地开展 NVH 优化工作。比如某汽油机在

NVH 开发过程中存在 69 阶啸叫，经过速比和特征分析确认为惰轮表面不圆整导致，如图 4－41所示。

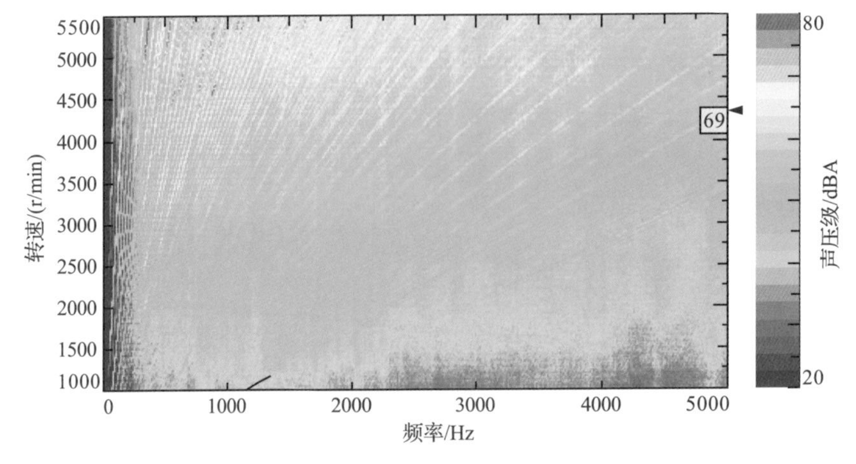

图 4－41　阶次分析在某汽油机 69 阶啸叫分析中的应用

随着汽油机朝小排量加涡轮增压的黄金组合应用方向发展，涡轮增压器的阶次啸叫问题成为 NVH 的研究重点。由于涡轮增压器与汽油机不是同一旋转轴，涡轮增压器的阶次特征在跟踪汽油机转速的阶次分析坎贝尔图上呈现非线性特征，常规的阶次切片无法操作。另外阶次啸叫主观评价时还存在对风险过估计和欠估计的问题，这使得评价涡轮增压器阶次噪声成了行业难题。采用阶次纯音突出量分析方法，建立阶次纯音突出量与主观评价车辆工程定量（Vehicle Engineering Ration，VER）之间的关联模型，可以实现阶次噪声主观评价同客观测试的统一。该方法是基于卡尔曼滤波原理、稀疏矩阵算法和心理声学掩蔽效应理论，来模拟 NVH 主观评价活动的。其他旋转零部件的阶次类啸叫风险评价也可以采用，比如附件轮系、机油泵、变速器齿轮、驱动电机等，如图 4－42 所示。

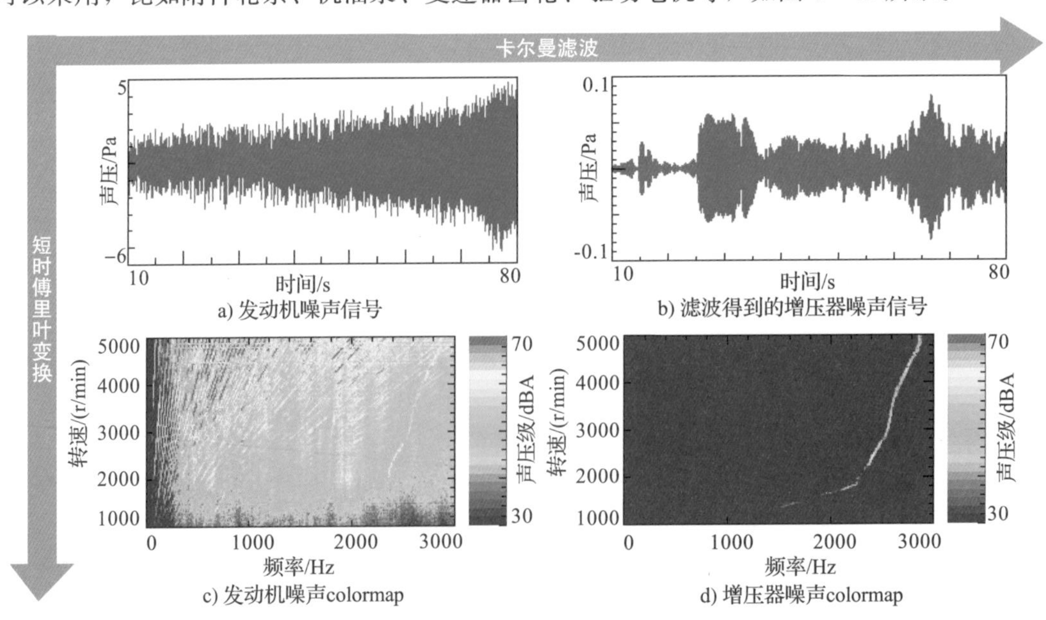

图 4－42　阶次纯音突出量分析方法

在噪声源定位方面，常常会用到声阵列分析技术。所谓声阵列即是由许多传声器按一定的规律排列组成的阵列。阵列的形式有很多种：线列阵、矩形阵、十字阵、圆环阵、轮辐形阵等，这些阵列都具有较强的指向性，从而实现对声源的空间定位。目前用于噪声源定位的声阵列算法主要有声全息算法和波速形成算法。

声全息算法是在光全息的基础上发展起来的，其原理是对全息面（测量面）上的复声压通过二维傅里叶变换到波数域，再通过格林函数得到源面上的波数域声压，最后反演重构出源面上的声场。声全息算法的优点是所有分析频率范围内的空间分辨率一致，不仅可以重构出声压，还可以获得声强、声功率。缺点是在重构声源的过程中用到了指数因子，存在放大噪声的风险。而且随着测量距离的增加，空间分辨率也会降低。

波束形成算法适用于远场测量，即阵列到声源的距离大于阵列的尺寸，如图 4-43 所示。声波以平面波的形式到达阵列，由于波阵面到达阵列上的每个传声器的时间有差异，因此可以根据传声器的位置对声音进行延时和求和来定位声源的位置。波束形成算法的优点是可以采集和重构任何类型的源面，阵列可以小于测试对象。缺点是只能重构出声压，仅适用于远场，对低频信号空间分辨率较差。

图 4-43　波束形成算法用于声源定位

4.3.2.3　扭振测试分析技术

由于法规、能源、市场等诸多因素，促使汽油机性能不断提升，间接引起汽油机转矩波动的增大，加剧曲轴前后端的扭振。曲轴前端扭振增加，会引起前端正时轮系的传动稳定性差和附件轮系的 NVH 问题。而飞轮端扭振的增加，则会加大变速器敲击风险。当曲轴发生扭转共振时，曲轴扭转变形的幅值会大大超过正常值，轻则产生很大的振动、噪声问题，使磨损加剧，产生耐久性问题，重则使曲轴发生断裂，产生可靠性问题。因此，在汽油机开发时，必须对曲轴系的扭振特性进行测试分析，以获得其振型、振幅，以便确定是否需要采取减振措施来改善扭振表现。

所以，曲轴扭振控制技术受到各大主机厂商越来越多的关注，汽油机扭振测试是分析解决扭振问题的重要手段。一套完整的扭振测试设备包括：用于数据采集及信号处理的数采前端；用于测试齿轮类旋转部件（如飞轮）转速的磁电扭振传感器；用于测试汽油机 TVD 的 Hub 端转速的角标仪；用于测试汽油机 TVD 的 Ring 端转速的光电传感器；用于测试数据分析的笔记本电脑。

扭振测试的基本原理如图 4-44 所示。通过两个相邻脉冲的时间间隔及每转的脉冲数，计算得到瞬态的转动速度，然后将计算得到的瞬态转动速度，再通过其他高精通道的采样频率进行重采样及抗混频滤波器处理，重新获得瞬态转速的原始时域信号。在测试系统中，根据测试前端采集得到的脉冲信号，软件会自动计算出瞬态角速度的时域信号，然后求取某些转速的平均角速度信号。其中，瞬态角速度与平均角速度的差值即为瞬态角速度波动，对其进行时域积分即可得到角度波动，对其进行微分即可得到角加速度波动。

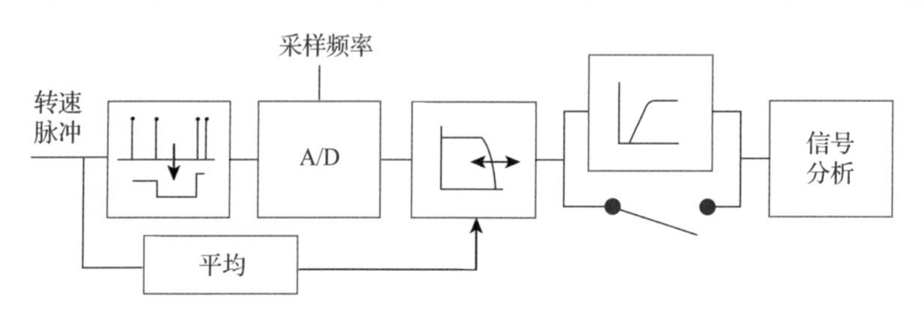

图 4-44　扭振测试原理示意图

如图 4-45 所示，在对测试数据进行分析时，测试系统的软件可以对角速度的原始时域信号进行自功率谱分析（APS）、阶次分析（Order APS）、角度跟踪分析（Crank Angle）、FFT 分析等。针对汽油机扭振，飞轮端一般分析重要工况下的 2 阶角加速度随转速的变化曲线和关注转速范围内的幅值，曲轴 TVD 的 Hub 端和 Ring 端，一般分析重要工况下前几阶主阶次角加速度随转速的变化曲线。通常来说，曲轴前、后端扭转角度差和 Hub 端单阶次角位移是评估曲轴系可靠性的重要指标。

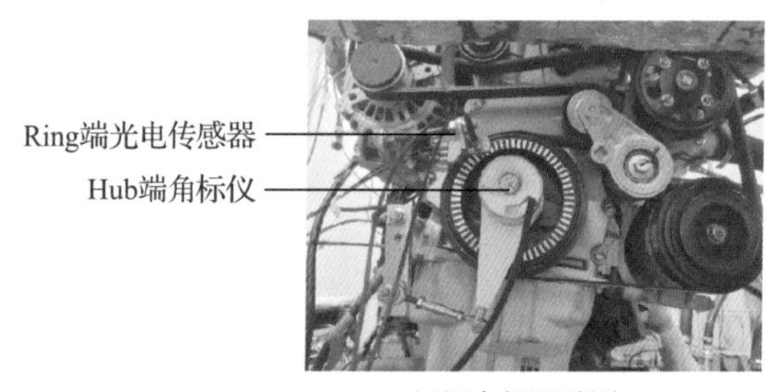

a) 扭振台架测试图

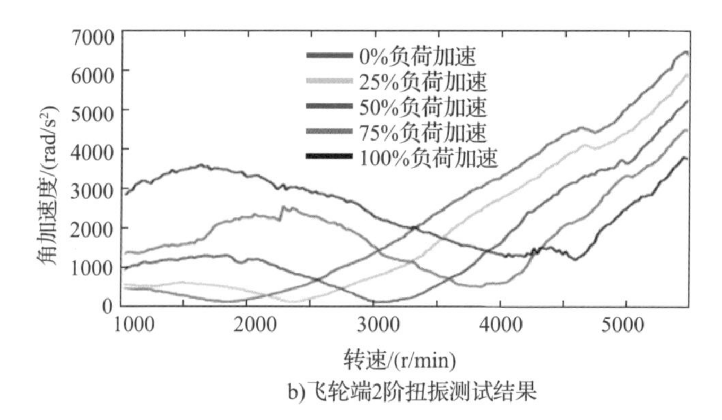

b)飞轮端2阶扭振测试结果

图 4-45　扭振台架测试及结果

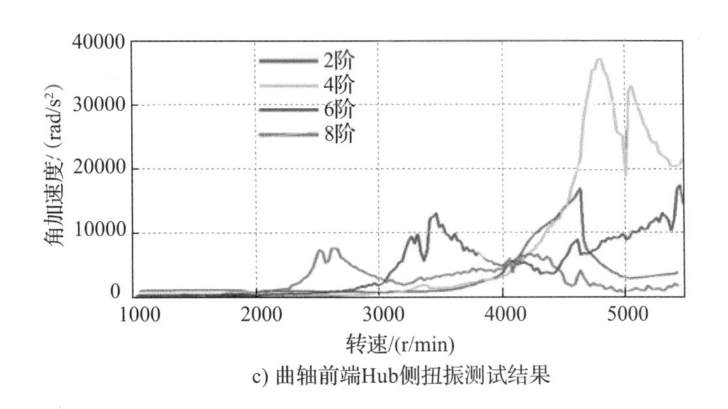

c) 曲轴前端Hub侧扭振测试结果

图4-45 扭振台架测试及结果（续）

4.3.3 汽油机NVH的电控技术

4.3.3.1 汽油机NVH的电控策略

汽油机电控技术是汽车与电子相结合的产物。随着汽车工业与电子工业的不断发展，电子技术在现代汽车上的应用越来越广泛，汽车电子化程度越来越高。随着汽油机动力性、经济性和排放性能要求的不断提高，越来越重视汽油机的精准控制，因此大量的电控零部件被广泛采用。汽油机精准稳定的燃烧可以提升汽油机NVH性能。不仅如此，先进的自动控制技术还可以精准控制汽油机的运行工况，有效地改善汽油机的NVH性能。融合电气化控制系统的NVH智能管理涉及汽油机NVH的电控策略，为提升汽油机NVH性能提供了行之有效的解决方法。

通过合理地调整电控策略可以改善汽油机的NVH性能。针对特定的汽油机NVH问题，通过电子控制的调整对改善汽油机NVH性能有显著的效果。常见的汽油机NVH电控策略包括调整控制逻辑以避开或快速通过共振转速、优化电喷标定PID参数以降低控制参数的波动等方法。例如，不适当的暖机控制逻辑容易导致暖机噪声。为避开排气系统模态与汽油机二阶共振及缩短暖机时间，调整较低温度下的暖机转速，以避开共振转速，可以控制暖机过程的噪声。再如，由于点火提前角大幅提前造成转速波动过大，从而引起怠速抖动的问题，可以通过适当的电控策略进行处理。采用新的标定，改变电喷标定PID参数，调整缸压变化规律，进而改变系统的响应，可以改善怠速抖动问题。

4.3.3.2 电控系统的NVH及其控制

一方面，汽油机电控技术的应用可以有效改善汽油机NVH性能，但另一方面，电控零部件在汽油机上的大量应用，也增添了新的振动与噪声源。因为汽油机电控零部件本身也可能存在NVH问题，需要采用适当的手段对其进行NVH性能控制和优化。

汽油机目前电控零部件众多，以增压直喷汽油机为例，主要包括高低压燃油泵、高压喷油器、VVT、增压器电子执行器和国六燃油脱附系统中的炭罐控制阀等。这些电控零部件在运行过程中会产生振动和噪声。以高压燃油泵为例，当流量控制阀断电时，阀针在弹簧回弹力的作用下向阀片方向运动，与阀片相撞后推动阀片，压缩弹簧离开基座阀针孔端面，直至阀针与基座撞击后，流量控制阀完成开启。当流量控制阀通电时，在电磁阀产生

的电磁力、弹簧的弹力和燃油压力共同作用下，阀针克服弹簧的弹力往铁心方向运动，阀片与基座端面撞击，直至贴合，至此流量控制阀关闭。上述两个阶段中，有阀针与阀片撞击、阀针与基座撞击、阀片与基座撞击等产生噪声的物理运动。针对高压燃油泵噪声，可以通过调整其工作频率减少落座次数，也可以调整工作电压以降低针阀落座速度等方式，改变激励源的运动特性以降低该类噪声。

增压系统控制阀也有发生 NVH 问题的可能性。如增压器放气阀拉杆的严重窜动会导致放气阀门与增压器壳体敲击，发出很大的“嗒嗒”声，严重影响整机噪声水平和声品质。为达到整机噪声开发目标，需对增压器放气阀进行优化。放气阀拉杆和阀门是受振动影响产生异响的直接零件。围绕这两个零件，展开异响原因的分析。汽油机排气脉冲、汽油机本体振动以及 PWM 阀造成的激振易导致放气阀拉杆的振幅和运动周期不稳定，产生无规律的振动。综合考虑激励源和传递路径，可制定一套可行的优化方案，在满足可靠性及性能要求的前提下，有效地改善进排气系统对放气阀产生的冲击。

4.4 汽油机 NVH 开发典型案例

4.4.1 汽油机 NVH 正向设计案例

4.4.1.1 缸体 NVH 正向设计案例

1. 概念选型

汽油机常用的缸体结构形式有平分式和龙门式，如图 4-46 所示。项目开发预研阶段开始需要对缸体结构形式进行选择。以市场定位和产品策略为总体出发点，综合设计边界条件，借助样机样件立体图书馆、结构和 NVH 响应数据库及工程经验，提出缸体、主轴承盖的 NVH 选型建议。再综合布置空间、重量、铸造机加工艺、密封等各领域交互评估确立概念方案。比如根据综合打分表 4-7，某直列 4 缸汽油机的缸体确定选择龙门式缸体和独立轴盖的组合，这个选择对 NVH 来说是不利的。因此，在骨架设计和详细设计时，需要更多的 NVH 设计方案，来弥补概念选型的不足。

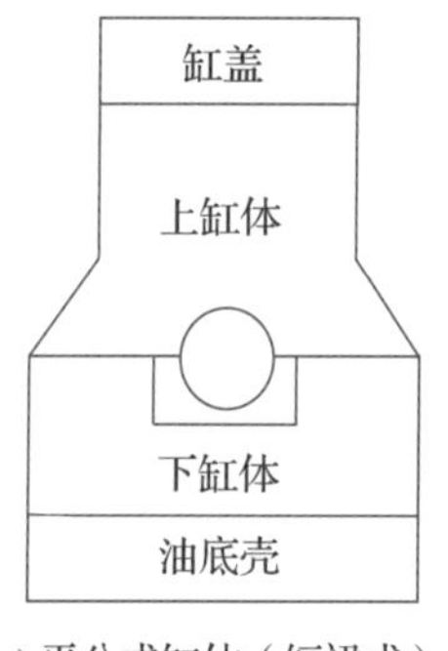

a) 平分式缸体（短裙式）

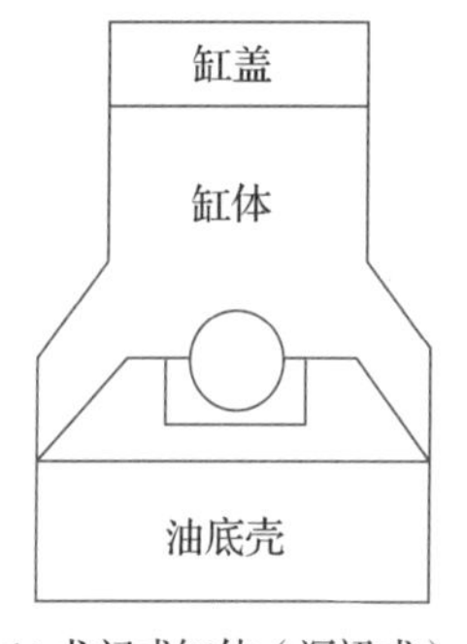

b) 龙门式缸体（深裙式）

图 4-46　缸体结构形式

表 4-7　缸体结构形式概念选型综合打分表

结构形式		空气噪声	结构噪声	总装	重量	成本	密封	NVH 合计	综合
龙门式缸体	独立轴盖	1	1	5	5	5	5	2	22
	组合式轴盖	5	3	4	4	3	4	8	23
平分式缸体	独立轴盖	2.5	2	3	3	3	5	4.5	18.5
	梁式轴盖	2	1	4	3	4	5	3	19
	无轴承盖	3	4	3	2	2	3	7	17
主轴承盖侧拉螺栓		1	1	3	5	4.5	5	2	19.5
铸铝油底壳		0	4	5	3	3	5	4	20
冲压油底壳		0	—	5	5	5	5	0	20

注：1 表示差，5 表示优，0 表示无影响。

2. 骨架设计

对确立的概念方案开展骨架设计，根据力的传递路径，结合水套、油道形成缸体结构的主要骨架。骨架是整个缸体刚度的核心，能够为缸体详细设计和轻量化打下良好的基础。缸体骨架如图 4-47 所示，主要有缸体上端面到下端面的纵向骨架，包括前后端法兰、回油道和纵向加强筋，这是汽油机燃烧激励的主要作用方向；缸体前端到后端的横向骨架，包括底面法兰、横向加强筋、主油道，其上半部分的骨架是抑制缸套变形，裙部的骨架主要是降低辐射噪声；后端面的辐射状骨架，以主轴承座为中心向外辐射到缸体与变速器连接法兰，该骨架是为了提升与变速器连接端面的刚度。同时缸体进气侧和排气侧结构面用弧形曲面结构，可提升结构整体刚度。

a)缸体的骨架结构

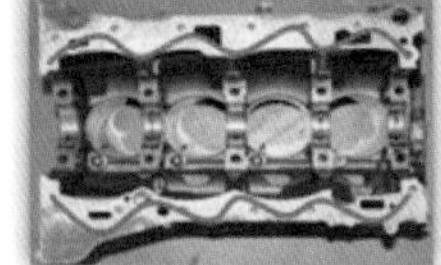

b) 裙部的弧形设计

c) 缸体骨架设计

图 4-47　缸体的主要骨架示意图

3. 自动设计

完成骨架布局后，缸体的初版设计方案就呈现出来了。针对该方案，借助 CAE 的仿真工具，以缸体模态频率为优化目标，质量最轻为优化约束，开展自动寻优设计。

如图 4-48 和图 4-49 所示，针对缸体的初版设计状态开展局部拓扑优化分析，自动匹配材料和刚度，去除局部冗余材料，形成详细设计方案的基础。

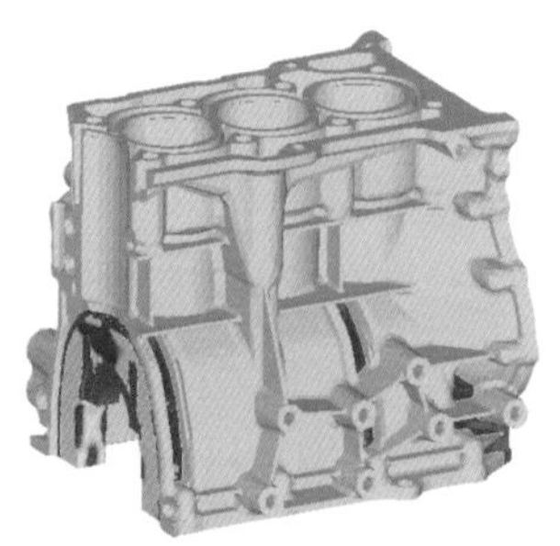

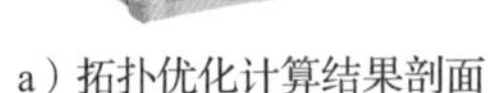
a）拓扑优化计算结果剖面　　　　b）设计区域材料分布示意

图 4-48　缸体局部拓扑优化分析结果

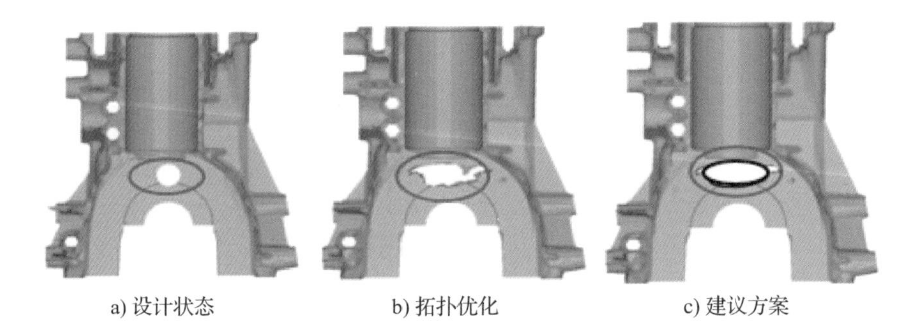
a) 设计状态　　　　b) 拓扑优化　　　　c) 建议方案

图 4-49　基于轻量化的缸体局部优化设计

4. 详细工程化设计及 NVH 性能评估报告

针对详细设计方案开展 NVH 性能全面评估和局部优化，并校核缸体是否达成零部件级目标。图 4-50 和图 4-51 所示分别为缸体总成的扭转模态示意图和缸体结构辐射噪声仿真结果。

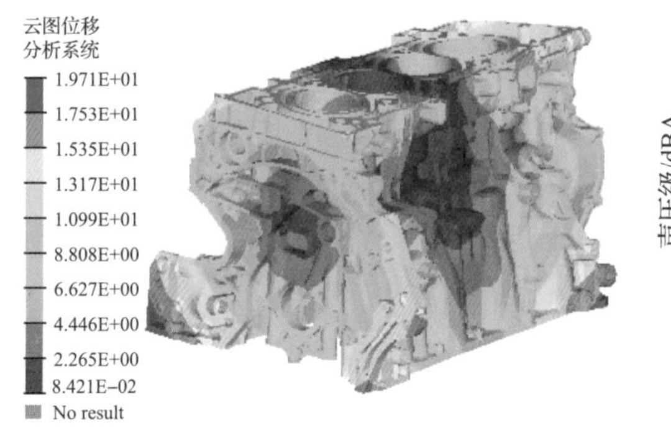

图 4-50　缸体模态

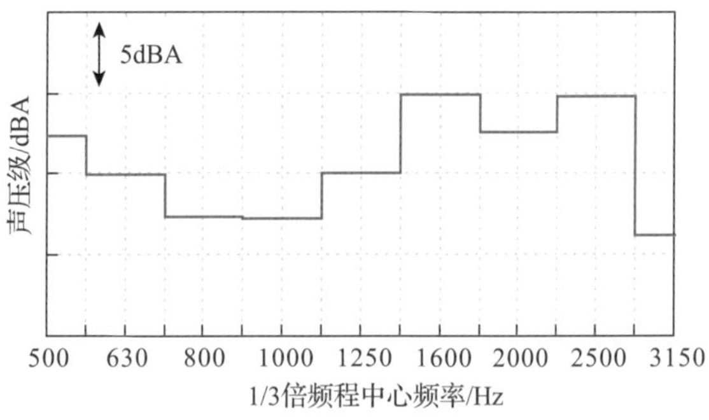

图 4-51　缸体结构辐射噪声分析

在动力总成中评估缸体的振动加速度和表面振动速度级，加载 A 样机和 B 样机的实测缸压激励，在动力总成上对详细化工程模型进行充分的虚拟校核，评估 NVH 达标情况，并出具 NVH 性能评估报告。图 4-52 所示为动力总成四点 1m 平均声压级。

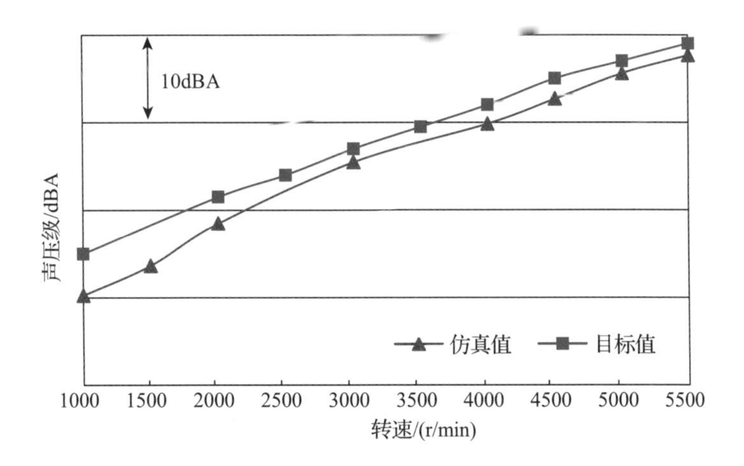

图 4-52 动力总成四点 1m 平均声压级

4.4.1.2 扭转减振器 NVH 正向设计案例

曲轴设计一般在汽油机设计早期进行。汽油机曲轴系扭振分析和 TVD 的 NVH 正向设计是曲轴设计阶段最重要的工作之一。在对曲轴的 TVD 进行参数设计时，通常以曲轴前端的角加速度作为评价 TVD 减振性能的标准。

以某款直列四缸机为例进行 TVD 参数正向设计匹配介绍。汽油机基本设计参数见表 4-8。

表 4-8 汽油机基本设计参数

参数类型	备注
曲轴 3D 模型	计算曲拐质量及惯量
曲轴材料	
气缸夹角/(°)	直列机为 0°
燃气爆发压力（0°～720°）/MPa	曲线（从 1000～5500r/min，每隔 500r/min 一组数据）
连杆质量/kg	
连杆惯量/kg·m²	
连杆长/mm	
连杆质心到连杆大头中心的距离/mm	
缸径/mm	
行程/mm	
活塞组件质量/kg	
飞轮惯量/kg·m²	

如图 4-53 所示，曲轴采用集中质量法建立包含 7 个自由度的曲轴扭振模型，扭振模型中各个自由度所代表的零部件名称见表 4-9。

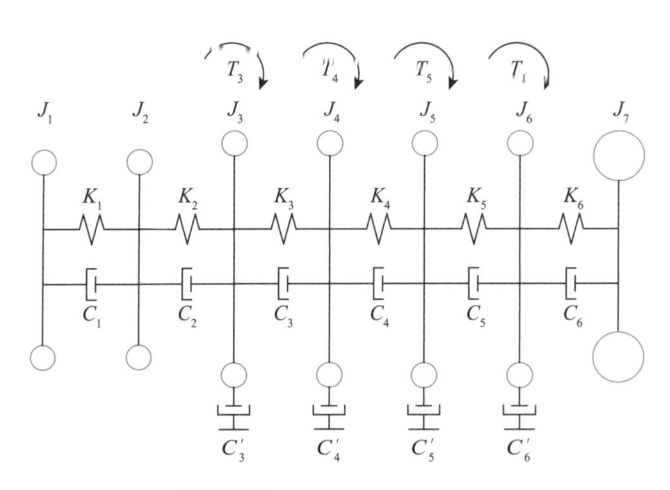

图 4-53　汽油机曲轴扭振模型

表 4-9　扭振模型各自由度含义

编号	名称
J_1	阶梯轴
J_2	主轴颈
J_3、J_4、J_5、J_6	四个气缸的曲柄连杆机构
J_7	飞轮
K_i（$i=1$，2，…，6）	各自由度之间的扭转刚度
C_i（$i=1$，2，…，6）	各自由度之间的扭转阻尼系数
C'_3、C'_4、C'_5、C'_6	汽油机四个气缸活塞曲柄连杆机构的外阻尼系数

根据式（4-25)，对扭振系统进行固有特性分析，通常用无阻尼自由振动模型来简化计算：

$$J\ddot{\theta}+K\theta=0 \tag{4-37}$$

求解特征方程得到曲轴第一阶固有频率 ω_n 为 423Hz，所对应的振型如图 4-54 所示。可以看出当这一阶模态发生共振时曲轴前端的振动较剧烈，从前往后振动逐渐减小，在后端飞轮处振动降到最低。

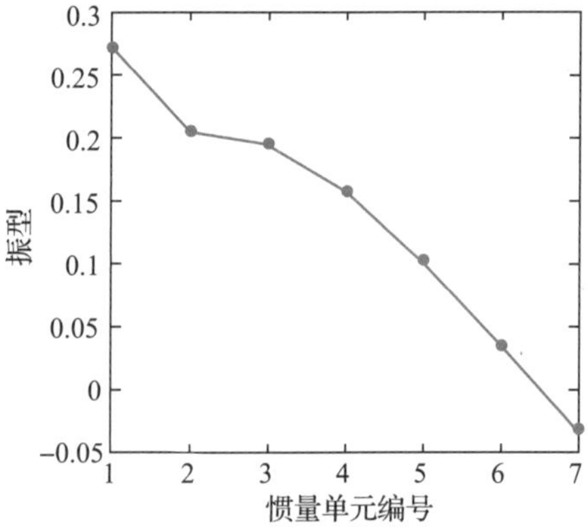

图 4-54　曲轴扭振第一阶模态振型

在多自由度振动系统中，TVD 应当安装在共振时振幅最大的自由度上以吸收尽可能多的能量，由图 4-55 可知，TVD 应当安装在曲轴前端，即第一个自由度上。在第一阶模态上，曲轴在第一个自由度处的模态惯量由下式求出：

$$J_{eq}=\frac{1}{y_1^2}(J_1y_1^2+J_2y_2^2+\cdots+J_7y_7^2) \tag{4-38}$$

$[y_1,\ \cdots,\ y_j,\ \cdots,\ y_7]^T$ 为振型。模态刚度 K_{eq} 可以由下式求出：

$$\sqrt{\frac{K_{eq}}{J_{eq}}}=\omega_n \tag{4-39}$$

TVD 与曲轴耦合后的扭振模型如图 4-55 所示。

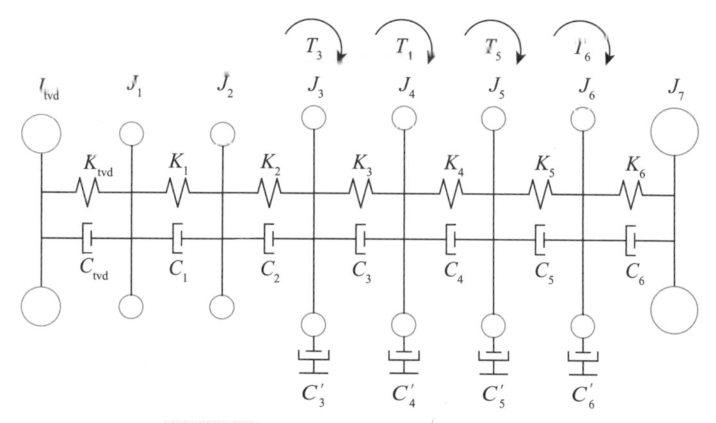

图 4-55 TVD 与曲轴耦合的扭振模型

振动方程为

$$J'\ddot{\theta}+C'\dot{\theta}+K'\theta=T' \tag{4-40}$$

本案例中由式（4-40）计算得到 $J_{eq}=0.0103\text{kg}\cdot\text{m}^2$，取惯量比 μ 为 0.3，得到 TVD 推荐惯量 $J_{tvd}=0.00309\text{kg}\cdot\text{m}^2$。在对曲轴的 TVD 进行参数设计时，通常以曲轴前端的角加速度作为评价 TVD 减振性能的标准。利用主振系加速度同调的 TVD 参数计算公式为

$$\frac{\omega_{tvd}}{\omega_n}=\frac{1}{\sqrt{1+\mu}} \tag{4-41}$$

$$\zeta=\sqrt{\frac{3\mu}{4(1+\mu)(2+\mu)}} \tag{4-42}$$

$$C_{tvd}=2\zeta J_{tvd}\omega \tag{4-43}$$

由式（4-41）与式（4-42）计算得到 ω_{tvd} 为 371Hz，理论上最优阻尼比 ζ 为 0.27，但在工程实际上不同橡胶 TVD 的阻尼比与理论计算值不同，如 AEM 橡胶 TVD 的阻尼比在 0.11 左右，EPDM 橡胶 TVD 的阻尼比在 0.06 左右。当使用 AEM 橡胶 TVD 时，将以上计算初步得到的 TVD 参数（惯量、频率、阻尼系数）代入到曲轴系多体动力学 CAE 模型中（图 4-56），计算得到曲轴前端（TVD 的 Hub 端）各阶次角加速度与 Overall 角加速度，如图 4-57 所示。

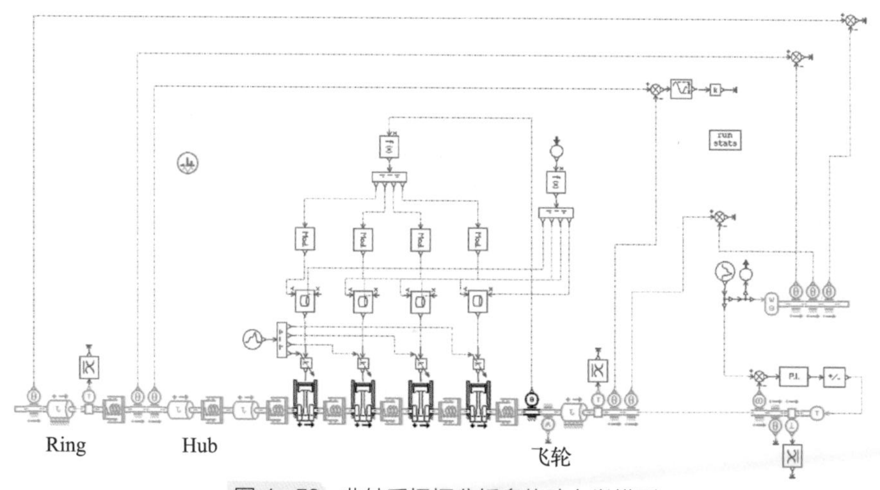

图 4-56 曲轴系扭振分析多体动力学模型

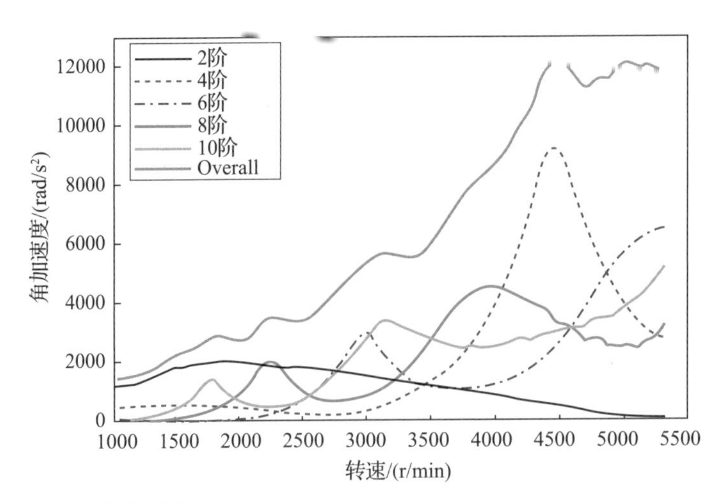

图 4-57 曲轴 Hub 端各阶次及 Overall 角加速度曲线

明显看出 4 阶激励激发起的 TVD 与曲轴耦合系统的第一阶模态共振在 Overall 曲线中贡献较大，应适当降低 TVD 频率使主振系左侧峰值降低、右侧峰值升高，即略微降低 4 阶激发的第一阶模态共振峰，小幅度提升 6 阶激发的第二阶模态共振峰，使 Overall 曲线随转速近似呈直线增长。

通过对频率进行适当微调后优化计算，与优化前 Hub 端 Overall 角加速度对比如图 4-58所示。可以看出优化后各阶次激发的第一阶共振峰明显降低，从整体来看线性度更好，起到了“削峰填谷”的效果，最终优化合理且达到了正向设计 TVD 的目的。

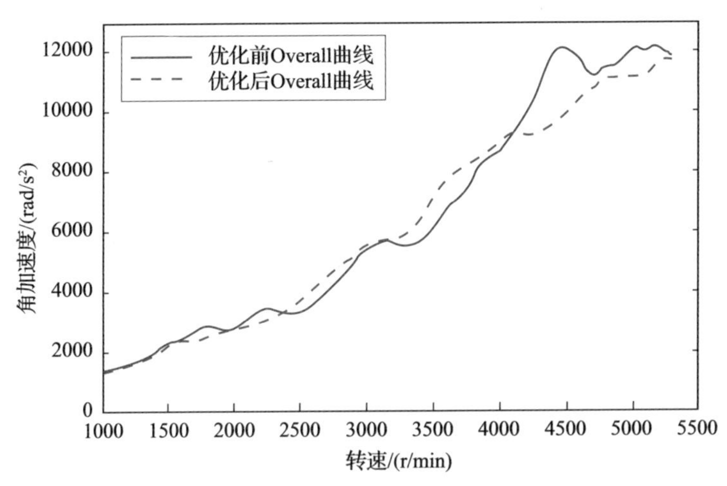

图 4-58 TVD 优化前后的 Hub 端 Overall 角加速度曲线对比

4.4.2 汽油机问题攻关案例

连杆小头敲击异响发生在缸内高速运动副上。异响的识别和判断均存在一定难度。连杆小头敲击现象本质上是由力的冲击引起。敲击可能发生时刻为受力换向时刻。对连杆小头位置开展受力分析，气缸压力与惯性力平衡时刻产生换向，从而产生冲击。汽油机负荷、运动副的设计间隙、润滑条件等均对异响有影响。

比如典型的连杆小头怠速敲击异响，一般表现为怠速工况出现周期性“哒哒”声，与怠速活塞敲缸声类似，敲击频率范围一般在1000～5000Hz之间。即曲轴每转两圈发生一次，发生在进排气上止点后惯性力开始换向时刻附近（图4-59）。

该问题的主要原因是进排气上止点后连杆、活塞开始下行，此时惯性力发生换向，活塞销从连杆小头孔下沿换向冲击连杆小头孔上沿，产生撞击所致。

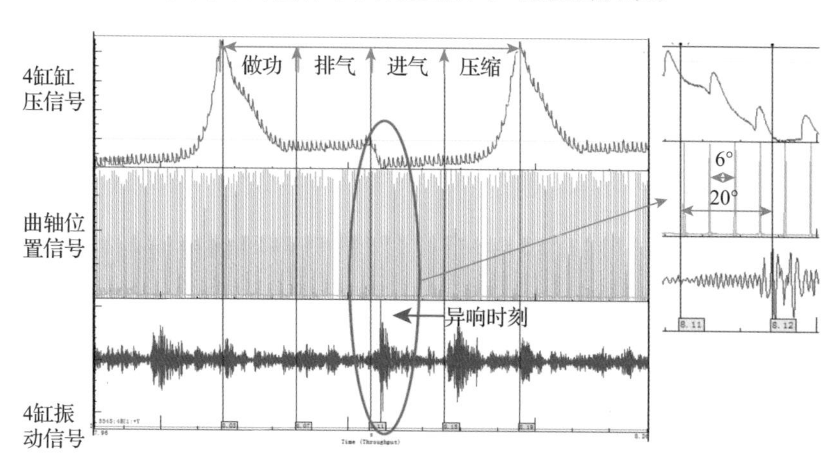

图4-59 异响时刻判断

连杆小头受力的高通滤波分析结果如图4-60所示，可明显看到惯性力换向时刻出现连杆小头受力的冲击振荡。

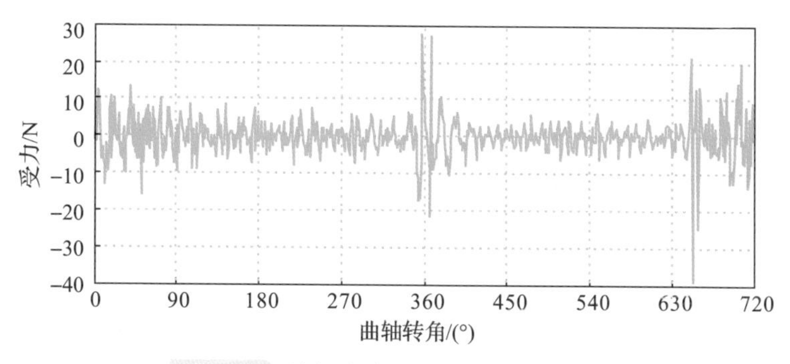

图4-60 连杆小头受力仿真结果高通滤波

活塞敲击和连杆小头敲击的缸体传递函数测试结果如图4-61和图4-62所示。活塞换向时缸体上部的 Y 向振动最大；连杆小头换向时，缸体下部的 Z 向振动最大。即连杆小头怠速敲击异响发生时，该时刻缸体下部 Z 向振动最大。

研究表明，连杆小头的配合间隙、润滑条件、表面粗糙度等对连杆小头敲击有显著影响。通过减小活塞销与连杆小头配合间隙，可减小活塞销运动轨迹区域，进而降低接触切换时的冲击。图4-63所示为不同连杆小头配合间隙时的油膜分布，可以看出，缩小活塞销与连杆小头配合间隙后，在接触换向过渡区油膜改善明显。在实际撞击中，零部件表面的油膜起到了一个缓冲垫的作用，所以油膜对减小撞击异响十分重要。油膜分布改善可降低接触切换的冲击能量，降低冲击响应。

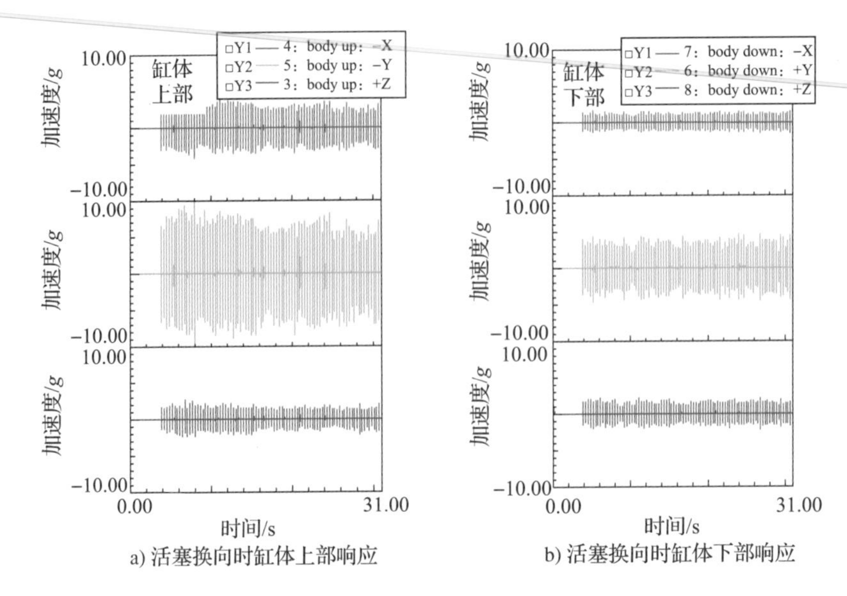

a) 活塞换向时缸体上部响应　　b) 活塞换向时缸体下部响应

图 4-61　活塞换向位置敲击时的缸体传递函数

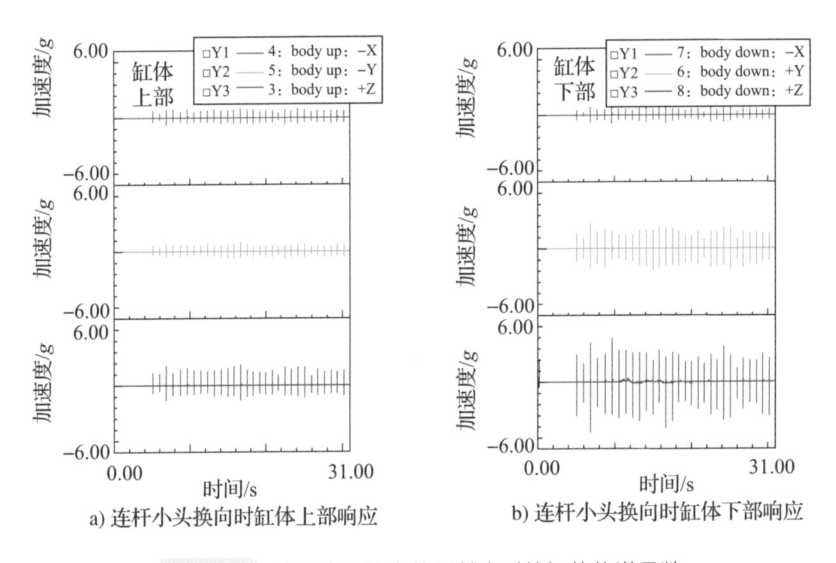

a) 连杆小头换向时缸体上部响应　　b) 连杆小头换向时缸体下部响应

图 4-62　连杆小头换向位置敲击时的缸体传递函数

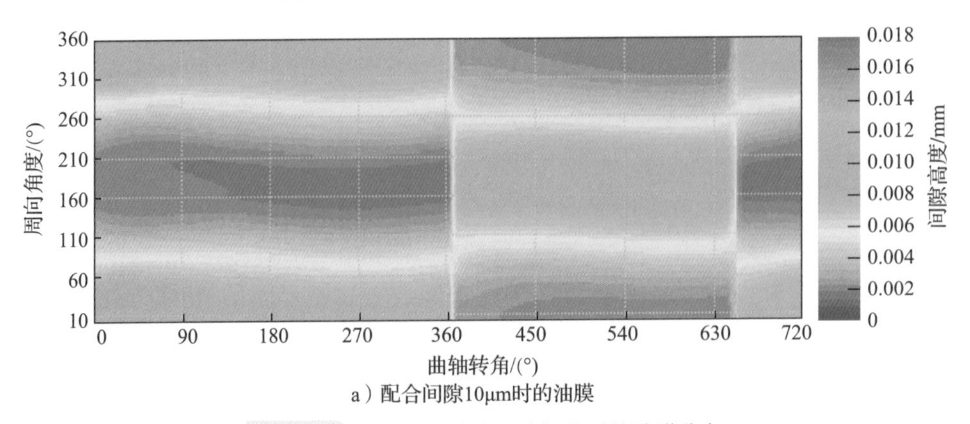

a）配合间隙10μm时的油膜

图 4-63　不同连杆小头配合间隙时的油膜分布

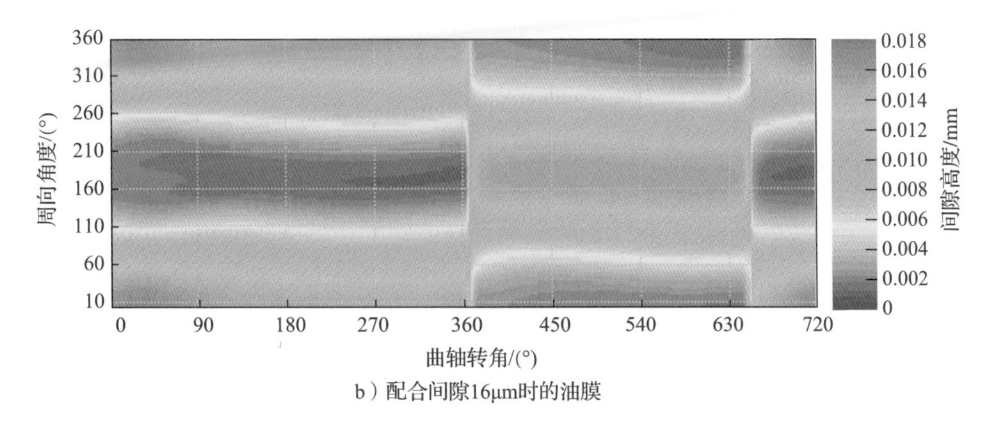

b）配合间隙16μm时的油膜

图4-63 不同连杆小头配合间隙时的油膜分布（续）

一般情况下，润滑油温度越高、牌号越低，黏度越低，平均油膜越薄，则撞击振动越大。图4-64所示为不同油温时连杆小头油膜分布。油膜越薄，连杆小头参考点的撞击振动响应越大，如图4-65所示。如果某汽油机连杆小头相关结构设计不合理，在高油温时的最小油膜厚度低于限值，导致撞击振动大，则容易产生敲击异响。

此外，连杆小头粗糙度设计过大也是导致连杆小头敲击异响的可能原因。因为运动副接触表面粗糙度对接触表面油膜的形成和油膜的厚度存在影响。随着接触表面粗糙度增大，运动副接触区域增大，不利于接触表面之间形成油膜。

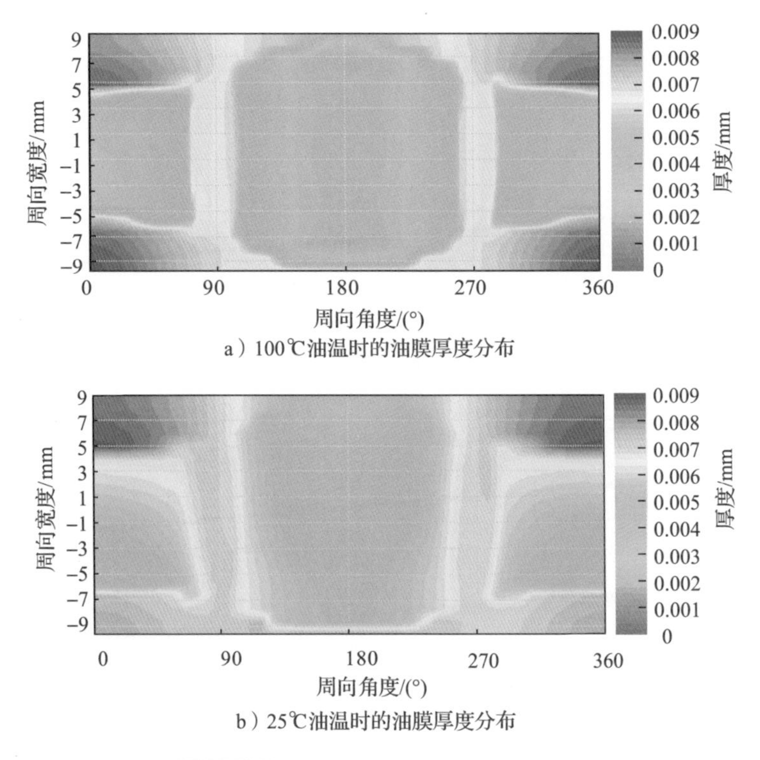

a）100℃油温时的油膜厚度分布

b）25℃油温时的油膜厚度分布

图4-64 不同油温时连杆小头油膜分布

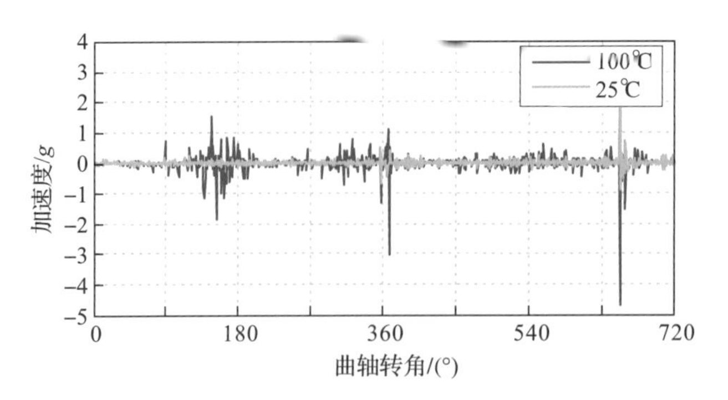

图 4-65 不同油温时的连杆小头加速度

在设计过程中通过 CAE 仿真合理设计连杆小头的配合间隙、润滑条件及表面粗糙度，就可以对连杆小头敲击异响问题进行针对性设计，以做到提前规避问题。

4.5 电气化动力总成的 NVH 技术展望

4.5.1 电气化带来的 NVH 挑战

著名分析机构彭博新能源财经公司（Bloomberg NEF）预测，到 2040 年全世界将有 57%的乘用车以及超过 30%的客运车采用电力驱动。以汽油机为核心的传统动力总成系统将增加电驱动功能，甚至只用电驱动。也就是说电气化动力总成将逐步取代传统动力总成，成为乘用车的主流动力系统。对于电气化动力总成中汽油机的 NVH 开发而言，传统汽油机 NVH 开发涉及的仿真与测试手段及方法、流程体系、规范标准等仍然可以被借鉴和效仿。但驱动电机和大量电子元器件的引入，以及全新的、复杂的控制逻辑，使得电气化动力总成集成及机车集成呈现出新的 NVH 问题，给动力 NVH 开发带来了全新的挑战。

1）纯电模式下传动系统噪声更加凸显。与汽油机驱动相比，电机驱动总噪声水平（通常用总声压级来衡量）有所降低，传统汽油机低频轰鸣声彻底消失。但是，声学的掩蔽效应也随之消失，导致电机产生的电磁噪声和变速器齿轮噪声更为凸显。除此之外，电动车逆变器产生的高频非零阶次噪声、静电流噪声、电器设置启动噪声、路噪、风噪、空调噪声等也将变得更加突出。这些使得在纯电模式下，车辆 NVH 的控制与优化难度非常大。

2）纯电模式下缺乏动力声品质特性。传统汽油机在汽车加速时，会根据节气门开度发出随车速变化的动力声音，让用户有动力澎湃的感受，体验到不同驾乘场景下的驾驶乐趣。纯电模式下汽油机不工作，汽车缺失了由汽油机带来的加速动力感和动力声品质，不同驾乘场景下的差异化体验需求无法得到满足。

3）动力耦合引起高感知度的全新瞬态 NVH 问题。与传统汽油机汽车相比，电气化动力总成汽车拥有多个动力源。行驶工况的变化使得电气化动力总成汽车在某单一动力源驱动与多个动力源共同驱动中来回切换。如果各子系统之间，如汽油机与驱动电机、驱动电机与变速器、汽油机与发电机等，出现耦合偏差，会给车辆带来更多的敲击等瞬态 NVH 问题。动力耦合过程中产生的全新瞬态 NVH 问题，是汽车 NVH 工程师难啃的硬骨头。

4）多物理场耦合机制下的NVH仿真分析难度加大。电气化动力总成系统的NVH仿真分析涉及结构力场、流场、声场、电场、磁场等物理场之间的耦合。如此复杂的系统给NVH仿真带来巨大的困难。另外电机、逆变器、控制器等电器的关重NVH参数（如电机硅钢片的材料参数、IGBT的材料参数、控制器的控制参数、转子的结构载荷）的获取也是难点，使得正向开发前期的NVH仿真分析精度难以保障。

4.5.2 电气化动力总成NVH解决方案

世界汽车行业为顺应现代社会发展要求，正朝着智能、安全、节能、环保的方向迈进。电气化动力总成的NVH正向开发能力、瞬态NVH问题解决能力和声品质开发能力均不同程度地得到了发展。为了更好地应对电气化带来的动力NVH挑战，越来越多的NVH技术和解决方案得到了逐步的开发和应用，这其中就包括扭振主动控制技术、自适应钟摆飞轮技术、主动噪声控制技术和主动悬置控制技术等。

1. 扭振主动控制技术

混合动力汽车的传动系统包含众多激励和振源，容易诱发传动系统的动载荷发生变化，进而引起扭振。混合动力汽车复杂多变的工况给NVH开发带来很大的挑战，同时新增的电机及先进的控制系统也为扭振控制提供了新的解决思路与方法。动力传动系统扭振控制可分为被动式和主动式。被动减振控制即改变传动系统的结构或运行参数，如调整离合器扭转减振器的刚度、安装双质量飞轮等。目前业内仍以被动式为主。主动减振即通过前（反）馈控制来改变激振源的激振特性，进而直接抵消振动。图4-66所示为电机主动控制策略。由于动力电机具有快速响应和可控性等独特优势，使得混合动力传动系统的减振不再局限于被动地设计结构参数或减振装置以缓解扭振，而是可以通过动力电机的主动调控达到与减振装置相当的减振效果。

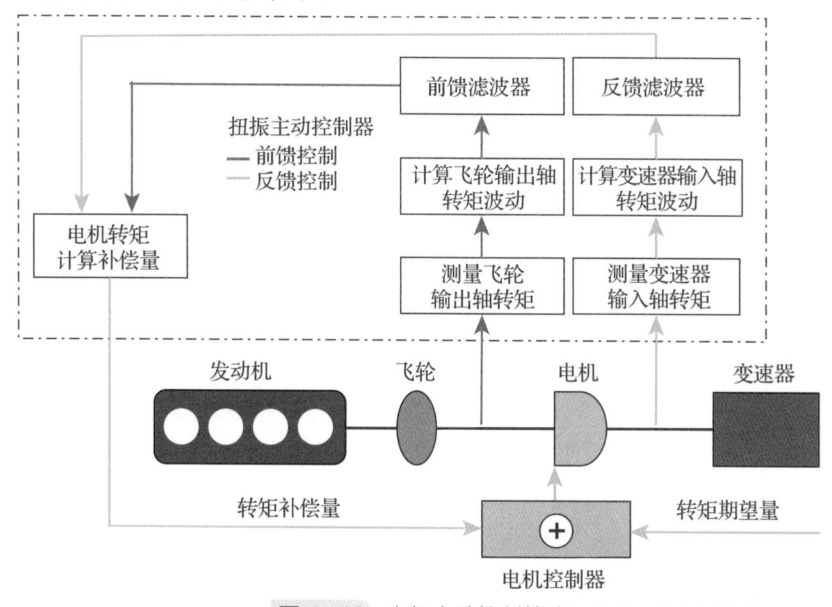

图4-66 电机主动控制策略

与汽车振动噪声相关的主动控制技术发展历史较短，近年来利用电动机对混动汽车传动系统扭振进行主动减振的研究工作正在不断深入，仿真计算更精细，算法开发也更多样化。值得关注的是，扭振主动控制技术的达成可实现与机械减振装置相近的减振效果，这给优化机械减振装置结构，实现轻量化带来了契机。

2. 自适应钟摆式飞轮技术

车辆动力传动系统的扭振不但会增大汽油机与传动系统的振动噪声，还会通过悬架、轴承等传递到车身，引起车身的振动并产生轰鸣声。随着消费者对汽车综合性能要求的不断提升，传动系统的扭振控制显得越来越重要。传统的扭振控制方法，如使用离合器隔振、弹性联轴器隔振、在前置后驱乘用车的传动轴上安装扭转减振器吸振、使用双质量飞轮将传动系统固有频率降低至怠速以下等，可以在一定程度上控制传动系统扭振，但增加了传动系统的重量，影响车辆的加速性能。尤其是近年来上市的汽油机在采用涡轮增压、缸内直喷等技术后，汽油机的输出功率、转矩明显提高，导致扭振引起的 NVH 问题也越来越严重，为此不得不采用大惯量飞轮、大惯量双质量飞轮，以及飞轮与离合器式离心摆（Centrifugal Pendulum Vibration Absorbers，CPVA）的组合方案，来获得更佳的减振效果，但是也进一步增加了飞轮的重量。

自适应钟摆式飞轮（Adaptive Pendulum Flywheel，APF）技术是一种将 CPVA 集成于飞轮上的技术，即直接将摆锤安装在飞轮上，使飞轮吸振效果大幅提高，以此降低飞轮端的扭振。该技术可以在保持飞轮端相同扭振水平的同时，大幅度减小飞轮惯量，有助于提升车辆的加速性能与燃油经济性。同时，飞轮轻量化以后，还能减小曲轴前端扭转共振，提升轮系侧的 NVH 性能。发动机采用该技术以后，可以获得同采用双质量飞轮与离合器式 CPVA 组合方案同样的效果，但重量更轻、系统更简单。

APF 的减振原理是阶次抑制，即针对某一特定阶次的扭振激励在全转速段范围内提供反作用力矩并发挥减振作用，转速越高，摆锤所受离心力越大，减振效果越好，而对其余阶次振动影响较小。摆锤的质量对 NVH 性能有着非常大的影响。当摆锤质量过小时，摆锤振幅达到其最大位移行程，此时会出现敲击现象；当摆锤质量过大时，虽然可以确保减振效果，但过大的质量影响会车辆的加速性能与燃油经济性。因此选择恰当的摆锤质量尤为重要。需要注意的是，飞轮惯量减小后，飞轮端 4 阶扭振会增加，但 4 阶扭振无法激发起传动系统固有频率，故飞轮端 4 阶扭振增大不会对传动系统带来明显的负面影响。图 4－67 所示为 APF 与传统飞轮减振效果对比。图中采用的传统单、双质量飞轮均为 10kg 左右，APF 总成（由飞轮、保持架和摆锤组成）的重量为 5.5kg 左右。可以看到，在相同的缸压激励下，使用 APF 方案的输入轴处的二阶角加速度相对单质量飞轮方案明显降低，与双质量飞轮大致相当。APF 技术为研究减振的同时又满足轻量化需求，提供了新的思路与方向。

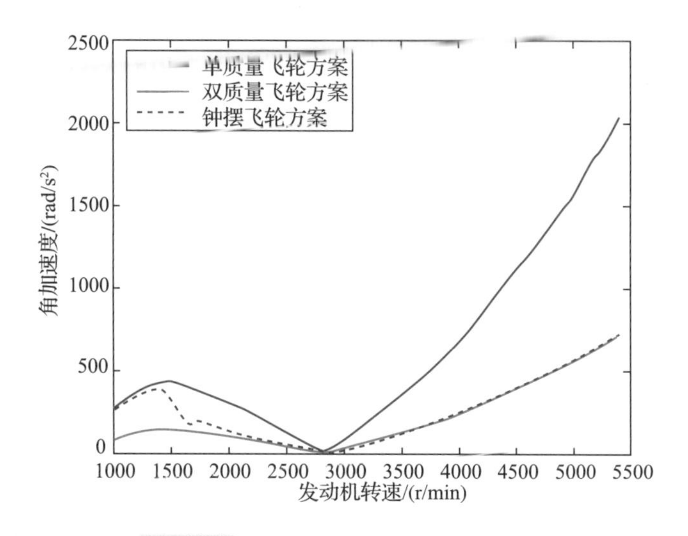

图 4-67 APF 与传统飞轮减振效果对比

3. 主动噪声控制技术

主动噪声控制是有别于利用吸收、隔离、阻尼等被动消声技术的一种噪声控制技术。它基于声波的干涉原理，利用人为附加的声源（次级声源）与噪声源（初级声源）形成相消干涉来达到消声的目的（图 4-68），该技术特别适合于采用被动消声技术难以控制的低频噪声。从系统结构来看，主动噪声控制系统有前馈控制和反馈控制两种策略，其中前馈控制策略是主动噪声控制方法中具有代表性的控制方法。考虑声学系统的时变性和易受干扰性，目前主动噪声控制大都采用基于线性自适应滤波理论的自适应主动噪声控制系统。

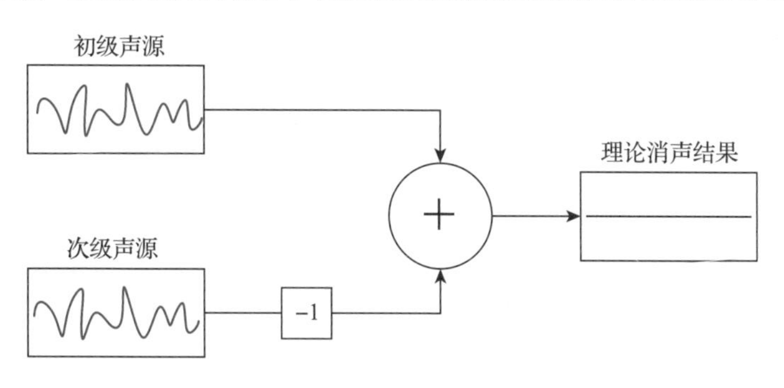

图 4-68 主动噪声控制原理示意图

自适应主动噪声控制系统的基本思想就是利用在系统上游布置的前置传声器拾取原噪声信号，经电信号处理后馈送给系统下游的次级声源，调整次级声源的输出，使其在下游与原噪声信号相位相反而实现“静区”的目的。电信号处理通常采用能够跟踪噪声源及环境参数变化、自动调节次级声信号的自适应信号处理方法，从而确保次级声信号能有效地抵消噪声信号，提高消声效果。

主动噪声控制研究的效果取决于两大重要方面：一方面是声学环境的研究，包括声音传播的路径内声场的分析、声源阵列和监测传感器最优位置等问题；另一方面是

控制器，包括算法、结构和分析。这两个方面直接关系到主动噪声控制最终的效果，前者主要是声学、材料、力学领域的学者在研究，后者主要是信号处理、自动控制等领域的学者在研究；不管是侧重哪一方面，都离不开另一方面的研究成果和理论支撑。

如何消除自适应主动噪声控制系统中的声反馈过程是保持系统稳定的关键。由自适应主动噪声控制系统的工作原理可知：主动噪声控制系统要求参考信号精确提供需抵消的噪声成分的频率成分信息。如前所述，如果直接用前置传声器收集噪声信号作为参考信号，由于存在声反馈通道，会产生自激现象，引起系统不稳定。考虑到由汽油机产生的低频周期噪声的频谱，仅仅对应了汽油机旋转周期的基频和离散的几个高阶频率，频谱较窄，注意到窄带噪声结构的动态指标（包括瞬时加速度、速度等物理量）与声学指标严格相关这一特点，可以通过对非声学物理参数的测量来获得声场的信息，这样就可切断声反馈通路的形成，促进系统的稳定。具体到改善抵消汽油机噪声的主动噪声控制系统，可以利用转速计测得的汽油机转速信号来产生需抵消噪声成分的同频周期信号作为参考信号，在稳定情况下，这些参考信号基本能反映汽油机产生噪声的频率特性。

4. 主动悬置控制技术

汽油机的不平衡质量带来的惯性力和力矩呈周期变化，由此引起轴承、机体等部件的振动。这些振动再通过悬置传递到车身。这种振动的激励都是谐波，并且在振动的传递路径上各点的振动情况都是相关的。目前，悬置系统大多采用被动悬置（如橡胶悬置、液压悬置）。随着汽车逐步迈入电气化、智能化时代，被动悬置已不能满足顾客对于汽油机日益增长的 NVH 需求。

20 世纪 80 年代开始研发的主动悬置控制技术具有良好的控制效果和鲁棒性，在低高频时有较好的隔振效果，能够满足汽油机悬置的隔振特性。在应用过程中，可以通过测定传播路径前端的振动情况，推断出一定时间后传播路径后端各点的振动情况，再采用相应的控制算法计算出传递到振动点所需要的控制力。当执行器施加的控制反作用力到达控制点的振动正好与由激励源传递来的振动同振幅反相位时，与汽油机产生的振动进行叠加，则控制点的振动可相互抵消降为零，以抵消汽油机振动向车身的传递，从而可以获得最佳隔振效果。该技术理论上可使汽油机的振动完全隔离掉，使车身的振动响应为零。

典型的主动悬置控制包括液压或橡胶悬置、微型执行器、测量系统和控制系统，如图 4-69所示。设置液压或橡胶悬置的目的是支撑汽油机的静态力，同时在执行器失效时起到悬置的隔振作用。执行器在控制器的作用下产生与激励信号同振幅、同频率、反相位的振动力。测量系统包括传感器、适配器、放大器及滤波器等。常用的传感器有压电式、压阻式、电位计式和光电式等。传感器的主要作用是采集汽油机和车身的振动信号，并传给控制器进行信号处理。

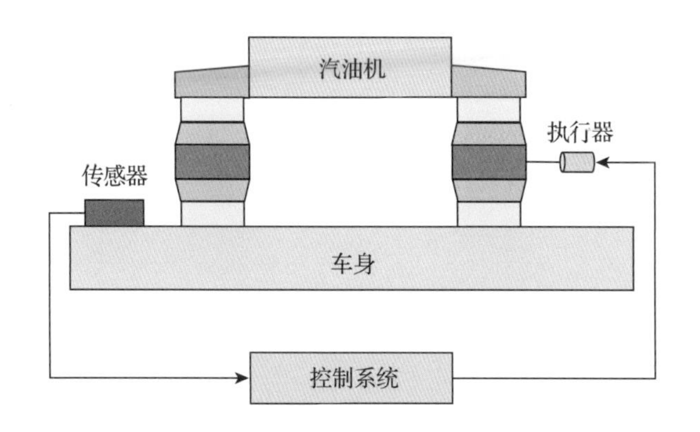

图 4-69 主动悬置控制系统框图

主动悬置控制算法是主动悬置控制技术的核心。经过多年的发展，业内已逐渐形成了一系列振动主动控制的理论和方法，如模态控制法、最优主动控制法、鲁棒控制法、自适应主动控制法、神经网络主动控制法等，详细信息可以参见相关文献。

近年来，现代控制理论以及传感器和计算机控制技术的发展，为汽车 NVH 控制与优化理论研究及工程应用提供了更加完善的解决方案，如磁流变悬架技术、主动吸声技术、主动发声技术、智能材料与电子匹配控制技术等。在汽车电动化、智能化、互联化、个性化的发展趋势下，这些技术在量产车上拥有广阔的应用前景，可全面提升汽油机 NVH 水平。

4.6 小结

本章介绍了汽油机 NVH 开发的概念、体系、流程和噪声与振动等基础 NVH 知识。从振动、噪声和声品质三方面给出了汽油机 NVH 性能的常用管控指标及定义，并给出了重要指标的获取方法。分别从激励源、传递路径和响应控制三方面详细阐述了各指标达成方法。从仿真分析、测试分析和电控等方面详细阐述了汽油机 NVH 性能开发的关键技术，并给出了这些技术在汽油机正向 NVH 开发和问题解决中应用的典型案例。最后论述了电气化动力总成系统 NVH 的难题，并给出了应对这些难题的解决方案。

参考文献

[1] 杜功焕，朱哲民，龚秀芬. 声学基础 [M]. 南京：南京大学出版社，2009.

[2] 高波克治. 汽车振动噪声控制技术 [M]. 刘显臣，译. 北京：机械工业出版社，2018.

[3] 钱人一. 汽车发动机噪声控制 [M]. 上海：同济大学出版社，1997.

[4] LI F Q, HU T G, YANG J C, et al. NVH performance optimization of layered-cylinder head based on benchmarking [C] //Proceedings of the international conference on power transmissions. [S. l. : s. n.], 2016.

[5] 李凤琴，李占辉，张磊，等. 发动机机油盘辐射噪声结构优化 [J]. 汽车工程学报，2011，1 (z2)：1-7.

[6] 全国内燃机标准化技术委员会．往复式内燃机声压法声功率级的测定　第1部分：工程法：GB/T 1859.1－2015 [S]．北京：中国标准出版社，2015.

[7] 全国内燃机标准化技术委员会．往复式内燃机噪声限值：GB/T 14097－2018 [S]．北京：中国标准出版社，2018.

[8] ZWICKER E. On the loudness of continuous noises [J]. Journal of the Acoustical Society of America，1956，28 (4)：764.

[9] MOORE B，GLASBERG B R，BAER T. A model for the prediction of thresholds，loudness，and partial loudness [J]. Journal of the Audio Engineering Society，1997，45 (4)：224－240.

[10] Acoustic-method for calculation loudness level：ISO 532：1975 [S].

[11] Procedure for the computation of loudness of steady sounds：ANSI S3.4：2005 [S].

[12] MARUI A，MARTENS W L. Predicting perceived sharpness of broadband noise from multiple moments of the specific loudness distribution [J]. Journal of the Acoustical Society of America，2006，119 (2)：7－13.

[13] DANIEL P，WEBER R. Psychoacoustical roughness：implementation of an optimized model [J]. Acustica，1997，83 (1)：113－123.

[14] HALL J W I，BUSS E，OZMERAL E J，et al. The effect of noise fluctuation and spectral bandwidth on gap detection [J]. Journal of the Acoustical Society of America，2016，139 (4)：1601－1610.

[15] STEPHEN V. Using articulation index band correlations to objectively estimate speech intelligibility consistent with the modified rhyme test [C] // IEEE. 2013 IEEE Workshop on Applications of Signal Processing to Audio and Acoustics. [S.l.：s.n.]，2013：1－4.

[16] 蒋德明．内燃机燃烧与排放学 [M]．西安：西安交通大学出版社，2001.

[17] 王建昕．汽车发动机原理 [M]．北京：清华大学出版社，2020.

[18] 李凤琴，郑光泽，艾晓玉．发动机双平衡轴系统设计分析 [J]．振动与冲击，2014，33 (5)：58－63.

[19] MOSHREFI N，MAZZELLA G，YEAGER D，et al. Gasoline Engine Piston Pin Tick Noise [C] //SAE. SAE. 2007－01－2290. [S.l.：s.n.]，2007.

[20] TAN X D. Study of the optimization of matching between torsional vibration damper and elastic coupling based on energy method [J]. Journal of Vibroengineering，2017，19 (2)：769－782.

[21] 刘显臣．汽车NVH性能开发 [M]．北京：机械工业出版社，2017.

[22] OZER M B，ROYSTON T J. Extending den hartog's vibration absorber technique to multi-degree-of-freedom systems [J]. Journal of Vibration & Acoustics，2004，127 (4)：341－350.

[23] ZIENKIEWICZ O C. The Finite Element Method [M]. New York：Mcgraw-Hill College，1987.

[24] 洪清泉，赵康，张攀，等. OptiStruct HyperStudy 理论基础与工程应用 [M]. 北京：机械工业出版社，2013.

[25] 杨万里，许敏，潘影影. 发动机曲轴系统动力学数值模拟研究 [J]. 内燃机工程，2006，27 (1)：45-47.

[26] MOSHREFI N，MAZZELLA G，YEAGER D，et al. Optimization of Semi-Floating Piston Pin Boss Formed by Using Oil-Film Simulations [C] //SAE. SAE 2012-01-0908. [S. l. : s. n.]，2012.

[27] AKEI M，KOIZUMI T，TSUJIUCHI N，et al. Prediction of vibration at operator position and transfer path analysis using engine multi body dynamics model [C] //SAE. SAE Technical Paper，2014-01-2316. . [S. l. : s. n.]，2014.

[28] 詹福良，徐俊伟. Virtual lab Acoustics 声学仿真技术从入门到精通 [M]. 西安：西北工业大学出版社，2013.

[29] JACKSON A P. A Comparison between active and passive approaches to the sound qualty tuning of a high performance vehicle [C] //SAE. SAE 2013-01-1878. [S. l. : s. n.]，2013.

[30] 曹蕴涛. 电动汽车主动发声系统设计与评价方法研究 [D]. 长春：吉林大学，2019.

[31] 陈克安，曾向阳，杨有粮. 声学测量 [M]. 北京：机械工业出版社，2010.

[32] 亚采克·F吉拉斯，约瑟夫·卓赖. 多相电机噪声 [M]. 庄亚平，回志澎，马守军，等译. 北京：国防工业出版社，2019.

[33] 徐春萍. 声全息技术及其应用 [D]. 哈尔滨：哈尔滨工程大学，2000.

[34] VIDMAR B J，SHAW S W，FEENY B F，et al. Nonlinear interactions in systems of multiple order centrifugal pendulum vibration absorbers [J]. Journal of Vibration & Acoustics，2013，135 (6)：061012.

[35] DENMAN H H . Tautochronic bifilar pendulum torsion absorbers for reciprocating engines [J]. Journal of Sound & Vibration，1992，159 (2)：251-277.

[36] 黄博妍. 管道宽窄带混合主动噪声控制系统的若干关键算法研究 [D]. 哈尔滨：哈尔滨工业大学，2013.

[37] 刘学广. 车内低频噪声多次级声源有源消声系统研究 [D]. 长春：吉林大学，2004.

[38] 史蒂芬·艾里奥特. 主动控制中的信号处理 [M]. 翁震平，吴文伟，王飞，译. 北京：国防工业出版社，2013.

[39] 梁天也. 主动控制式发动机悬置研究 [D]. 长春：吉林大学，2008.

[40] YU Y H，NAGANATHAN N G，DUKKIPATI R V，et al. A literature review of automotive vehicle engine mountingsystems [J]. Mechanism and Machine Theory，2001 (36)：123-142.

[41] 于世稳，史文库，曲伟，等. 发动机主动悬置3种控制方法的比较 [J]. 汽车工程，2010，32 (3)：248-253.

Chapter 05

第 5 章 电控技术

5.1 概述

汽油机电控系统也叫发动机管理系统（Engine Management System，EMS），其功能是以发动机电子控制单元（Electronic Control Unit，ECU）为控制中心，利用安装在发动机不同位置的各种传感器测得发动机的实时运行状态参数，按照 ECU 中设定的控制程序，精确地控制发动机各电控执行器工作，使发动机能够正常运转，并实现对发动机动力性、经济性和排放的最优控制。图 5-1 所示是博世公司缸内直喷发动机 EMS 示意图，主要包含 ECU、各类传感器和执行器。

汽油机电控系统功能可划分为发动机控制基本功能和整车控制功能，其中发动机控制部分主要有充量系数模型计算、转矩模型计算、排温模型计算、燃油喷射控制、爆燃控制、可变气门正时（Variable Valve Timing，VVT）控制、增压控制、扫气控制、燃烧极限控制、早燃控制等，整车部分主要有起动控制、怠速控制、空燃比闭环控制、过渡工况控制、催化剂加热控制、防颤振控制、加减速平顺性控制、减速断油控制、需求转矩协调控制、炭罐控制、氧传感器加热及露点控制、故障诊断、超增压控制、最高车速控制、巡航控制、怠速起停控制、48V 系统控制、混动系统请求响应控制、自动泊车响应控制等。

汽油机电控系统开发通常包含发动机电控系统开发和整车电控系统开发两大部分。其中发动机在装车前的电控系统开发，需要根据发动机及整车需求进行方案设计，具体主要是基于发动机搭载的整车功能目标，选用合适的发动机控制器及各类传感器与执行器，通过软件控制与调试实现整车需求的发动机各项性能，并通过发动机台架标定最终达成发动机各项性能指标，包括发动机最大功率、最大转矩、最高热效率、特征点油耗及起燃工况排放等。整车电控系统开发主要是根据整车基本功能及特色功能，完成整车功能软件开发，并通过整车标定最终达成整车各项性能指标，包括整车动力性、经济性、排放及驾驶

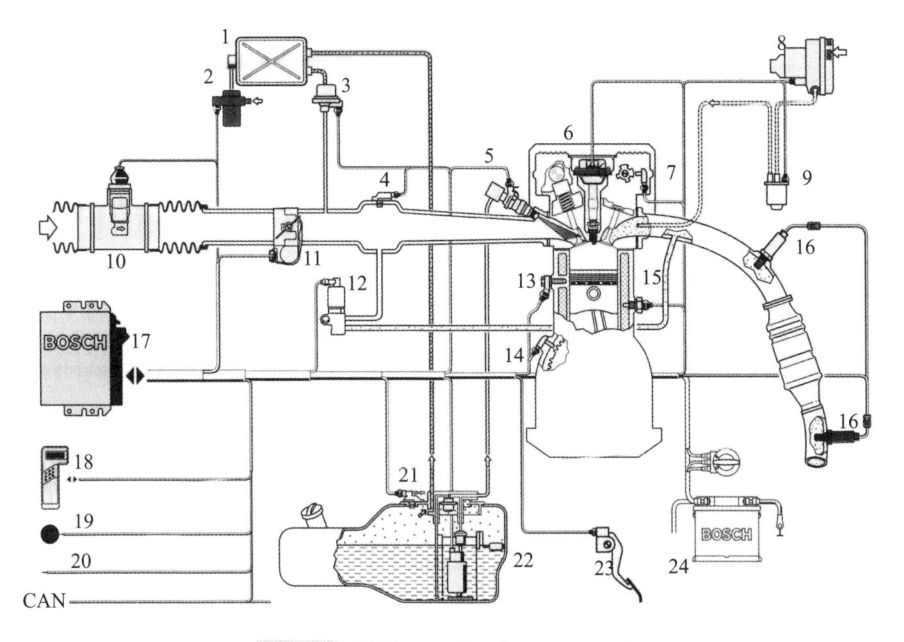

图5-1 博世 GDI 发动机 EMS 示意图

1—活性炭罐 2—单向阀 3—炭罐吹洗阀 4—进气歧管压力传感器 5—喷油器 6—点火线圈/火花塞 7—相位传感器 8—二次空气喷射泵 9—二次空气喷射阀 10—空气质量流量传感器 11—节气门组件（ETC） 12—EGR阀 13—爆燃传感器 14—发动机转速传感器 15—发动机温度传感器 16—氧传感器 17—电子控制单元 18—诊断接口 19—诊断显示灯 20—汽车防盗装置 21—燃油箱压力传感器 22—燃油箱内置泵 23—加速踏板模块 24—蓄电池

性等。此外，随着油耗和排放法规的升级以及车辆使用体验感需求的提升，整车电控系统需不断升级控制逻辑并开发一些新功能，如排放控制及车载诊断（On-Board Diagnosis，OBD）升级、怠速起停、48V系统、混动系统控制、自适应巡航、自动泊车等。图5-2所示是车用汽油机电控系统开发简图。

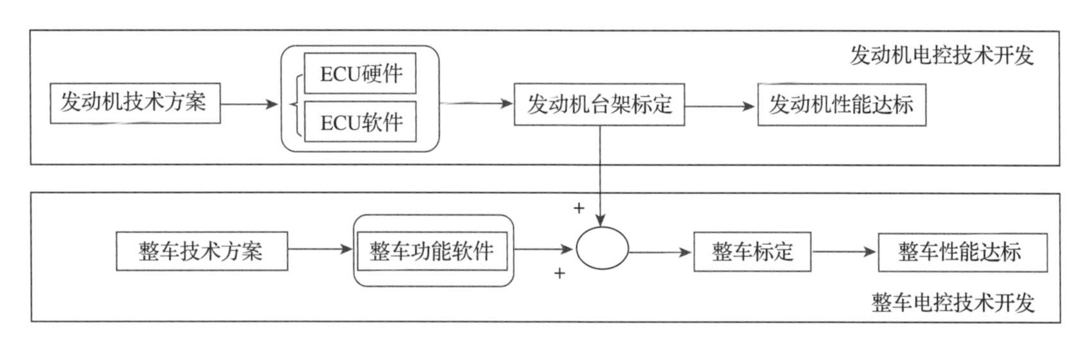

图5-2 车用汽油机电控系统开发简图

5.2 电控系统硬件开发技术

在汽油机设计过程中，为了满足动力、驾驶、排放、油耗等功能需求，主机厂开发相应的电子控制系统硬件，包括发动机控制器、传感器和执行器。

5.2.1 流程与工具

电子控制系统硬件开发流程可以分为计划和确定项目，产品设计和开发验证，产品和过程确认，反馈、评定和纠正措施，如图 5-3 所示。

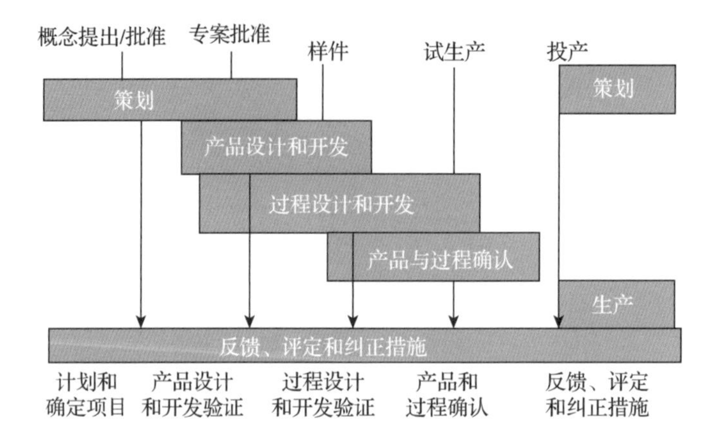

图 5-3 电子控制系统硬件开发流程

电子控制系统硬件是需要高质量保证的，IATF 16949 为汽车行业质量管理体系基本要求，其主要内容包括 5 个工具：产品先期质量策划（Advanced Product Quality Planning，APQP）、生产件批准程序（Production Part Approval Process，PPAP）、潜在失效模式与后果分析（Failure Mode and Effect Analysis，FMEA）、测量系统分析（Measurement System Analysis，MSA）和统计过程控制（Statistical Process Control，SPC）。例如：产品先期质量策划是一种结构化的方法，用来确定和制定确保某产品使顾客满意所需的步骤。通过团队的努力，从产品的概念设计、设计开发、过程开发、试生产到生产全过程中的信息反馈、纠正措施和持续改进活动。

电子控制系统硬件的常用开发工具，主要有设计软件、试验设备和生产制造设备等。设计软件常用的有制图软件、仿真软件和电路设计软件。试验设备常用的有物理信息采集设备、环境负载的模拟设备以及专用的功能测试设备，其中物理信息采集设备包括电流、电压、温度、湿度、电场、磁场、振动、控制器局域网络信息等采集设备，环境负载的模拟设备包括高温箱、低温箱、振动台等，专用的功能测试设备包括 ECU 控制器硬件在环试验台、ECU 数据采集设备、点火能量测试设备、喷油角度测试设备、电机性能测试设备、阀体流量测试设备和密封性能测试设备等。生产制造设备常用的有绕线设备、线路元件焊接设备、印制电路板制造设备、注塑灌封设备、壳体成型设备、性能检测设备等。

5.2.2 硬件选型技术

发动机设计开发时，ECU、传感器和执行器绝大多数都是通过零部件供应商来提供的。为提高设计的成熟性，通常选择现有的供应商产品平台方案，或在其平台上进行适应性开发，当然也有少数情况下进行全新的零部件产品开发。整机的电器硬件设计能力，更多在于电器部件硬件选用和整机系统集成。

5.2.2.1 汽油机 ECU

ECU 是发动机控制系统的核心硬件。在设计选型时，通常根据项目需求，确定需要的 ECU 内部硬件模块、针脚数量和软件。一般情况下在各个 ECU 供应商的现有产品平台进行选择比较，再进行局部的定制开发。

ECU 内部硬件模块通常包括主芯片、电源模块、模拟信号采集模块、数字信号采集模块、H 桥驱动、低边驱动模块、点火驱动模块、脉宽调制（Pulse width modulation，PWM）信号输出模块、本地连接网络（Local Interconnect Network，LIN）通信模块、单边半字传输协议（Single Edge Nibble Transmission，SENT）通信模块、控制器局域网络（Controller Area Network，CAN）通信模块等。

1）主芯片是 ECU 硬件的核心，数据总线宽度和时钟脉冲频率影响 ECU 的效率。

2）电源模块由专用集成电路（Application Specific Integrated Circuit，ASIC）芯片及相应外围电路组成，用于内部集成电路供电的精准 5V 输出、传感器 5V 供电输出、5V 电压的稳压、低电压及过电压保护和主继电器控制。

3）模拟信号采集模块。通过模拟量输入的有冷却液温度传感器、机油压力传感器、加速踏板输入、电子节气门反馈、开关氧输入、增压压力、进气温度、废气再循环（Exhaust Gas Recirculation，EGR）控制阀位置等，主要采用 5V 供电的方式，在不同的温度下输出不同的电压值。常见的模拟信号采集模块的硬件电路原理如图 5-4 所示。

4）数字信号采集模块（开关输入）。通过数字信号-开关输入的有起停开关、空调中压开关、制动开关、高/低位离合器开关、机油压力开关等。以起停开关为例，按下时输出 12V 电压给 ECU，关闭时不输出电压值，ECU 通过起停开关输入的电压值判断起停开关的状态。数字信号-开关输入采集模块的硬件电路原理如图 5-5 所示。

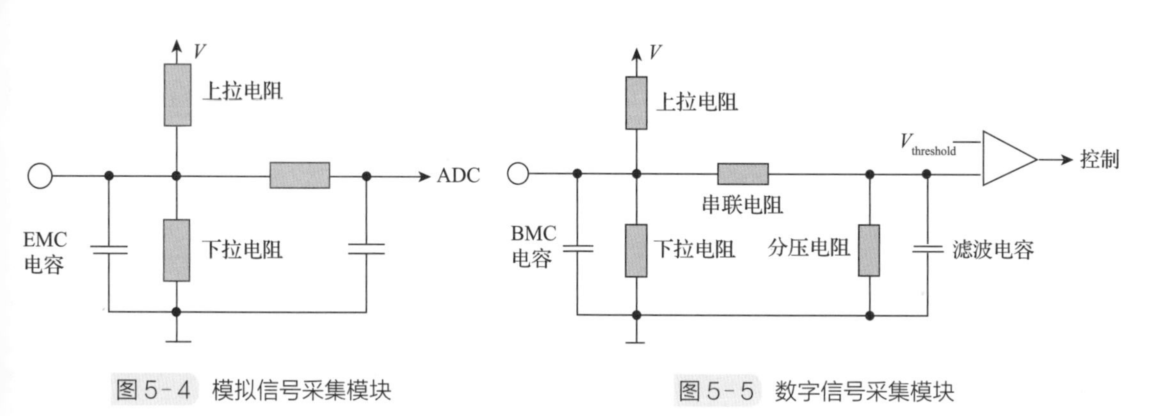

图 5-4 模拟信号采集模块

图 5-5 数字信号采集模块

5）H 桥驱动是一种大电流驱动需求，如电子节气门体、电动废气旁通阀、EGR 阀、热管理（Thermal Management Module，TMM）控制阀、可变截面涡轮增压等。常见的电子节气门体驱动芯片如图 5-6 所示。

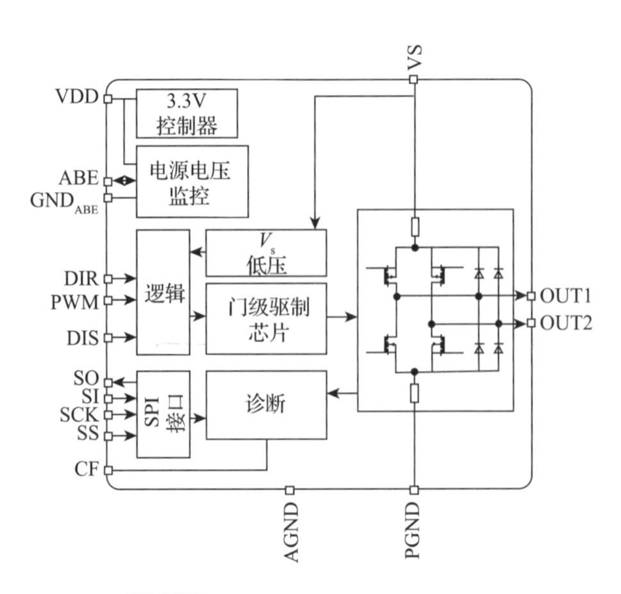

图 5-6 常见电子节气门体驱动芯片

6）低边驱动模块。使用低边驱动进行控制的执行器有主继电器、起动继电器、低压油泵继电器、进气泄压阀、冷却风扇继电器等，该驱动方式具有短路到地、开路、过电流和过温诊断功能。以主继电器为例，其一端连接 12V 电源，另一端连接 ECU 的针脚。ECU 需要闭合主继电器时将该针脚的电压拉低（通常为 0V），主继电器吸合，需要断开主继电器时将该针脚的电压重新拉到 12V。低边驱动模块的硬件电路原理如图 5-7 所示。

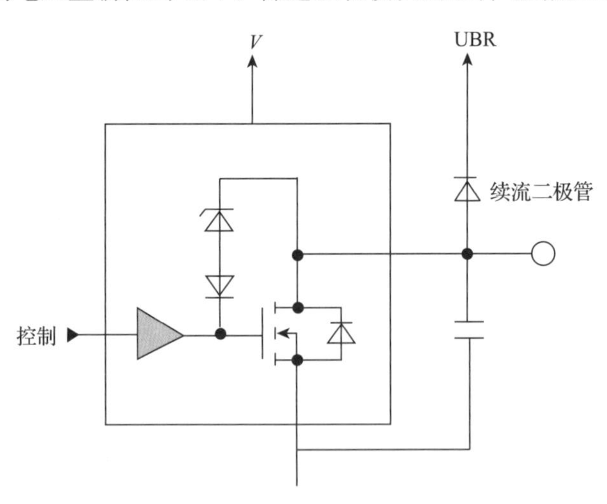

图 5-7 低边驱动模块

7）点火驱动分为内驱和外驱两种方式，内驱的绝缘栅双极型晶体管（Insulated Gate Bipolar Transistor，IGBT）芯片集成在 ECU 中，外驱的 IGBT 芯片集成在点火线圈中。外驱相较于内驱而言有更好的电磁兼容（Electromagnetic Compatibility，EMC）性能，可有效避免因 IGBT 芯片短路带来的 ECU 烧毁风险，但内驱更具成本优势。进气道喷射（Port Fuel Injected，PFI）发动机多使用内驱，缸内直喷（Gasoline Direct Injection，GDI）发动机多使用外驱。常见的点火驱动模块的硬件电路原理如图 5-8 所示。

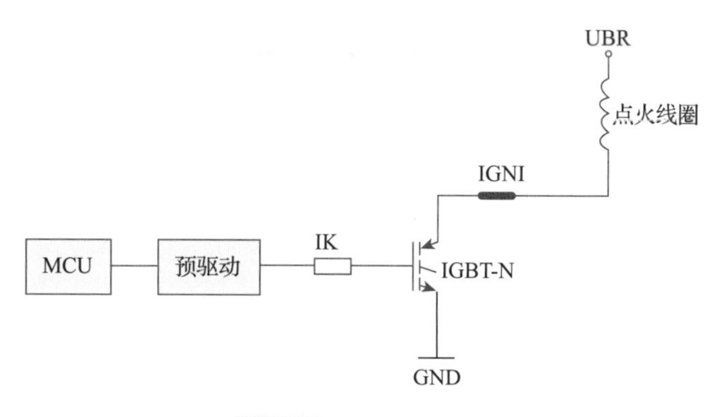

图5-8 点火驱动模块

8）PWM信号输出模块。使用PWM信号进行输出控制的执行器有电子辅助水泵、氧传感器加热器、炭罐电磁阀、PWM风扇、变排量机油泵等。ECU通过调节PWM信号的占空比和频率控制执行器的开启和关闭。PWM信号驱动模块常见的硬件电路原理如图5-9所示。

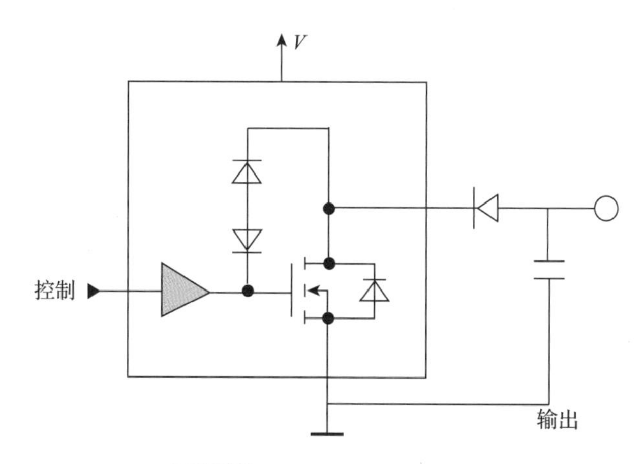

图5-9 PWM信号驱动模块

9）LIN通信模块。ECU中使用LIN通信的零部件有蓄电池传感器、智能发电机等。基于串口通信协议，支持主/次节点通信协议。LIN通信模块的常见硬件电路原理如图5-10所示。

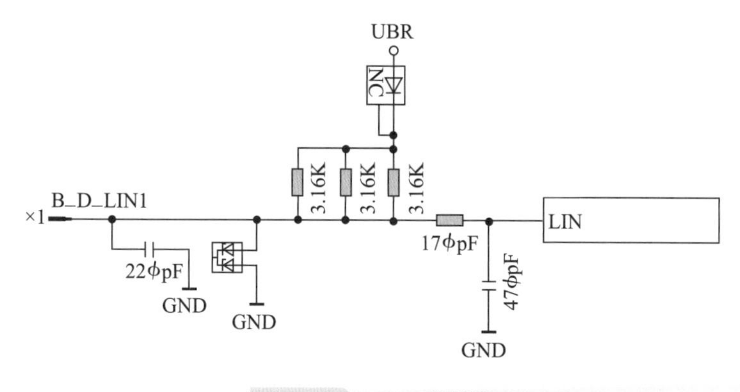

图5-10 LIN通信模块

10）SENT 通信模块。ECU 中使用 SNET 通信的零部件有 GPF 压差传感器、TMM 等。SENT 通信是一种点对点、单向传输的通信方案。SENT 通信模块常见的硬件电路原理如图 5－11 所示。

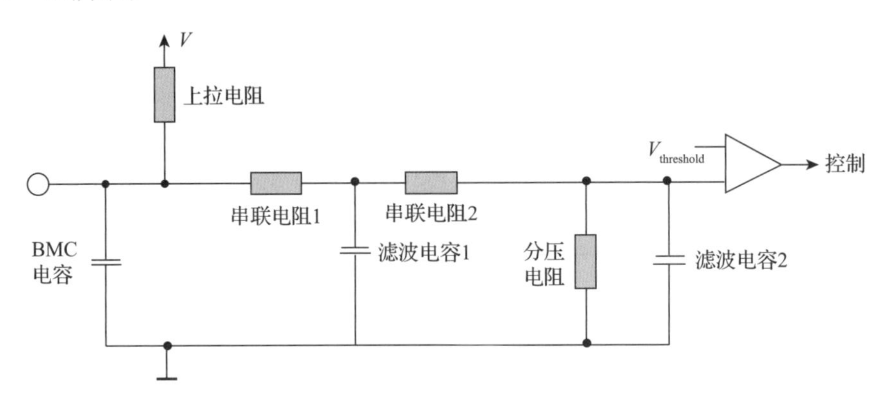

图 5－11　SENT 通信模块

11）CAN 通信模块用于 ECU 和其他车载电子控制器之间的通信，通信速度高达 1Mbit/s，可以连接 100 多个节点，以满足整车 CAN 网络的要求，且支持唤醒功能。CAN 通信模块常见的硬件电路原理如图 5－12 所示。

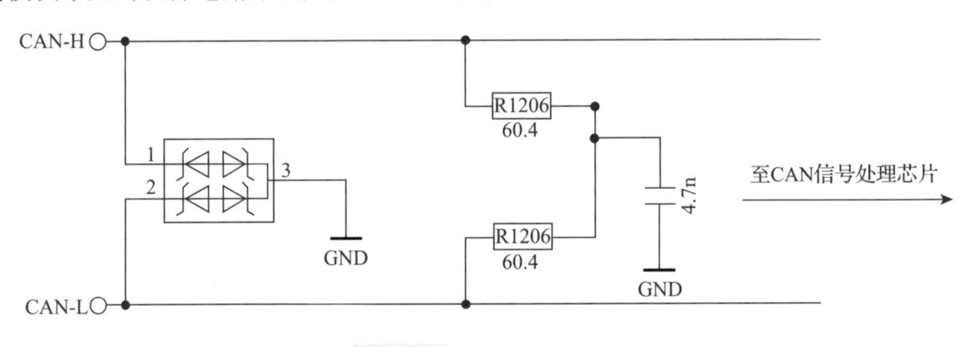

图 5－12　CAN 通信模块

5.2.2.2　汽油机传感器

传感器选型时，主要基于需要采集的物理或化学信息的范围进行选取，需要预留一定的余量。在汽油机中，各种传感器将被测的物理或化学信息转变为电信号传送给 ECU，主要包括温度、压力、转速、位置、振动和氧浓度等。

1. 温度类传感器

温度类传感器的主要原理为，利用材料热敏原理，选取不同温度特性的敏感元，将温度变化转换为电阻变化，再进一步转换为电压信号输出。敏感元一般有负温度系数（Negative Temperature Coefficient，NTC）和正温度系数（Positive Temperature Coefficient，PTC）两种。通常金属氧化物或陶瓷热敏电阻具有负温度系数特性，测试温度相对较低，一般为－40～280℃；贵金属铂电阻具有正温度系数，测试温度相对较高，一般为－40～950℃。温度类传感器通常有 2 个针脚，需要配合 ECU 控制器中的上拉电阻和上拉电压构成分压电路，将温度变化转换为电压变化。在汽油机实际应用中，NTC式传感器主要包括冷却液温度传感器和进气系统（包括EGR）温度传感器等，PTC式传感器主要包括排气温度传感器等，见表5-1。

表5-1 温度类传感器

温度类传感器	主要功能	常见选型参数	示例
冷却液温度传感器	测量发动机冷却液温度	-40～130℃	
进气温度传感器	测量进气温度（进气温度和压力通常集成到一个传感器）	-40～120℃	
EGR温度传感器	测量EGR气体冷却后温度	-40～300℃	
汽油机颗粒捕集器（GPF）高温传感器	测量GPF入口气体温度	-40～900℃	

2. 压力类传感器

压力类传感器主要原理为，通常采用微机电系统（Micro Electromechanical System，MEMS）、陶瓷电容（Ceramic Sense Element，CSE）和微熔硅应变片（Micro fused Strain Gage，MSG）等技术将被测介质的压力变化转换为物理形变，进而产生电阻或电容变化，并配合惠斯通电桥等调理电路将其转换为电压信号输出（有的可以采用SENT数字信号输出）。

根据被测对象不同，压力传感器可分为绝对压力传感器和相对压力传感器。绝对压力传感器是以标准大气压为参考，其输出值为标准压力值；相对压力传感器则是以当前所处环境气压为参考，输出值为与当前环境压力的相对差值。汽油机中的压力传感器主要包括进气压力传感器、机油压力传感器和喷油压力传感器等，见表5-2。

3. 转速类传感器

转速类传感器是指利用磁场感应原理，配合信号齿轮将旋转部件的转角变化转换为对应的电压或电流信号，并以频率形式输出的传感器类型，主要用于转角位置及转速的检测计算。转速类传感器根据应用场景的不同需配合不同类型的信号盘，按照工作方式可分为主动式（霍尔式、磁阻式）和被动式（磁电式）两种。汽油机中的转速传感器主要有曲轴转速传感器和凸轮轴转速传感器，见表5-3。

表 5-2　压力类传感器

压力类传感器	主要功能	常见选型参数	示例
进气压力传感器	测量发动机进气压力（进气温度和压力通常集成到一个传感器）	自吸 10～115kPa 增压 10～300kPa	
机油压力传感器	测量发动机机油压力	-50～800kPa	
喷油压力传感器	测量直喷燃油总管压力	0～50MPa	
GPF 压差传感器	反馈 GPF 前后两端压力差值，用于判断 GPF 堵塞情况	-20～80kPa	

表 5-3　转速类传感器

转速类传感器	主要功能	常见选型参数	示例
曲轴转速传感器	检测曲轴转速和转角位置	霍尔式以方波形式输出，磁电式以类似正弦波形式输出	
凸轮轴转速传感器	检测凸轮轴转速和转角位置	霍尔式以方波形式输出	

4. 其他传感器

位置传感器通常采用滑动变阻器结构形式，也有霍尔式结构，通常集成在执行器总成中，例如燃油箱液面传感器、电子节气门体位置传感器、EGR 位置传感器、增压器废气旁通阀位置传感器，见表 5-4。

爆燃传感器是一种振动加速度传感器，它利用压电效应原理，敏感元件是一个压电陶瓷，发动机气缸体的振动通过传感器内的质量块传递到压电陶瓷上，压电陶瓷受压后，表面产生大量积聚电荷，形成电势差，发动机振动（振幅、振动加速度）越大，产生的电压信号越大，ECU 对该电压信号经过积分、滤波处理后判断发动机是否产生爆燃，见表 5-4。

氧传感器主要通过将氧化锆陶瓷体内外的氧离子浓度差变化转换为电信号输出，从而检测废气中氧气的含量并反馈给 ECU，进而使混合气空燃比始终维持在当量值附近，以确保三元催化转化器对排气中 HC、CO 和 NOx 同时具有最大转化效率。氧传感器主要有线氧和开关氧两种，线氧输出信号为电流值，可对不同空燃比进行线性输出，而开关氧输出信号为电压值，其高低仅表征偏浓或偏稀，无法准确获取当前具体的空燃比。在汽油机中，催化器前后通常分别布置一个氧传感器，其中前氧传感器主要用于空燃比检测并反馈给 ECU，以进行发动机喷油量控制，后氧传感器则主要用于对三元催化器转化是否完全进行校验，见表 5-4。

表 5-4 其他传感器

其他传感器	主要功能	常见选型参数	示例
燃油箱液面传感器	检测燃油箱液面高度	最低液位电阻：30Ω，最高液位电阻：260Ω	
爆燃传感器	监测爆燃信号	灵敏度，单位 mV/*g*	
氧传感器	检测废气中氧气含量	线氧：-5～5mA 开关氧：0～900mV	

5.2.2.3 汽油机执行器

执行器是任务执行的终端。这里主要介绍汽油机的电子执行器，它是一种用于将电能转换为动能或热能的执行机构，主要包括电动机类、电磁阀类和变压器类等。

1. 电动机类执行器

汽油机电动机类执行器主要有电子节气门体电动机、起动电动机和增压器废气旁通阀控制电动机等，主要功能及参数见表 5-5。

电子节气门体电动机一般采用有刷直流电动机，根据 ECU 输入的 PWM 占空比信号，对电子节气门体总成施加作用力，使电子节气门体总成阀板开启至规定角度，以满足发动机进气需求。

起动电动机一般为有刷直流电动机，是根据带电导体在磁场中受到电磁力作用的原理为基础制成的。由于起动电流较大，ECU 需通过继电器对起动电动机进行控制。起动机根据是否内装减速齿轮可分为直驱式起动机和减速式起动机，根据磁场的产生方式又可分为励磁式起动机和永磁式起动机。目前汽油机通常采用减速式永磁起动机。

增压器废气旁通阀控制电动机一般为有刷直流电动机，其根据 ECU 输入的 PWM 占空比信号输出控制力矩，通过执行器连杆机构推动废气阀旋转到需求角度，以调整参与涡轮做功的废气流量，从而达到改变增压压力的目的。为实现废气旁通阀开度的精确控制，执行器内还设计有一个霍尔式位置传感器，用于读取并向 ECU 反馈实际的执行器的转角位置。

LP－EGR 阀主流采用蝶阀，也是有刷直流电动机，根据 ECU 输入的 PWM 占空比信号，对齿轮传动机构施加作用力，使总成阀板开启至规定角度，以满足发动机通气流量需求。

表 5－5　电动机类执行器

电动机类执行器	主要功能	常见选型参数	示例
电子节气门体	通过控制节气门开度控制发动机进气量	52mm 口径，阀板全关位置的空气流量应小于 3.0kg/h	
起动电动机	用于拖动发动机旋转，让发动机产生初始转速	功率 1.2kW	
增压器废气旁通阀控制电动机	控制废气旁通式涡轮增压器涡轮机端废气阀的开闭角度及速度	输出轴静态许用力及力矩最大为 50N/8N·m	
LP－EGR 阀	将低压回路上的废气重新导回到新鲜空气回路上，以调节气流量	下止点空气流量不大于 2.0kg/h（25mm）	

2. 电磁阀类执行器

汽油机中的电磁阀类执行器主要包括直喷喷油器、机油控制阀（Oil Control Valve，OCV）、炭罐控制阀及进气泄压阀等，主要功能及参数见表 5－6。

直喷喷油器中的线圈在通电后形成电磁力，将针阀组件吸起，燃油经喷孔板雾化后喷出，断电后，电磁力消失，针阀组件在弹簧力作用下再次回位，喷油结束。

表5-6 电磁阀类执行器

电磁阀类执行器	主要功能	常见选型参数	示例
直喷喷油器	进行燃油喷射控制	孔数：6孔 孔径：0.14mm 流量：9.25mL/s@10MPa	
机油控制阀（OCV阀）	通过改变油路流向及流量，控制VVT相位、机油泵油压、活塞冷却喷嘴油路开闭等	流量特性曲线	
炭罐控制阀	用于燃油蒸发排放物控制	100%占空比全开时流量一般应大于100L/min	

OCV阀通过控制输入的电流大小，产生电磁力推动阀芯到相应的位置，使阀芯和阀体配合以改变油路的流向及流量。

在无电信号时，炭罐控制阀的阀芯在弹簧力作用下将关闭气流通道，有电信号时，电磁线圈产生电磁力，阀芯在电磁力的作用下克服弹簧力打开气流通道。

3. 变压器类执行器

变压器类执行器主要是点火线圈，是一种基于电磁感应原理制成的脉冲直流升压变压器，主要由ECU发出的脉冲波来控制。工作时首先在初级线圈增大电流进行充磁，随后在关断点火线圈的初级回路瞬间，电流将发生突变，由此使次级感应产生直流高电压，从而击穿火花塞电极之间的空气，形成电火花后点燃缸内混合气。典型类型有1×1、1×2和2×2，其中第1个数字代表线包数量，第2个数字代表输出端的个数，1×1型点火线圈应用较为普遍，见表5-7。

表5-7 变压器类执行器

变压器类执行器	主要功能	常见选型参数	示例
点火线圈	向火花塞提供点火电压及能量	电压：35kV@25pF 能量：70mJ	

5.3 电控系统软件开发技术

5.3.1 开发流程

软件开发流程是提高软件质量和开发效率的重要保障，目前在汽车行业中最为普遍应用的是 V 模型开发流程，如图 5-13 所示。

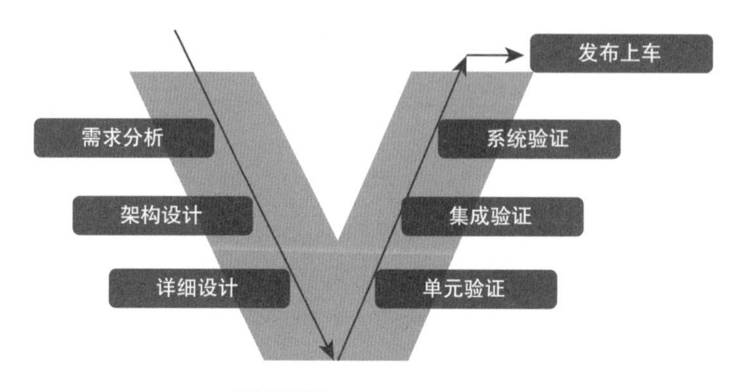

图 5-13 软件开发 V 模型

1. 需求分析

需求分析是将用户的需求转换成完整的需求定义，以确定开发内容的过程。需求分析是软件开发流程的基础，在软件开发后期提出新的需求变更可能对项目造成重大影响。因此，根据用户的需求进行需求分析十分重要。需求分析既是迭代的又是递归的，这要求架构设计之前，在不引入实施偏差的情况下，必须做到需求分析的输出与用户的需求具有可追溯性和一致性。

实施需求分析的流程大致如下：

1）定义需求及其接口。

2）将需求进行分类，并分析其正确性和可验证性。

3）分析需求对运行环境的影响。

4）定义需求实现的优先级。

5）根据最新需要更新需求。

6）在用户需求和系统需求之间、系统需求与软件需求之间、系统架构设计与软件需求之间建立一致性和双向可追溯性。

7）从技术成本、进度和技术影响来评估需求。

8）约定需求，并与所有受影响方沟通。

2. 架构设计

架构设计是为需求分析得到的结果提供一个可管理的、概念性的、最终可实现的独立解决方案，识别各软件需求所对应的要素，并依照已经定义的准则评估架构设计。架构设计是不断迭代的过程，当出现替代解决方案时，需将技术分析和决策也作为该流程的一部分。

实施架构设计的流程大致如下：

1）定义识别系统或软件要素的架构设计。

2）将软件需求分配给要素。

3）定义每个要素的接口。

4）定义要素的动态行为和资源消耗目标。

5）建立需求与架构设计之间的一致性和双向可追溯性。

6）约定架构设计，并与所有受影响方沟通。

3. 详细设计

详细设计是为软件提供具体设计方案，并定义和生成软件单元。软件详细设计主要是功能逻辑的具体实现，目的是通过软件算法的优化，高效地实现目标输出，并满足软件资源的设计约束。

实施详细设计的流程大致如下：

1）开发描述软件单元的详细设计。

2）定义各软件单元的接口。

3）定义软件单元的动态行为。

4）建立软件需求与软件单元之间、软件架构设计与软件详细设计之间、软件详细设计与软件单元之间的一致性和双向可追溯性。

5）约定软件详细设计及该设计与软件架构设计的关系，并和所有受影响方沟通。

6）生成软件详细设计所定义的软件单元。

4. 单元验证

单元验证对应于详细设计，主要是对各子模块模型进行测试，确保子模块模型的逻辑正确性。单元验证分为静态测试和动态测试，其中静态测试是通过检查软件的语法、结果、过程、接口等来检查软件的正确性，动态测试是采用实际运行的方式对软件进行测试，通过测试结果评估是否满足设计需求。常用的测试方法有模型在环测试（Model in Loop，MiL）和软件在环测试（Software in Loop，SiL）。

单元验证的流程大致如下：

1）制订包括回归策略在内的软件单元验证策略。

2）根据软件单元验证策略，制订软件单元验证准则，以适于提供软件单元符合软件详细设计及非功能性软件需求的证据。

3）根据软件单元验证策略及软件单元验证准则，验证软件单元并记录结果。

4）建立软件单元、验证准则及验证结果之间的一致性和双向可追溯性。

5）总结单元验证结果，并与所有受影响方沟通。

5. 集成验证

集成验证对应于架构设计，主要是将软件单元集成到更大的软件项，直至达到与架构设计相一致，并确保集成的软件得到测试，以提供集成软件项符合架构设计的证据。

集成验证主要是测试各子模块间组合后的功能实现情况，模块接口连接的成功与否，以及数据传递的正确性等。常用的测试方法有模型在环测试、软件在环测试和硬件在环测试（Hardware in Loop，HiL）。

集成验证的流程大致如下：

1）制订与项目计划、发布计划和架构设计相一致的集成策略，以集成软件项。

2）制订包括回归测试策略在内的集成测试策略，以测试软件单元之间和软件项之间的交互。

3）根据集成测试策略，开发集成测试规范，以适于提供集成软件符合架构设计的证据。

4）根据集成策略集成软件单元和软件项直至完整地集成软件。

5）根据集成测试策略和发布计划，选择集成测试规范中的测试用例。

6）使用选定的测试用例测试集成的软件项，并记录测试结果。

7）建立架构设计要素与软件集成测试规范中的测试用例之间的一致性和双向可追溯性，并建立测试用例与测试结果之间的一致性和双向可追溯性。

8）总结集成测试结果，并与所有受影响方沟通。

6. 系统验证

系统验证对应于需求分析，主要是确保集成的软件得到测试，以提供符合用户需求的证据。系统验证将分别在台架和整车上进行，以验证整个控制软件是否符合软件的功能需求，并通过标定优化来满足整车的动力性、经济性、驾驶性、排放及系统保护等目标。

实施系统验证的流程大致如下：

1）制订与项目计划和发布计划相一致的包括回归测试策略在内的软件系统验证测试策略，以测试集成软件。

2）根据软件系统验证测试策略，开发集成软件的系统验证测试规范，以适于提供符合软件需求的证据。

3）根据软件系统验证测试规范和发布计划，选择软件系统验证测试规范中的测试用例。

4）使用选定的测试用例测试集成软件，并记录软件测试结果。

5）建立软件需求与软件系统验证测试规范中的测试用例之间的一致性和双向可追溯性，建立测试用例与测试结果之间的一致性和双向可追溯性。

6）总结软件系统验证测试结果，并与所有受影响方沟通。

5.3.2 软件开发及测试评估

5.3.2.1 软件开发

发动机管理系统是一个庞大而复杂的系统，软件及控制逻辑部分包含三部分：应用层、中间链接层、底层软件，如图 5-14 所示。就应用层部分而言，汽油机控制策略占据了绝大部分的比重，主要包含整车及发动机需求转矩计算、充量系数及油路、爆燃及点火提前角、发动机辅助功能控制（如各种 EGR，增压、VVT、热管理控制等）、汽油机排放及 OBD、汽油机电气化控制（如怠速起停、48V、各种混动）等，控制逻辑架构如图 5-15所示。

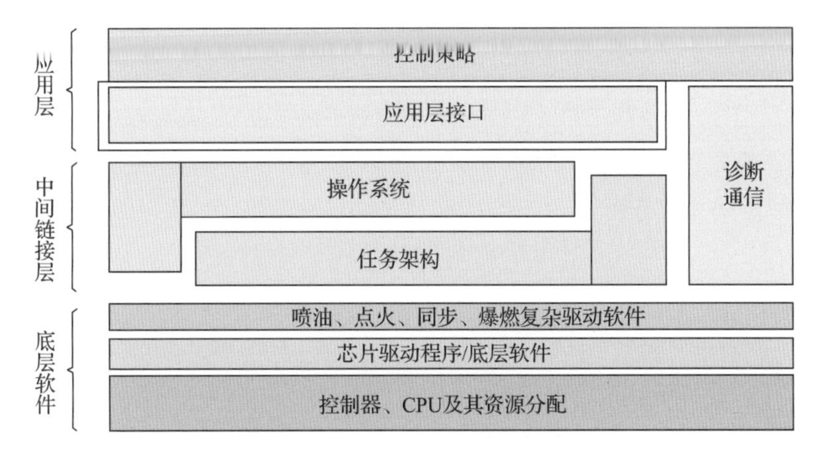

图5-14 发动机控制系统软件架构层示意图

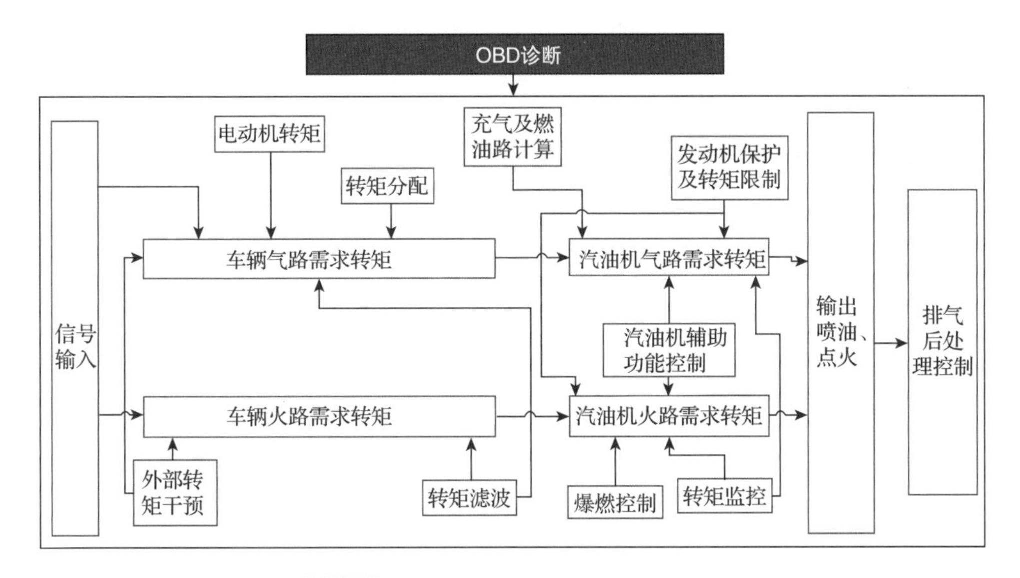

图5-15 汽油机控制器控制逻辑架构示意图

1. 应用层接口设计

（1）数字信号　起停主开关信号交互层功能设计见表5-8。

表5-8 起停主开关信号交互层功能设计

交互层接口			函数说明
void ChanganEcuSSMainSwitchSample（unsigned char ＊samplelevel）			采样起停主开关的电平状态
参数	描述	分辨率	范围
＊samplelevel	采样得到起停主开关的电平状态	1	0…1
返回值	描述	分辨率	范围
—	—	—	—

（2）模拟信号　增压压力传感器信号交互层功能设计见表5-9。

表5-9　增压压力传感器信号交互层功能设计

交互层接口			函数说明
unsigned char ChanganEcuBoostPressureSensorSample（unsigned int *sampleADReg）			采样增压压力传感器的AD寄存器值
参数	描述	分辨率	范围
*sampleADReg	采样得到增压压力传感器的AD寄存器值	0.000152	0…7FFF
返回值	描述	分辨率	范围
	增压压力传感器信号状态	1	0…1

（3）频率信号　车速信号交互层功能设计见表5-10。

表5-10　车速信号交互层功能设计

交互层接口			函数说明
unsigned char EMSVehicleSpeedSample（unsigned int *samplefreq）			采样车速信号的频率
参数	描述	分辨率	范围
*samplefreq（hz）	采样得到车速信号的频率	1	0～1000
返回值	描述	分辨率	范围
	车速信号状态	1	0…1

节气门电动机信号交互层功能设计见表5-11。

表5-11　节气门电动机信号交互层功能设计

交互层接口			函数说明
void EMS Throttle Actuator Driv（unsigned char turnway，unsigned char duty，unsigned int freq）			产生节气门电动机输出
参数	描述	分辨率	范围
turnway	要求产生电动机的方向信号	1	0…1
Duty（%）	要求产生信号的占空比	1	0～100
Freq（hz）	要求产生频率	1	1995～2005
返回值	描述	分辨率	范围
	—	—	—

（4）LIN信号　LIN口数据发送交互层功能设计见表5-12。

表 5-12 LIN 口数据发送交互层功能设计

交互层接口			函数说明
void EMSLinTrans（unsigned char transID，unsigned char * Sendbuf，unsigned char len）			LIN 口数据发送
参数	描述	分辨率	范围
TransID	需要动作的节点的 ID 号	—	—
* Sendbuf	发送一帧数据缓存	—	—
Sendlen	发送一帧数据长度	1	0～8
返回值	描述	分辨率	范围
	—	—	—

LIN 口数据接收交互层功能设计见表 5-13。

表 5-13 LIN 口数据接收交互层功能设计

交互层接口			函数说明
unsigned char EMSLinRece（unsigned char recesID，unsigned char * receive，unsigned char len）			LIN 口数据接收
参数	描述	分辨率	范围
IdIndex	需要动作的节点的 ID 号	—	—
* receive	接收一帧数据缓存	—	—
len	需要接收数据的长度	—	—
返回值	描述	分辨率	范围
	—	—	—

（5）CAN 信号　CAN 口数据发送交互层功能设计见表 5-14。

表 5-14 CAN 口数据发送交互层功能设计

交互层接口			函数说明
void EMSCommunicationCanTrans（unsigned short TransID，unsigned char * Sendbuf，unsigned char Sendlen）			整车通信 CAN 口数据发送
参数	描述	分辨率	范围
TransID	发送数据的 CAN ID 号	—	—
* Sendbuf	发送一帧数据缓存	—	—
Sendlen	发送一帧数据长度	1	0～8
返回值	描述	分辨率	范围
	—	—	—

CAN 口数据接收交互层功能设计见表 5-15。

表 5-15　CAN 口数据接收交互层功能设计

交互层接口			函数说明
unsigned char EMSCommunicationCanRead（unsigned short IdIndex，unsigned char *recebuf）			整车通信 CAN 口数据接收
参数	描述	分辨率	范围
IdIndex	接收数据的 CAN ID 号	—	—
* recebuf	接收一帧数据缓存	—	—
返回值	描述	分辨率	范围
	—	—	—

2. 应用层控制策略设计

（1）需求转矩计算　需求转矩计算分为车辆层和发动机层两部分，每一部分又都分为气路需求转矩控制和火路需求转矩控制。加速踏板开度大小反映驾驶人对车辆需求转矩的大小，驾驶人需求转矩经过车辆层转矩协调后传递给发动机层，经过发动机各级转矩限制计算后，气路转矩主要用于计算所需进气量以及相应的目标节气门开度、增压器旁通阀开度、VVT 相位及燃油喷射量等，火路转矩主要用于计算目标点火提前角。气路和火路转矩计算的过程中还需考虑对发动机冷却液温度、进气温度及爆燃等因素的修正。转矩控制示意如图 5-16 所示。

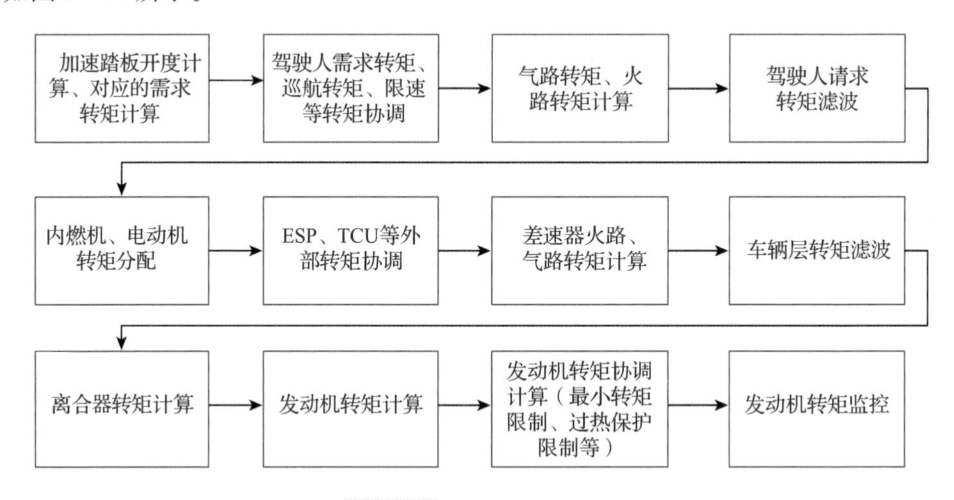

图 5-16　转矩控制示意图

（2）新鲜空气量及燃油控制　发动机气路转矩计算所需新鲜空气量是通过采集进气压力传感器或空气质量流量计信号实现的，在实际应用中，进入气缸的新鲜空气量常用充量系数进行评价，其定义为单缸每循环吸入缸内的新鲜空气质量与按进气状态计算得到的理论充气质量的比值。

充量系数结合目标空燃比以及湿壁（直喷发动机不需要）和瞬态补偿等修正，计算得到目标喷油量，根据该目标喷油量 ECU 将控制喷油器进行燃油喷射。对于 PFI 发动机，燃油喷射压力较低且喷油模式较为单一，一般在非进气行程进行喷油，随着负荷增大喷油持续期逐渐增加。对于 GDI 发动机，喷油模式相对较为复杂，可进行喷油压力、喷油次数、喷油时刻及喷油比例的灵活控制，从而更好地调节缸内混合气浓度和温度分布，改善发动机动力性和经济性。

（3）点火提前角控制　发动机火路转矩计算出目标点火提前角后由点火线圈执行点火动作。点火提前角对发动机动力性、燃油经济性、爆燃和原始排放都有较大影响。点火提前角主要由发动机转速和充量系数结合爆燃、冷却液温度、进气歧管温度等因素修正后查表计算得到。

（4）汽油机辅助功能控制　为提升动力性、经济性、排放等性能，目前汽油机控制技术已越来越复杂，如增压控制、VVT 控制、可变气门升程（Variable Valve Lift，VVL）控制、智能热管理、EGR 控制等。汽油机辅助功能控制思路具有一定的相似性，下面以增压器控制来进行阐述。

1）增压系统结构。增压系统传感器主要有增压压力传感器和进气温度传感器，执行器主要包括废气旁通阀和泄压阀，具体结构如图 5－17 所示。

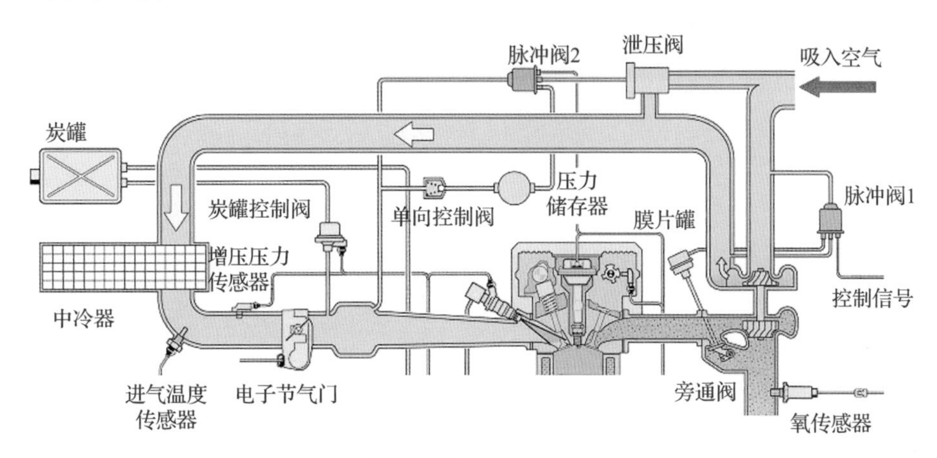

图 5－17　增压系统结构

2）增压系统控制。增压系统控制过程中，首选由发动机转速、负荷、大气压力等变量经过一维、二维表格拟合，计算出目标增压压力并初步给出响应的废气旁通阀占空比，这一过程也称为增压预控，随后根据实际增压压力与目标增压压力的差值再进行 PID 调节，最终实现增压压力快速准确控制，如图 5－18 所示。此外，增压系统控制还需考虑增压器壅塞、喘振、最大增压器转速等限制因素，如图 5－19 所示。

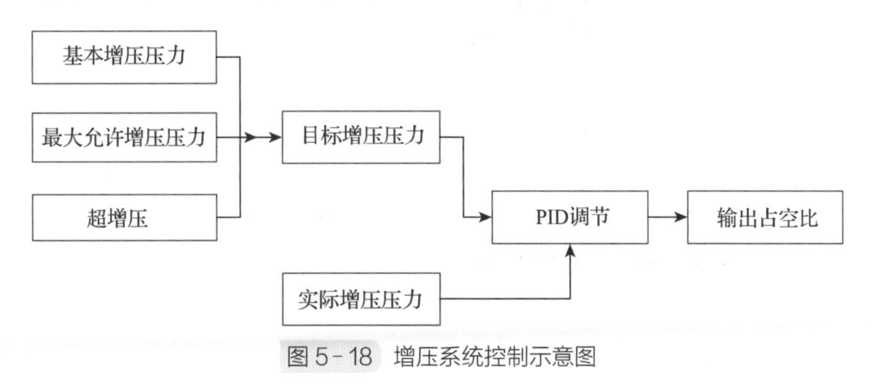

图 5－18　增压系统控制示意图

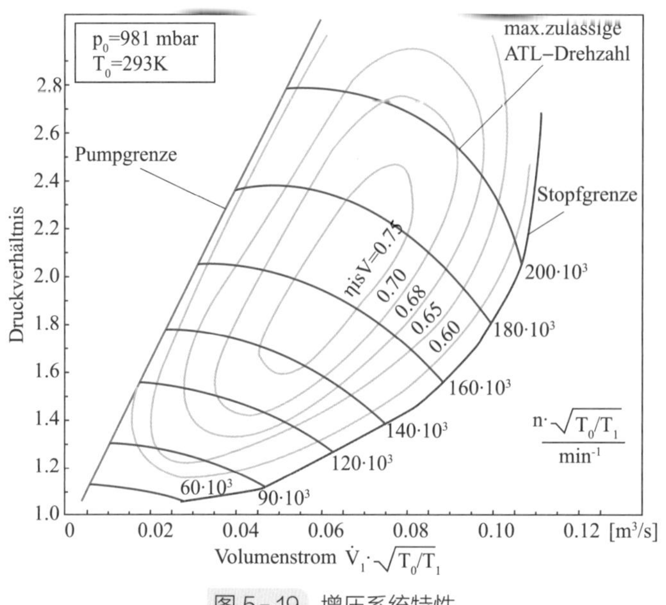

图 5-19 增压系统特性

（5）汽油机后处理系统控制　汽油机后处理系统控制是决定整车排放水平的重要因素，由三元催化器，前、后氧传感器构成。排放后处理系统如图 5-20 所示。

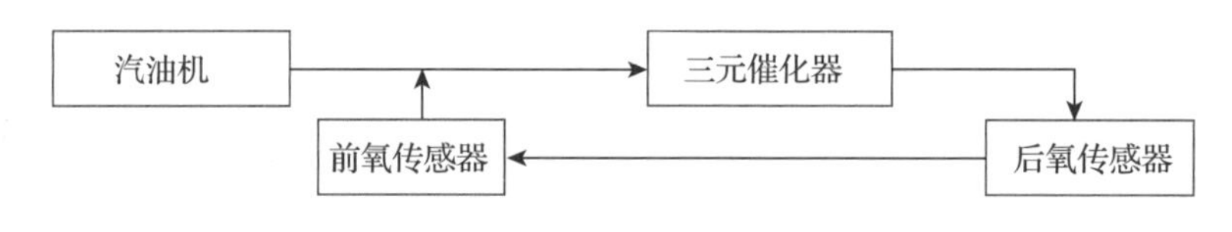

图 5-20 汽油机排放后处理系统

车辆起动后，为使三元催化器迅速达到工作温度，即实现快速起燃进而降低冷起动排放，通常需采用分层混合气燃烧配合点火提前角大幅推迟等策略。另一方面，为保证三元催化剂对 HC、CO、NO_x 三种气体排放物转化效率同时达到最高，需采用前氧传感器实现空燃比闭环控制，使混合气过量空气系数控制在 1 附近，如图 5-21 所示。此外，针对排放控制的精细化标定通常对降低油耗水平也有一定的贡献，如冷起动混合气减稀一定比例、降低怠速转速、降低动态工况恢复供油转速等。

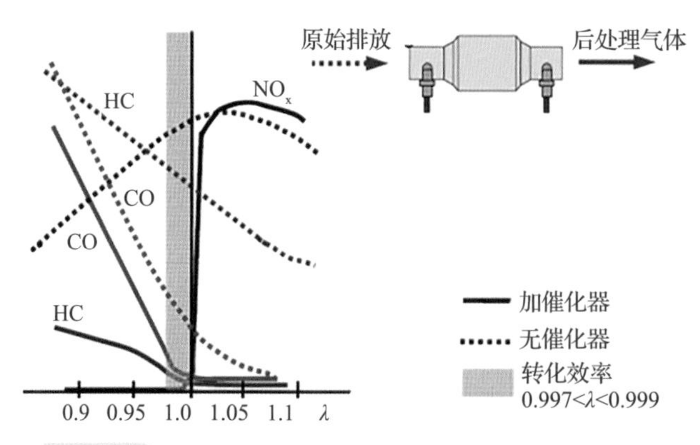

图 5-21 催化器前后污染物浓度与空燃比的关系示意图

(6) 汽油机电气化系统控制　随着油耗、排放法规日益加严，传统内燃机仅依靠燃烧系统优化已越来越难满足法规要求，近年来发动机电气化技术开始迅速发展，通过电机辅助发动机可更多运行于高效工况区域并减少附件功损失，提升系统能量转化效率，同时更有利于改善瞬态响应控制。目前较为成熟的应用技术包括怠速起停系统、48V 系统、(插电) 混动系统等。

1) 怠速起停系统。当车辆处于发动机怠速工况（如等红灯，短暂停车等）并满足停机判别条件时，起停系统将自动关闭发动机，当车辆再次起步时，起停系统将通过起动机拖动发动机快速起动，整个过程力求不改变驾驶人正常的驾驶习惯，图 5-22 所示为起停控制策略开发示意图。此外，驾驶人也可以通过操作起停系统主开关开启或关闭自动起停功能。怠速起停系统通过减少发动机怠速工况可有效降低传统发动机的怠速燃油消耗，提升整车经济性，降低排放水平。

怠速起停系统主要采用增强型的电动机和铅酸蓄电池等零部件，起停控制逻辑由发动机管理系统实现，主要通过协调若干使能及退出条件来实现怠速起停功能的激活和退出。

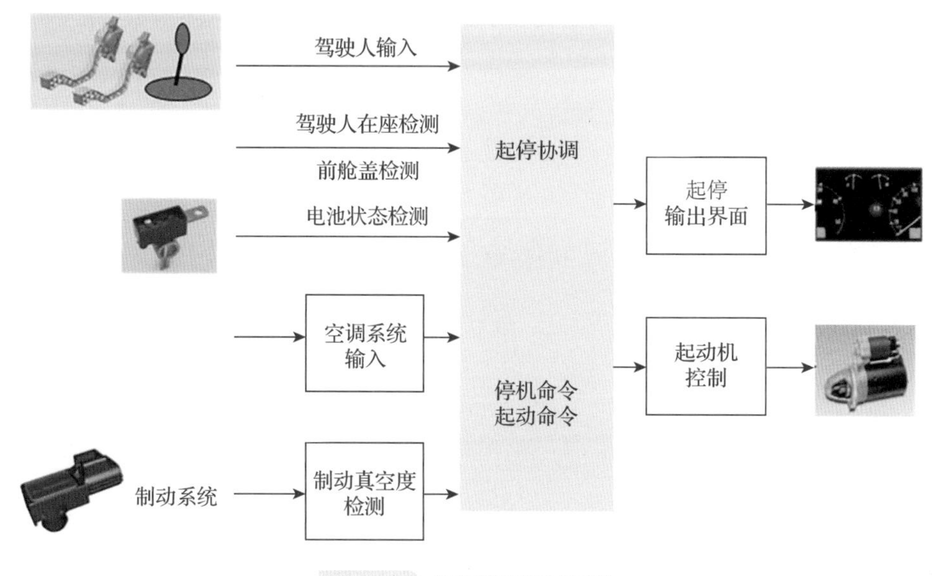

图 5-22　起停控制策略开发

2) 48V 系统及（插电）混动系统。(插电) 混动车辆的动力系统由发动机和电机两部分组成，可以实现由发动机或电机单独驱动，也可通过转矩或功率分配实现由电机和发动机共同驱动。(插电) 混动系统控制的核心是确定发动机和电机转矩或功率分配最优，在满足驾驶人需求转矩的前提下，使发动机和电机的系统能量转化效率最大化。

（插电）混动系统能量管理主要通过 CAN 总线与电池、电机等系统实现通信，并通过合理控制电器零部件保证 48V、高压与 12V 电网络安全，同时实现混动系统上下电、故障诊断、故障响应及零部件保护等功能。

(7) OBD 诊断　汽油机控制系统中与排放控制相关的零部件诊断都属于 OBD 范畴，统称为 OBD 诊断。对于汽油机控制系统，综合零部件诊断、氧传感器诊断、失火诊断等 90%以上的诊断都属于 OBD 诊断，OBD 诊断策略按 GB 18352.6—2016 要求执行。

5.3.2.2 软件测试技术

在汽油机电控系统的软件与硬件开发完成之后，需进一步对集成了软件和硬件的汽油机控制器进行调试，验证其能否满足设计要求。在环仿真测试作为一种有效、快速、经济的方法，被广泛应用在汽车控制器开发过程中。在环仿真测试系统总体可以分为三种：模型在环仿真（MiL）、软件在环仿真（SiL）和硬件在环仿真（HiL）。

1. MiL 仿真测试

MiL 仿真测试是被测模型在模型开发环境下（例如 Simulink、Targetlink）进行的仿真测试，主要是通过输入一系列基于功能方案的测试用例，来验证模块功能定义和模型化策略是否满足功能方案的设计意图，以保证逻辑算法实现的可靠性和准确性，提高建模的开发效率和开发质量。

（1）MiL 仿真系统测试原理　如图 5－23 所示，MiL 仿真模型主要包括以下四部分：驾驶人模型、控制器模型、外部环境模型和整车物理模型。其中被测控制器的应用层布置在控制器模型中，测试时通过在运行过程中调节驾驶人模型中的踏板、变速杆等参数及外部环境简化模型中的坡度等参数，监控被测集成模型输出信号及内部信号的计算结果是否符合测试用例中的预期结果，从而判定被测对象的功能合理性。

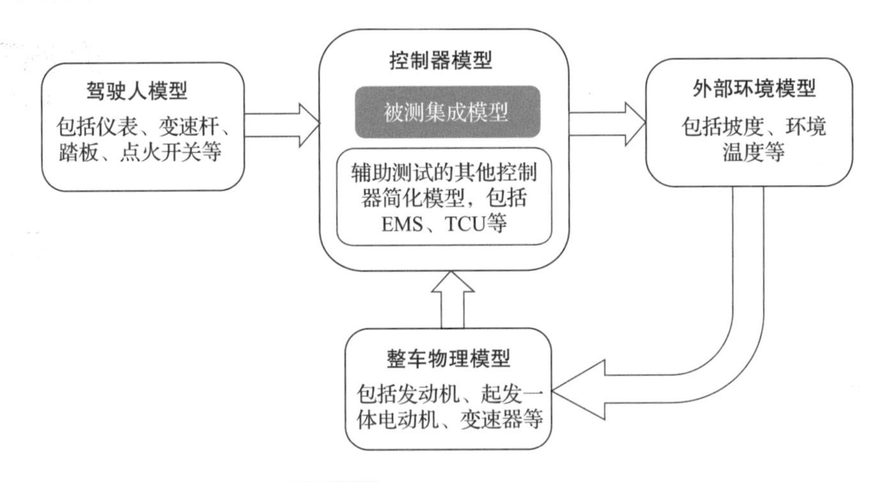

图 5－23　MiL 集成模型示意图

（2）MiL 仿真系统测试过程

1）MiL 仿真模型搭建。软件 MiL 测试过程中控制模型的搭建是测试的基础，本书所述的模型中，控制器模型、驾驶人模型和外部环境模型均是基于 Matlab/Simulink 开发和集成的，整车物理模型是在 GT－SUIT 软件中开发，并导入至 Simulink 中进一步与控制器模型、驾驶人模型和外部环境模型进行集成的，如图 5－24 所示。

2）测试用例编制。测试用例的编制是软件 MiL 测试中最重要的环节。在设计测试用例时，主要运用的方法包括需求分析、等价类划分、边界值分析、判定表、因果图及状态迁移图等。本书中测试用例的设计方法主要采用需求分析法，即根据该功能的设计需求设定测试用例，以确认软件是否完全正确地实现了功能需求。

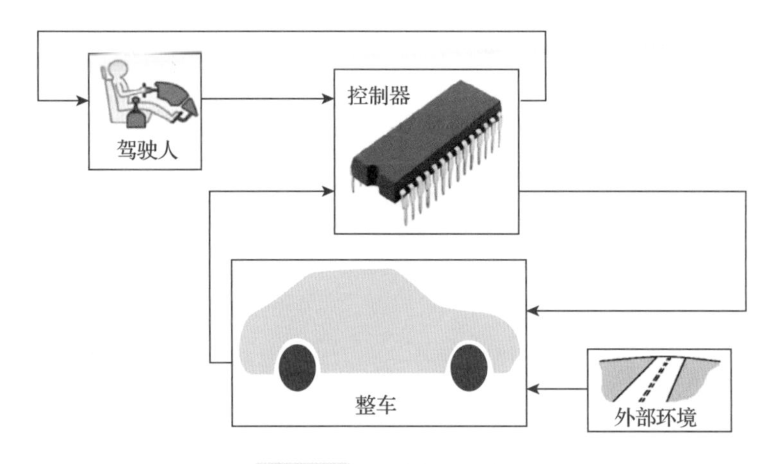

图 5-24 集成模型示意图

如表 5-16 所示，一条完成的测试用例包含的要素主要有测试用例编号、系统功能、用例名称、测试目的、对应系统功能文档、准备条件、测试输入、期望输出、测试结果和软件版本等。

表 5-16 测试用例示例

测试用例编号	系统功能	用例名称	测试目的	对应系统功能文档
SysHVPwrUp-001	驾驶人需求解析	驾驶人需求解析_P位	验证 P 位下的驾驶人转矩表现	驾驶人需求解析.doc-V2.3
准备条件	**测试输入**	**期望输出**	**测试结果**	**软件版本**
1. 车辆下电静止 2. 踩制动踏板 3. 档位处于 P 位	1. 上常电 2. 上点火电 3. 档位置于 P 位 4. 下点火电 5. 下常电	P 位下驾驶人转矩解析为 0	Pass	1.2.31

3）测试开展。MiL 测试的输入均来自驾驶人操作，根据输入方式不同，MiL 测试分为手动测试和自动测试。如图 5-25 所示，采用手动测试方式时，测试人员主要通过模拟驾驶人行为操作驾驶面板中的上下电按钮、变速杆、加速及制动踏板等，以控制输入参数的变化。如图 5-26 所示，采用自动测试方式时，需要先按照测试用例创建测试用例模型库，本书中的测试用例是采用 Simulink 中的 test sequence 模块进行编写的，当仿真开始时，驾驶人模型中的上下电按钮、变速杆、加速及制动踏板等控件将被测试用例中的模型所替代。

4）结果评价。MiL 测试的结果一方面可基于测试用例中定义的期望输出进行评价，确认当前测试结果是否符合设计意图；另一方面可基于整车及 HiL 测试问题进行回归测试，以确保前版测试问题的软件修改准确有效。测试的结果需要生成报告作为软件合格的依据交付下游代码生成环节。测试报告的示例如图 5-27 所示。

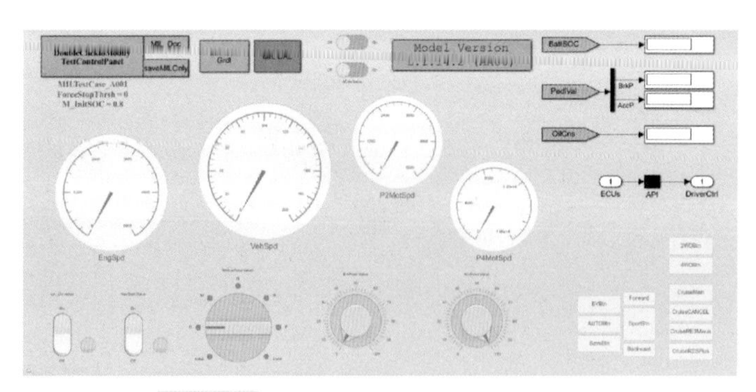

图 5-25　手动操作控件及仪表显示面板

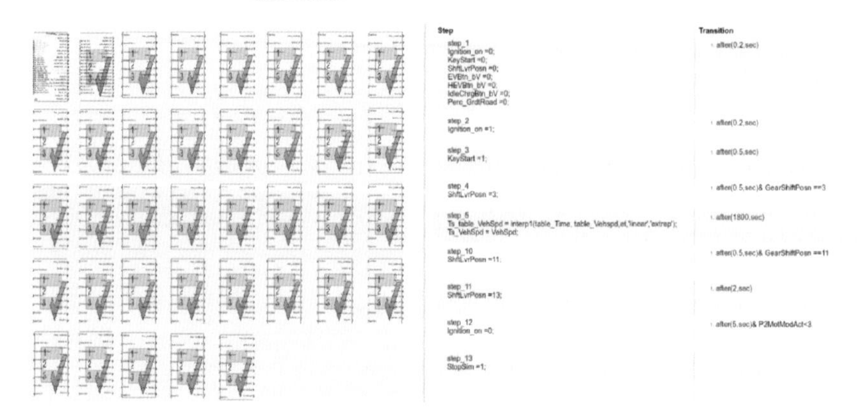

图 5-26　自动测试用例示例

3.2.2→驾驶人需求功率解析_P位

测试结论	通过
被测配置	CC01
测试目的	验证P位下，踩加速踏板，驾驶人需求功率是否为0
测试用例	MIL TestCase_A001
测试步骤	1、上常电 2、上点火电 3、档位置于D位 4、松开制动踏板 5、踩下加速踏板，开度小于5% 6、松开加速踏板同时踩下制动踏板 7、档位置于P位 8、下高压电 9、下常电
通过标准	P位下，驾驶人需求功率为0
测试结果	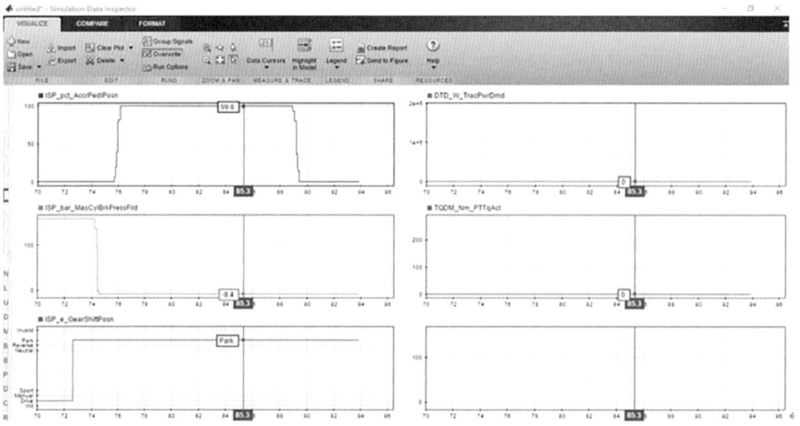
结果分析	符合设计预期

图 5-27　MiL 测试报告示例

2. SiL 仿真测试

SiL 仿真测试是一种代码与模型的等效性测试，测试的目的是验证代码与控制模型在所有功能上是否完全一致，由此可在集成之前对单元模型进行测试并修复软件缺陷。

（1）SiL 仿真系统测试原理　如图 5－28 所示，SiL 仿真系统原理是利用 Matlab/Simulink 将软件模块转换成源代码作为被测对象，模拟在计算机上编译并生成的代码，其基本原则一般是使用与 MiL 完全相同的测试用例输入，将 MiL 的测试输出与 SiL 的测试输出进行对比，考察二者的偏差是否在可接受的范围之内。

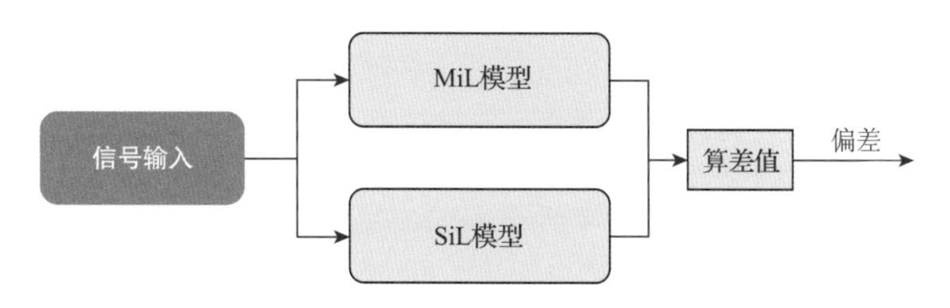

图 5－28　SiL 仿真系统测试原理图

（2）SiL 仿真系统测试过程

1）SiL 软件控制模型搭建及仿真环境参数变量设置。SiL 测试首先需要创建 MiL 和 SiL 测试模型并设置仿真环境参数变量，通常需对单元模型测试设定运行步长，以方便将 MiL 和 SiL 模型输出信号的每一个运行步长进行比较，以验证代码与模型的等效性。图 5－29 所示为被测单元模型 EquivEgyFac. slx 的 SiL 测试模型。

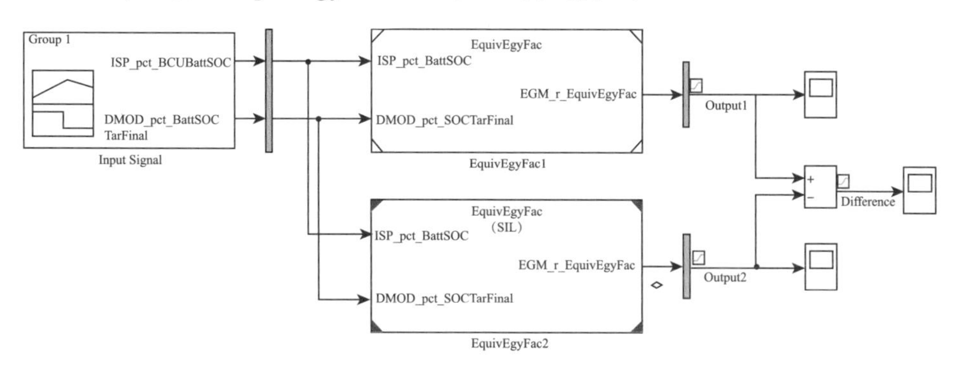

图 5－29　SiL 仿真系统测试模型

2）设置输入信号的值。在 MiL 和 SiL 模型中设置共同的输入信号值并进行仿真测试。如图 5－30 所示，设置输入信号时可采用 Simulink 模块库中的标准模块 signalbuilder 作为仿真输入的载体。为保证测试更加接近实际，输入参数时一般是将正常工况下的实测值导入到仿真模块中进行设置。

3）结果评价。SiL 测试评价标准主要以实际功能需求和测试需求为准。本书中的 SiL 等效性测试采用计算差值的方法进行评价，若结果在需求容差范围内，则视为通过；否则，视为不通过。

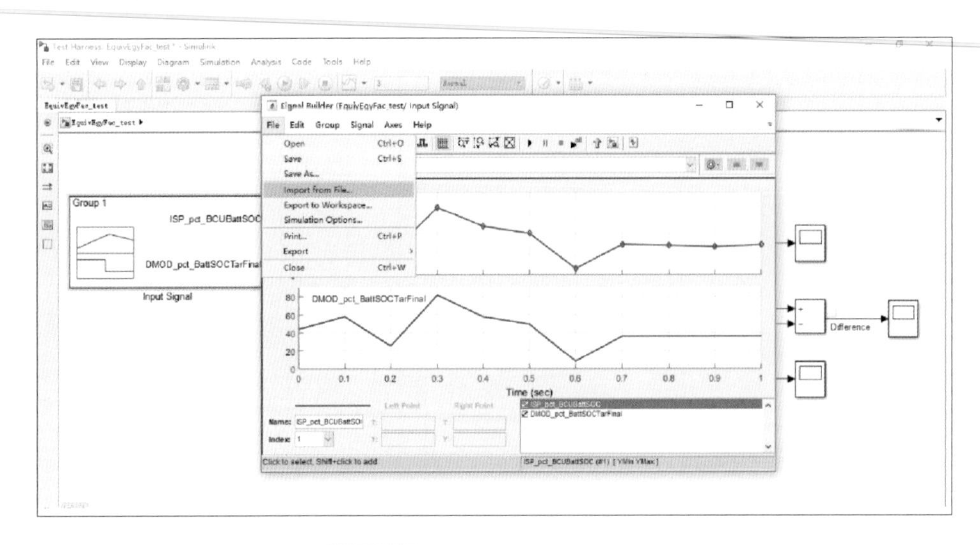

图 5-30　SiL 环境信号输入设置

从图 5-31 所示的仿真结果可以看出，MiL 模型的输出 Output1 和 SiL 模型的输出 Output2 结果相等，两者之差 Difference 为 0，表示两个模型的计算结果完全一致，因此，被测单元模型通过 SiL 测试。

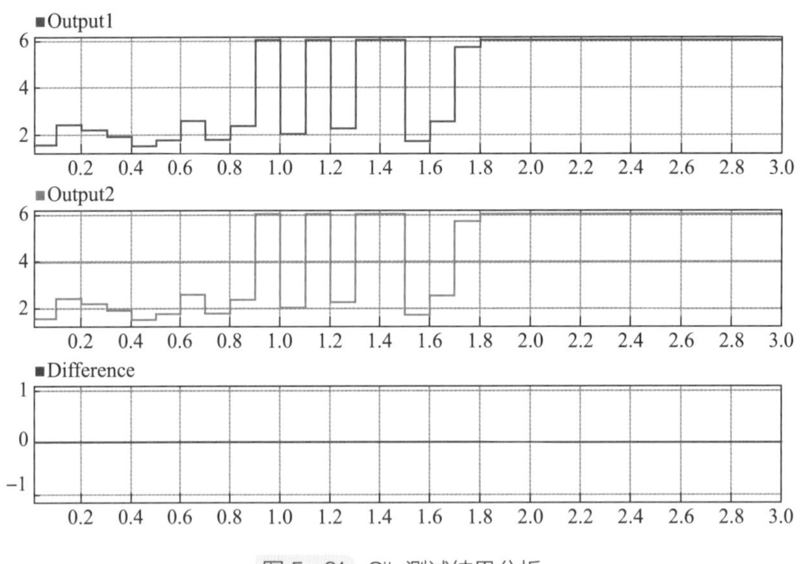

图 5-31　SiL 测试结果分析

3. HiL 仿真测试

HiL 仿真测试是一种针对复杂控制器开发与测试的技术。该技术把被测对象的一部分通过接口嵌入到软件以及硬件环境中，实现控制器和用实时仿真硬件来模拟的被控对象连接，从而使得我们可以高效地对控制器的各项功能进行全面测试。

（1）HiL 仿真系统测试原理　如图 5-32 所示，一般来说，一个完整的 HiL 测试系统包含以下几个部分：上位机部分（图 5-32 中 1）、控制器部分（图 5-32 中 2）以及 HiL

测试台架部分（图 5－32 中 3～9）。HiL 测试系统的工作原理及各个模块功能介绍如下。

首先，上位机主要用于搭建模型、编译下载、监控模型运算，同时通过标定诊断工具，读取控制器中的变量，运行自动化测试软件。在上位机中，需要通过软件搭建出被控对象的物理和控制模型，然后把该模型导入带实时操作系统的计算机（Real Time Target Computer，RTPC）（图 5－32 中 3）中运行。在 RTPC 中模型的输入输出是单纯的数字量，不能与实际的控制器进行通信，因此还需要给 RTPC 提供 I/O 板卡（图 5－32 中 4）。通过 I/O 板卡，运行在 RTPC 中的模型可以与控制器（图 5－32 中 2）的真实电气接口相连从而进行通信。RTPC 及其外围 I/O 板卡是实时处理器的核心部分，I/O 板卡通道一般根据被测控制器的接口信息调整，然而在大部分情况下，RTPC 连接的 I/O 板卡电气规格和控制器接口的电气规格并不完全相同，为此需要用信号调理模块（图 5－32 中 5）将其调整一致。

在 HiL 测试中有时还需要对执行器进行模拟，通常称之为负载仿真（图 5－32 中 6），而为了使 HiL 测试中的工况更加贴近实际情况，也可在 HiL 测试台架中加入真实的执行器和传感器，即真实负载/传感器模块（图 5－32 中 7）。此外，在 HiL 机柜中，通常需要加入一个设备用来模拟车载电源（图 5－32 中 9），即程控电源，其电压可通过电流控制。另一方面，在实际产品中可能出现的传感器、执行器短路、断路等故障也可在 HiL 台架上加入故障注入模块进行模拟。

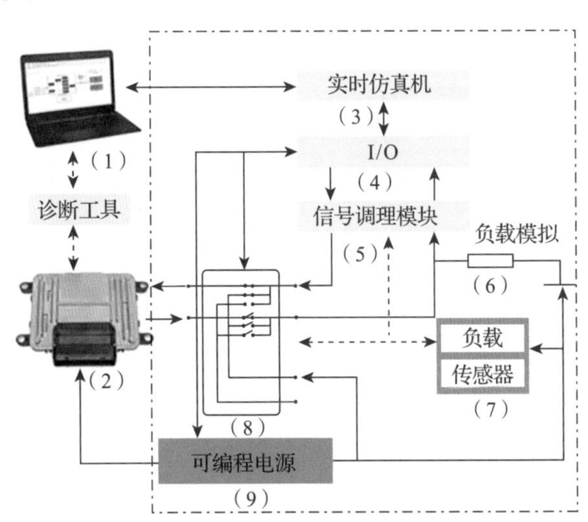

图 5－32　HiL 测试系统拓扑图

（2）HiL 仿真系统测试过程

1）HiL 仿真模型搭建。运行在 RTPC 中的被控对象是基于商业软件搭建的仿真模型，主要分为数学模型和物理模型。数学模型是基于 Simulink 工具箱搭建的，在汽车领域主要提供了燃油车、纯电车、混合动力车等模型。在 Simulink 中可以对整个模拟对象的控制策略进行搭建，图 5－33 所示为某汽车控制策略示意图，主要包括六个子模型，即驾驶人模型、整车模型、道路环境模型、执行器模型、传感器模型与控制器模型，其中箭头代表信号的交互，仿真时可对这 6 个子模型之间的信号交换及控制策略进行设置。

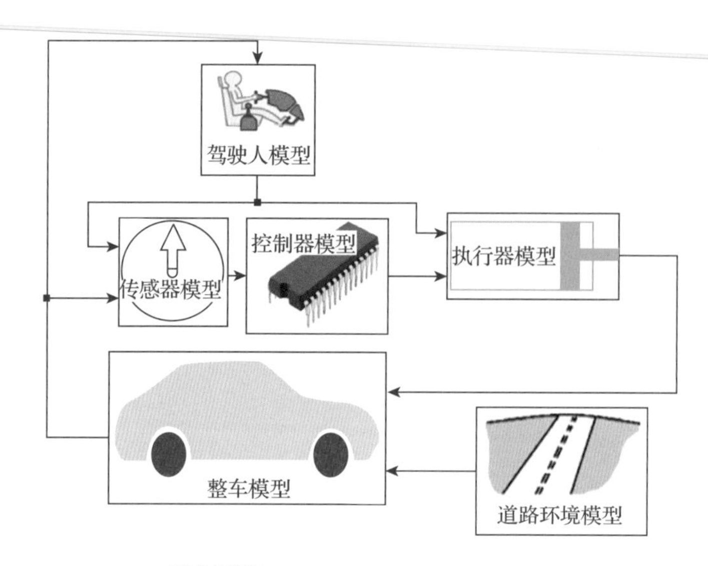

图 5-33　HiL 测试系统被控对象模型

数学模型搭建完成后，还需要搭建汽车物理模型，如图 5-34 所示，随后可通过上位机软件将数学和物理模型转换成 C 语言代码导入 RTPC 中，并通过各部件之间的拓扑关系完成硬件连接，此时通过上位机软件即可对整个测试流程进行控制，至此 HiL 仿真测试系统的所有软硬件结构搭建完毕。

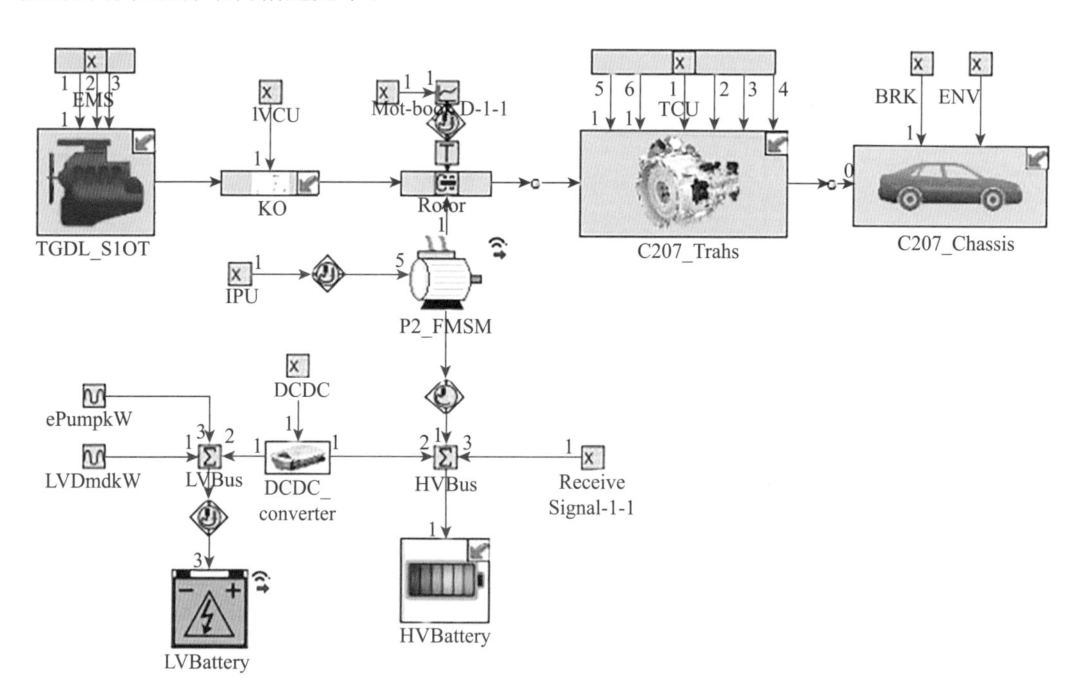

图 5-34　物理模型的搭建

2）测试用例编制。根据被测对象功能文档对其进行测试需求分析并设计测试用例是整个 HiL 测试过程中最重要的环节，后续的测试过程及结果分析都是基于测试用例进行的。测试用例是为了测试某个特定功能而编写的一组测试输入、执行条件及目标结果，其目的是为了验证某个程序是否满足某一特定需求。

使用 HiL 技术对汽油机 EMS 的控制功能进行测试时，需首先将汽油机控制功能划分为不同的功能模块并对不同模块建立测试项目形成测试矩阵，主要包括充量系数控制、喷油控制、点火控制、转矩控制、故障诊断等。表 5－17 所示为发动机点火系统故障诊断测试用例。

表 5－17　测试用例模板

测试用例模板			
项目功能	测试内容	测试动作	预测结果
发动机点火故障诊断	曲轴信号缺齿对充磁时间的影响	1. 执行 EMS 通用初始化条件 2. 设置曲轴信号丢失 15 个齿 3. 测量各缸点火信号	发动机出现失火现象

3）测试开展。HiL 测试开展可采用手动方式或自动测试软件的测试脚本对测试用例进行测试，按照测试的类型可以划分为以下几种：

故障诊断测试通过手动或自动的故障输入（包括电气故障、信号不合理等），实现对诊断功能的测试，如失火诊断、催化器诊断、氧传感器诊断、电子节气门诊断等。

总线功能测试通过信号激励等手段，让 ECU 运行总线功能，并利用总线节点仿真、总线监测等手段测试总线功能。

控制功能测试通过输入驾驶行为对 ECU 控制对象（比如发动机、变速器等）进行仿真测试，从而验证 ECU 完整控制策略。

性能测试通过测试案例的自动化运行，进行 ECU 各项功能的稳定性、可靠性、实时性等性能测试。

4）结果评价。HiL 测试结果的评价是以测试需求为准的，当测试结果达到了测试需求，则测试通过，否则，为不通过。下面以发动机曲轴信号的丢失会引起发动机点火系统故障，造成失火现象为例进行说明。图 5－35 所示为根据测试用例得到的故障诊断信息。

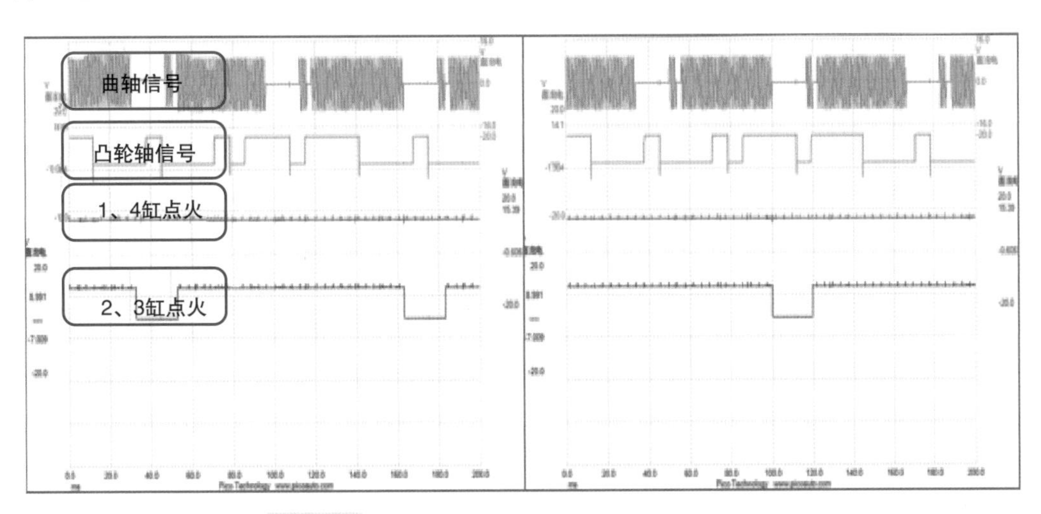

图 5－35　发动机 EMS 曲轴信号丢失故障诊断结果

结果显示曲轴信号丢失 15 个齿时发动机 1、4 缸不点火，2、3 缸点火时间过长（达到 20ms，正常为 3～4ms），由此将导致点火线圈烧坏，这与故障车点火线圈烧损现象一致，因而为曲轴信号丢失进而点火异常造成点火线圈烧损故障提供了依据。

5.3.2.3 软件评估

软件评估主要是对软件运行效率、维护性以及项目开发资源三个方面加以评估，从而对软件产品的综合水准做出评价，并在项目可用资源预算范围内实现软件开发目标。

1. 运行效率评估

对于给定的车用控制器硬件，当按照设计需求通过运行软件（包括应用层软件和底层软件）实现控制功能时，控制器的中央处理器（Central Processing Unit，CPU）利用率越低，则表明软件程序逻辑算法优化越好，运行效率越高，软件项目中后期的功能升级预留空间越充足。

CPU 利用率是指 CPU 工作时间占总时间的比重，即

$$\text{CPU Utilization} = t_{\text{work}} / t_{\text{total}} \times 100\% \quad (5-1)$$

式中，t_{total}是 CPU 总运行时间；t_{work}是被控制软件程序进程占用工作的 CPU 运行时间，它等于 CPU 总运行时间减去 CPU 空闲时间。

在实际软件运行效率评估时，应选择控制器运行负荷较大的典型工况进行长时间压力测试，并对 CPU 利用率持续采样跟踪，取测试期间 CPU 利用率的峰值作为评估参考。

2. 维护性评估

（1）软件架构设计评估　在软件开发过程中，接到软件需求规格定义后，应对控制器软件按照科学的设计模式，从架构设计逐步展开到详细设计，否则会对软件维护性造成负面影响。

常见的提高软件维护性的架构设计思想有：

1）“单一职责原则”与“接口隔离原则”。每个接口尽量只体现单个功能的单一且清晰的分工，避免让一个接口传递过多信息，或同时受到上游多个功能模块的影响。接口“专业化”可以使模块职责划分清晰，降低模块的颗粒度和复杂度，提高软件模块设计的可读性。

2）提高内聚，减少对外交互。让一个功能通过尽量少的软件模块分工来实现，避免让某个功能的控制流穿插过多的软件模块，以减少模块之间的耦合。

3）各功能模块合理分层。适当限制软件模块之间交互的广度与深度。软件架构层级过于扁平容易导致两个相隔很远的功能模块发生直接交互，从而造成模块之间的耦合度增加，而若软件架构层级划分过多，则容易在模块交互时产生过多中转环节，这都将导致软件运行效率降低且系统复杂度增加。因此，在软件开发时应在充分解读软件需求规格之后，合理划分软件架构层级，使其尽量与需求的规模和复杂性相适应。

4）用抽象构建架构，用实现扩展细节。合理的抽象概念可提高软件架构的灵活性与适应性，使其对需求的潜在变更具有更为合理的前瞻性与预见性，从而有利于降低维护

成本。

（2）圈复杂度与估计静态路径数评估　圈复杂度与估计静态路径数是模块程序代码可能被执行的逻辑路径规模的度量，是衡量软件质量的重要参考指标。如果这两个指标过大，说明软件策略逻辑过于复杂，难于测试和维护，出现缺陷的概率更高。

软件模块控制流图 G 的圈复杂度 $V(G)$ 计算公式如下：

$$V(G) = e - n + 2 \tag{5-2}$$

式中，e 代表 G 的边数（对应于代码中的顺序结构部分）；n 代表 G 的节点数（对应于代码中的分支或循环语句部分，例如 if、else 或者 while 等），其中包括起点和终点（所有终点合起来算作 1 个节点）。

通过对控制器软件中的所有单元模块执行静态检查，统计各单元模块的圈复杂度与估计静态路径数，即可对软件的复杂程度与维护性做出基本判断。为实现高质量的软件产品交付，建议软件单元模块的圈复杂度不超过 10，估计静态路径数不超过 80。对圈复杂度或估计静态路径数过大的模块，应考虑结合软件架构进行审视，必要时应对其进行适当重构，将重复的代码段进行抽取、提炼、简化，并避免将过多子功能集中在一个模块内实现。

3. 开发资源评估

车用控制器软件，既要实现极高的功能与性能指标要求，同时又受到有限的开发资源（例如团队运转与工具链采购）约束。在软件开发期间，为了确保对各类相关资源实现合理的分配部署，必须对开发过程的资源使用进行实时动态评估，在此过程中应重点关注以下三个方面。

1）需求的明确定义。评估软件开发资源之前，务必明确发动机及其搭载整车项目的开发背景，落实具体可行的开发目标和生命周期，并对项目的规模和复杂度给出较为准确的判断。

2）评估的实时性。软件开发的目标、风险与边界往往随着利益相关方的环境形势改变而不断变化，因此对软件开发资源与项目工时的估算应进行实时跟踪并不断修正，以将资源及时分配给所需的软件开发活动，持续更新整个软件开发项目的进度计划。

3）重视总结与回顾。软件开发过程中，应依照估算的工时和工期，定期组织评审并及时通报软件开发状态和活动完成情况，预防已识别问题的重复发生。项目总结时，应评估软件各需求功能完成度，并对开发投入、维护投入、团队能力水准等进行总结，以便对下一代软件的升级方向进行考量。

5.4 电控系统标定开发技术

电控系统的标定开发是指在整车功能、动力总成、控制策略、相关外围器件确定以后，为了得到满足客户需求和国家法规标准的整车性能，对软件数据进行优化的过程。在汽车产品的硬件越来越同质化的当下，标定水平的高低将决定汽车产品的质量甚至是市场表现。同一款产品，在不同的标定下，整车产品可以表现出不同的属性特征，满足客户的

场景化和个性化需求。在软件定义汽车的未来，标定将成为产品竞争力最为核心和关键的环节。

5.4.1 开发流程

电控系统标定通常包括发动机标定和整车标定两个相对独立但又相互关联的过程，主要包括台架基础标定、整车标定和 OBD 标定三大内容。

5.4.2 台架标定技术

5.4.2.1 主要目标和内容

台架标定的主要目标首先是要使发动机的动力性、经济性、原始排放及可靠性等性能达到项目开发目标，并满足国家法规和用户需求，为整车标定打下良好基础。此外，整车标定中基于踏板转矩需求的 EMS 控制策略要求 ECU 能够实时准确地反馈发动机输出转矩，因此这就要求在台架上完成对影响发动机转矩输出的气路、油路、点火、转矩等预测模型进行精确标定。

以现在主流的配置，即采用 VVT、涡轮增压及缸内直喷技术的汽油机台架标定为例，其内容主要包括以下几个部分：

1）进气量预测与控制标定，如 VVT 相位优化、缸内充量系数模型、增压预控模型标定等。

2）燃油量预测与控制标定，如喷嘴特性、喷油参数优化和高压油泵控制的标定等。

3）点火角控制标定，包括基础点火角、不同边界下点火角修正、极限点火角的标定等。

4）转矩预测与控制标定，包括转矩损失、点火角效率、过量空气系数 λ 效率的标定等。

5）安全运行保护标定，包括排气温度模型、零部件保护、爆燃及超级爆燃识别与控制的标定等。

5.4.2.2 流程及工具

发动机台架基础标定一般包括以下步骤：

1. 软件预设与检查

软件预设也称桌面标定，主要内容包括：

1）EMS 传感器与执行器特性预设，确保 ECU 输入输出信号准确。

2）模型计算相关物理量预设，如进气歧管体积、凸轮型线升程、VVT 初始相位等。

3）各模块关键标定量预设，如爆燃控制等，通常可采用近似项目数据或根据专家库数据进行预设。

4）诊断相关预设，通常需打开传感器执行器常规诊断功能，关闭整车相关诊断功能，确保台架运行期间能识别传感器执行器常规故障。

2. 模型标定

台架标定过程以稳态工况为主，主要包含三种类型的标定：

1）模型类标定，如充量系数模型、转矩模型。此类模型标定一般会根据逻辑要求确定关键参数并进行适当的试验设计（DOE），稳态扫描大量数据之后，通过相应的后处理软件处理后得到各模块所需的标定结果（值、曲线及三维 MAP）。

2）策略优化类标定，如 VVT 选择、喷油参数优化（角度、模式）等。此类标定也需要稳态下扫描大量数据，再根据相关标准（油耗低、排放优、转矩大）确定最优参数值。

3）安全运行类标定，如基础点火角标定、零部件保护控制、爆燃及早燃控制等。此类标定涉及多模块相互作用，标定过程以稳态工况在线调整为主，离线数据后处理为辅，确保发动机安全运行。

4）执行器控制类标定，如增压控制、VVT－PID 控制、高压燃油控制等。此类控制型的标定也包含预控标定和 PID 标定两部分。

5）外特性性能标定及万有特性工况检查。在完成所有基础标定后，需要进行外特性性能标定以满足性能目标，同时进行万有特性数据综合检查与调整，确保标定数据的鲁棒性。

3. 台架标定验收

验收内容一般包括：

1）各类模型控制精度是否满足要求：如转矩模型精度是否满足 ±5%。

2）发动机各类性能是否满足开发目标：如最大功率、转矩和关重工况油耗是否达标。

3）各类安全控制是否满足开发要求：如爆燃控制、排气温度控制是否满足安全标准。

上述标定完成之后，根据整车搭载发动机后排放摸低，为满足国 6b 法规标准，可能需要增加汽油机颗粒捕集器（GPF）。对于此类项目，台架基础标定将增加额外 GPF 标定部分。台架 GPF 标定主要是为整车上的 GPF 应用做准备，因此需要标定不同工况下的累碳模型、不同工况下的碳燃烧速率、断油工况下的碳燃烧速率及 GPF 中心温升曲线等。

5.4.2.3 标定方法

在 ECU 模型标定及策略寻优过程中，对各控制参数进行全因子试验扫点是最为基本的方法，然而随着可变气门正时/升程、涡轮增压、缸内直喷等技术在汽油机中的应用越来越多，发动机控制系统的自由度开始成倍增加，各控制自由度的组合使试验规模呈几何级数增长，使用传统标定方法将显著增加标定工作量。为解决这一问题，在工程实践中，发动机并行标定、基于模型的虚拟标定及自动化测试等一系列解决方案被相继提出，有效提升了工作效率，缩短了项目开发周期。

1. 并行标定

并行标定是指利用多台标定机同时进行同一项目不同内容的标定，以缩短台架标定周期的方法，如图 5－36 所示。

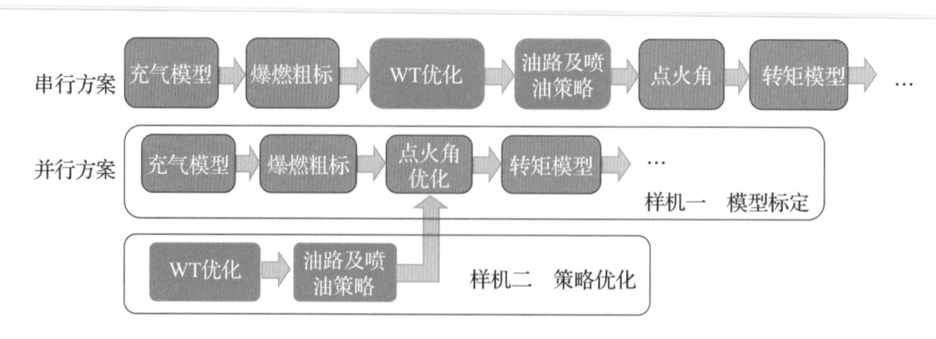

图 5-36 并行台架标定示意图

2. 虚拟标定

虚拟标定是指在项目开发早期，基于前期项目数据和经验建立一个高质量的实时仿真模型来替代真实发动机，用于特定目的的标定优化，以提升项目开发质量、缩短标定周期的一种方法。当前主要以基于模型的发动机虚拟标定为主，该模型既可以是发动机整体模型，也可以是发动机的某个子系统模型，以应用于不同的标定目标。

3. 自动化测试

自动化测试是指通过 CAN、传输控制协议/网际协议（Transmission Control Protocol/Internet Protocol，TCP/IP）实时通信协调发动机台架测试系统、EMS、燃烧分析仪等设备，实现信息实时交互、发动机工况调整、安全监控、EMS 执行器控制、数据测试采集等自动化操作，从而减少标定数据获取过程中的机械重复性工作，解放人力，有效提升工作效率和数据获取有效性，同时确保整个过程发动机运行在安全边界，减少误操作。测试流程如图 5-37 所示。

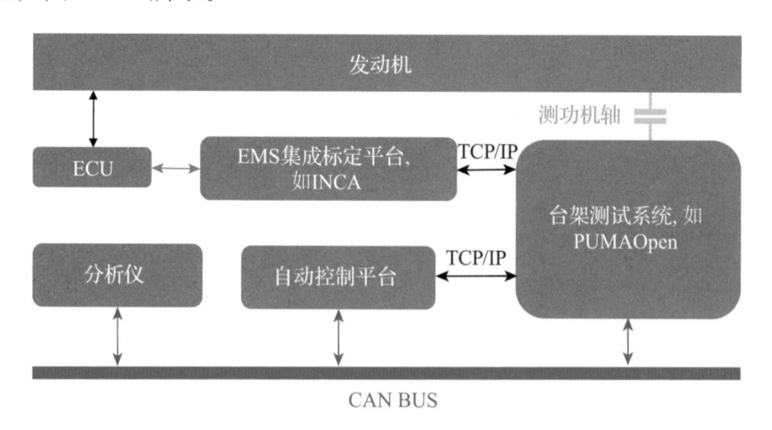

图 5-37 自动化测试流程

5.4.3 整车标定技术

5.4.3.1 主要目标

发动机整车标定目标主要是使发动机能够与车辆其他系统（传动系统、制动系统、电器负载、后处理系统等）协调工作，保证发动机在各种环境和工况下，都表现出良好的动力性、经济性、排放和运行稳定性等。

5.4.3.2 标定步骤

整车标定主要包括整车基础标定、道路验证（三高试验）标定、排放标定、驾驶性标定和 OBD 标定，其整体流程及关系如图 5-38 所示。可以注意到，排放和 OBD 标定与基础标定之间存在并行开发关系。以下将针对各部分标定内容进行详细阐述，其中 OBD 标定较为独立复杂，因此将单独在 5.4.4 节中阐述。

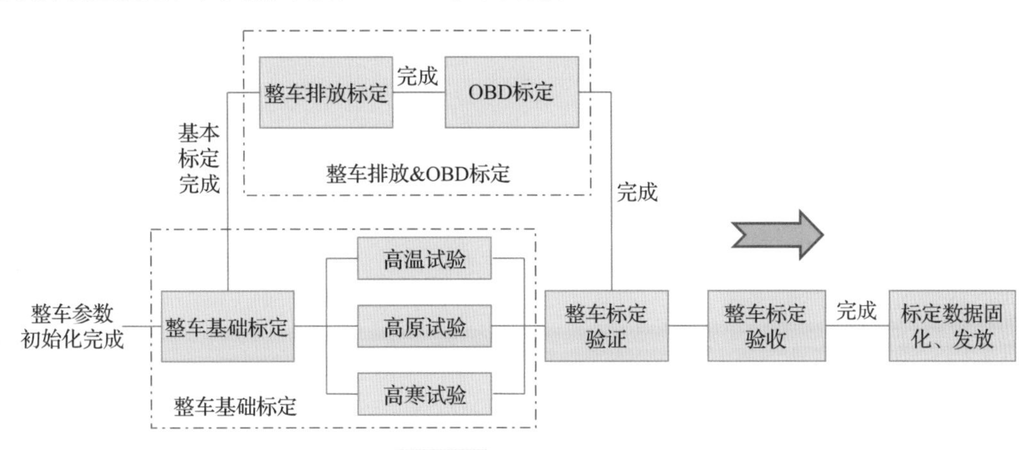

图 5-38 整车匹配流程

1. 整车基础标定

基础标定内容主要包括转鼓校验、排气温度模型、爆燃、增压控制、炭罐控制、起动、怠速等标定开发工作，如图 5-39 所示。

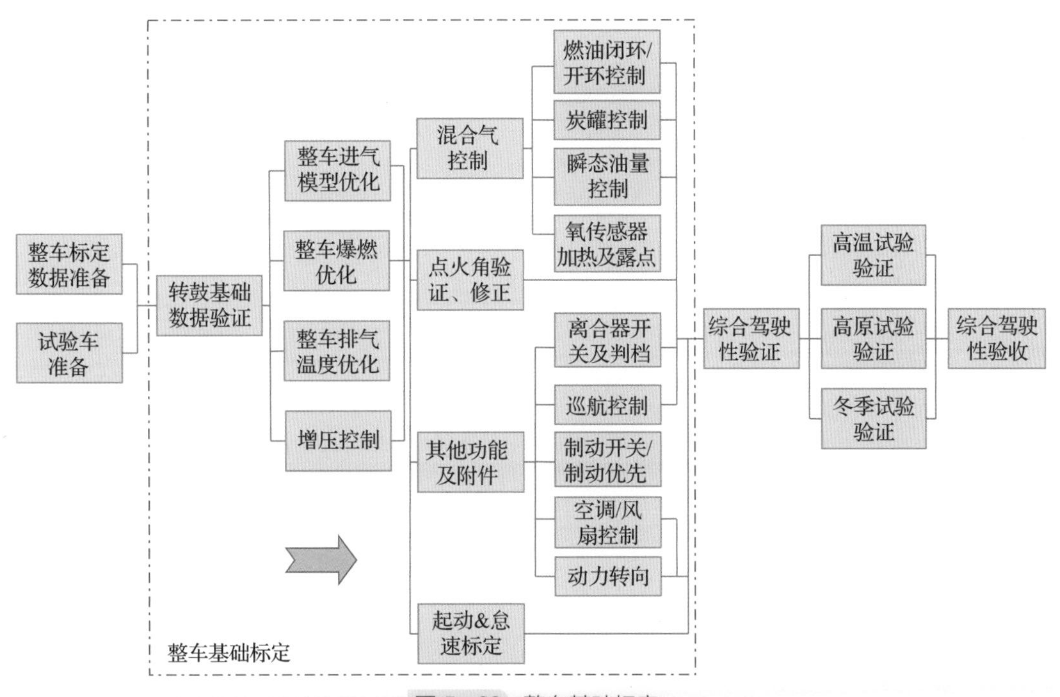

图 5-39 整车基础标定

（1）转鼓校验　转鼓校验是指通过对发动机台架标定数据进行适当调整使其能够适用于整车各种实际工况，是对发动机充量系数模型、油路模型、转矩模型、基础点火角和燃烧极限的最终检查与验证。由于整车实际道路工况复杂多变，此项工作对整车标定而言尤为关键和重要。转鼓校验过程主要是基于台架基础标定数据，对主充量系数模型、次充量系数模型再次进行检查和优化，并在此基础上对油路模型进行修正，提高发动机在整车应用过程中的模型精度，以保证对发动机工作过程的精确控制。

（2）整车排气温度标定　排气温度模型标定主要用于计算氧传感器周围（催化器前后）和催化器内部的温度在不同环境和发动机工况下的变化情况，保证排气温度控制在规定限值以下，进而保护三元催化器、GPF、氧传感器等不受损坏。当模型计算的排气温度超过阈值后，发动机需采用混合气加浓措施以降低排气温度，若混合气加浓到一定限值后排气温度仍无法满足要求，则必须采取对发动机最小点火角或负荷进行限制等措施以达到控制排气温度的目的。

排气温度模型与加浓保护策略应在转鼓上同时标定，在进行正式标定工作之前，需确定排气系统零部件（三元催化器、GPF、氧传感器等）为接近最终批产状态，同时需要确认以下边界条件：

1）发动机加浓极限。

2）涡轮增压器允许最高稳态及瞬态入口温度。

3）氧传感器允许最高稳态及瞬态温度。

4）三元催化器允许最高稳态及瞬态温度。

5）其他系统零部件（如排气系统、GPF 等）特殊要求。

（3）整车爆燃标定　整车上发动机运行环境及工况复杂多变，瞬态过程明显较多，因此容易出现进气温度过高或瞬态控制偏差较大导致发动机出现爆燃或超级爆燃等现象。为避免发动机损坏或造成过多的动力损失，需在整车标定过程中主动对不同进气温度、转速、负荷等工况下的点火角进行适当修正，并基于进气温度和转速对最大充量系数进行限制，避免出现频繁的强烈爆燃或超级爆燃现象。

（4）增压控制标定　整车增压控制标定主要是对增压动态控制进行优化。增压控制标定需要用到不同类型的试验场地，包括底盘转鼓、试验场道和三高试验环境道路等。其中，底盘转鼓和试验场道主要是为了安全、便利地提供所有标定所需工况，而三高试验环境道路则用于在各种极端环境下校验并调整增压控制标定数据。表 5-18 所示为各个模块标定或者校验所需试验场所。

表 5-18　试验场所概览

	底盘转鼓	试验场道	三高试验
基本增压压力	校验	校验	校验
增压预控	校验	校验	校验
增压动态控制	标定	校验 （如必要，需精调）	校验 （如必要，需精调）

(5) 炭罐控制标定　从燃油箱蒸发的燃油蒸气不能直接排到大气中，而是被吸附在一个装有活性炭的炭罐中。为了防止燃油蒸气从炭罐口溢出，需通过炭罐冲洗系统引入新鲜空气对燃油进行脱附，脱附后的冲洗气流将再次进入进气歧管，并随后进入缸内烧掉。由于炭罐冲洗气流中含有部分燃油，为保证其进入缸内后混合气整体过量空气系数仍可维持在1附近，需要适当减少喷油量，这就需要对各工况下通过炭罐阀的气体流量和HC浓度进行标定，从而实现对喷油量的精确修正。

(6) 起动标定　起动标定主要是为了实现发动机迅速可靠地起动，同时实现较低的排放，此外，起动标定还需要保证发动机在起动结束后能平稳地过渡到暖机阶段，即可靠性、最低排放性、快速起动性和平稳过渡性。表5-19所示为不同环境温度下所推荐的冷起动时间参考值。

表5-19　冷起动时间参考值

起动温度/℃	-30	-25	-20	-15	-10	0	20	80
起动时间/s	8	5	4	3	2	1	1	1

注：表中参考值为推荐的最大值，一般冷起动时间不能超过该值。

(7) 怠速控制标定　怠速控制标定的主要目标是在无驾驶人转矩请求的情况下，使发动机维持在一定转速下平稳运转（目标怠速±30r/min），因此当系统消耗转矩发生变化时，怠速控制需要能够快速调节发动机的运行工况点，建立新的转矩平衡。此外，当发动机从怠速工况向非怠速工况变化时，怠速控制需要保证此过程能够平稳过渡，不能给整车驾驶感受带来负面影响。

为了达到上述目的，ECU需通过控制节气门开度和点火提前角，对发动机的转矩进行协调控制，确保系统运行平顺且响应迅速。发动机处于怠速状态时，燃烧做功将完全用来克服机械功损失，其中燃烧做功主要取决于进气量与点火角。在怠速标定时，为了保证外部负载接入时由燃烧做功产生的净转矩可以迅速响应并维持稳定转速，通常需将怠速点火角适当推迟以增加转矩储备。

2. 道路验证标定

整车道路验证标定主要是为了保证在极限的使用环境下，发动机仍然能够正常工作并满足性能要求。道路验证试验主要包括在高温、高原、高寒三种环境下的测试标定，即“三高”试验。

(1) 高温标定试验　高温地区环境温度较高，容易导致发动机进气温度、冷却液温度、机油温度以及排气系统温度明显升高，且汽油也更容易挥发。针对这一特殊环境，高温标定需进行一系列相应的数据匹配及检查工作，主要包括热起动标定试验、爆燃控制标定、排气温度模型及加浓保护功能检查、炭罐冲洗功能检查等，从而保证整车在高温环境下仍具备良好的驾驶性及安全性。

(2) 高原标定试验　高原地区空气稀薄，大气压力较低，这对充量系数模型精度和动力性都将造成较大影响，为此必须使ECU能够准确识别环境变化并对各系统控制进行相应的修正。高原标定试验主要包括冷起动标定、怠速稳定性标定、混合气标定、驾驶性能

检查等。

（3）高寒标定试验　高寒地区，燃油雾化和机油润滑效果均明显变差，因此通常需要分别在－30℃、－25℃、－20℃等不同环境温度下进行标定和检查，保证整车性能满足相应环境温度下的开发要求。高寒标定试验主要内容包括冷起动标定、怠速稳定性标定和冷机行驶性能验证。

3. 排放标定

汽车排放水平的优化涉及发动机控制系统多个功能模块的标定及优化，包括起动控制标定、催化器加热控制标定、过渡工况控制标定、前后氧传感器露点标定、前后氧传感器闭环控制标定、断油和清氧控制标定、炭罐冲洗控制标定、催化器转化窗口标定、驾驶性标定、怠速控制标定等，是发动机控制系统综合性能的体现。

发动机控制系统标定固然非常重要，但这只是影响车辆排放的一方面因素，与之相比，发动机的设计制造水平、三元催化器的配方及涂敷工艺对于车辆最终所能实现的排放水平更为重要。此外，燃油品质、排放测试设备及测试方法等因素也会对排放结果产生较大影响。

4. 驾驶性标定

驾驶性标定内容主要包括踏板特性匹配、转矩滤波标定和防抖调节标定三个方面。

（1）踏板特性匹配　踏板特性匹配主要是对“节气门开度－驾驶人需求转矩”的图谱进行设置，以此建立车辆加速和踏板开度的线性关系，从而实现驾驶人和车辆的良好互动，如图 5－40 所示。此外，通过踏板特性匹配还可根据需要实现不同驾驶模式特性的开发，其中最为普遍使用的匹配风格包括以下两种：

1）等功率曲线匹配。特点是节气门开度不变时，随着转速的升高，转矩下降，功率维持不变，其优点是车速控制性好，车速最终可自动稳定，整车经济性表现更好。

2）等转矩曲线匹配。特点是节气门开度不变时，随着转速的升高，转矩不变，功率随转速持续增加，其优点是踩下加速踏板后能获得持续的加速感，整车动力性体验更好。

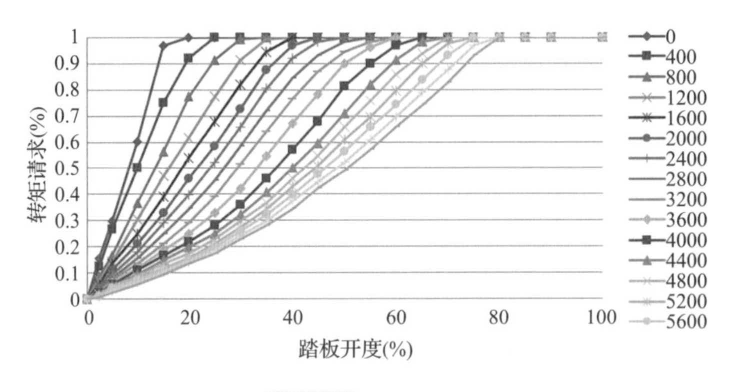

图 5－40　踏板特性

（2）转矩滤波标定　转矩滤波标定是指在整车加速或减速时，通过滤波功能，使发动机转矩变化平稳，从而减少对车辆的冲击。在加速时（Tip-in）踩下加速踏板或者减速时松开加速踏板（Tip-out）的过程中，若转矩突变过快，会对动力总成产生反向冲击力，主要是由于发动机本体在负荷的变化中向弹性支撑轴承方向倾动所造成的，这种冲击会让乘坐人员感觉到“抖动/串动/振动”等。为了削弱这种影响，改善驾驶舒适性，可以通过转矩滤波功能来进行调节，即在驾驶人突然有较大的需求变化时，通过增加或减弱发动机转矩反向抵消发动机倾动的移动，使转矩逐渐变化到目标转矩，如图 5-41 所示。在实际标定过程中，转矩滤波主要是通过调整不同档位、节气门开度和发动机转速下的滤波系数，使转矩平顺变化，其中火路转矩和气路转矩可以分别单独调节和控制。

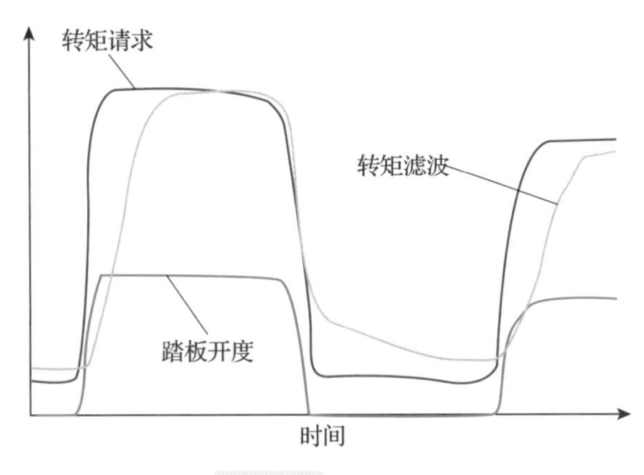

图 5-41　转矩滤波

（3）防抖调节标定　车辆传动系统硬件之间存在一定间隙，因此当转矩大幅变化时，会造成转速振荡冲击，引起车辆前后抖动，影响驾驶性。防抖调节功能就是通过转矩干预来减少或弱化这种振荡，使驾驶人不易察觉，或者在可接受范围，从而改善驾驶舒适性。

由于转速振荡频率很快，要达到控制效果，转矩干预调节必须快速响应，因此只能通过火路进行控制。在实际标定过程中，首先需建立发动机转速模型，即通过车速和总传动比计算得到发动机转速，随后根据发动机实际转速与模型转速的差值，将转速差进行放大、限制等方式处理后得到合适的点火角调节量。防抖调节的效果如图 5-42 所示。需要说明的是，该功能只是在转矩急剧变化时激活，其他工况则应尽量避免激活，否则容易造成转矩跟随性变差。

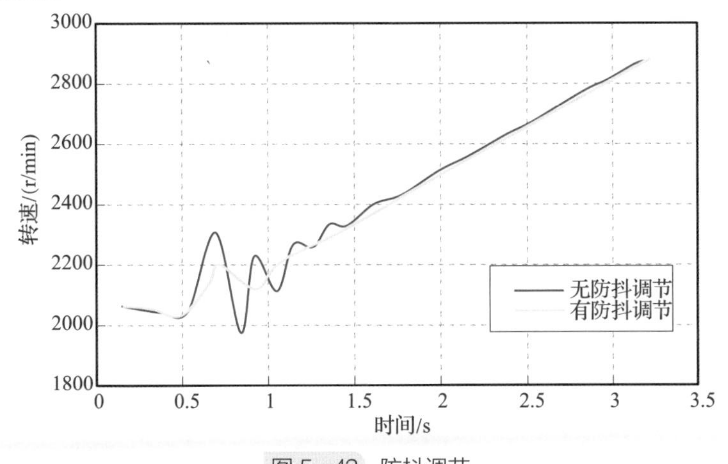

图 5-42　防抖调节

5.4.4 车载故障诊断系统（OBD）标定技术

OBD 主要用于排放控制系统的监测。当与排放控制相关的任何系统或部件出现失效，即发生故障时，OBD 系统的监测将显示该故障，并将相应的故障码存入车载控制单元，同时点亮故障指示灯（Malfunction Indicator lamp，MIL）。通过标准的诊断系统可对故障码进行识别。

诊断的流程主要包含如下五个步骤，即开启诊断条件、诊断周期执行、失效或非失效判断、呈报结果和后处理措施，具体如图 5-43 所示。

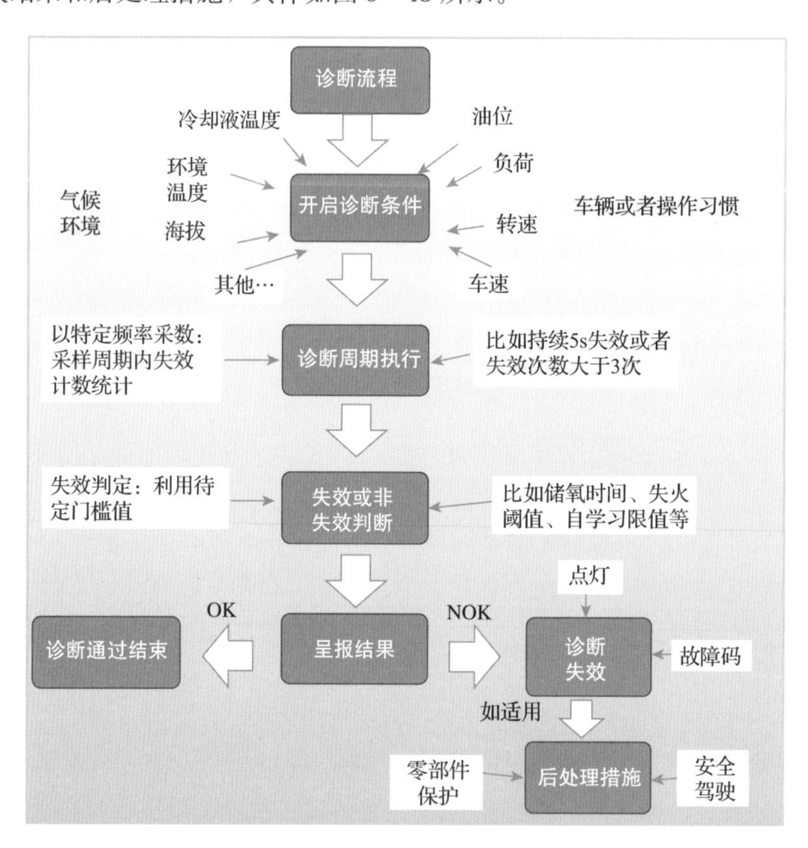

图 5-43　OBD 诊断监测流程图

1）开启诊断条件。诊断条件主要包含两方面，一是气候环境，比如冷却液温度、环境温度、海拔等，另一个是车辆或者驾驶人的操作习惯，比如车速、转速、负荷、油位等；根据诊断条件的设定确保被监测的信号尽可能稳定可靠。

2）诊断周期执行。在诊断监测条件满足后，对被监测信号要么以特定的频率采数，对采样周期内的失效计数进行统计，要么给予一定的测试时间或者测试次数对被监测信号进行故障的确认。

3）失效或非失效判定。对诊断周期内被监测信号失效或非失效的数值或者统计值与设定的阈值进行比较，从而判定是否失效。

4）呈报结果。如果判定非失效，即诊断通过无故障，如果失效且已经确认则报出故障码并点亮故障指示灯。

5）后处理措施。部分故障，出于零部件保护或者安全驾驶考虑等，当失效产生后，系统会进行相应的主动介入干预，进行相应的功能限制，比如失火、加速踏板、节气门体等故障。

国六法规要求的OBD诊断内容主要包括催化器转化能力监测、失火监测、蒸发系统监测、燃油系统监测、排气传感器监测和综合部件监测等，具体阐述如下。

1. 催化器转化能力监测

通常催化器的转化能力是通过催化器的储氧能力来表示，其计算方式如下：首先需采用浓混合气把催化器中残留的氧彻底清空，待后氧指示为浓时认为催化器中的氧已彻底清空，然后采用稀混合气给催化器充氧，待后氧指示为稀时认为催化器已充满氧。通过计算稀混合气中的过量氧气含量可以得到催化器的储氧能力，从而评估催化器当前的转化能力，此过程所需装置如图5-44所示。

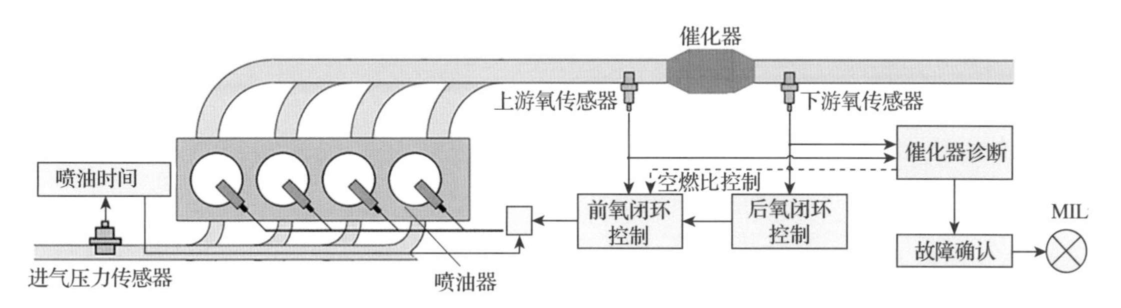

图5-44 催化器转化能力监测系统简图

当车辆排气污染物中的非甲烷碳氢化合物加氮氧化物（NMHC + NO_x）排放有超过OBD阈值风险时，OBD系统将进行报警，点亮故障指示灯。

为了监测可靠性，需注意老化催化器和临界催化器应具有明显区分度，老化催化器储氧量应为临界催化器储氧量的5倍以上。

2. 失火监测

失火指由于燃烧系统出现故障导致混合气未能着火燃烧的事件，不包括由于断油策略导致的缸内未燃事件。产生失火故障的原因主要包括以下几个方面。

1）点火系统点火线圈连接不好，火花塞松动、烧蚀，火花塞和点火线圈损坏等。

2）燃油系统油压不够（调压器损坏），燃油系统漏油，滤网堵塞，油泵故障等。

3）传感器故障。冷却液温度传感器，曲轴位置传感器，曲轴信号盘，油位传感器等。

4）一般性故障。催化器或排气系统堵塞，进排气门阻塞，进排气相位不正确，进气管堵塞或漏气，进排气门积炭，凸轮轴故障等。

发动机失火监测原理是通过计算每个独立燃烧过程中的曲轴角加速度实现的。通过曲轴位置传感器获取原始信号，为实现角加速度计算，在曲轴上安装有带参考标记的齿状传感器信号轮，如图5-45所示。当某一缸发生失火时，曲轴旋转速度会降低，系统可通过监测曲轴旋转速度的变化来判定是否有失火发生。曲轴旋转速度突然降低时将得到一个较大的失火信号值，如果失火信号值超过标定的限值，则认为发生了失火。

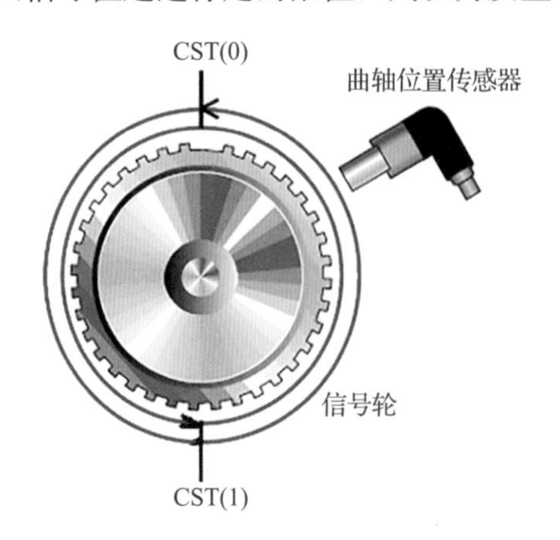

图5-45　信号轮与曲轴位置传感器配合关系

3. 蒸发系统监测

燃油蒸发系统泄漏监测是国六排放法规的新增功能，要求监测蒸发系统的脱附流量，以及除炭罐阀与进气歧管之间的管路和接头之外的整个蒸发系统的完整性，防止燃油蒸气泄漏到大气中。

蒸发系统监测包括两部分内容，即基于压力传感器的脱附流量监测和基于油箱压力传感器的泄漏监测。蒸发系统配置如图5-46所示，该系统可主动控制炭罐阀的打开和关闭。具体而言，脱附流量可根据炭罐阀打开期间脱附管路内的压力波动大小进行监测，而蒸发系统的泄漏可通过控制炭罐电磁阀和炭罐通风阀制造真空度后测量真空衰减梯度来监测。

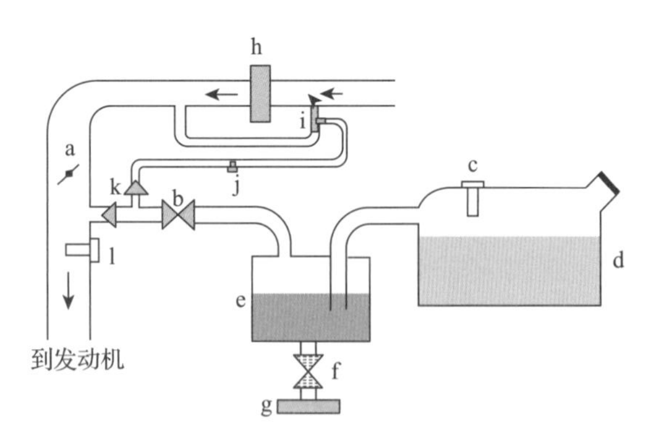

图5-46　蒸发系统结构图

a—进气歧管及节气门　b—炭罐电磁阀　c—油箱压力传感器　d—油箱　e—炭罐　f—炭罐通风阀
g—空气滤清器　h—涡轮增压器　i—文丘里管及其管路　j—高负荷脱附管路压力传感器
k—单向阀　l—进气歧管压力传感器

在蒸发泄漏标定前期需考虑车辆基础泄漏量影响，基础泄漏量首先需要满足蒸发排放要求，其次如果基础泄漏量过大，会降低正常系统与故障系统的区分度。对于1mm泄漏系统而言，建议标定用车基础泄漏量不超过 0.2mm。同时蒸发系统诊断要求油箱压力传感器信号可靠，在布置及产品设计上需考虑避免油液进入传感器或者由于冲洗、雨水造成油箱压力传感器信号波动。

4. 燃油系统监测

针对配有自适应反馈燃油控制系统的车辆可对燃油系统工作状态进行监测，当燃油系统故障恶化导致车辆排放超过法规要求或者达到系统控制允许的最大值时，将报燃油系统故障。燃油系统控制可以采集前/后氧传感器信号，因此可分别提供基于前/后氧传感器信号的诊断功能，燃油系统监测具体诊断原理如下。

（1）基于前氧传感器的自适应反馈控制监测诊断原理　在汽油机燃油控制系统中，喷油器的喷油脉宽主要是根据发动机负荷信号、混合气自适应反馈的加法修正因子、混合气自适应反馈的乘法修正因子和混合气闭环调节因子计算得到，如图 5-47 所示。基于前氧传感器信号进行的自适应反馈控制，其主要是通过安装在催化器前的前氧传感器来监测排气中氧的浓度，并向发动机电控单元反馈信号，系统将基于反馈信号产生相应修正调节因子，然后根据调节因子均值与基准值（取 1.0）的偏差进行自适应反馈学习，由此一方面可及时修正混合气浓度的控制偏差，使混合气空燃比始终维持在理论空燃比附近，另一方面，当自适应反馈学习值偏离基准值并超过最大允许的上下限值时，系统诊断为发生故障。

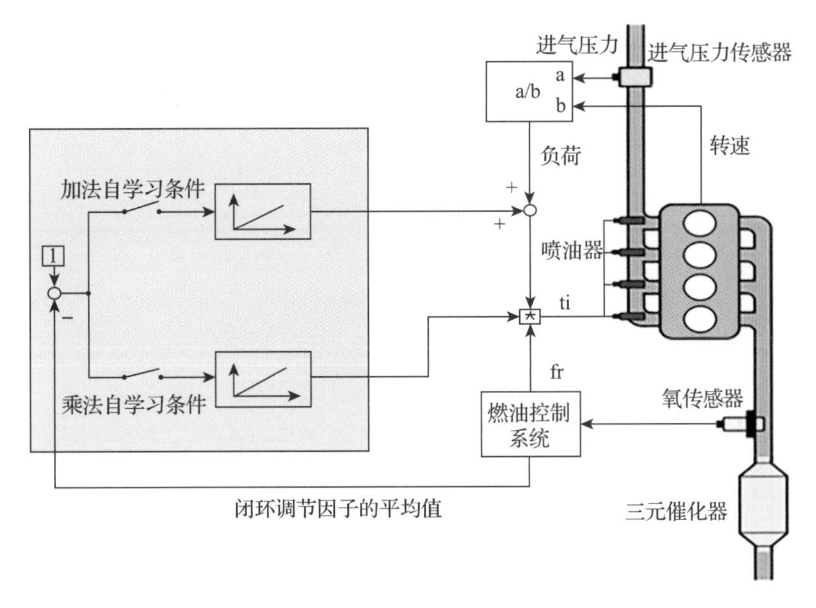

图 5-47　基于前氧传感器的自适应反馈控制和喷油量计算原理概览图

（2）基于后氧传感器的闭环修正控制监测诊断原理　在催化器后安装后级氧传感器一方面是通过后级氧传感器的信号实现对催化器故障的监测，另一方面可通过后级氧传感器的信号反馈进一步修正前氧传感器的闭环调节偏差，确保混合气空燃比始终处于催化器的最佳转化效率窗口之内，如图 5-48 所示。

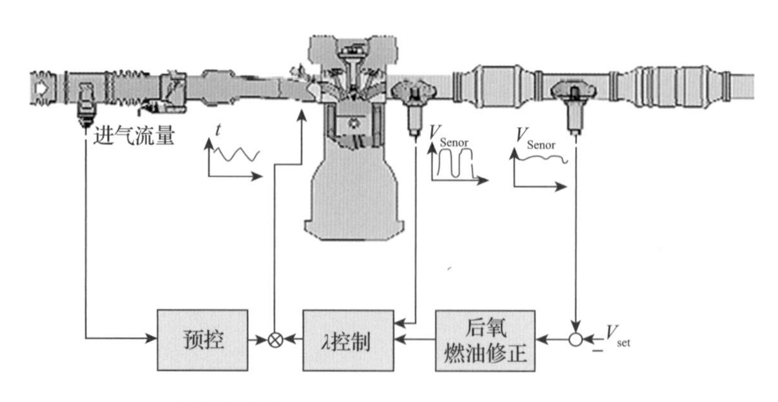

图 5-48　混合气　λ = 1 的闭环控制原理图

对于基于后氧传感器的闭环调节控制，其原理是在稳态工况下，将后氧传感器电压信号与目标电压进行比较，若后氧传感器电压偏离了目标电压，系统将根据其偏离程度进行自学习修正，并据此自学习值判定故障。

5. 排气传感器监测

排气传感器监测主要用来判定前氧传感器和后氧传感器的工作状态，包括氧传感器线路监测、加热性能监测、前氧传感器响应性监测、前氧传感器特性偏移监测及后氧传感器老化监测等，典型安装位置如图 5-49 所示。

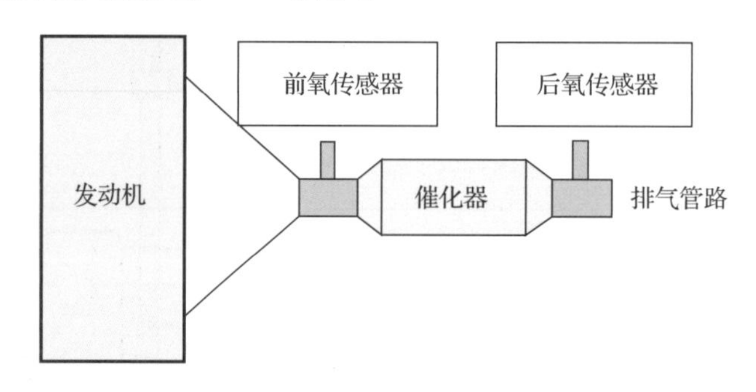

图 5-49　氧传感器布置示意图

氧传感器是闭环燃油控制系统的一个重要标志性零件，其信号是闭环控制的反馈信号，氧传感器信号的变化将直接影响到喷油系统的闭环控制，闭环控制对排放的影响非常大，因此 OBD 系统需要随时诊断氧传感器的信号，以防止因为氧传感器信号的恶化而导致排放超标。

以线氧为例，系统主要通过调节需求空燃比实现对前氧传感器的响应性进行监测。如图 5-50 所示，为实现响应性监测首先需通过匹配选取合适的起始点来设定水平线，以计算其和反转的氧传感器信号所围成的面积，通过实际氧传感器信号与期望氧传感器信号所围成的面积比与目标阈值进行比较，进而进行故障判定。通过反转信号可以有效地降低信噪比，提高监测质量。

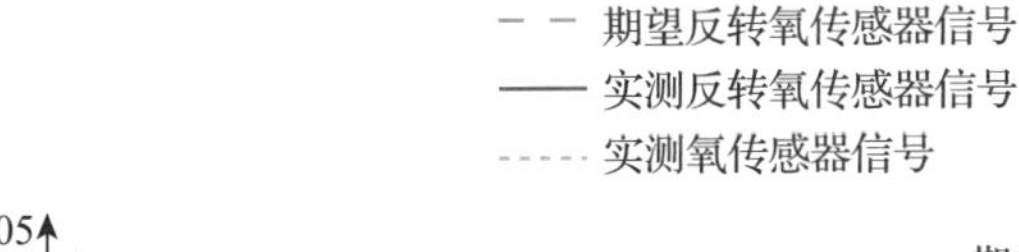

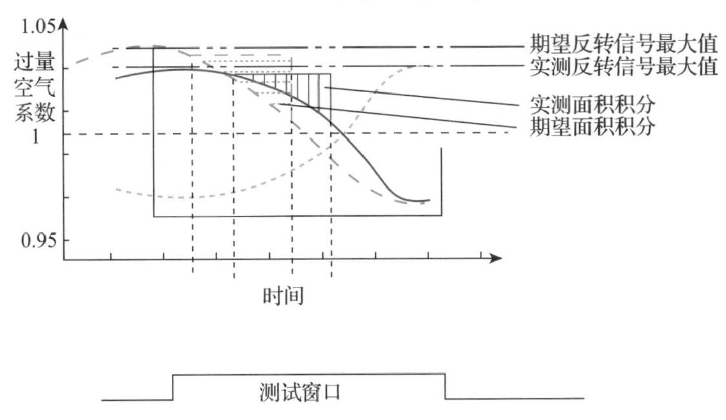

测试窗口

图5-50 前氧传感器响应性监测-面积积分计算原理图

6. 综合部件监测

综合部件包括输入部件和输出部件/系统两大类。输入部件主要包括车速传感器、曲轴位置传感器、凸轮轴位置传感器、爆燃传感器、节气门位置传感器，以及向动力控制系统提供信号的传感器、模块和电磁阀等。输出部件/系统主要包括怠速控制系统、自动变速器电磁阀或者控制系统、废气涡轮增压电子部件及催化器加热时使用的旁通阀等。此外还包括混合动力电动汽车部件，如电量存储系统、混合动力电动汽车热管理系统、再生制动、驱动电机、发电机和充电设备等。

对于综合部件，如果该部件/系统直接或间接地向车载控制单元或智能装置提供输入信号或者接收指令，发生故障时将导致排放超过OBD阈值，或者该部件/系统属于其他监测系统/部件诊断策略的一部分时，都需对其进行诊断。

输出部件监测主要监测输出设备的电路是否出现了开路、对地短路、对电源短路故障，该功能是通过驱动芯片自身的监测完成的，系统只需要读取驱动芯片提供的信息报出故障，包括液压控制阀、点火线圈、炭罐电磁阀、冷却风扇、空调继电器、主继电器、油泵继电器、高压油泵控制阀、喷油器、机油泵电磁阀、起动机继电器、电子节温器线路、增压系统泄压阀、制动真空度助力泵、增压中冷水泵继电器、增压器废气旁通电磁阀、通风电磁阀等。

5.5 电控系统开发新技术

近几年，智能网联汽车和混合动力汽车的发展推动了汽车电子电气架构的变革。原来以功能模块划分的分布式架构已经无法满足当前电动化、网联化、智能化、共享化发展需求。在不远的未来，车辆的控制系统将放在云端，实现数据的云传输和云控制，实现软件定义汽车以满足用户的不同场景需求。汽油机控制系统也将从单一的发动机控制演变为发动机+变速器+电机+电池的多功能动力总成域控制系统。动力域控制作为整车电气架构

中的重要一环，将在未来汽车“新四化”变革中扮演重要角色。

5.5.1 基于模型的系统工程

系统工程（Model Based System Engineering，MBSE）是一种使系统设计成功实现的跨学科的方法和手段，需要完整考虑从概念设计到系统运行的全部问题，整体且一致地理解涉众需求并形成记录，随后进行设计综合、验证、确认。如图 5-51 所示，系统工程的关键活动包括需求分析、功能分析和分解、系统划分（也称为系统分析和控制）以及设计综合，是一个逐层分解与定义、综合集成与验证的过程。

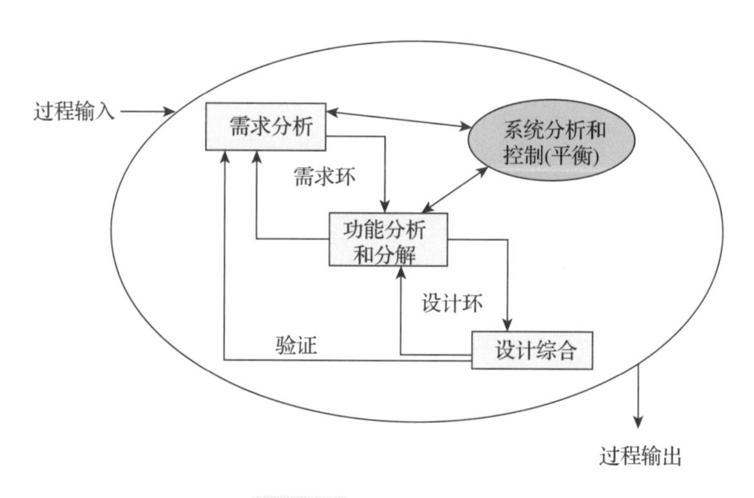

图 5-51 系统工程过程

MBSE 中的“M”代表建模，为形式，目的在于能够使需求结构化、功能模型化和架构通用化，“SE”为内涵，即使用系统思维从整体出发，通盘考虑。建模为 MBSE 技术的基础和核心，在系统工程的不同阶段，需要创建不同种类的模型，对应不同阶段任务的特定要求。建模技术通常分为六个部分，即需求矩阵→用例图→活动图→序列图→架构图→系统仿真，且相邻两部分还存在迭代关系，如图 5-52 所示。

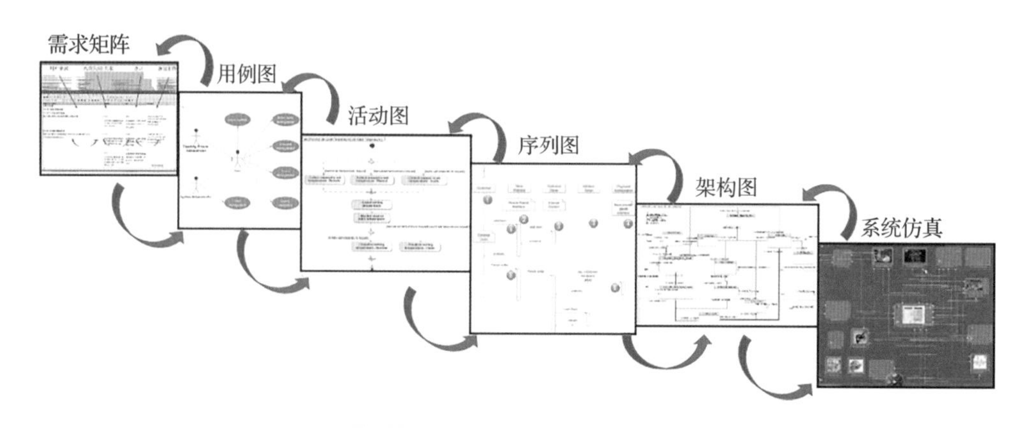

图 5-52 MBSE 建模技术六部分

MBSE主要以模型为中心，将系统工程核心——过程需求－功能－架构整合为逻辑模型，由此各专业领域可参考通用模型进行信息交互并基于统一的数据源进行系统开发。MBSE具备四大优势：一致性、追溯性、协同性和重用性。MBSE的核心技术包括硬件设计、架构设计、软件开发、仿真、FMEA等。MBSE技术的应用还需要管理的支撑，包括项目管理、需求管理、模型管理、接口管理和配置管理。目前，国内外汽车企业在不同领域正以多样化的形式和侧重点在实践MBSE，包括福特、奥迪、泛亚、长安汽车等。

5.5.2 基于AutoSAR的软件架构

AutoSAR的基本思想为软硬件分离，如图5－53所示。通过标准化应用软件和底层软件之间的接口，让应用软件开发者可以专注于具体应用功能开发，而无需考虑控制器底层的运行过程，即使更换了处理器硬件，应用软件也无需做太多修改就可以被移植过去。底层软件的开发主要由专门的公司完成，为每一个处理器硬件写好驱动，并封装成标准化接口提供给上层。

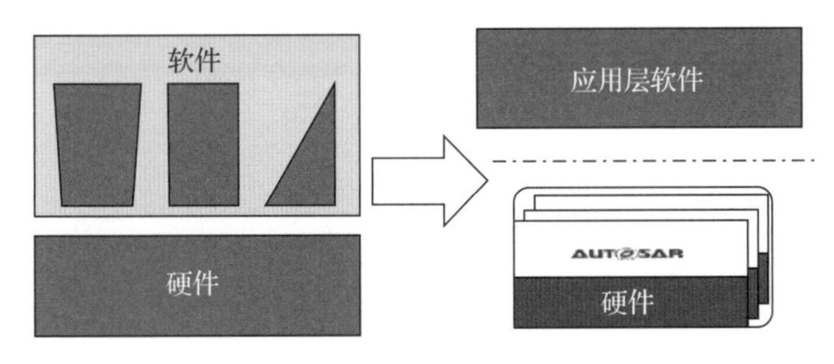

图5－53 AutoSAR的基本思想

AutoSAR架构一般认为分为四层：应用层（Application Layer）、运行时环境（Runtime Environment，RTE）层、基础软件（Basic Software，BSW）层和微处理器（Microcontroller）层，如图5－54所示。

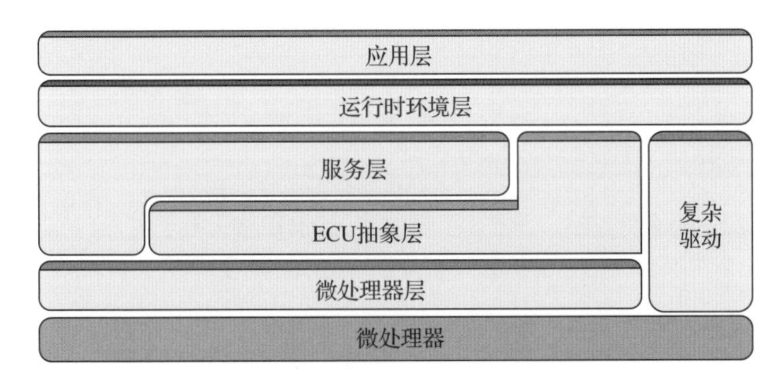

图5－54 AutoSAR架构层示意图

1. 应用层

应用层中的功能由各软件组件（Software Component，SWC）实现，组件中封装了部分或者全部汽车电子功能，包括对其具体功能的实现以及对应描述，如控制前照灯、空调等部件的运作，但其与汽车硬件系统没有连接。

2. 运行时环境层

运行时环境层主要为应用层提供通信手段，这里的通信是一种广义的通信，可以理解成接口。应用层与其他软件体的信息交互有两种，第一种是应用层中的不同模块之间的信息交互，第二种是应用层模块同基础软件之间的信息交互，而 RTE 就是这些交互使用的接口集散地，它汇总了所有需要和软件体外部交互的接口。

3. 基础软件层

基础软件层为提供基础服务的软件层。具体而言，虽然汽车中有各种不同的 ECU，它们具有各种各样的功能，但是实现这些功能所需要的基础服务是可以抽象出来的，比如 IO 操作、AD 操作、诊断、CAN 通信、操作系统等，无非就是不同的 ECU 功能，所操作的 IO、AD 代表不同的含义，所接收发送的 CAN 消息代表不同的含义，操作系统调度的任务周期优先级不同，这些可以被抽象出来的基础服务被称为基础软件。根据不同的功能，基础软件可以继续细分成四部分，分别为服务层（Service Layer）、ECU 抽象层（ECU Abstract Layer）、复杂驱动（Complex Driver）和微处理器抽象层（Microcontroller Abstraction Layer，MCAL），四部分之间的互相依赖程度不尽相同。

4. 微处理器层

微处理器层是底层驱动层，主要由芯片生产厂家提供。

5.5.3 动力域控制技术及大数据开发

如图 5－55 所示，在汽车电子电气架构演变的过程中，模块化方法已开始逐渐向集成化方法转变，其中电子控制单元（Electronic Control Unit，ECU）的集成化和功能化即为域控制。汽车域控制器（Domain Control Unit，DCU）可以采用处理能力更强的多核芯片对每个域进行相对集中的控制，以取代目前分布式电子电气架构。

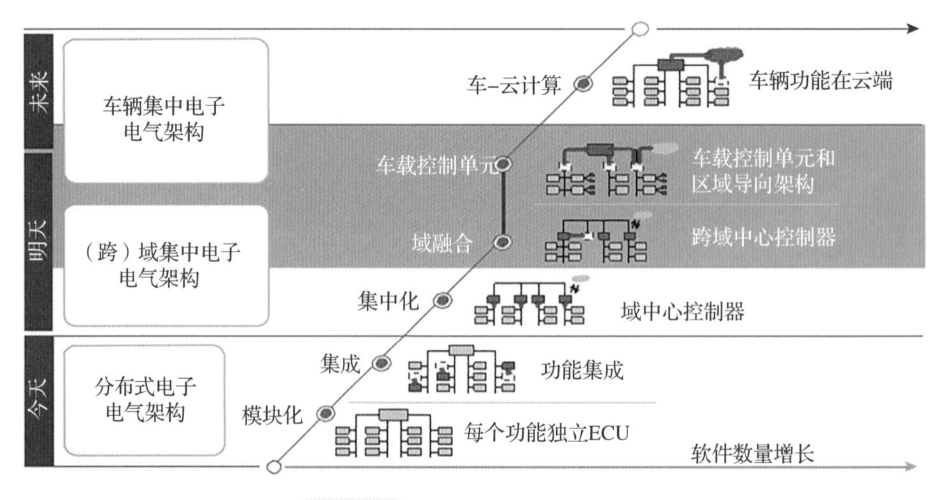

图 5－55　电子电气架构演变过程

近年来随着车联网的迅速发展，汽车与外部的数据交换越来越多，如果还采用分布式架构，就不能很方便地把一些关键系统保护起来（例如发动机控制和制动系统等），数据安全将面临巨大隐患。与之相比，域控制器的使用可以通过中央网关与其他域隔离开，使其受到攻击的可能性明显减小。即便如此，加强对域控制器的网络安全防护，提高对域控制器的功能安全和信息安全需求依然十分重要。

2020 年 1 月 7 日，安波福公司在拉斯维加斯举行的国际消费电子展上发布了其全新的智能汽车架构 SVA，在这一架构中，所有的计算都被整合到了域控制器中，车辆传感器和其他硬件也都接入域控制器。SVA 汽车架构由计算、网络和动力三个关键系统组成，并采用“双环”拓扑的组合方式，使车内的各个域控制器之间实现直接连接，从而形成连续互通的路径。这种拓扑结构能够更好地处理高数据负载，并提供全车数据计算，同时还可以进行信号和功率的分配。

国际主流 OEM 也纷纷基于最新整车平台，采用集中式电子电气架构和差异化技术方案，构建了多域协同的整车控制域架构，包括底盘控制域、智能驾驶域、动力域、智能座舱域、自动驾驶域等，其中动力域作为必备的基础功能域主要用于为整车提供能源输入。未来大众计划采用 3～5 个高性能计算单元以及与安全相关的 ECU 组成其控制架构，并可实现 60%软件的自主开发。丰田则主要采取中心化和区域化的可拓展电子电气架构，而域控制器的整体发展趋势则是以特斯拉 Model 3 为代表的中央计算平台方案。

如今汽车行业正在朝向数字化快速发展，这也从一定程度上促进了大数据技术在汽车行业中的应用。汽车大数据开发，即将汽车实时运行的数据通过车联网模块上传到云端，其主要流程有明确数据挖掘目标需求、数据取样、数据分析预处理、数据分析模型和数据模型评估，如图 5-56 所示。其重点在于数据处理分析以及算法模型开发，主要包括数据清洗、数据特征提取、数据建模、数据可视化、数据存储等；

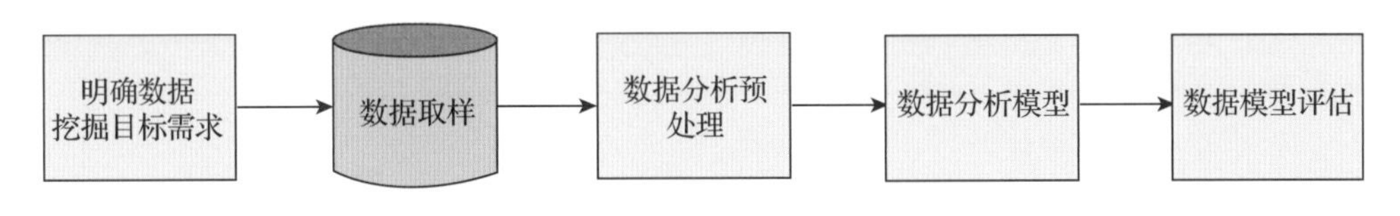

图 5-56　数据分析流程

根据平台需求，将整车动力域需求数据进行实时上传，并绑定用户身份数据，对于数据传输的要求，需保证数据的实时性、可靠性等，通过对获取的数据进行建模分析，分不同业务模块进行处理，进而可为驾驶人的安全驾驶、车辆部件性能分析、远程诊断、售后服务等提供帮助。

总之，对于动力域大数据开发的最终目标是实现整车在线实时控制、智能用户提醒、智能车辆远程诊断、智能维修提醒、整车健康状态智能评估等功能。在汽车行业正在经历重大变革的同时，让汽车数字化加速该行业的变革。

5.5.4　智慧标定技术

智慧标定技术是把标定匹配工程师从繁重的测试任务中解放出来，并充分共享大数据

以提供高质量的标定数据。主要由以下部分组成：

1）一套完整的自动标定工具链。可以完成试验界面自动生成、测试工况自动调节、匹配参数自动寻优、试验安全自动监控。

2）一套远程标定系统。工程师可以在办公室内进行操作就能完成远程数据测量，然后将数据传送到云平台进行数据特征提取、分析与归档，匹配专家访问云平台即可完成数据处理与标定。

5.6 小结

汽油机由化油器形式演变到现在的电喷，控制系统技术进步是关键因素之一。为了实现发动机高动力性输出、低燃油消耗水平及低排放等多重开发目标，需要将新技术和新策略组合应用，这也对电控系统开发与应用提出了更高要求。与此同时，随着可变技术应用的增加，发动机需平衡和标定的参数多、变化范围广、变量之间关联性大，这对电控策略标定开发也提出了更大挑战。此外，随着网联化、智能化的发展，动力系统域控制和大数据成为未来满足用户对动力系统“常用常新”“千人千面”个性化需求的重要组成部分，汽油机控制系统实现软硬分离开发也成为差异化打造的关键。

参考文献

[1] Automotive SPICE process assessment/reference model ASPICE 3.1：2017 [S].

[2] 张振东，尹从勃. 汽车电控喷油器性能仿真与结构优化 [M]. 北京：科学出版社，2019.

[3] 徐家龙. 柴油机电控喷油技术 [M]. 北京：人民交通出版社，2011.

[4] 康拉德·萧夫，等. BOSCH 汽车工程手册 [M]. 魏春源，译. 北京：北京理工大学出版社，2020.

[5] 鲁植雄，邓晓亭，等. 汽车电子控制基础 [M]. 北京：清华大学出版社，2017.

[6] 张鹏，石凯凯，毛功平. 自然吸气式 CNG 发动机主充模型的研究 [J]. 内燃机，2020(03)：42-46.

[7] 任亚丹，王龙，等. 涡轮增压天然气发动机电控系统进气模型研究 [J]. 西安交通大学学报，2018 (12)：23-27.

[8] 王齐英，胡东宁，等. 低压缸内直喷汽油机进气动态特性建模仿真与实验验证 [J]. 小型内燃机与车辆技术，2015 (04)：45-48.

[9] 洑慧，江帆，等. 基于 CFD 分析的进气歧管性能研究 [J]. 机械研究与应用，2014(05)：149-151.

[10] MENDES O，JUNIOR F. Impact of miller cycle in the efficiency of FVVT variable valve train engine during part load operation [C] //SAE. SAE Paper 2009-36-0081. [S.l.：s.n.]，2009.

[11] SONG D, JIA N, GUO X, et al. low pressure cooled EGR for improved fuel economy on a turbocharged PFI gasoline Engine [C] //SAE. SAE Technical Paper 2014-01-1240. [S.l.: s.n.], 2014.

[12] MALONEY P, OLIN P. Pneumatic and thermal state estimators for production engine control and diagnostics [C] //SAE. SAE Technical Paper980517. [S.l.: s.n.], 1998.

[13] POTTEAU, S, LUTZ P, LEROUX S, et al. Cooled EGR for a turbo SI engine to reduce knocking and fuel consumption [C] //SAE. SAE Technical Paper 2007-01-3978. [S.l.: s.n.], 2007.

[14] OLIN P. MALONEY P. Barometric pressure estimator for production engine control and diagnostics [C] //SAE. SAE Technical Paper 1999-01-0206. [S.l.: s.n.], 1999.

[15] MALONEY P, OLIN P. Pneumatic and thermal state estimators for production engine control and diagnostics [C] //SAE. SAE Technical Paper980517. [S.l.: s.n.], 1998.

[16] AMANN M, ALGER T, MEHTA D. The effect of EGR on low-speed pre-ignition in boosted SI engines [J]. SAE Int. J. Engines, 2011, 4 (1): 235-245.

[17] 段炼，袁侠义，等. 基于实车状态的发动机均值模型研究 [J]. 中国机械工程，2020 (09): 1123-1130.

[18] 汪科任，孙仁云，等. 基于Simulink的天然气发动机瞬态加速工况仿真设计 [J]. 成都大学学报（自然科学版），2014 (01): 68-71.

[19] 周乃君，包生重，等. 基于模型汽油发动机的空燃比控制器仿真研究 [J]. 重庆工学院学报，2006 (08): 15-20.

[20] 徐亮. 面向汽车驾驶性的动力传动系统准瞬态建模研究 [D]. 长春：吉林大学，2017.

[21] 齐田斌. 小型汽油机电子喷油与点火控制策略开发及参数标定 [D]. 秦皇岛：燕山大学，2018.

第 6 章 汽油机试验开发

6.1 试验开发体系

企业在进行汽油机产品开发过程中，都会建立一套适合本企业的产品开发流程。一般而言，现代企业产品开发采用“V”字开发流程，如图 6-1 所示，一般可分为方案阶段、设计/验证阶段、投产阶段。产品的方案阶段、设计/验证阶段定义为产品的设计开发过程，聚焦于产品从无到有。方案阶段，从整机→系统→零部件逐步分解目标，结合虚拟试验辅助设计；设计/验证阶段，从零部件→系统→整机逐步交付实物产品，实施验证；投产阶段，产品生产过程验证，聚焦于产品批量生产质量和一致性控制，包含整机、系统、零部件的生产质量控制。

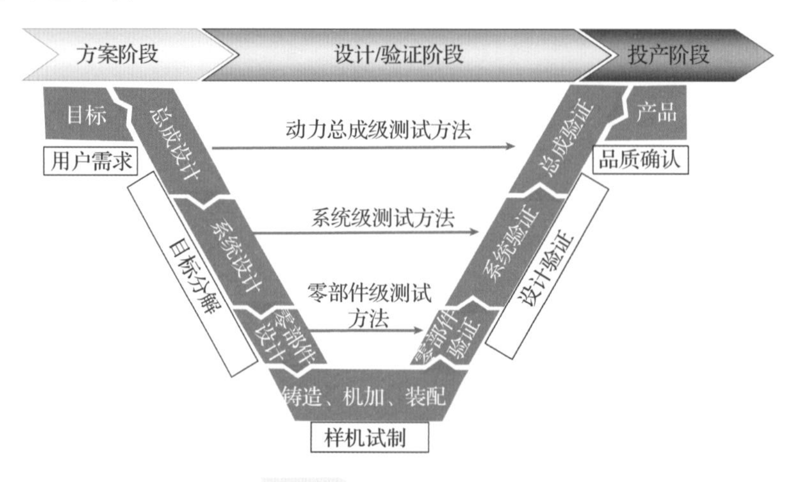

图 6-1 “V”字开发流程

汽油机作为汽车的核心部件，在汽车产品开发中具有举足轻重的地位。在汽油机产品开发过程中，试验开发是必不可少的环节，产品设计的优劣、性能的好坏、生产工艺是否合理、产品质量和使用要求是否达成设计目标、产品生产一致性是否可控，均需要通过试验来进行验证和评价。

试验开发体系是由产品开发中各阶段试验项和评价指标组成的一套系统的方法。试验开发体系一般由试验项目、试验方法、样本量、评价标准等组成，来源于产品开发的工程实践，考虑因素包括用途、使用环境、市场条件、法规要求、产品性能目标、产品失效模式、质量问题等。在产品开发实践中，通过总结经验，寻找规律，将产品开发转化成可实施操作的试验规范，从而形成产品试验开发体系；同时，将试验体系应用于新的产品开发中，通过不断实践、不断创新、不断改进、不断迭代，逐步丰富和完善试验开发体系。

在汽油机产品开发流程中，试验开发评价体系贯穿于整个产品开发过程，试验评价始于零部件，终于整机，形成了零部件级、系统级、整机级试验开发流程。零部件试验是指具备独立功能零部件的功能、性能及可靠性的试验验证及评价，试验开展更多依托于零部件供应商，主机厂负责监管评价。系统试验是指开展由各个零部件组成的具有独立功能系统的性能匹配和可靠性试验，试验由系统集成供应商或主机厂实施。整机试验是指对设计的所有零部件集合组成的整机，针对其开发目标开展的性能试验和可靠性试验，试验一般由主机厂实施。

现行指导汽车发动机整机试验的国家标准及行业标准有 GB/T 18297—2001《汽车发动机性能试验方法》、GB/T 17692—1999《汽车用发动机净功率测试方法》、GB/T 19055—2003《汽车发动机可靠性试验方法》及 QC/T 526—2013《汽车发动机定型　试验规程》。这些标准重点是对定型汽车发动机的性能和可靠性属性进行试验，详细规定了试验方法及评价标准。

随着汽车发动机新技术，特别是增压、直喷、零部件电气化技术的应用以及汽车产品的普及使用，汽车发动机产品性能和可靠性属性的应用场景也在不断扩大，现行的国家标准及行业标准并不能覆盖当前汽车发动机产品开发的所有试验需求。为了充分评价汽车发动机产品的性能和可靠性，各企业也在围绕着这两大核心属性，不断地充实和完善各自的试验内容和评价指标，本章将从热力学燃烧开发、机械功能开发和可靠性能验证三个方面介绍车用汽油机开发重点应用的试验技术。

6.2 热力学燃烧开发试验

6.2.1 试验目的

燃烧开发试验是针对车用汽油机的动力性、经济性和排放性指标，利用先进的燃烧开发测试手段，围绕汽油机性能，对汽油机燃烧系统相关的零部件技术方案进行的一种试验。燃烧开发试验在产品开发过程中，一般分为基础预研和产品开发两个不同的阶段。在基础预研阶段，重点是对汽油机燃烧系统的关键结构参数进行开发，一般包括汽油机的大小（缸盖、缸径、行程等）和布置形式、气道设计要求、活塞顶部形状、喷油系统、火花

塞等，适用于新技术导入的应用场景。在基础预研阶段，一般采用单缸机试验进行燃烧系统开发，利用单缸机结构小巧灵活、干扰因子小的特点，可以缩短样件试制周期，提高测试效率。产品开发阶段的燃烧开发试验在首台产品样机点火后开始，燃烧系统的结构参数和技术方向基本确定，试验方案偏向于对汽油机运行参数和控制策略选型，如凸轮轴型线、活塞顶部形状、喷油器、增压器、压缩比、EGR 率等。由于产品开发阶段的燃烧开发试验将最终确定汽油机的设计方案，因此在达成汽油机性能目标的同时要考虑其工作的边界限制，如爆燃边界、排气温度、机油稀释、缸内峰值压力和压力升高率、早燃、燃烧稳定性、混合气加浓限制、扫气策略、增压器喘振余量等。

6.2.2 试验过程

为了达成汽油机的性能指标，确定最终样机零部件的技术方案，燃烧开发试验应从样件准备和样机装配、试验设备和传感器选型、传感器安装布置、试验方法、方案实施和方案变更、试验边界条件等着手。

6.2.2.1 样件准备和样机装配

样机装配前需要对零部件状态进行检查，一般包括：关键零部件尺寸测量，如缸体、缸盖、曲轴、连杆、活塞等零部件的尺寸需要满足设计中值要求；关键零部件性能测量，如凸轮型线、缸盖气道、喷油器、水泵、机油泵、增压器等；整机配合形成的关键结构参数，如燃烧室容积、压缩比等。确保各样件满足设计要求，装配出设计中值汽油机，避免因非中值发动机造成试验结果的偏差。

在样机装配过程中需要对系统参数进行管控，如压缩比的管控是测量缸体、缸盖各部分的燃烧室容积，确定压缩比是否满足设计要求的中值范围，若不满足则需要更换影响压缩比的零部件，如缸体、缸盖；配气相位的管控是通过测量进/排气门最大升程及对应曲轴转角，以及 1mm 气门开闭对应曲轴转角，判断样机静态配气相位是否满足设计要求，若不满足则需要更换影响配气正时的零部件，如进排气凸轮轴、挺柱、正时带或链条。

6.2.2.2 试验设备

燃烧开发试验的基本试验设备包括台架测功系统、电喷系统控制设备等，具体见表 6-1。试验前应对试验边界条件进行控制，确保整个燃烧开发试验过程中边界条件一致，包括控制环境温度、压力和湿度、冷却液温度和压力、燃油温度和压力、机油温度和压力、进气温度和压力、排气温度和压力等。同时，为了保护汽油机在试验过程中不受损坏，试验过程需要设置安全报警阈值。除了以上边界条件外，还可以通过燃烧分析仪识别汽油机爆燃和早燃等现象，与台架控制系统联动及时采取停机确保试验安全。

燃烧分析仪一般由气缸压力传感器、曲轴转角传感器、电荷放大器、模/数（A/D）转换器、燃烧分析软件构成。汽油机燃烧过程测量的是缸压和曲轴转角的关系，因此关键传感器为气缸压力传感器和曲轴转角传感器。

表 6-1 燃烧开发试验设备

试验设备	设备功能
台架测功系统	测量转速、转矩、各测量点的温度压力和流量参数
温度控制系统	用于控制冷却液、机油、进气中冷等试验边界条件
电喷控制系统	用于调整并记录汽油机电喷参数，调节汽油机的运行参数
燃烧分析仪	用于对基于曲轴转角的缸内瞬态压力、进排气瞬态压力的数据进行采集和分析
传感器和控制器原始信号测量设备	测量如点火信号、喷油信号、曲轴/凸轮轴位置信号、各控制器的占空比信号
排放分析仪	用于测量汽油机气体污染物、颗粒物质量和数量

气缸压力测量通常采用压电式传感器。常用的测量缸内压力的传感器类型有两种，分别是嵌入式和火花塞式缸压传感器，如图 6-2 所示。嵌入式缸压传感器通过打孔安装在气缸盖燃烧室上，需要考虑安装位置对汽油机自身燃烧影响尽可能小，一般选用小尺寸的非水冷式传感器；其次要减小安装导致的测量误差，如通道效应、测量位置的温度和温度波动等，一般按照传感器厂家推荐的要求设计安装孔。火花塞式缸压传感器是将压力传感器集成在汽油机的火花塞上，这种压力传感器虽然使用方便，但不适合精度要求高的试验测试，同时这种安装方式往往使点火中心偏移且改变了原有火花塞的结构，需要匹配产品火花塞的热值和尺寸。针对不同的测试需要，可以参考表 6-2 所列进行缸压传感器选择。

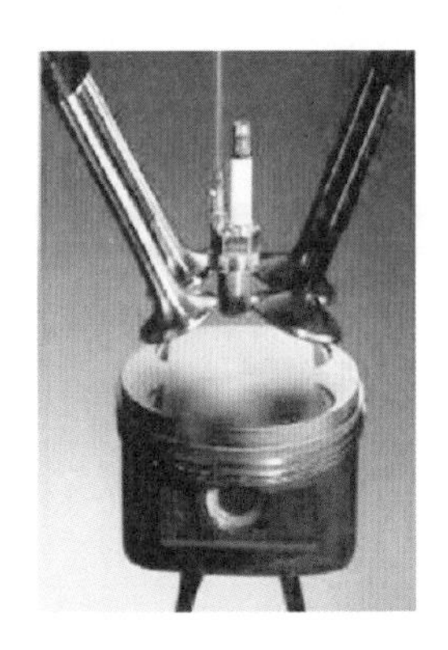

图 6-2 嵌入式和火花塞式缸压传感器

表 6-2 不同燃烧分析任务的测量需求

测量项目	压力测量精度	测量缸数	缸压传感器类型	额外测量
燃烧相位	标准	1 个或以上	火花塞式	
燃烧持续期	高	1 个或以上	火花塞式	
滞燃期	标准	1 个或以上	火花塞式	点火信号
燃烧稳定性	标准	1 个或以上	火花塞式	
各缸燃烧均匀性	高	所有气缸	嵌入式	
爆燃	标准	所有气缸	嵌入式	加速度振动信号
峰值/压升率	标准	1 个或以上	火花塞式	
燃烧噪声	标准	1 个或以上	火花塞式	
摩擦损失评估	超高	1 个或以上	火花塞式	进排气低压（可选）
换气计算	超高	1 个	嵌入式	进排气低压

选用嵌入式缸压传感器测量缸压时，因嵌入式缸压传感器通常安装在缸盖上，需要在缸盖上设计传感器安装孔，如图 6-3 所示。由于安装孔要穿过缸盖水套，需要制作套管以隔离冷却液。

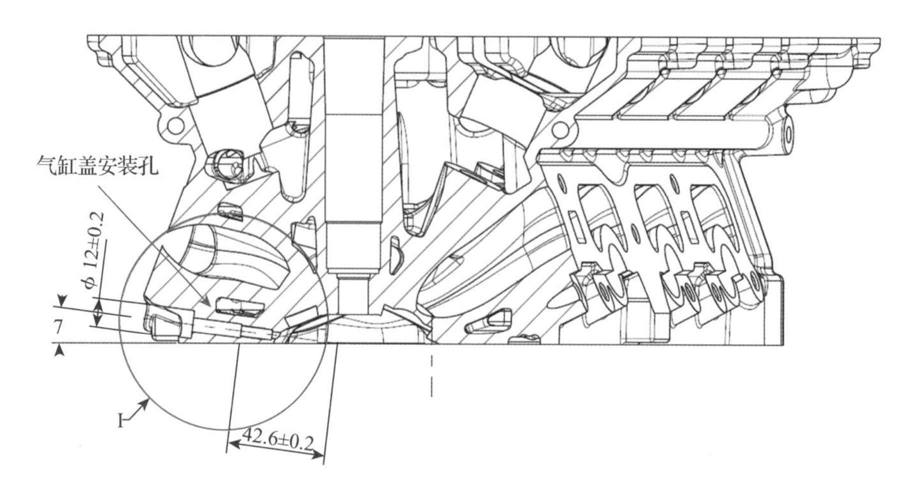

图 6-3　气缸盖上布置传感器安装孔

另外一个关键传感器是增压器转速传感器。在增压汽油机产品开发过程中，为了避免因增压器超速导致发动机损坏，监测增压器的转速是必不可少的。常采用在增压器压气机上打孔的方式来安装转速传感器。一般测量增压器转速采用霍尔式传感器，传感器与叶片端的距离要求为 1～2mm，如图 6-4 所示。

曲轴转角测量一般采用光栅式曲轴转角传感器，其分辨率可达到 0.5°CA，最高分辨率可达 0.025°CA，常用的曲轴转角传感器如图 6-5 所示。曲轴转角传感器通常安装在发动机曲轴前端，与曲轴同轴运行。

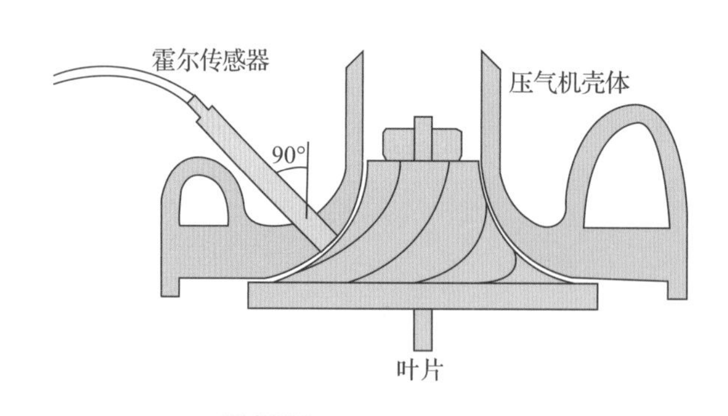

图 6-4　增压器转速测量

图 6-5　AVL 365C 角度传感器安装

6.2.2.3　试验实施

燃烧开发试验开始前首先应对汽油机进行充分的磨合确保汽油机的摩擦稳定，摩擦是否稳定一般通过在磨合过程中监控特征点油耗是否稳定来进行判断。其次为了保障整个燃烧开发试验过程中测量的稳定性，除了定期标定和检查实验室设备、监控燃料热值和成分、维护保养发动机外，每日试验开始前应对汽油机的运行状态及试验边界条件进行检查，并做好相应的数据记录。一般选择最大功率点和油耗特征点两个工况，在相同试验边界条件下，如相同的电喷控制参数，相同的试验冷却液温度、油温等，测量汽油机的转矩、油耗、背压等参数，检查性能是否存在异常。

燃烧开发试验步骤主要包括试验方案和测试内容。试验步骤的制定离不开设计、仿真和试验的相互融合，三者缺一不可。方案实施顺序需要考虑方案之间的相互影响，根据具体情况来确定，一般来说对其他方案选型有影响的优先实施，既影响动力性又影响经济性或排放的试验方案优先实施，对仿真基础模型校准有重要支撑的方案优先实施。测试内容包括对动力性、经济性、排放性指标的工况设定。动力性指标的工况设定至少包括各转速的外特性工况；经济性指标的工况设定一般包括常用数据对比特征工况，整车油耗常用工况；排放性指标的工况设定重点关注催化器起燃工况。由于燃烧开发试验在汽油机电喷标定之前，各方案的实施过程中需要运用试验设计（Design of Experiment，DOE），以快速找到最优的电喷控制参数，为电喷标定提供数据支撑。

6.2.3 数据分析与评价

6.2.3.1 试验数据分析

燃烧开发试验数据分析，首先是通过汽油机燃烧模型对其工作过程进行热力学计算，再对计算所得的结果进行分析，以进一步了解发动机性能与设计以及发动机运行参数之间的关联性，从而选择较优的设计方案并清楚性能优化方向。燃烧开发试验数据除了采集发动机运行参数外，还包括大量需要二次计算的参数，例如燃烧分析仪计算的平均指示有效压力、泵气损失、峰值压力、压力升高率、爆燃、燃烧噪声、放热率、燃烧持续期、滞燃期等燃烧特征参数以及循环统计学参数。燃烧开发试验往往需要开展不同方案间的数据对比，由于不同厂商的燃烧分析仪计算方法有所差别，如压力校准的热力学修正、壁面传热公式、爆燃计算采用的滤波方式、燃烧持续期的定义等，因此数据后处理过程中需要保持数据处理方法的一致性。典型的燃烧过程数据分析如图 6-6 所示，图中描述了汽油机燃烧

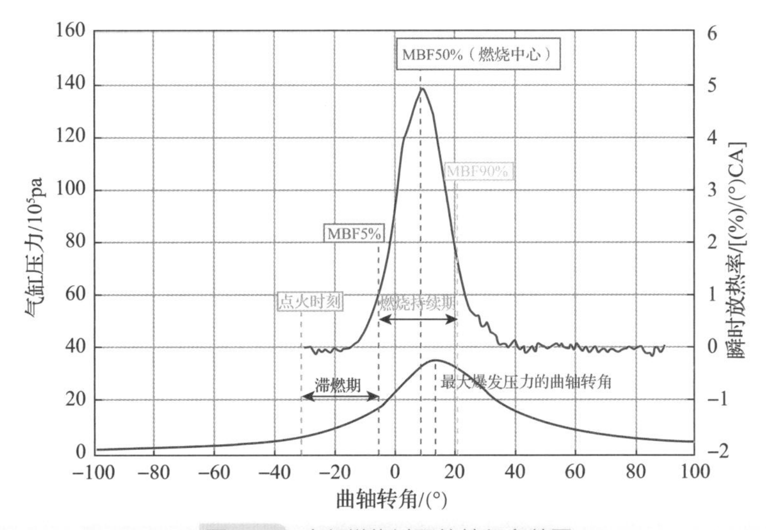

图 6-6 表征燃烧过程的特征参数图

过程各个阶段的定义：从点火到燃烧开始（定义为累计放热量2%～5%处）之间的这段时间称为滞燃期；从燃烧开始到燃烧结束（定于为累计放热量90%处）称为燃烧持续期；将50%累计放热量对应的曲轴转角位置称为燃烧中心，最佳性能的燃烧中心位置一般在压缩上止点后8°～12°CA附近，距离这个位置越远，发动机热效率越低，比油耗恶化。

6.2.3.2 燃烧过程参数评价

与理想的汽油机燃烧过程相比，实际汽油机燃烧过程存在各种损失、燃烧过程数据分析重点是对燃烧损失、燃烧稳定性、摩擦损失以及爆燃进行量化评价。

燃烧损失是实际燃烧过程和理想燃烧过程的差值，包括不完全燃烧的损失、燃烧过程的损失、缸壁的传热损失、换气损失。其中，试验重点关注的是燃烧过程的损失和换气损失。由于在实际燃烧过程中，放热需要持续一段曲轴转角，而不同于理想燃烧在上止点完成放热，因此不可避免地存在热损失，这部分损失由放热规律的特征参数来评价。换气损失在原理上有多种定义方式，根据理想发动机的定义，要考虑示功图因排气门在下止点前开启导致突然压力下降而造成的膨胀功减小，以及下止点后进气门的关闭造成相应的压缩损失。而从试验的角度通常需要关注示功图中的低压循环部分，即泵气损失，当前很多的技术应用都与降低泵气损失相关，如EGR、VVL、稀燃等。

燃烧稳定性是通过对缸压曲线进行统计学分析来确定。影响稳定性的原因有很多，其中主要原因是从点火到燃烧开始的滞燃期的循环波动造成的，这种现象是由气流、缸内温度、燃料浓度和火花塞周围残余气体含量的波动引起的，图6－7显示了相同点火角下的200个工作循环MBF5%与IMEP的变化关系。循环之间波动越小，燃烧越稳定，实际处于最佳燃烧位置的工作循环占比越大，就越能发挥出发动机的最佳性能。反之，则发动机性能越差。

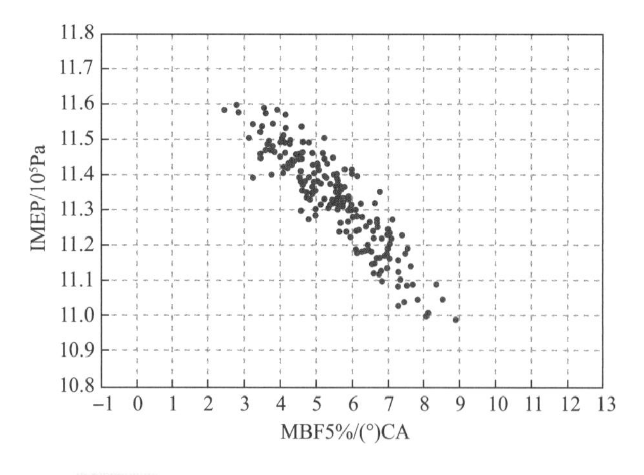

图6－7　相同点火角下平均指示压力的循环波动

摩擦损失不属于燃烧过程的损失，但对于现代高效清洁汽油机的燃烧开发试验而言，降低摩擦损失对性能目标的达成非常重要，摩擦损失通常用一个虚拟的压力参数来表征：

$$FMEP = IMEP - BMEP \tag{6-1}$$

式（6－1）可以理解为气体对活塞做功与曲轴对外做功的差值，其中 IMEP 通过燃烧分析仪计算得到，BMEP 通过测功机实测转矩计算，准确的摩擦损失评定对转矩和缸内压力测量精度要求非常高。为了评估发动机缸内燃烧的热效率，通常用指示热效率 η_i 来表征：

$$\eta_i = 3.6 \times 10^6 / (H_u b_i) \tag{6-2}$$

式中，η_i 是指示热效率；b_i 是指示燃油消耗率（g/kW・h）；H_u 是燃油低热值（kJ/kg）。

爆燃通过测量燃烧室内缸压进行量化评价。爆燃是汽油机燃烧过程中，由于末端混合气温度升高导致自燃的一种不正常燃烧现象。由于爆燃发生时伴随着剧烈的压力波动，可以通过确定一个爆燃发生的缸压窗口，将缸内压力曲线进行高通滤波后，取压力曲线绝对值，根据压力波动峰值或者积分值来评价爆燃强度，如图 6－8 所示。汽油机的爆燃强度大，将导致零部件工作环境恶劣，影响汽油机的耐久性和 NVH 性能。

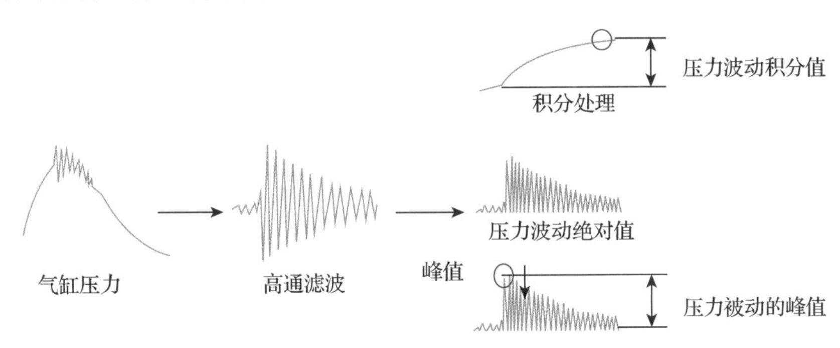

图 6－8　由气缸压力进行爆燃信号处理

6.2.4　可视化试验技术

传统燃烧分析技术可以获取基于缸内压力测试曲线分析的燃烧参数信息，但在进行燃烧解析与优化时存在空间与时间维度方面信息缺失的问题。光学试验通过高速摄影、激光诊断技术等具备获取缸内混合过程、燃烧过程的空间与时间维度方面信息的能力，并通过视频、图像的方式直观呈现。技术人员因此能够更精准地进行优化设计。正是基于燃烧解析能力与结果可视化优点，光学测试技术被广泛应用于燃油与空气混合过程、燃烧过程、燃烧产物生成、喷油器喷雾特性测试等方面。表 6－3 所列为常用的光学测试/激光诊断技术在车用汽油机领域的应用。

表 6－3　光学测试/激光诊断技术在车用汽油机领域的应用

测试内容	应用技术	对象载体	主要研究内容
流场测试	离子成像测试（PIV） 激光多普勒速度仪（LDV）	定容弹/光学发动机	喷雾、气流运动流场测试。可以获取实际流场信息用于 CFD 仿真模型校验以及仿真结果比对，也可以用于技术方案之间选型比较。适用于深度理解与解析混合气组织形成

（续）

测试内容	应用技术	对象载体	主要研究内容
浓度场测试	激光诱导荧光（LIF/LIEF） 瑞丽散射（RS） 纹影法 两波长激光吸收与散射（LAS）	定容弹/光学发动机	重点研究着火前缸内混合气浓度分布特征，用于燃烧过程解析
温度测试	双色法 激光诱导荧光（LIF） 拉曼散射（CARS）	光学发动机	研究缸内混合气着火燃烧的时间温度发展历程，用于燃烧过程解析
燃烧产物/成分测试	拉曼散射（CARS） 激光诱导荧光法（LIF/PLIF） 激光诱导白炽光（LII）	光学发动机	研究缸内混合气着火燃烧中间产物、排放污染物成分生成发展历程，用于燃烧过程解析
喷油器喷雾粒径测试	相位多普勒法 激光诱导荧光/米氏散射	定容弹	用于喷油器喷雾粒径大小、分布测试，用于喷油器设计、选型、CFD 校验等

6.2.4.1 喷雾特性可视化测试

缸内直喷汽油机（GDI）设计开发中，由于喷油器的喷雾特性，比如几何特征（贯穿距、喷雾角）、粒径特征、雾化蒸发特性等对燃烧系统整体设计好坏有着直接影响，使得喷油器的设计非常关键。喷油器喷雾特性测试的目的是获取喷雾特性参数，用于 CFD 仿真模型建立与校验、喷油器方案比对选型等。

在汽油机工作过程中，不同负荷工况下的喷油策略各不相同，喷油时缸内的压力、温度也不尽相同，如何获取尽量贴近汽油机实际工作环境的喷雾特性参数，是喷油器设计开发的重点。表 6-4 所列是常用喷雾特性参数测试技术及应用。

表 6-4 常用喷雾特性参数测试技术及应用

被测对象	测试内容	测试技术	测试目的
喷雾几何特征	喷雾锥角	白光（激光）成像	喷油器油束分布、角度设计与校核、CAE 仿真模型建立与校核
	贯穿距		
	横截面燃油质量落点分布测试		
喷雾粒径大小与速度	D10，D32，Dv0.5，速度等	PDA/PDI 技术	获取喷雾液滴粒径大小、速度信息，用于评价喷油器性能
喷雾微观结构	微观结构	显微成像/纹影	微观结构信息

表 6-5 所列为常用 GDI 喷油器喷雾测试内容及边界控制参数。图 6-9 所示为喷油器喷油压力 35MPa，喷油脉宽 1.5ms，图像采集步长 0.1ms 时完整的喷雾图像。通过影像后处理，可以获取喷雾锥角、贯穿距等信息。图 6-10 所示为某测试工况下喷雾锥角、贯穿距随喷雾时间的变化情况。

表 6-5 喷雾测试内容及边界控制参数

序号	喷油器控制参数		测试环境		测试内容			
	喷油压力/kPa	喷油脉宽/ms	背景温度/℃	背景压力/kPa	锥角	贯穿局	落点分布	粒径大小及分布
1	$p(1+1\%)$	1.5±0.1	21±2	±5	√	√	√	√
2		用户			√	√	√	—

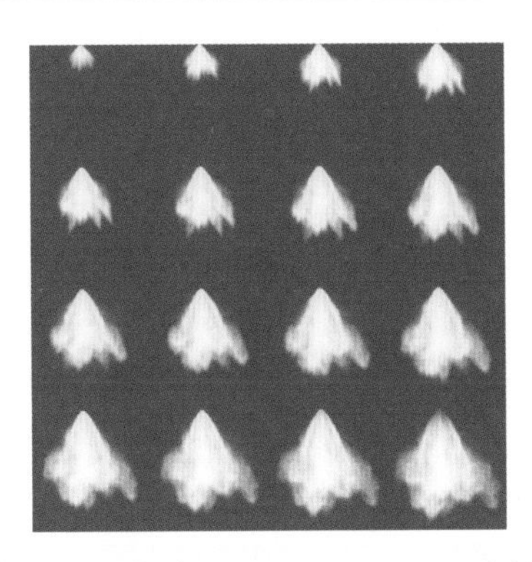

图 6-9 喷雾图像（35MPa，1.5ms，步长 0.1ms）

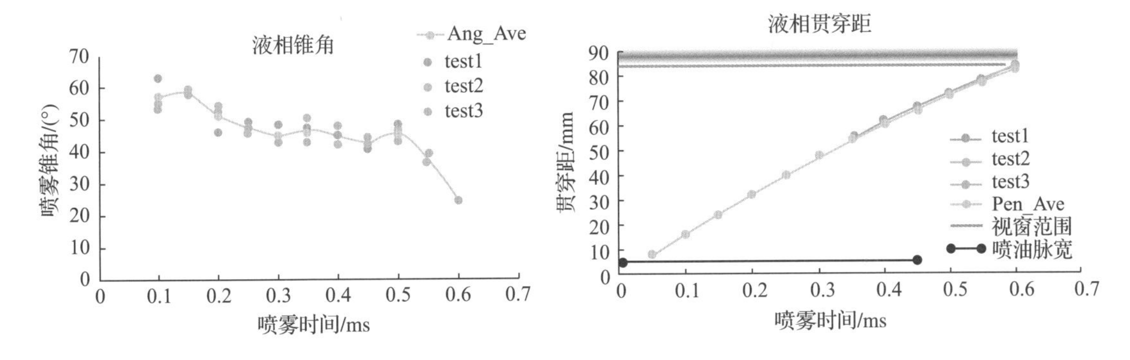

图 6-10 喷雾锥角、贯穿距随喷雾时间变化关系

喷雾落点分布测试主要用于判断实际喷油器油束分布情况。通过平面激光穿过离喷嘴 30mm 处的喷雾，在喷雾正对面布置相机从而获取垂直于喷油器轴线离喷嘴出口 30mm 平面处的燃油落点分布情况，如图 6-11 所示。

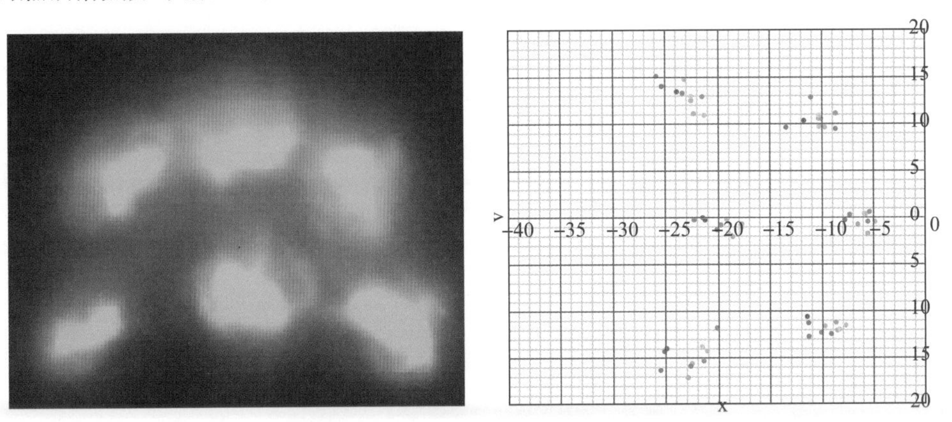

图 6-11 落点分布图像和落点质心分布

通过落点分布测试可以获取落点分布坐标，针对每个油束截面，一般采用圆周布点测试的方式布置5个以上的测点以获取有效数据。数据经过后处理即可获取SMD（索特平均直径）等特征参数，此外一般用户也关心实际的粒径分布情况，如图6-12所示。

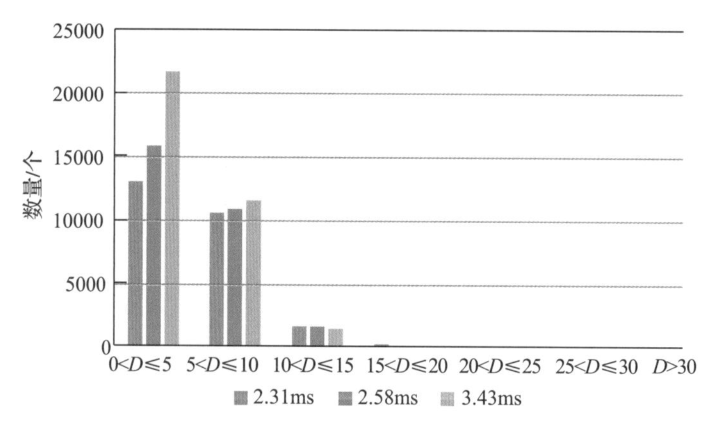

喷油脉宽 2.31ms

粒径范围/μm	数量/个	占比(%)
$0<D\leqslant5$	13063	51.6
$5<D\leqslant10$	10547	41.7
$10<D\leqslant15$	1453	5.7
$15<D\leqslant20$	157	0.6
$20<D\leqslant25$	32	0.1
$25<D\leqslant30$	20	0.1
$D>30$	39	0.2

图6-12　粒径分布

6.2.4.2　光学单缸机试验

光学单缸机试验是燃烧系统设计开发中重要的一环，主要用于燃烧系统设计开发、寻找优化方向以及进行燃烧控制策略研究。要实现燃烧系统的可视化，主要有以下途径：设计制造单缸可视化发动机；在多缸机上改制使用内窥镜系统或者改制设计光学通道。在热力学燃烧开发中应用较多的是单缸光学发动机。

光学单缸机的光学观察布置如图6-13所示。典型的光学观察布置有两种，一是直接针对透明缸套位置进行缸内图像采集，二是通过透明活塞和反射镜进行缸内图像采集。在进行缸内流场、浓度场、污染物生成及中间产物成分测试时，需要结合实验室空间大小灵活布置激光通路。光学视窗设计越大，观察空间范围越广，在安全可靠的前提下，尽量采用最大视窗。除了上述两种常用观察布置外，也有科研人员直接在缸盖上布置光学观察通道，但受缸盖复杂结构以及空间限制，布置难度较大。

利用光学单缸机技术，可以清晰地观察汽油机油气的混合情况。特别是对于采用稀燃、高压缩比等技术的高热效率汽油机要形成当量混合气燃烧，光学单缸机是必不可少的测试手段。目前，汽油机产品一般采用当量混合气燃烧，这就需要在缸内形成均匀的可燃混合气。而未来40%以上高热效率汽油机技术中很可能采用稀燃、高压缩比等技术，形成当量混合气燃烧将面临更多的挑战。但不管应用什么技术，光学发动机都能够通过燃烧过程解析来支持汽油机产品开发工作。

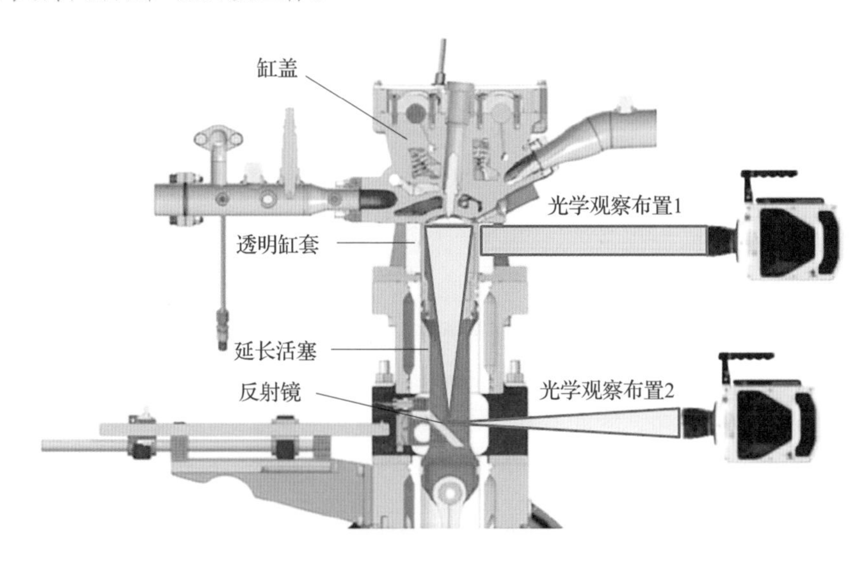

图 6-13 光学观察布置示意图

图 6-14 所示为工程开发中燃烧过程解析。通过使用高性能高速相机可以实现基于单循环的 0.5° CA 以上分辨率图像解析，可以非常直观地诊断混合气形成过程中是否有诸如碰壁/湿壁、异常气流运动、燃烧着火过程中火焰传播是否异常、扩散（炭烟）火焰生成区域判断等。利用光学发动机可以快速找出整个燃烧过程的异常情况，从而给出燃烧过程控制策略以及燃烧系统优化建议。

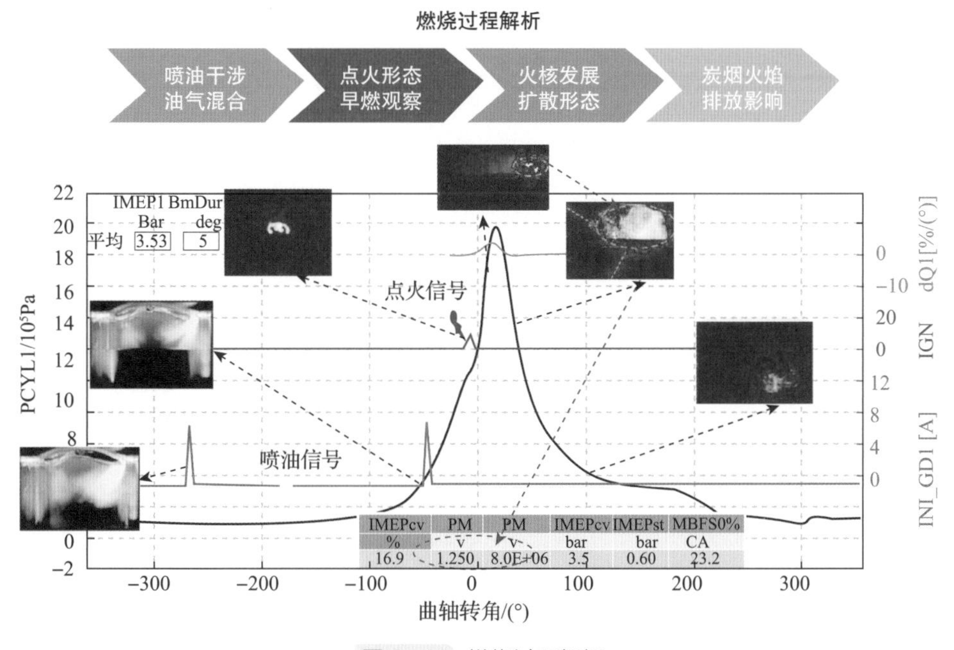

图 6-14 燃烧过程解析

6.3 机械功能开发试验

6.3.1 热管理试验

6.3.1.1 试验目的

热管理是从系统角度出发，集成控制汽油机的燃烧、增压与进排气，以及冷却系统和发动机舱等的传热，进而提高循环效率，降低热负荷，并控制发动机部件高低温极限、温度分布及规律变化，可以在提高发动机冷却能力的同时，使发动机具有良好的动力性、经济性、排放性和可靠性。热管理试验就是通过试验的手段测试汽油机热量分布情况。汽油机作为典型的热机，将燃料的化学能转化为可以做功的机械能，在能量转化的过程中，燃烧的热量除了用来做功的那一部分之外，还有很大一部分通过其他途径，如排气系统、冷却系统散热器、机体表面、润滑油的循环以及燃料的不完全燃烧消耗掉，汽油机热量交换示意如图 6-15 所示。通过测试汽油机的能量分布，改进短板，对汽油机热效率的提高至关重要。

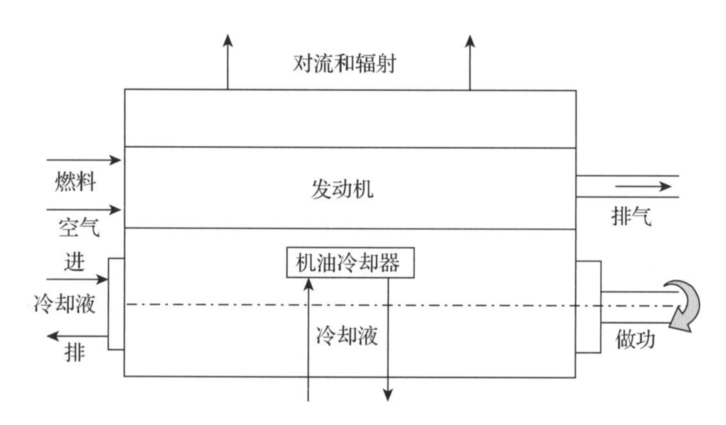

图 6-15 热量交换示意图

根据图 6-15 所示，汽油机的热量计算可以简化为

$$Q = W + Q_W + Q_E + Q_O \tag{6-3}$$

式中，Q 是燃料能量（J）；W 是汽油机有用功（J）；Q_W是冷却液带走的热量（J）；Q_E是汽油机高温排气带走的热量（J）；Q_O是其他热量消耗（J）。

需要注意的是，公式中存在一个Q_O，它代表的是测量和量化较为困难的一部分热量消耗，例如内部零件摩擦、机体表面散热、驱动涡轮增压器的消耗等。

热管理试验就是实现对以上参数的测量，需要测试的内容一般包括汽油机冷却系统的温度、压力、流量测试，汽油机水泵汽蚀极限测试，汽油机冷却系统极限工况下的耐压测试，汽油机机体热平衡测试，汽油机机体的温度场测试，以及独立于汽油机散热系统之外的子散热系统的性能测试等。另外，对于应用了分层冷却、电子水泵、缸盖集成排气歧管、电子调温器、可控散热系统等技术的汽油机散热系统，则需要在上述的几个测试项目之外，根据应用的技术特点，有针对性地进行特殊试验以便验证测试。通过以上测试，可计算和分析得出能量分布情况。

6.3.1.2 试验过程

汽油机开发过程中，一般在测功台架上开展热管理试验，通过模拟汽油机搭载整车状态时的冷却散热系统布局，对汽油机本体的热管理系统进行评估，除保证自身机械功能外，还需结合热管理试验结果，优化和提升汽油机热效率。

1. 试验准备

热管理试验的核心内容是对各个能量耗散系统或零部件的温度、压力、流量进行测量。因此，试验前需要明确测试温度、压力、流量的具体部位，管路长度与走向，冷却系统附属部件（如补液壶等）的相对空间位置等。例如，在进行水泵的温度和压力测试时，需要重点考虑水泵的结构形式，以及选取的压力测量点需要有足够大的腔体空间，使测量的压力不会出现明显的波动；选取的温度测量点，需要位于支路汇合点下游足够远的距离，使测量温度为各支路冷却液充分混合后比较稳定的温度。

热管理试验样机在测功台架上试验，总体原则是尽可能与整车布置状态保持一致。热管理试验需要评价的是热量，热量的计算公式为

$$Q = mc\Delta T \tag{6-4}$$

式中，m 是质量，使用流量计进行测量（kg）；c 是比热容，被测量介质特性（J/kg·K）；ΔT 是温度，使用温度传感器进行测量（K）。

上述直接测量的参数有两个：温度和流量。如台架试验的状态和整车偏差较大，则测量结果会失真。为了保证测试管路与整车一致，需要从以下几个方面进行控制：一是冷却管路的布置（即长度、直径、走向），它会影响整个冷却系统的冷却液存储量和流动阻力；二是冷却系统各附件的相对位置（例如补液壶、散热器等），它会影响冷却系统的排气效果，进而影响系统阻力；三是迎风面的吹拂效果，它会影响机体表面的散热量，影响冷却液带走的散热量，会导致整个热管理试验的评价出现偏差。

2. 关键传感器布置

温度测量一般使用的温度传感器有两种，热电偶和电阻温度传感器。测量汽油机排气一般选用热电偶温度传感器，且考虑到性价比和温度测量范围，一般选用 K 型热电偶温度传感器；测量汽油机冷却液温度、进气温度等一般选用铂电阻温度传感器，且考虑到性价比和温度测量范围，一般选用 PT100 型传感器，当然还有测量精度更高的 PT500、PT1000。

流量测量在热管理试验中主要测量汽油机冷却液的流量，一般选取电磁流量计。在电磁流量计的选择和安装中需要注意以下几个方面：首先安装电磁流量计的管道需要有一定的直管段，一般情况下电磁流量计前必须有 $10D$ 左右的直管段；其次选择的流量计的管径需要与被测量管道的管径相匹配，且流量计口径比管道内径小；再者测量管道内的液体不可以有气泡，液体必须保持满管，且安装的位置最好选在低点，一般安装时使流量计保持一个稍微倾斜的姿态，使流体由低往高流；电磁流量计需要做好接地保护，且不要和其他

用电设备共用接地；流量计的量程根据不低于预计的最大流量值的原则选择满量程，常用流量最好超过满量程的50%，这样可获得较高的测量精度。

压力测量无布置的特殊要求，一般根据被测部位的压力最大值选择合适的量程即可。整个热管理试验布置示意，如图6－16所示。

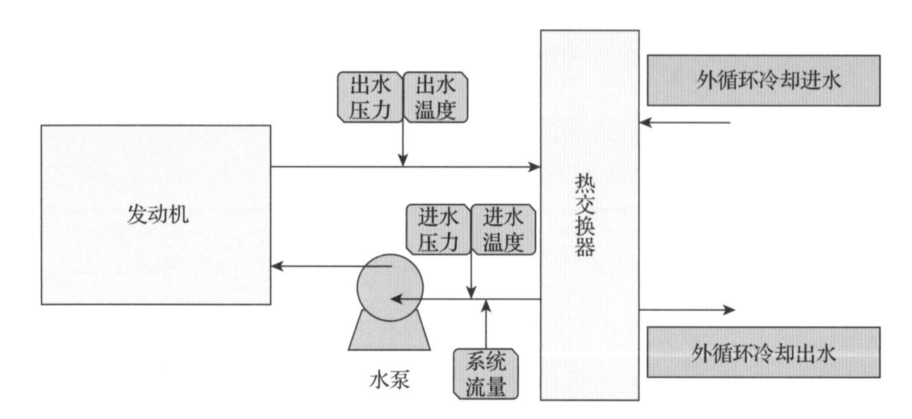

图6－16 热管理试验布置示意

3. 试验设备及方法

汽油机热管理试验所需的测试设备，除了常规的测功机测试系统之外，还需要用到一些专用的附属设备，主要包括整车散热器温控模拟设备、冷却系统压力调节设备、适用于汽油机各冷却管路流量的测试设备、用于测试发动机内部各零部件温度的专用温度传感器。

在测试台架上，一般使用全套的整车散热部件模拟汽油机搭载到整车状态时的冷却系统。在整车上，冷却系统散热器一般采用风冷状态，靠整车运行时的迎风面吹拂进行热量交换，带走冷却液中的热量，配合汽油机调温器，使汽油机在整车运行时保持最佳的运行温度。在台架试验时，一般采用水冷方式对冷却系统散热器进行热量交换，热交换量需求高时（高转速大负荷）加大水流量，热交换量需求低时（低转速小负荷）减小水流量。

4. 试验工况的选择

根据不同的热管理试验需求，设定发动机实际运行状态热管理试验工况。例如，开展不同发动机出水温度下的MAP试验，测试工况的转速按一定间隔从怠速提高至额定转速，同时在各个转速下从低到高增加发动机负荷，另外，还需增加整车热害试验工况点，待各工况分别运行到热平衡状态后，测量各主要参数。

6.3.1.3 数据分析与评价

根据测试结果，从以下几个方面对发动机热管理系统进行分析和评估：不同流量下的热交换需求，不同转速下的流量分配，系统各部件的压力损失，发动机各部分热量散失占比，如图6－17所示。

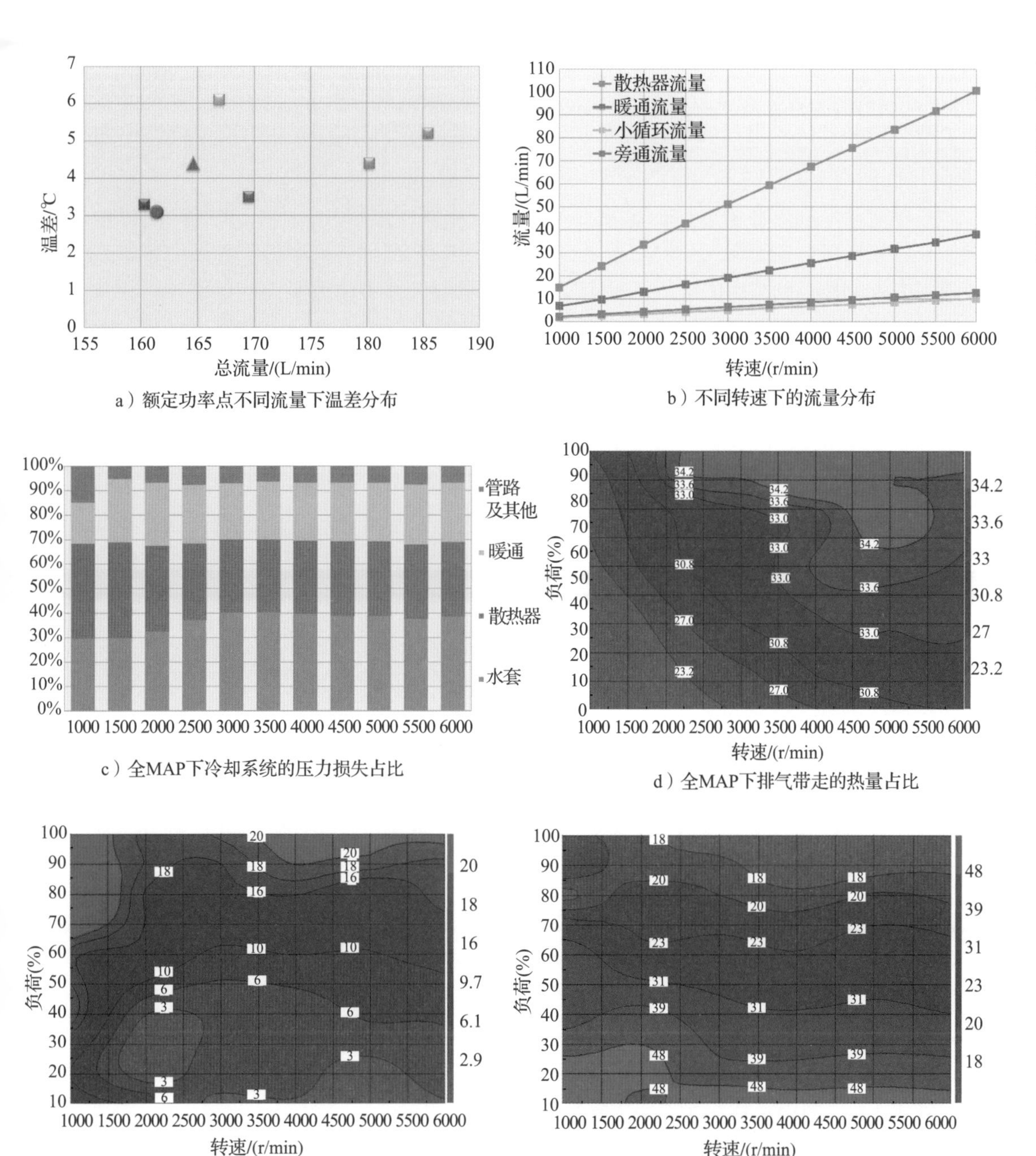

图6-17 某汽油机冷却系统流量温差及热量分布

6.3.2 摩擦试验

6.3.2.1 试验目的

摩擦是当两个相互接触的物体做相对运动或存在相对运动趋势时，由于接触表面凹凸部分的嵌合作用以及表面分子间的吸附作用，使接触表面之间产生切向运动阻力。由汽油机热平衡原理可知，缸内膨胀功有相当一部分被摩擦损失、附件损失和泵气损失所消耗，这三项损失统称为机械损失。由于机械损失的存在，缸内指示功不可避免地减小，从而导致汽油机有效热效率与指示热效率存在较大的偏差。提高汽油机的机械效率，减少机械损失及其所占内燃机总功的比例，是改善汽油机动力性和经济性的重要途径之一。

摩擦会导致机械效率下降，增加汽油机运行过程中的燃料消耗，降低汽油机的热效率。有研究表明，摩擦损失功率约占整机机械损失功率的60%。摩擦试验是对汽油机在运转过程中各部件达到特定的运行工况所需要克服阻力（称为摩擦阻力）的测试。因此，通过开展摩擦试验，揭示各子系统机械损失所占比例及其影响因素，为提高汽油机的机械效率提供数据依据。

随着高效清洁汽油机低摩擦技术的应用，除了测试汽油机整机摩擦外，还需要进一步测试各子系统以及零部件的摩擦水平，这就需要运用到摩擦分解试验。摩擦分解试验通过逐步拆卸汽油机，测试各子系统在不点火无高温高压状态下的摩擦损失，可以得到汽油机各个系统以及零部件的摩擦水平，从而进行设计优化。摩擦分解试验一般在保证冷却液温度和机油温度一致条件下，使用高精度电力测功机，应用倒拖法进行汽油机摩擦损失测试，方法简单可行，测试精度较高。

6.3.2.2 试验过程

1. 试验准备

在实施汽油机摩擦分解试验前，需要对相应的零部件进行精密测量，以获得该零部件的几何参数和机械参数，如内径、外径、表面粗糙度等，用于准确评估各主要摩擦副的摩擦力矩。汽油机摩擦副主要包括凸轮轴轴颈和缸盖轴承座，曲轴主轴颈和主轴瓦，连杆轴颈和连杆轴瓦，活塞环、活塞裙部与缸体缸孔、配气机构相关组件，正时驱动系统相关组件，前端轮系相关附件（水泵、空调压缩机等）。

在以上检测均满足要求的情况下，完成汽油机的装配、磨合、测功。为了避免汽油机因各摩擦副未达到稳定状态，造成测量误差，一般需要采用摩擦稳定的样机进行摩擦试验。由于用于摩擦试验的汽油机，对其内部摩擦副的运行稳定性要求比较高，一般通过运行特定工况磨合使其摩擦稳定。每磨合5h开展一次倒拖转矩测试，如前后两次的测试结果差异在1%范围内，则认为汽油机摩擦已达到稳定状态。

2. 关键测试设备

摩擦分解试验使用的主要设备是电力测功机台架系统、冷却液温度控制系统以及机油温度控制系统，如图6-18所示。由于汽油机各子系统摩擦阻力较小，一般需要选用测量精度高的测试设备，典型的传感器技术参数见表6-6。

在开展摩擦分解试验过程中，汽油机不点火运行，控制汽油机的冷却液温度、油温在恒定值，例如在测试过程中要求汽油机的出水温度稳定在（90±1）℃，这就要求冷却液温度控制系统必须具备加热功能。在进行机油泵和水泵拆解时，为了保证冷却液温度、油温边界不变，需要利用外部设备对汽油机冷却液和机油进行循环供应，一般要求外部设备供给的机油压力与目标压力的偏差在±10kPa以内、机油温度和冷却液温度与目标温度的偏差在±1℃以内。

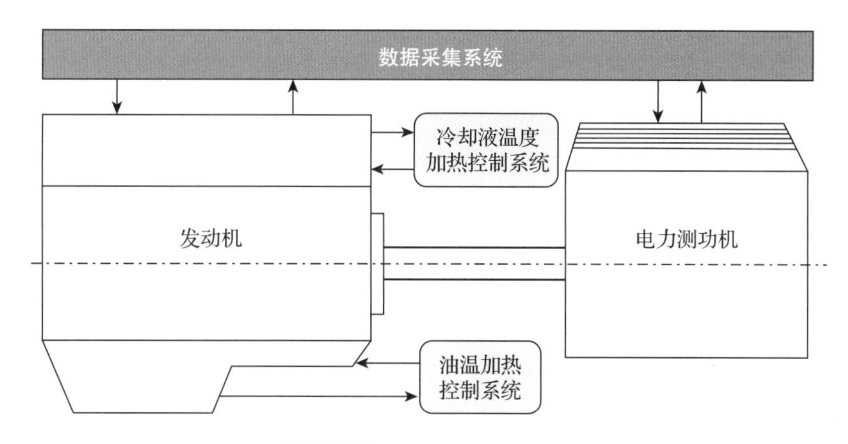

图6-18 汽油机倒拖示意图

表6-6 传感器技术参数

传感器	量程	精度
转矩传感器	0～150N·m	0.03% F.S.
温度传感器	0～200℃	±0.1℃
压力传感器	0～1000kPa	0.1%F.S.

3. 试验实施

对某增压直喷汽油机进行整机摩擦及摩擦分解试验时，首先进行整机摩擦试验，分别测试带增压器与不带增压器、节气门开启与关闭等条件下整机的机械损失水平及泵气损失差异。整机摩擦试验的方法及流程如下：

1）拆掉发动机空滤器和增压器涡轮机出口后的所有管路。

2）节气门全开。

3）设置冷却液温度和机油温度为某一恒定值，待冷却液温度、油温稳定后即可开始试验。

4）切断油路，使管路中剩余的燃料耗尽。

5）切断喷油和点火线路，用电力测功机拖动发动机。

6）按照外特性试验工况分布测试点进行测试，试验应在发动机熄火后3 min内完成。

7）节气门全关，重复3)～6）步骤。

8）拆掉增压器，重复2)～7）步骤。

汽油机摩擦分解测试试验，根据被测试汽油机采用的技术有细微的区别，一般情况按照由外而内的原则，从整机状态逐步拆解到仅剩曲轴的状态。典型的分解步骤如图6-19所示。

步骤	整机	进/排气系统	机油泵	活塞连杆组	水泵叶轮	高压油泵	前端轮系（发电机、压缩机、惰轮等）	挺柱	正时系统	平衡轴	曲轴
1	●	●	●	●	●	●	●	●	●	●	●
2			●	●	●	●	●	●	●	●	●
3				●	●	●	●	●	●	●	●
4					●	●	●	●	●	●	●
5						●	●	●	●	●	●
6							●	●	●	●	●
7								●	●	●	●
8									●	●	●
9										●	●
10											●

图 6-19　汽油机摩擦分解试验拆解步骤示意图

6.3.2.3　数据分析与评价

摩擦分解试验主要是测量各部件的摩擦功数据。通过各部件的摩擦水平数据库，识别出各部件的摩擦功水平，分析问题原因，提出改进建议和优化措施。如图 6-20 所示，通过对比实测的水泵摩擦功在数据库中所处水平，对水泵的摩擦进行评价和分析。

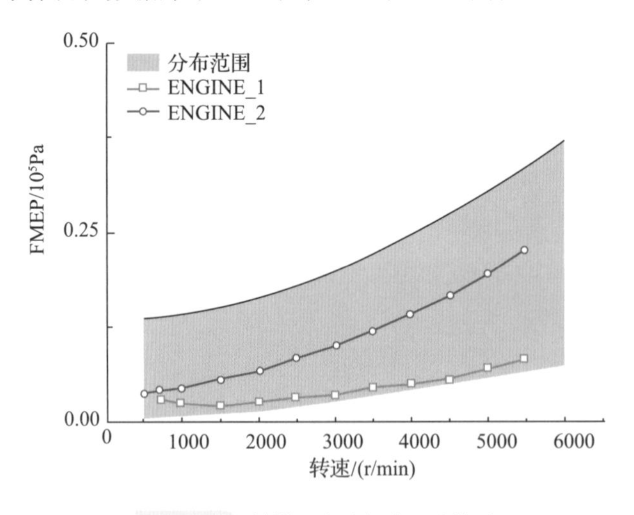

图 6-20　某增压汽油机水泵摩擦功

6.3.3　曲轴箱通风系统试验

6.3.3.1　试验目的

汽油机燃烧室内的混合气和燃烧后的废气顺着活塞环和气缸体的内壁或气门导管处串

入到曲轴箱内，这些可燃混合气和废气窜到曲轴箱内后，使曲轴箱内的压力增大，导致曲轴油封、曲轴箱衬垫等处渗漏；同时与机油混合，会形成可燃油蒸气，遇低温会形成油水混合物，影响机油性能，产生机油乳化现象。由于环保要求，曲轴箱内的可燃油蒸气不能排入大气，因此需要将气体导入燃烧室燃烧掉，且应规避可燃混合气增加导致爆燃问题。为了解决上述问题，在汽油机上设计了曲轴箱通风系统，该系统利用曲轴箱和进气管的压差，将汽油机窜气中的油粒分离掉，剩下的窜气进入进气管与新鲜空气或油气混合气一起进入气缸参与燃烧。

曲轴箱通风试验主要进行如下测试：

1）曲通系统压力测试。确保汽油机曲轴箱压力保持在微负压的状态，使曲轴箱内的混合气不泄漏到大气中。

2）曲通气体的机油携带量测试。避免曲轴箱通风系统携带了大量的机油进入燃烧室燃烧，造成机油消耗量异常，从而导致积炭增加、功率下降、油耗升高等。

6.3.3.2 试验过程

1. 试验准备

试验前需要对曲轴箱通风管路中的单向阀、PCV 阀进行流量特性的精确测量，确保阀体性能满足设计要求。同时，准备透明缸盖罩，以便于观察曲通系统的油气分离情况。

2. 关键传感器布置

在曲通试验实施前，需要选择合适的测点，用于测量曲轴箱的压力。一般在加油口盖、缸盖罩、通风管路上布置压力传感器；在曲轴箱通风扫气管路上布置活塞漏气量测量仪；在曲轴箱通风系统中串联析油瓶及透明管以观察和测量窜出的机油量。

3. 试验实施

曲轴箱通风系统开发试验基本按照以下顺序开展：首先，进行汽油机活塞漏气量测试，保证被测试样机的性能满足开发要求，如活塞漏气量测试结果不合格，则终止后续试验。然后，在特定边界条件下进行全 MAP 曲轴箱压力测试，应满足设计要求。完成上述两个测试步骤且合格的前提下，再开展汽油机曲轴箱通风系统的机油携带量测试。

6.3.3.3 数据分析与评价

1）曲轴箱压力评价。要求在 MAP 工况下，曲轴箱内压力不可以出现正压点，如图 6-21所示。

2）机油携带量测试评价。要求汽油机的机油消耗量控制在合理的水平。一般通过在曲轴箱通风管路上测量机油析出量进行评定，如图 6-22 所示。

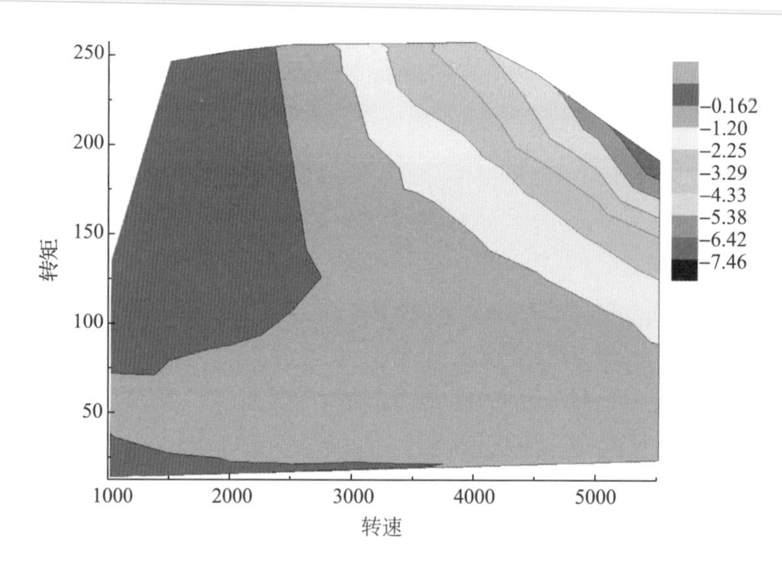

图 6-21 汽油机曲轴箱压力分布 MAP 示意图

图 6-22 汽油机曲通系统机油携带示意图

6.4 可靠性开发试验

6.4.1 试验目的及分类

可靠性是指产品在规定的使用条件下，在规定的时间间隔内，完成规定功能的能力。发动机可靠性是发动机的重要质量指标，它不仅是产品设计者、制造者所应考虑的问题，也是使用者最为关切的事情。发动机作为汽车最关键的核心部件，是驱动整车的心脏，如果在汽车行驶过程中出现重大故障则可能导致汽车突然无法前进或者无法正常行驶的现象，因此发动机的可靠性要高于汽车其他任何零部件的可靠性。发动机可靠性试验的目的是依据产品设计要求，在短期内发现产品在设计、零部件、原材料、工艺等各方面的缺陷；根据可靠性试验情况，为研发、生产提供可靠性试验信息，为产品可靠性是否满足要求提供数据支撑，同时为产品质量改进提供方案，为新产品研发积累经验；验证产品是否满足指标要求，如可靠度、故障率等。

目前，大多数企业对车用汽油机的质量保证都超过了 30 万 km，如果按照用户的使用情况进行可靠性开发验证，势必导致可靠性试验周期长。基于此，企业会根据自身产品的特点和可靠性目标，设计一种合理的试验方法快速地验证出自身产品的可靠性问题，从而快速确定产品改进方案，以便有效地缩短产品开发周期。根据产品验证的侧重点差异，汽油机可靠性试验一般可以分为常规可靠性试验、道路模拟可靠性试验、系统可靠性试验、极限环境可靠性试验及动力总成可靠性试验，下面将分别介绍这五类可靠性试验。

6.4.2 常规可靠性试验

GB/T 19055—2003《汽车发动机可靠性试验方法》是国内应用至今的试验方法，其规定了交变负荷试验、冷热冲击试验和全负荷试验三大可靠性试验方法，普适于汽车发动机开发，在行业内广泛应用。在 QC/T 526—2013《汽车发动机定型　试验规程》中，关于可靠性试验亦对其进行了引用。以上提到的三大可靠性，也被定义为常规可靠性试验，也是汽油机产品开发过程中普遍应用的试验项。

6.4.2.1 试验工况

1）交变负荷试验。通过使发动机运行在中高转速、全负荷工况下产生最大交变应力及高温来使零部件快速疲劳，并加入高速大负荷与怠速工况之间的快速转变，使零部件承受质量加速引起的应力冲击和交变的热应力，其考核对象几乎覆盖所有零部件，如曲柄连杆机构、配气机构、正时系统、润滑系统、冷却系统、进排气系统、轮系等。试验工况示意图如图 6－23 所示。

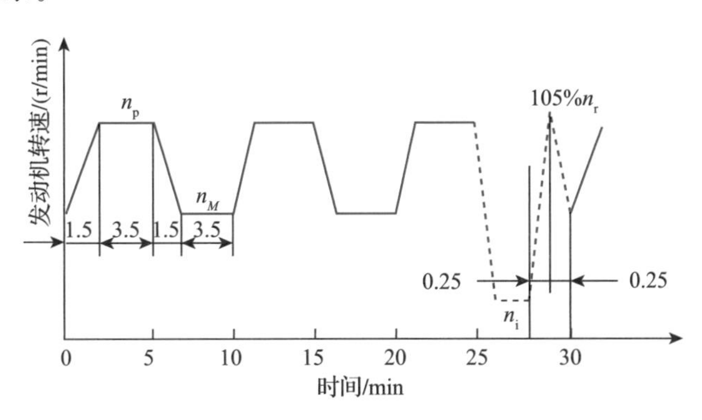

图 6－23　交变负荷试验工况

2）全速全负荷试验。使发动机持续运行在额定转速、全负荷工况，给零部件施以最大应力和热负荷，其考核的重点对象为承受燃烧爆发压力的缸体、缸盖和曲柄连杆机构。试验工况见表 6－7。

表 6－7　全速全负荷试验工况

转速	负荷
额定转速	节气门全开

3）冷热冲击试验。使发动机运行在额定转速、全负荷工况以及怠速、停机工况，实现高强度的冷热交替，使发动机各零部件所承受的热应力发生变化，其考核的重点对象为缸体、缸盖、密封件、紧固件、排气系统等。试验工况示意图如图 6－24 所示。

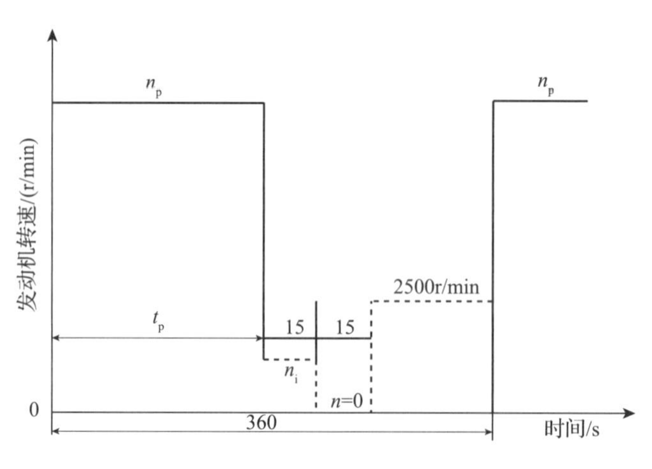

图 6-24 冷热冲击试验工况

6.4.2.2 试验设备

常规可靠性试验主要设备包括测功机、油耗仪、冷却液控制系统、中冷温度控制系统、机油温度控制系统、活塞漏气量仪等。区别于交变负荷试验和全速全负荷试验，其冷却液温度为恒定值，冷热冲击试验的冷却液温度存在冷热变化，因此冷热冲击试验的冷却液控制系统更为复杂，既要实现热、冷冲击两种温度控制模式，还要实现达到冷热冲击温度限值后的工况转换。

6.4.2.3 试验方法

1. 常规方法

随着国内可靠性研究的发展，以及汽油机开发及试验经验的积累，常规可靠性试验方法中规定的部分要求存在一定的局限性，不适用于高效清洁汽油机的开发。比如，可靠性试验验证时间，国标可靠性试验中采用定时截尾法，即在试验前就确定试验工况的运行时长，在规定的试验运行时间内获得失效数据。汽油机固定运行时长等效于用户车辆行驶多少里程；不同汽油机搭载相同的车以及相同的汽油机搭载不同的车，是否能够覆盖用户车辆全生命周期的使用要求，一直困扰着产品可靠性试验开发。根据疲劳强度理论，零部件达到疲劳极限，一般要受到 10^7 量级反复加载次数，可靠性试验一般是通过不断地重复运行某个工况（转速和负荷条件下）使零部件受到反复的冲击，如何确定循环的次数是需要解决的问题。

由于行业竞争的加剧，众多企业为了提升产品竞争力，承诺的质保里程不断提高，这就要求在汽油机产品开发过程中，选择科学合理的方法来规定可靠性验证时间，缩短产品开发周期，同时保证产品的质量。等效里程法是其中一种比较科学合理的方法，基本思想是基于汽油机生命周期目标里程及整车用户使用工况下所受的冲击负荷与汽油机在台架运行工况下所受到的冲击负荷等效，即单位时间内目标里程下整车上汽油机总共输出功除以台架上汽油机输出功，确定循环次数。汽油机生命周期可以定义为整车的质量保证里程，整车用户使用工况可以选取常用的汽车行驶的特征路谱，如 NEDC、WLTC、CLTC 循环工况。

2. 新技术试验方法

目前，汽油机普遍采用集成排气歧管（Integrated Exhaust Manifold，IEM），针对带IEM缸盖汽油机的冷热冲击试验，国标中规定的部分技术条件并不适用。冷热冲击试验应重点考虑冷热交替的次数，在温度循环试验加速模型中适用科芬－曼森模型。其计算基本公式为

$$A_{\mathrm{CM}}=\left(\frac{\Delta T_{\mathrm{Test}}}{\Delta T_{\mathrm{Feld}}}\right)^{C} \tag{6-5}$$

式中，A_{CM}为加速系数；C为科芬－曼森模型指数，该指数主要由主机厂确定，一般来说就是温度变化情况下的加速率常数，根据不同失效类型设定不同的数值；ΔT_{Text}为加速试验的温度变化幅值（K）；ΔT_{Feld}为产品正常工作的温度变化幅值（K）。

$$N_{\mathrm{Test}}=\frac{N_0}{A_{\mathrm{CM}}} \tag{6-6}$$

式中，N_{Test}为加速试验循环次数；N_0为设计生命周期循环数。

带IEM技术的汽油机在热冲击工况时，因高温排气对冷却液的加热作用，冷却液温度上升速率较非IEM发动机快。统计历次开展的汽油机冷热冲击试验数据表明，IEM发动机平均升温速率远高于非IEM的平均升温速率，如图6－25所示。

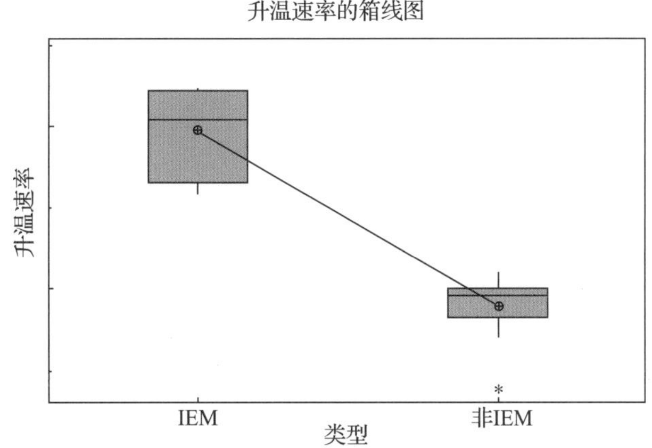

图6－25 IEM、非IEM发动机冷热冲击试验升温速率对比

在过高的热冲击升温速率条件下，IEM发动机缸盖、缸体在缸垫两侧对应部位的温差较大，容易造成机体变形量大，如超过缸垫密封补偿能力，会导致缸垫渗油，这对IEM汽油机属于过考核。经过数据统计分析，按照95%置信区间确定IEM发动机冷热冲击试验升温速率较为合理。

6.4.3 道路模拟可靠性试验

6.4.3.1 概念及分类

道路模拟可靠性试验顾名思义就是汽油机在台架上模拟整车行驶的边界条件、转速和

负荷工况，进行的可靠性试验。这类台架可靠性试验在欧美汽车厂商中应用较早且较普遍。由于常规可靠性试验工况点较单一，只有停机、怠速、高怠速、最大转矩转速、额定转速，且工况转换频次较少，而整车在实际行驶中发动机运行工况范围广、瞬态工况多，如图 6-26 所示。瞬态工况下，零部件应力、热负荷、润滑条件以及电控件的工作状态随时在发生改变，且随着高效清洁汽油机发展，可变控制技术应用越来越多，如 VVT、VVL、燃油多次喷射、变排量机油泵、电控 PCJ、电控增压器旁通阀等，因此，高效清洁汽油机需要道路模拟可靠性试验来补充常规可靠性试验的短板。

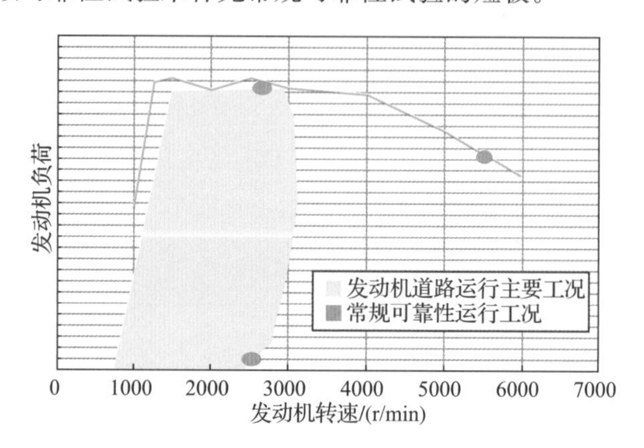

图 6-26　常规可靠性试验与用户道路运行工况范围示意图

道路模拟试验开发主要有两类：一是正向设计，汽车厂商通过研究目标客户群体的使用场景、环境、驾驶习惯建立道路工况的矩阵模型框架，如市区、市郊、高速、山区等工况对应的车速范围、平均车速、行驶距离范围、行驶占比、驾驶激烈程度。而后驾驶车辆在实际道路中开发出符合矩阵模型的路线，将采集到的整车及发动机路谱参数转化为发动机在台架上的运行工况。二是逆向转化，这类通常是针对故障车辆的行驶路谱进行研究，形成台架模拟工况，旨在进行故障再现和问题整改验证。

6.4.3.2　应用案例

下面以某车型实际案例介绍逆向转化道路模拟试验。某车型道路试验里程约 2 万 km，发动机抖动严重，行驶过程中动力下降。测试气缸压缩压力较低，解析发现部分排气门导管、排气门座圈异常磨损，缸孔口部甚至有气门撞击痕迹，如图 6-27 所示；而该机型前期在台架验证阶段并无磨损超标问题，分析采集的路试数据并未发现发动机运行异常。

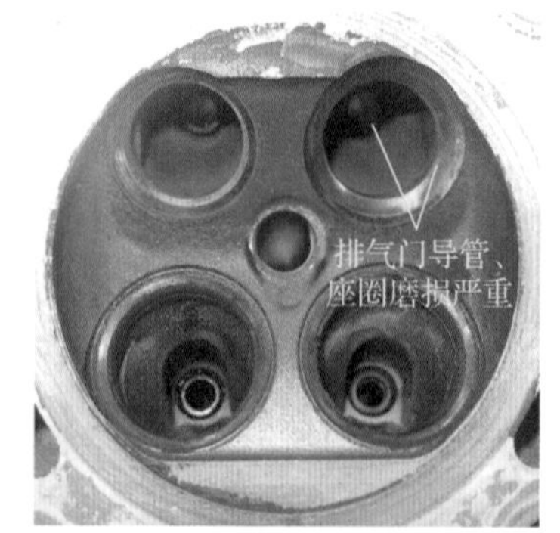

图 6-27　道路试验排气门导管、座圈磨损状况

为了快速锁定问题原因，采用逆向转化进行工况开发。对比道路和台架试验的主要差异点如下：①道路试验以瞬态工况为主，负荷小，速度变化快；台架试验以稳态工况为主，负荷大，速度变化小。②道路试验车辆汽油机冷热交替运行，台架试验汽油机持续热机运行。③道路试验 ECU 数据为整车数据，台架试验 ECU 数据为台架数据。结合此差

异形成工况开发思路：利用数据采集设备在实际道路中采集整车道路运行状态（即路谱，见表 6-8 所列的参数），提取典型特征工况转化到试验台架工况，如图 6-28～图 6-32 所示。再结合产品失效道路运行状态，通过对典型工况组合设计形成台架试验工况，见表 6-9。

表 6-8　路谱参数

序号	参数名称	序号	参数名称
1	车速	6	发动机出水温度
2	发动机转速	7	进气歧管温度
3	变速器档位	8	进气歧管压力
4	加速踏板开度	9	计算指示转矩
5	节气门开度	10	计算损失转矩

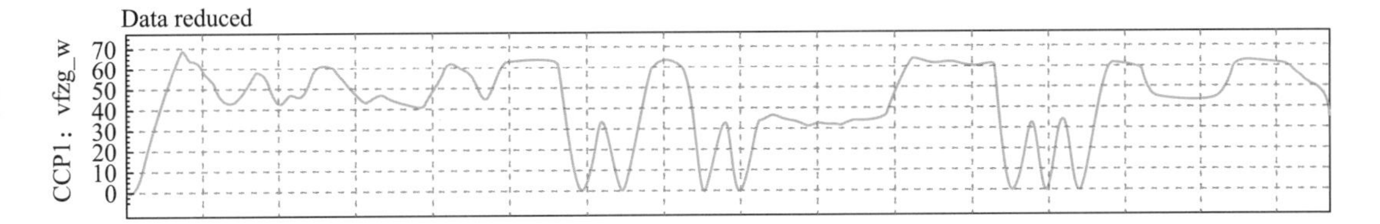

图 6-28　工况 a：车速 0～40km/h 交变工况

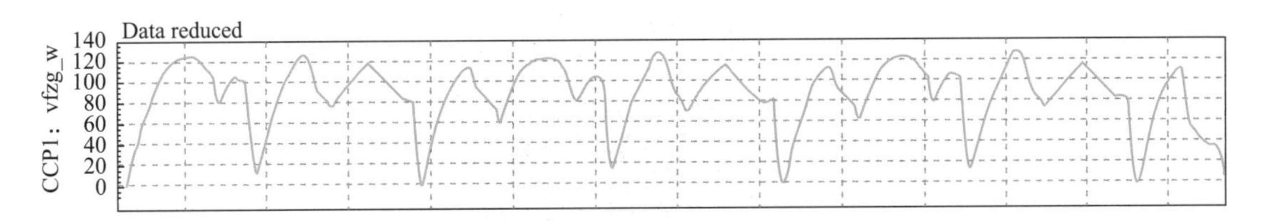

图 6-29　工况 b：车速 0～145km/h 交变工况

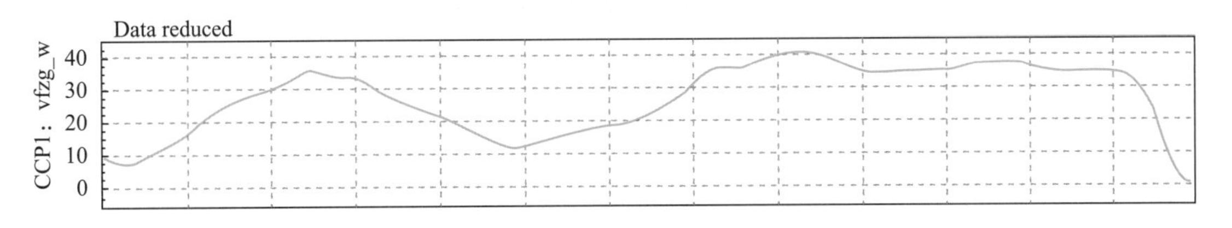

图 6-30　工况 c：30%上坡、下坡工况

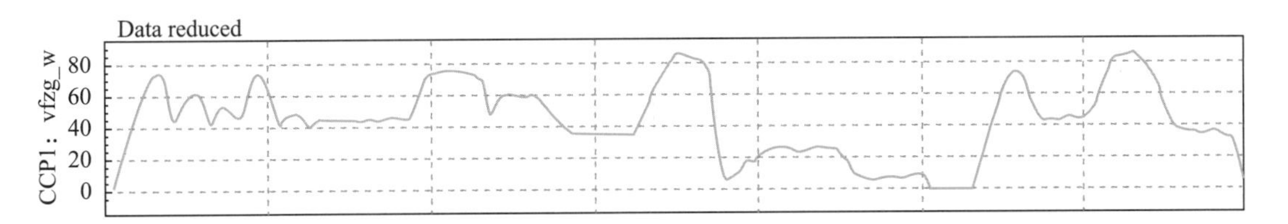

图 6-31　工况 d：车速从 0 到 50km/h 再到 90km/h 工况

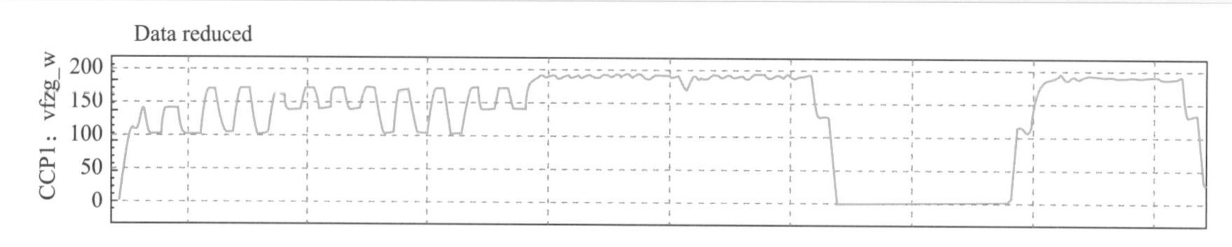

图 6-32 工况 e：V_{max}工况

表 6-9 汽油机台架试验工况

序号	试验工况	每循环工况组成	循环数	中冷后温度/℃	停机冷却工况
1	一阶段	5×a	250	按对应工况的中冷后温度范围控制	每 7h 运行 1h 停机冷却工况
2	二阶段	(b+3×c+2×d+b+6×c+2×d)×2+e	50		

基于以上模拟工况，在台架上运行 14 天后，重现了道路试验中的故障模式，如图 6-33 所示。故障模式表现为部分排气导管磨损严重，排气门盘部与缸盖干涉，同时进气导管磨损也偏大，与故障路试车辆失效模式相同。本案例台架模拟时间较故障车试验时间缩短 50%，为气门导管优化验证试验节约了大量时间和试验费用。

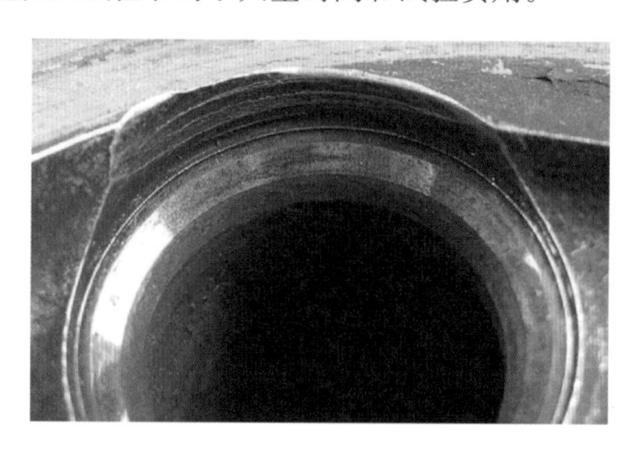

图 6-33 道路模拟试验的故障再现

6.4.4 系统可靠性试验

6.4.4.1 概念及分类

系统可靠性试验是为了快速验证某一系统或零部件的设计性能，诸如系统或零部件的关重特性、尺寸或关键配合尺寸等，有针对性地设计验证工况和时间，来验证该系统或零部件是否满足可靠性要求。

根据产品验证的层级，关重系统可靠性试验可以分为系统级专项可靠性试验和零部件专项可靠性试验。系统可靠性试验包括冷却系统泄漏试验、润滑系统泄漏试验、排气系统泄漏试验、全负荷扫描可靠性试验、低速可靠性试验、气门润滑可靠性试验等；零部件级专项可靠性试验包括机油专项可靠性试验、火花塞电极可靠性试验、整体式交流发电机可靠性试验、曲轴弯曲疲劳可靠性试验、曲轴可靠性试验、高油温可靠性试验等。

系统可靠性试验要求被验证系统或零部件处于设计极限状态，在特定的边界条件下运行特定的试验工况。如排气系统泄漏试验设计过程，首先，通过对发动机的排气系统相关零部件进行精密测量（表 6-10），使零部件处于设计范围，排气系统各螺栓装配力矩按照装配手册规定下限力矩装配；其次，调整发动机的电喷数据，使试验运行过程中排气温度处于标定的最高排气温度附近；最后，试验过程中还需要安装振动和温度传感器，测量和记录排气系统法兰处的振动、排气系统法兰连接螺母的温度和相对位置。

表 6-10　精密测量项目

零部件名称	精密测量项目	样件要求
缸盖	平面度（与排气歧管接合面）	设计范围内
排气歧管	平面度（各密封面） 排气歧管与缸盖连接螺栓位置度、排气歧管径向及法向尺寸、各缸孔径	设计范围内 位置度、尺寸、孔径设计范围内
增压器	平面度（各密封面）	设计范围内
三元催化器	平面度（各密封面）	设计范围内

6.4.4.2　应用案例

渗漏油是汽油机常见故障，影响汽油机的性能，同时造成环境污染，严重时将导致汽油机损坏，造成安全事故。由于产品生产一致性问题，往往经过常规可靠性验证后的产品还是存在漏油问题的风险，引起用户的抱怨。为了规避类似机油渗漏的故障问题，企业会针对性地设计试验方案，来考核产品的可靠性。

汽油机润滑系统泄漏试验方案的设计，首要考虑汽油机机油渗漏的失效模式，哪些地方是渗漏的高风险区域。存在机油泄漏风险的密封面一般包括缸盖罩与缸盖密封面、缸盖罩与前罩壳密封面、油底壳与前罩壳密封面、油底壳与下箱体密封面、缸体与前罩壳密封面、上下箱体密封面、加油口盖、油标尺密封面、机油滤清器接合面、机油冷却器接合面、曲轴箱箱体与发动机端盖接合面、曲轴箱箱体与油底壳接合面、曲轴箱箱体与缸盖接合面等，其中曲轴箱箱体与发动机前端盖及油底壳装配后形成的接触区域（T 形区域），一般被认为是渗漏的高风险区域。

润滑系统泄漏试验方案的设计，主要从验证对象的状态和试验工况方面开展设计。验证对象状态设计，重点考虑样机的零部件尺寸要求和配合间隙、装配工艺要求等。比如，T 形区域相关零部件装配间隙处于设计公差的最大值，T 形区域连接螺栓等按照装配工艺要求下限力矩执行。样机装配完成后应根据机油加注量按比例加入一定量的荧光剂。试验工况的设计主要是针对常规可靠性试验未覆盖的工况或边界条件进行设计和验证，主要考虑汽油机处于低油温高转速、曲轴箱压力最大负压、曲轴箱压力最大正压、曲轴箱压力来回波动冲击等不同工况。工况示意图如图 6-34 所示。

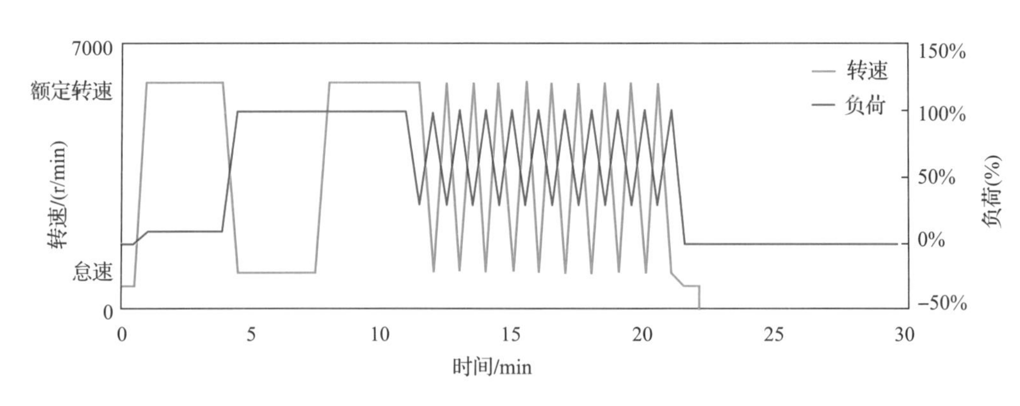

图 6-34　试验工况示意图

润滑系统泄漏试验的测试设备主要有荧光手电筒、荧光增强眼镜、注射器等，如图 6-35 所示。

图 6-35　渗漏检查工具

试验开始前需要利用荧光手电筒重点检查待验证的机油渗漏风险密封面是否有油渍，称为试验前静态检查，如有油渍，应使用清洗剂清洗并擦拭干净。同时，对渗漏风险密封面进行拍照记录。起动发动机后，在怠速下检查发动机密封性、紧固情况、有无泄漏等，称为试验动态检查。按照设计的可靠性试验工况开展试验，并定期进行润滑油泄漏检查。检查时操作人员需佩戴护目镜，使用专用灯具照射发动机，完整地观察发动机是否存在机油渗漏，如图 6-36 所示，并对渗漏处进行拍照记录。如出现机油渗漏导致试验无法继续开展则试验终止。整个试验过程中，只要出现机油渗漏情况，则判定试验不合格。

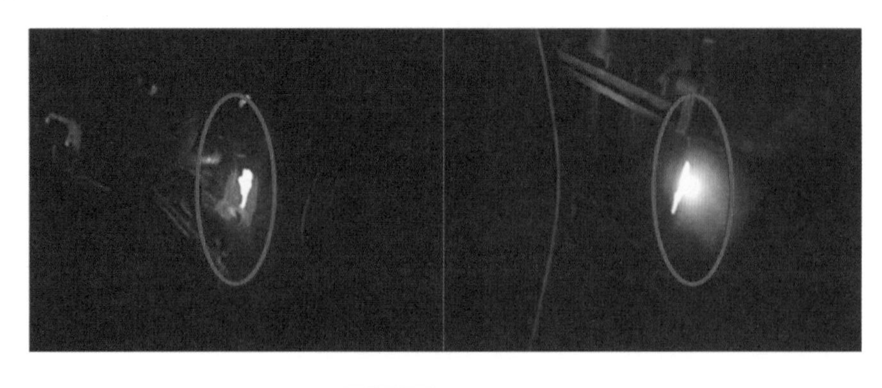

图 6-36　机油渗漏

6.4.5 极限环境可靠性试验

6.4.5.1 概念及分类

汽油机零部件如缸体、缸盖、轮系、电气部件等处在自然环境之中，环境对汽油机零部件工作可能存在不良影响，包括自然环境对汽油机本身的不良影响以及零部件内部局部环境对零部件部件的不良影响两个方面。影响汽油机零部件工作可靠性的环境因素主要有大气温度、大气湿度、腐蚀性、水、化学液体、砂和灰尘、日光辐射和大气压力等。因汽车产品使用的地域和气候环境多种多样，汽油机的相关性能可能会因为环境条件的变化而发生变化。比如，温度对汽油机的影响，当汽油机从冷态起动一直到达到正常的工作温度（一般为88℃±5℃）时，汽油机机体温度范围变化较大（一般为-30～60℃），汽油机可能发生各零部件因热胀冷缩性质不一致而导致的零部件配合问题；也可能导致有些电子元件，如点火模组在低温时工作正常，在高温时其热稳定性变差，出现缺缸、熄火及不能起动等故障；也可能出现因为进气温度高而引起的性能下降问题。为了避免类似情况的发生，同时保证汽油机在各种环境下的综合性能，各汽车企业会在各种模拟环境下开展汽油机性能测试和可靠性验证。

汽油机极限环境可靠性试验就是在实验室模拟汽车实际使用的极限环境或极限环境中的某一参数或部分参数，使汽油机持续在这种模拟的环境条件下运行。通过该试验的实施可以提前暴露汽油机整机、各系统及零部件在各种环境下的可靠性。在诸多环境因素中，大气温度、空气湿度和海拔对汽油机综合性能的影响较大。因此，在汽油机开发过程中，主机厂通常会模拟与温度、湿度、海拔相关的环境条件来对汽油机的性能及可靠性进行验证。根据控制的环境边界条件，极限环境可靠性试验可分为高寒、高温、高原等极限环境可靠性试验。高寒环境可靠性试验，如汽油机深度冷热冲击试验；高温环境可靠性试验，如极热环境汽油机可靠性试验；高原环境可靠性试验，如汽油机进气低压可靠性试验等。

6.4.5.2 应用案例

高低温环境是汽车常见的工作环境，例如黑龙江黑河地区冬天的最低温度低至-40℃，新疆吐鲁番夏天最高温度可达50℃。汽油机如何适应如此剧烈变化的环境条件，考验着设计师的智慧。例如，低温时，如果汽油机配缸间隙设计配合尺寸过小，容易出现擦伤、拉缸等现象，导致发动机功率下降，甚至出现发动机活塞爆裂等现象；高温时，如果汽油机配缸间隙设计配合尺寸过大，就会出现活塞漏气量过大，烧机油等现象。

为了验证类似极限环境下产品设计的合理性，试验工程师开发设计了汽油机深度冷热冲击试验。当汽油机在极热极寒的突变工况条件下工作时，零部件将受到急剧的冷热冲击，致使零部件内部受热不均匀，存在温度梯度，导致各部位的收缩或膨胀变形不一致，从而产生热应力。在热应力的循环作用下，零部件容易产生疲劳破坏，在应力集中区产生裂纹破坏。汽油机深度冷热冲击试验是为了验证汽油机在极寒极热温度交替变化条件下的可靠性。

汽油机深度冷热冲击试验所用的主要测试设备见表6-11，包括电力测功机、深度冷

热冲击系统、燃油消耗测量仪、活塞漏气仪等。其中，冷却液采用乙二醇溶液，最低温度-30℃，最高温度130℃。

表6-11　深度冷热冲击关键测试设备

序号	名称	技术要求
1	电力测功机	额定转矩：1000N·m 额定转速：10000r/min
2	燃油消耗测量仪	量程范围：0～150L/h 燃油温度控制精度：±0.1℃ 出口油压控制精度：±5kPa
3	深度冷热冲击系统	设备制热温度：≥110℃ 设备制冷温度：≤-40℃

深度冷热冲击系统由冷却液温度控制系统及机油温度控制系统组成，每个系统具有制冷和加热功能，如图6-37所示。冷却液温度控制系统通过制冷设备对冷冻储液罐中的冷却液进行制冷，使其冷却液温度保持在设定值；制热通过高温加热水箱加热模块对水箱内部冷却液进行加热，使其温度保持在设定值。冷冻储液罐与高温加热水箱一起与发动机水道相连，冷冲击时，冷冻储液罐的连接阀门开启，小循环阀门关闭，而高温加热水箱的连接阀门关闭，小循环阀门开启，使用循环泵将冷冻储液罐中的低温冷却液供给发动机进行冷冲击，使发动机出口的冷却液达到设定的温度；热冲击时，冷冻储液罐的连接阀门关闭，小循环阀门开启，而高温加热水箱的连接阀门开启，小循环阀门关闭，使高温加热水箱中的高温冷却液供给发动机进行热浸，使发动机出口的冷却液达到设定的温度。机油温度控制系统连接发动机油底壳将机油引入热交换器，通过制冷设备对冷冻储液罐中的冷却液进行制冷，利用冷冻储液罐中的冷却液通过热交换器对机油进行冷却，使机油温度保持

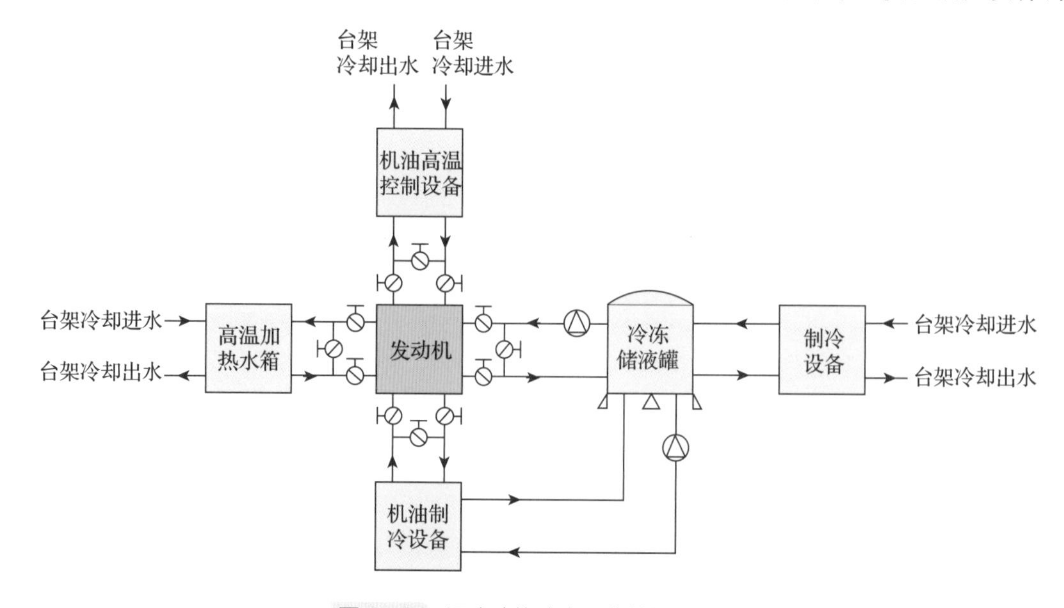

图6-37　深度冷热冲击系统结构示意图

在设定值；制热直接通过加热机油实现，使温度保持在设定值。冷冲击时，机油热交换器与冷冻储液罐连接，而机油制冷设备的机油进出口阀门打开，小循环关闭，机油高温控制设备的机油进出口阀门关闭，而小循环开启，使机油通过机油制冷设备里的热交换器与冷冻储液罐的冷却液进行热交换，实现机油冷却，保证油底壳内的机油温度达到设定的机油温度。热冲击时，机油制冷设备的机油进入口阀门关闭，小循环阀门开启，机油高温控制设备的机油进出口阀门开启，而小循环关闭，此时，使用机油高温控制设备来控制发动机油底壳内的机油温度不超过设定温度。

深度冷热冲击试验工况的设计主要考虑汽油机处于低温和高温交替变化的应用场景，比如东北地区，车辆低温停放后起动行驶的情况，工况示意图如图 6-38 所示。

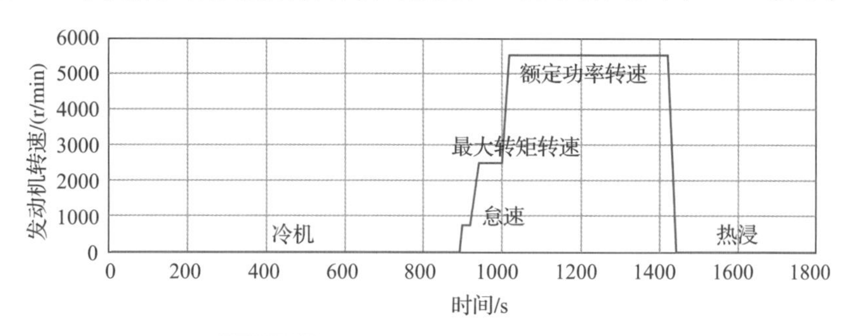

图 6-38 深度冷热冲击试验工况示意图

在极低的温度情况下，汽油机表面会出现结霜现象，如图 6-39 所示。通过在台架运行深度冷热冲击试验工况，能够有效地模拟验证汽油机搭载整车在极限环境下运行出现的故障，如缸垫漏油、活塞拉缸等典型故障，如图 6-40 所示。

图 6-39 冷浸效果图

a) 缸垫漏油

b) 活塞拉缸

图 6-40 深度冷热冲击试验故障示意图

6.4.6 动力总成可靠性试验

汽油机在发动机测功试验台上完成的性能和可靠性试验，仅能从设计角度验证出汽油机的部分性能。为了全面验证汽油机与整车集成后的动力属性，需要开展动力总成试验。动力总成（Powertrain），指的是在车辆上产生动力，并将动力传递到路面从而驱动车辆行驶的一系列结构、零部件，广义上包括发动机、变速器、离合器、差速器、驱动轴等，一般认为，动力总成指发动机、离合器及变速器总成。

随着汽车动力的多元化发展，汽车动力从汽油机与变速器的单一集成转变为汽油机、电机、电池、变速器等多系统的集成耦合，系统会更为复杂，汽油机和其他系统的协同会更加紧密，要求会更高，同样可靠性问题会更加突出。动力总成试验的重点就是验证汽油机和其他系统集成后的协同能力，提前发现与其他系统（电机、电池、变速器等）协调工作的问题、可能存在的故障或缺陷，以缩短机车集成时间。

6.4.6.1 概念及分类

在汽油机开发过程中，通过开展动力总成可靠性试验，发现汽油机与整车各系统协助工作情况是否存在缺陷或隐患，验证汽油机在整车上的各项可靠性指标是否满足设计要求，并根据试验情况进行设计优化、工艺改进等，使汽油机与整车的匹配性能达到最优，满足用户使用里程需求，达成可靠性目标。动力总成可靠性试验根据研发需要，一般分为台架可靠性试验和整车动力专项可靠性试验，其中台架可靠性试验在动力传动试验台上进行，整车动力专项可靠性试验可以在整车试验场进行，也可以在实际道路开展。

动力总成台架可靠性试验适用于先机后车的项目，一般在两电动机试验台上开展，试验台结构示意如图 6－41 所示。在动力总成试验台上，模拟整车在试验场对汽油机的试验验证工况，验证汽油机的可靠性。整车动力专项可靠性试验一般在整车上实施，在整车试验场进行，通过设计特殊工况达成对汽油机验证的目的。除了在整车试验场开展可靠性试验外，也可以在实际道路中模拟用户真实使用场景，进行整车可靠性试验。

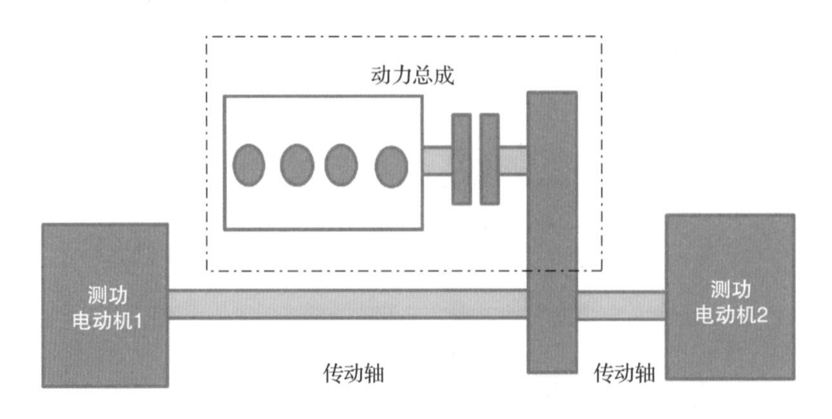

图 6－41 动力总成试验台示意图

6.4.6.2 应用案例

在某车型开发过程中，出现车辆敲击、加速无力、抖动等现象，详见表6-12；该问题影响车辆驾驶舒适性，同时可能会对动力总成寿命造成不利影响。

表6-12 车辆故障现象

序号	车辆	故障现象
1	1#车	基础数据频繁出现连续敲击声，且易出现断油耸动
2	2#车	车速在60km/h时，踩下加速踏板发动机抖动，车速上不去，同时伴有“哐哐”声，松开加速踏板再踩下正常
3	3#车	时常听见“哐哐”声

由于该故障往往随机出现在整车行驶工况中，与车辆行驶状态下的边界条件有关，在实际道路行驶中只能零散地获取车辆的运行数据，使得在整车道路行驶工况条件下进行问题分析及验证工作进展缓慢、效率低。在动力总成试验台上，可以通过控制试验边界条件，快速模拟出车辆动态行驶工况下的故障，从而获取故障再现时汽油机运行数据，分析问题的可能原因；再根据分析的原因制定相应的优化方案快速进行验证。

经过初步分析，认为该故障为汽油机搭载整车的异常爆燃问题，该车型出现爆燃的主要工况是发动机转速为1500～2400r/min时接近外特性的大负荷工况。为了复现爆燃的发生，制定了整车节气门-坡道的组合验证方式，具体如下：

1）发动机转速（上升+下降）+定节气门+变坡道。

2）发动机转速（上升+下降）+变节气门+定坡道。

3）发动机转速（上升+下降）+变节气门+变坡道等多种验证工况。

在试验过程中，通过电喷设备读取汽油机爆燃传感器监测到的爆燃情况，同时通过台架故障分析仪振动传感器监测发动机振动能量情况，以明确识别异常爆燃的出现。试验结果表明，发动机在转速上升时节气门开度为50%、坡道为5%，转速下降时节气门开度为35%、坡道为15%的变节气门+变坡道的动态扫描工况出现异常爆燃的频率最高。在这些高频率发生爆燃的工况下，通过优化汽油机喷油策略来降低爆燃频次。同时，为了验证方案有效性，在动力试验台开展了200h模拟测试，试验结果表明优化方案达到预期。

为了进一步验证优化数据对实车的影响，将优化的数据应用到实车上开展验证与评价，包括异常爆燃的主观评价、油耗、排放、驾驶性等。优化前后的故障现象改善情况见表6-13，优化方案能有效改善车辆的异常爆燃状况，同时对整车的油耗、排放无影响，驾驶性水平与原方案相当。

表6-13 优化前后的故障现象改善情况

序号	车辆	优化前	优化后
1	1#车	频繁出现连续敲击声，且易出现断油耸动	行驶一个月，只出现过1次敲击声，且声音强度明显减弱

（续）

序号	车辆	优化前	优化后
2	2#车	车速在 60km/h 时，踩下加速踏板发动机抖动，车速上不去，同时伴有“哐哐”声，松开加速踏板再踩下正常	车辆行驶正常，未听见“哐哐”声
3	3#车	时常听见“哐哐”声	未听见“哐哐”声

6.4.7 可靠性评价方法

汽油机可靠性评价是可靠性试验非常重要的一项内容。主要评价的内容有：第一，汽油机性能变化趋势评价，评价性能包括动力性、经济性、排放性以及关键机械功能性能，诸如机油压力、活塞漏气量以及机油消耗水平等；第二，性能稳定性评价，包括发动机实际运行持续时间、运行过程中所更换零部件及其时间等；第三，零部件损坏评价，包括各种零部件的变形、裂纹、断裂、密封失效、紧固件松动等；第四，零部件磨损评价，包括主要摩擦副的磨损量、摩擦副表面的磨损等级评定等；第五，零部件表面沉积物评定，诸如喷油器、火花塞、活塞、气门、油底壳等表面上的沉积物、油泥及漆膜等；第六，关键零部件性能及功能检查，诸如水泵、机油泵、喷油器、增压器等。

可靠性试验评价方法主要分为两类：零部件磨损评价和零部件故障扣分评价。针对零部件磨损评价，GB/T 19055—2003 提出其评定一般采用主观等级评价方法，缺少量化数据评价零部件的磨损情况。随着高效清洁汽油机强化程度的不断提高，零部件异常磨损的问题也愈发突出。诸如：动力性提升导致汽油机热负荷大大增加，气门、气门导管、气门座圈、活塞等零部件磨损风险加大；经济性提升引入更多的低摩擦技术零部件应用，如窄轴瓦、低张力活塞环、新型缸孔网纹等，其自身零部件也存在磨损问题。为了更好地支撑未来高效清洁汽油机的开发，有必要建立零部件磨损评价方法，利用精密测量手段对零部件的磨损进行量化评估，以提高发动机的优化设计和可靠性水平，因此发动机厂商需要建立可靠性试验精密测量数据库，如图 6-42 所示。

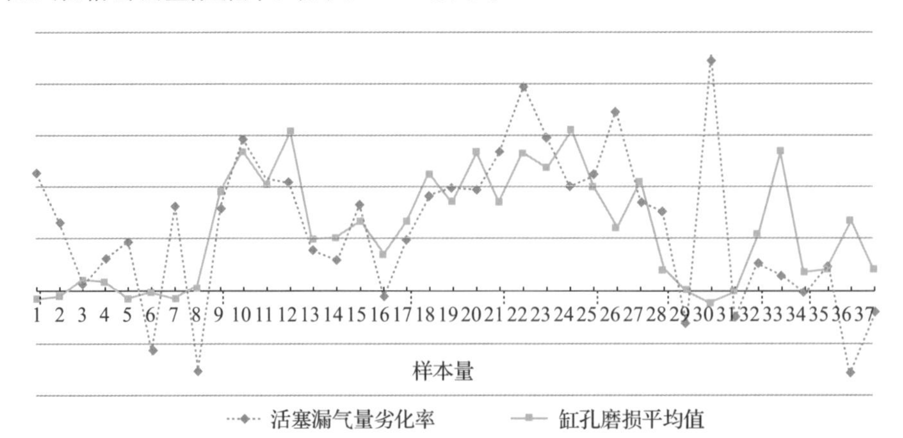

图 6-42　活塞漏气量劣化率与缸孔磨损平均值的关系图

可靠性试验中往往会发生零部件故障，或轻微或严重，其故障的频次、严重程度是评价整机可靠性的重要依据，由此提出了零部件故障扣分评价。QC/T 900—1997《汽车整车产品质量检验评定方法》、QC/T 901—1998《汽车发动机产品质量检验评定方法》给出了致命故障、严重故障、一般故障、轻微故障分类方式及故障扣分原则，见表 6 - 14。结合汽油机开发过程中零部件的失效模式，逐步完善零部件故障扣分评价标准。在汽油机整个研发过程中，可靠性试验零部件故障扣分评价标准是逐步变化的，随着样件状态、标定数据逐渐优化和成熟，汽油机可靠性也越来越高，制定分阶段的故障扣分标准，由宽松逐渐收严，有利于平衡产品开发的进度和质量。

表 6 - 14 可靠性故障分类及扣分值

序号	故障类别	扣分值	分类原则
1	致命故障	10000	涉及人身安全，可能导致人身伤亡；引起主要总成报废，造成重大经济损失；不符合制动、排放、噪声等法规要求。发动机主要零部件基本功能丧失、无法使用，必须终止试验
2	严重故障	1000	导致整机主要性能显著下降、功能受限；造成主要零部件损坏，且不能用随车工具和易损备件在短时间（约 30min）内修复，发动机主要零部件基本功能丧失，无法使用
3	一般故障	100	造成停机，但不会造成零部件损坏；并可用工具和易损备件或价值很低的零件在短时间（约 30min）内修复；虽未造成停机，但已影响正常使用，需调整和修复；造成停机或在动力性、经济性、异响等方面的基本性能衰减，功能受限，需调整、更换或维修
4	轻微故障	20	不会导致停机，尚不影响正常使用，亦不需要更换零部件，可用随车工具（常规）在短时间（约 5min）内轻易排除

6.5 其他辅助先进试验技术

电气化和高效化趋势下，汽油机需精细化开发，而产品开发周期有限，这就需要进一步提升其研发效率。因此，X 在环（XIL）及虚拟试验等先进试验技术逐步应用于产品开发当中，其中 XIL 试验技术主要应用于汽油机电气化开发集成，虚拟试验技术将逐步替代传统的试验开发，有效缩短汽油机开发周期。

6.5.1 XIL 试验技术

6.5.1.1 概述

随着国家节能减排法规及双积分政策的推行，电动化已成为动力总成发展的必然趋势。动力总成电动化即是发动机、变速器、电机、电池、控制策略五大核心要素灵活配置组合，形成电动化程度由浅到深的动力总成产品。混合动力总成作为动力电动化的典型，由于其结构的复杂多样，涉及多系统的集成耦合，在现代商业竞争环境下，传统的动力开发模式已经不适合混合动力总成的开发。

X在环（Xin the Loop，XIL）试验技术由德国KIT的Albers教授等学者提出，集合了驾驶人和环境的模型及实物，是一种新型的整车开发和验证平台，旨在针对日益复杂的整车系统。该平台由基于模型的研究开发方法进一步发展而来，X在环中的X指测试单元（Unit under Test，UUT），测试单元可以是硬件、软件、模型，也可以是整车、系统。该项技术的发展主要是为了解决产品研发过程中，因技术日趋复杂带来的成本增加、开发周期变长等问题，以改变传统的以模型验证、台架验证、整车验证为流程的开发模式。通过应用该技术，将研发中原计划在整车上开展的验证工作前移进行，提前暴露问题，为项目研发争取更多整改时间，缩短研发周期。

X在环试验技术近几年已经开始在行业中兴起，测试设备厂家也开始热衷于此项技术的推广，将该技术与设备厂家的测试系统集成到一起，提供更友好的用户界面和使用服务。

随着汽车研发过程复杂性的提高，由于X在环试验技术具备各系统和层级集成度高、不同仿真方法组合灵活性强等优点，未来将会发展到更多的系统或整车级开发中，如整车的行驶转向系统开发、主动安全开发等领域。

6.5.1.2 应用

以发动机硬件为载体的XIL试验技术，称为发动机硬件在环技术（Engine in the Loop，EIL）。它作为XIL的一种形式，广泛应用于混合动力汽车产品的开发中。EIL采用参数化建模方法搭建整车模型、控制模型，结合发动机、电机、控制器等实物，在试验台上实现硬件在环仿真，图6-43所示为EIL试验技术的拓扑图。通过EIL硬件在环仿真试验实现关键控制参数优化、道路工况模拟等多种功能，提前开展动力总成在整车上的功能验证。

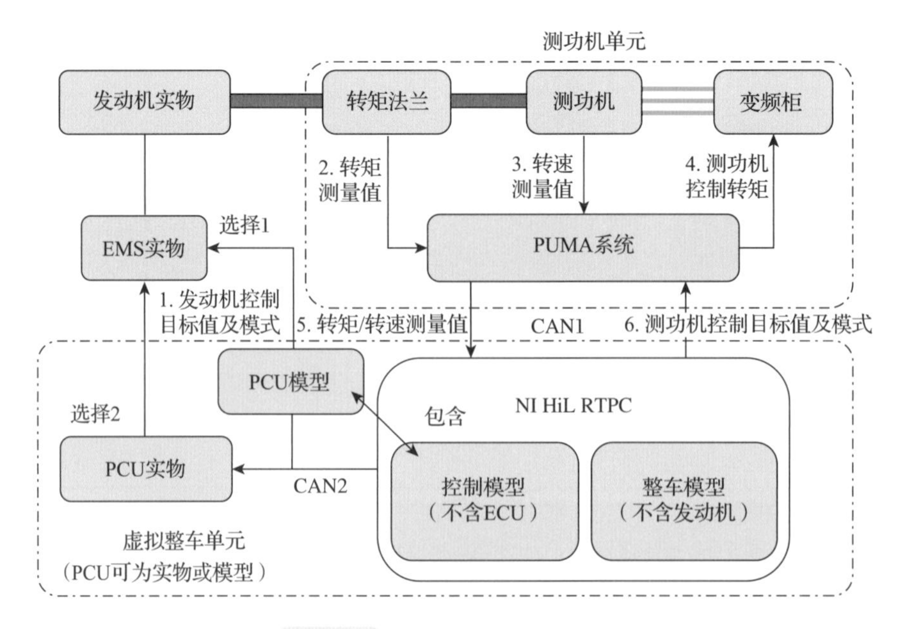

图6-43 EIL试验技术的拓扑图

EIL 试验技术的测试系统主要由高动态电力测功机和数据通信系统组成，其中高动态电力测功机是 EIL 试验技术的实施载体；数据通信系统广泛运用的有 NI 公司的 Real-time 实时测量系统和 NI VeriStand 软件，用于配置实时测试应用程序的软件环境；可配置模拟/数字通信总线接口，及 FPGA 的 IO 接口，可从 LabVIEW 等其他第三方环境中导入控制算法、仿真模型和其他任务，可使用运行时可编辑的用户界面，用来监测与控制系统运行的状态。仿真模型主要有整车仿真模型和控制模型。整车仿真模型是 EIL 试验中发动机运行工况的实时计算输入者，该模型中包含了混合动力发动机开发的本体模型、TCU 模型、整车运行参数等；控制模型提供 EIL 试验中不同的整车运行工况（如驾驶人模型中包含的 NEDC/WLTC 等典型工况），用于发动机的工作特性验证。该项试验技术利用高动态电力测功机的快速响应特性，通过数据通信硬件和软件，建立整车仿真模型和控制模型、台架模型一体的测试平台，耦合设计完成模型 - 台架的 EIL 试验系统。

由于 EIL 试验技术可以提前开展动力总成在整车上的功能验证，有效规避了传统动力总成在开发中后期测试阶段及整车测试阶段集中暴露问题的现状，减少开发成本和缩短开发周期，因此 EIL 试验技术目前被广泛运用在混合动力发动机开发中。在项目开发初期阶段，可基于整车物理模型 + 控制系统模型，实现 NEDC、WLTC 整车工况运行及虚拟试验功能，实现油耗与排放先期评价。也可以基于真实 PCU，实现混动控制系统中 PCU 与 EMS 的交互功能验证，如 EMS 对 PCU 控制模式的响应测试、PCU 转矩分配与转矩补偿功能检查、PCU 发动机起停控制功能测试、PCU - EMS 故障功能测试等。也可在项目开发初期阶段，在台架进行多种整车工况的性能测试，如整车 EV 行驶、HEV 行驶、HEV 充电、怠速充电等。关于 EIL 试验技术的运用，国内外各大主机厂、研究机构等都在积极探索中，未来将会越来越广泛，普适性也会更强。

6.5.2 虚拟试验技术

6.5.2.1 概述

虚拟试验即任何不使用或部分使用硬件来建立试验环境，完成实际物理试验的方法，它是在虚拟环境中进行的一个数字化模拟试验过程，以虚拟数字样机代替真实物理样机，如同在真实环境中一样完成预定试验验证，取得的试验效果等价于在真实环境中所得的效果。虚拟试验环境是指基于工程软件搭建的仿真试验系统，借助交互式试验分析，试验者在产品设计阶段就能对其性能进行评价。虚拟试验环境通过计算机辅助工程（Computer Aided Engineering，CAE）技术构建，CAE 是计算机在现代生产领域，特别是生产制造业中的应用，主要包括计算机辅助设计（Computer Aided Design，CAD）、计算机辅助制造（Computer Aided Manufacture，CAM）和计算机集成制造系统（Computer Integrated Manufacturing System，CIMS）等内容。随着计算机技术及应用的迅速发展，CAE 已经成为现代设计方法的主要手段和工具。在虚拟试验中，主要运用了结构 CAE 分析技术和 CFD 仿真技术。

结构 CAE 分析技术主要是对汽油机运动学、结构强度、不同部位疲劳及可靠性、电磁兼容进行分析。动力学分析主要是对活塞组件、曲柄连杆，正时、阀系及前端轮系等运动部件的动态响应、扭振、强度、润滑、摩擦、磨损进行分析；可靠性分析主要是对汽油机本体及制造工艺进行系统分析，包括结构强度、疲劳寿命、密封性能、铸造分析，以全

面评估缸体缸盖本体的可靠性，旨在设计阶段规避三漏、开裂、异常磨损等问题。电器零部件电磁兼容分析主要是对汽油机电器零部件的辐射干扰和传导干扰强度进行分析，以测试和验证传感器的精度以及执行器的功能和性能。

计算流体力学仿真技术（Computer Fluid Dynamics，CFD）主要是对汽油机开展流动分析，以模拟汽油机机械性能开发试验。诸如进排气系统 CFD 分析，通过降低各部件的流动阻力、提高流动均匀性，最终提升发动机性能，分析内容包括空滤器流动阻力分析、进气歧管的各缸流动均匀性、三元催化器前端流动均匀性、涡轮增压器叶片设计与优化、冷却系统压降和散热能力、EGR 系统流动阻力和各缸分配均匀性、排气系统背压。润滑系统 CFD 分析应用于机油泵的选型和优化，保证润滑可靠性、降低发动机能耗，分析内容包括机油泵效率与油耗分析、油底壳晃动分析（机油泵位置的合理性、润滑油加注量的合理性）、润滑油加注分析、整个润滑系统的压力和流量分布、模拟整车与发动机倾斜情况下润滑油回流情况。曲轴箱通风系统 CFD 分析包括油气分离器分离效率、曲通管路温度场、缸盖罩冷凝水分析、曲通系统三维稳态/瞬态多相流分析等，可辅助解决机油乳化、曲通管路结冰、机油消耗量超标、曲轴箱正压等问题。

6.5.2.2 应用

1. 缸内喷雾虚拟试验

燃油的雾化过程可以分为两个阶段：初级雾化和二级雾化，如图 6 - 44 所示。初级雾化是指燃油以连续液体从喷嘴喷出，受到喷嘴内部的气穴及湍流等因素的影响，以及外界气流的干扰作用，分裂成液片和大颗粒液滴，而这些大颗粒液滴在气液交界面的空气动力作用下，进一步破碎成细小的液滴，这个过程被称为二级雾化。为了描述和评价喷雾过程，通常用喷雾特性参数来表示，主要包括喷油规律、喷雾角、喷雾贯穿距、液滴平均尺寸以及喷雾油束的空间形态等。

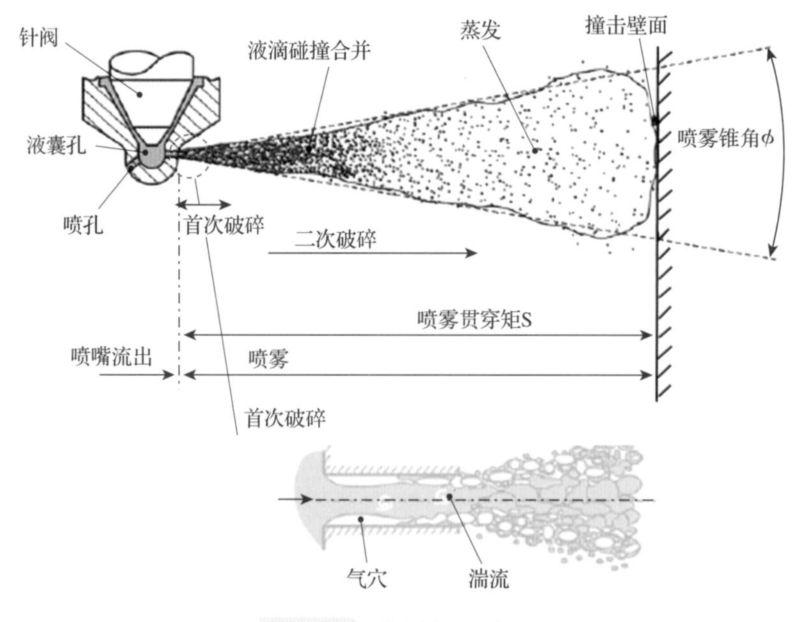

图 6 - 44　喷雾过程示意图

汽油机缸内喷雾仿真技术是运用计算流体力学（CFD）理论模拟直喷发动机缸内喷雾过程，实现缸内流场、燃油喷射/雾化/蒸发、混合气/湿壁形成的可视化仿真分析，进行汽油燃烧系统虚拟开发。为了准确模拟喷雾油束在缸内燃烧室的发展过程，喷雾模型的标定工作尤为重要。喷雾模型标定工作分成两步：第一步，根据发动机运行工况，开展喷油器单体喷雾试验，以获取喷油器的喷油规律，以及喷雾角、喷雾贯穿距和其他喷雾特性参数，其测试原理如图6-45所示；第二步，根据试验条件，开展喷雾器单体喷雾试验仿真，基于试验结果，对喷雾模型进行标定，使喷雾贯穿距、喷雾液滴尺寸（SMD）和喷雾空间形态等喷雾特性参数的仿真与试验结果拟合度达到90%以上，如图6-46～图6-48所示。

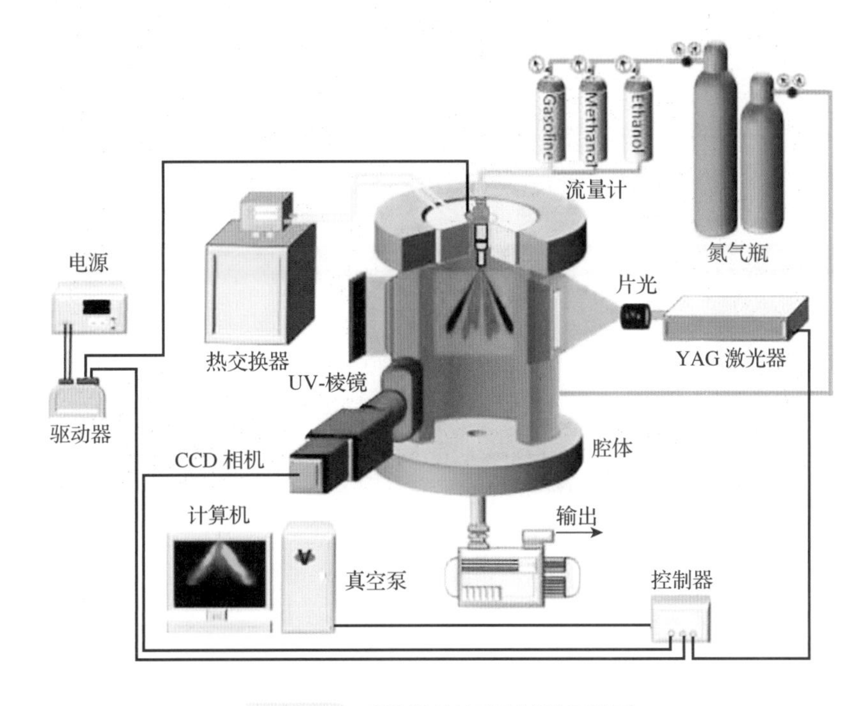

图6-45 喷油器单体喷雾试验原理图

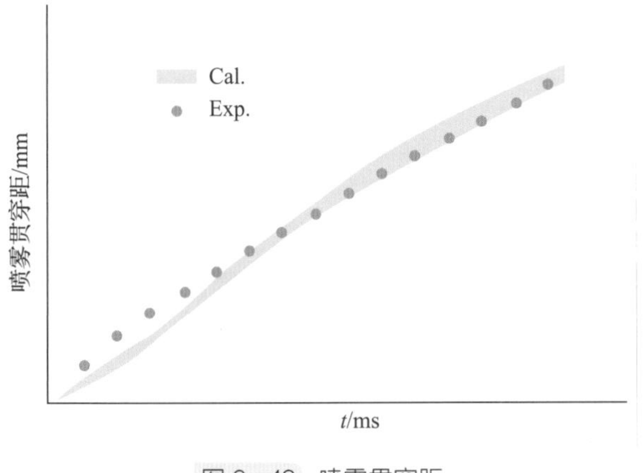

图6-46 喷雾贯穿距

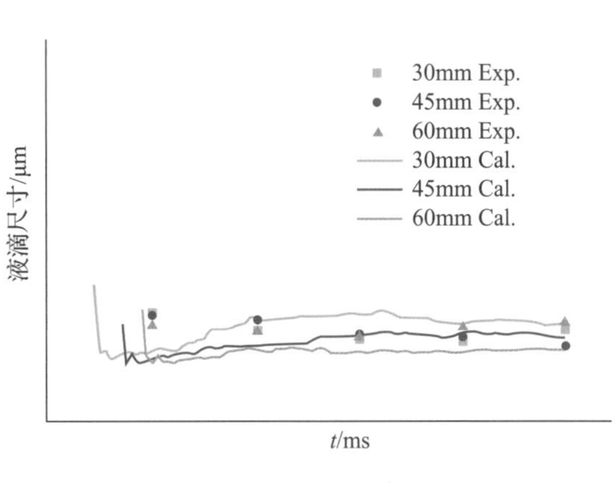

图6-47 喷雾液滴尺寸（SMD）

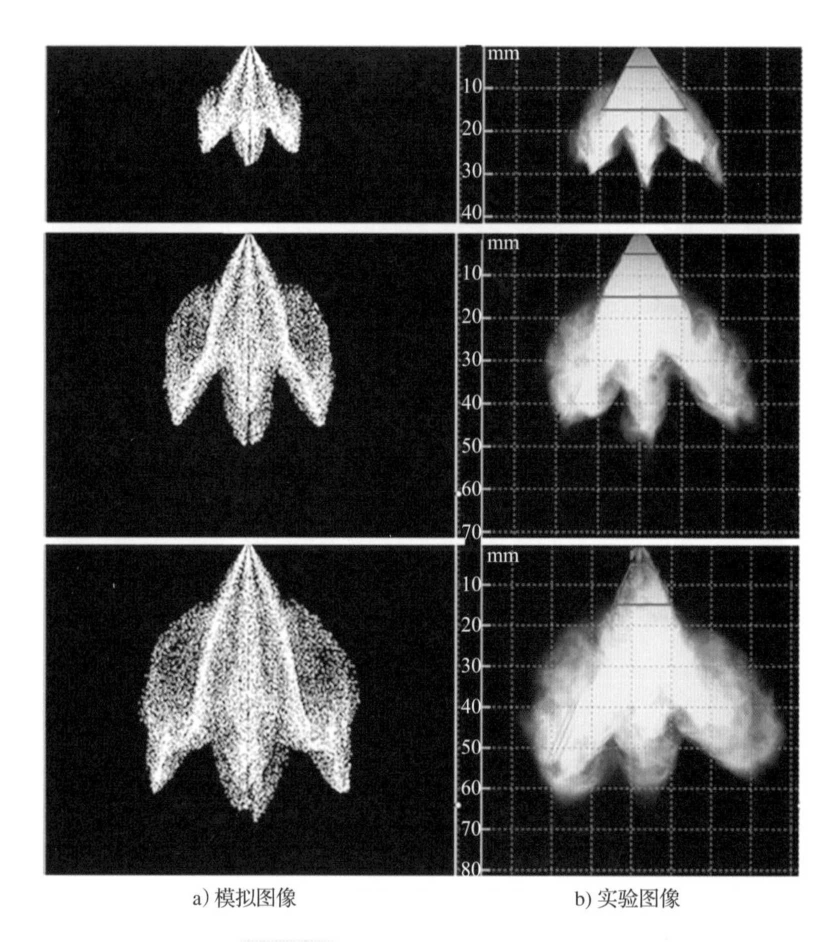

a) 模拟图像　　b) 实验图像

图 6-48　喷雾空间形态发展过程

喷雾模型标定完成后，即可开展缸内喷雾 CFD 分析，如图 6-49 所示，也就是采用计算机和离散化的数值方法对发动机缸内喷雾过程进行数值模拟，分析油气混合过程，预测缸内油束碰壁情况及混合气形成质量，并开展喷油策略优化，为台架和整车标定提供数据支撑。

2. 油气分离虚拟试验

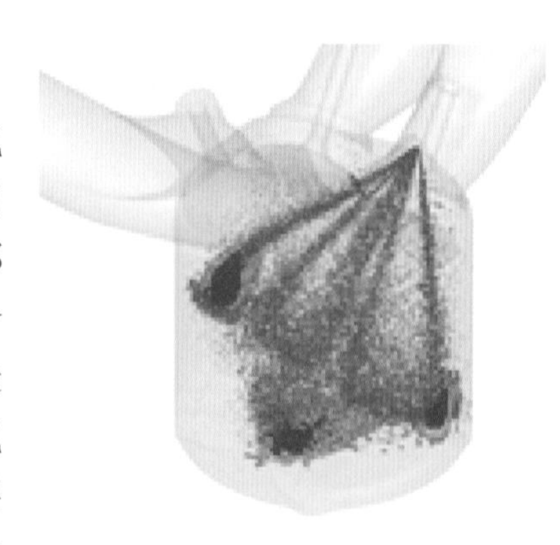

图 6-49　缸内喷雾分析

汽油机在压缩和燃烧过程中，气缸中的少量混合气通过活塞环与缸孔间隙、活塞环切口间隙、气门与气门导管间隙等漏入曲轴箱和气缸罩，然后与润滑系统的部分机油混合。混合气里有空气、未燃的汽油、碳氢化合物以及机油，如果这些混合气直接进入气缸燃烧掉会造成机油的消耗量变大。油气分离器的作用就是将混合气里的大部分机油分离出来后回到油底壳，分离效率主要与油气分离器的内部结构设计相关。对于油气分离器的开发，传统的方式是将不同结构的样件通过油气分离试验来选型，然而该方式试验成本高且开发周期长。利用 CFD 技术可以直观地得到分离器内部的流场分布、分离效率、压力损失，在设计阶段即可快速提出优化方案，然后再有针对性地进行单体样件的试验测试优化，有效提升油气分离器开发效率。

目前，汽油机普遍采用迷宫式油气分离器，如图 6－50 所示。迷宫式油气分离器主要利用油滴的惯性和撞击分离，其分离过程是油气混合气进入分离器后，经过迷宫结构，由于油滴和气体密度不同，在流动中由于惯性作用，较大的油滴被吸附于分离器的内部表面或者挡板之上，较小的液滴则可能随气流一起被带出分离器，因此迷宫式分离器的分离效率一般，但是因其具有结构简单、成本低、占用空间小、免维修等优点，所以应用十分广泛。

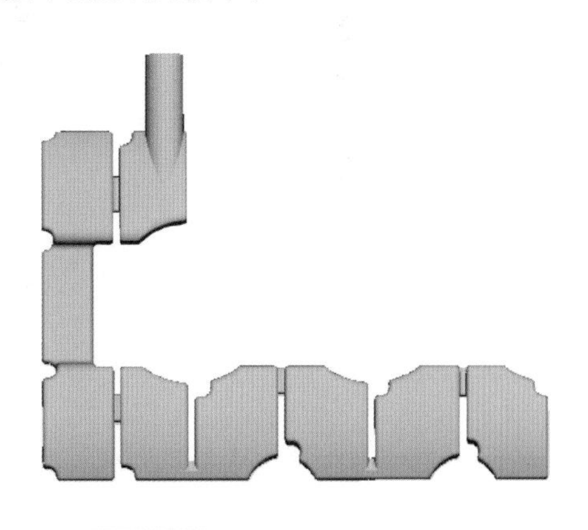

图 6－50　迷宫式油气分离器

油气分离虚拟试验包含两个分析项：一是油气分离器单体 CFD 分析，该分析采用欧拉－拉格朗日多相流计算方法，评价油气分离器单体的分离效率和流动阻力是否满足设计要求，油气分离的回油孔是否有吸油风险。该分析主要对油气分离器单体进行建模与仿真，图 6－51 所示为油气分离器单体 CFD 分析计算模型。二是凸轮轴甩油 CFD 分析，该分析采用 VOF 多相流计算方法，模拟缸盖内凸轮轴运动过程中的甩油现象，评价被凸轮轴甩出的润滑油是否会进入油气分离器，从而造成油气分离器的机油析出量超标，其仿真分析模型如图 6－52 所示。

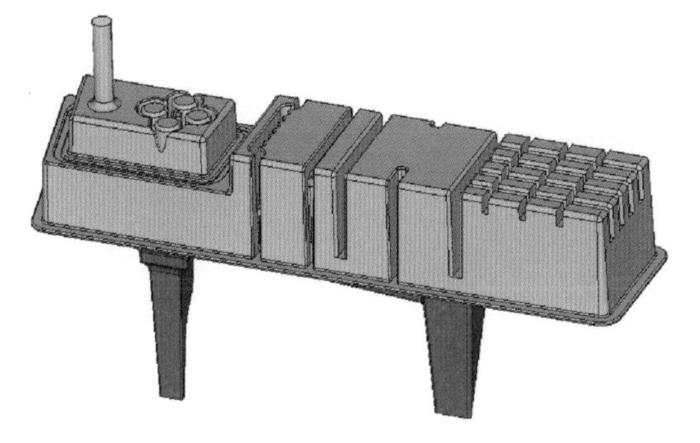

图 6－51　油气分离器单体 CFD 分析计算模型

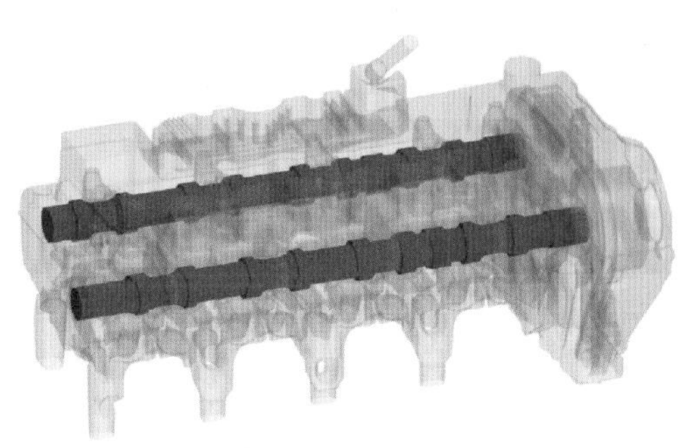

图 6－52　凸轮轴甩油 CFD 分析计算模型

与 CAE 分析相对应，油气分离器的试验也包含两项：一是油气分离器单体试验，二是发动机台架的机油消耗量测试试验。

油气分离器单体试验与油气分离器单体 CFD 分析目的一致，主要评估油气分离器单体的分离效率和流动阻力是否满足设计要求。图 6－53 所示为油气分离器单体试验台架，主要包括油气混合物发生器、油滴粒径与数量测试器、压力/温度测试器、回油量测试器、绝对过滤器和天平等设备。图 6－54 所示为仿真与试验结果对比情况，结果显示，经过标定的仿真模型计算结果与试验测试结果一致性较好。

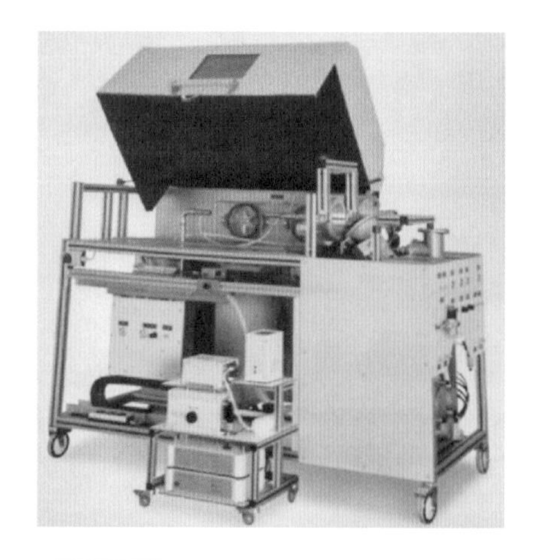

图 6-53 油气分离器单体试验台架

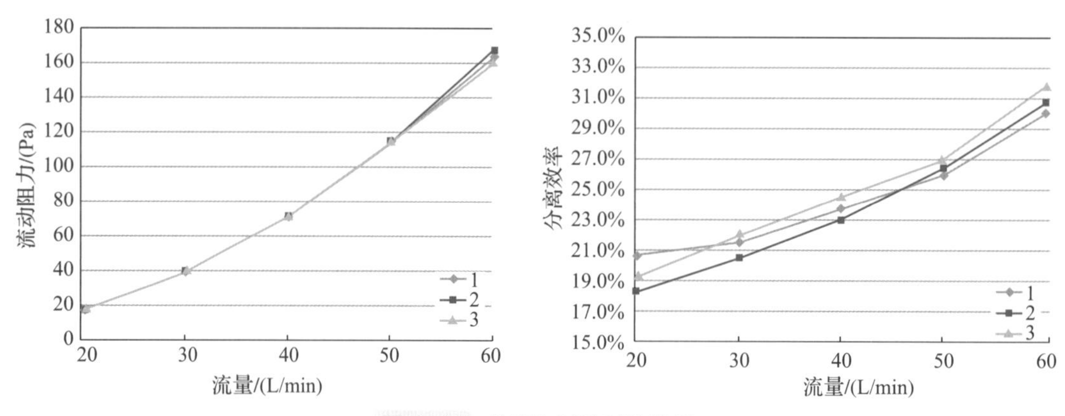

图 6-54 仿真与试验对比结果

发动机台架油气分离试验与凸轮轴甩油 CFD 分析目的一致，主要评估整机情况下发动机机油在缸盖罩内的分离情况是否满足设计要求。如图 6-55 所示为发动机油气分离可视化试验，主要包括发动机、透明油气分离器、高速摄像仪等设备。试验过程中，通过高速摄像仪监控缸盖罩内油气分离器进出口的机油流动情况（图 6-56 所示为模拟仿真油气分离情况）并测量进出口机油析出量来判断试验是否合格。

图 6-55 发动机油气分离可视化试验

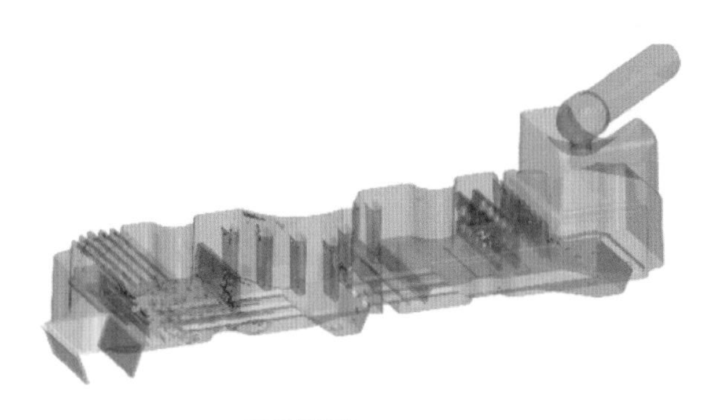

图 6-56 仿真结果

6.6 小结

本章对汽油机产品开发过程中所涉及的试验进行了简要介绍。汽油机产品通过热力学燃烧开发试验，确定汽油机的动力性、经济性及排放性指标；通过机械功能开发试验，确定达成汽油机各项性能指标前提下的最优机械功能；通过可靠性开发试验，确定汽油机在各工作条件下的产品可靠性。汽油机产品试验开发最根本的目的在于为用户提供性能优越、质量可靠的产品。

结合汽油机技术发展趋势，未来高效节能汽油机面临复杂的多系统集成挑战，XIL 试验技术是实现多系统耦合和解耦的方法之一，通过该技术可以快速实现产品的迭代验证，缩短产品开发周期。虚拟试验技术的应用，将更为高效地替代部分实物试验，减少实物样件、样机，从而降低产品研发试验成本。

参考文献

[1] 刘建华，宁智．汽车发动机性能试验教程［M］．北京：科学出版社，2017.
[2] 赵秀荣，谢里阳，李成华．发动机可靠性及其评价技术分析［J］．农机化研究，2006(3)：206-208.
[3] 城井幸保，潘公宇，范秦寅．汽车测试分析技术［M］．北京：机械工业出版社，2018.
[4] 李骏．汽车发动机节能减排先进技术［M］．北京：北京理工大学出版社，2011.
[5] 京特·P默克，吕迪格·泰西曼．内燃机原理－工作原理、数值模拟与测量技术（上）［M］．高宗英，译．北京：机械工业出版社，2019.
[6] 京特·P默克，吕迪格·泰西曼．内燃机原理－工作原理、数值模拟与测量技术（下）［M］．高宗英，译．北京：机械工业出版社，2019.
[7] 李云宝．综合商品性评价试验体系［J］．汽车工程师，2016（6）：16-18.
[8] 房永剑，王春辉．汽车零部件环境试验过程管理与控制体系研究［J］．中国新技术新产品，2017（17）：82-83.
[9] 张兴龙，孙法，彭剑．汽车道路耐久性试验中的质量体系研究［J］．上海汽车，2012

(3)：35－38.

[10] 宰玉. 重型商用车可靠性评价体系研究［D］. 合肥：合肥工业大学，2018.

[11] 郭东劭，胡景彦. 阿特金森高效发动机设计开发及试验验证［J］. 汽车工程师，2019（11）：45－50.

[12] 吴广权，陈泓. 广汽新一代1.5T直喷汽油机燃烧系统开发［J］. 小型内燃机与车辆技术，2019（6）：1－5.

[13] 田宁，刘明涛. 东风1.4L增压直喷高性能汽油机开发［J］. 汽车技术，2018（10）：41－45.

[14] 郭平，李红洲. 基于阿特金森循环1.8L直列四缸汽油机性能开发［J］. 汽车实用技术，2019（17）：143－147.

[15] 韩本忠. 汽车发动机技术发展趋势分析［J］. 内燃机与配件，2018（7）：58－61.

[16] YAMAJI K，TOMIMATSU M. 基于丰田新全球架构TNGA理念开发的新直列4缸2.0L直喷汽油机［J］. 汽车与新动力，2019（6）：20－28.

[17] 星野司，早川元雄，村中宏彰. 马自达汽车公司新型Skyactiv－G1.5汽油机的开发［J］. 汽车与新动力，2018（4）：36－41.

[18] 高媛媛，吴坚. 新一代高效低排放增压缸内直喷汽油机开发［J］. 现代车用动力，2019（5）：6－12.

[19] 平银生，张小矛. 新一代进气道喷射自然吸气汽油机开发［J］. 汽车与新动力，2018（1）：54－59.

[20] 牛多青，古春山. 发动机热管理试验与分析［J］. 机械制造，2019（8）：76－79.

[21] 吴加荣，陈俊玄. 发动机热管理系统的试验及仿真研究［J］. 现代机械，2019（8）：22－26.

[22] 刘系翯，豆佳永. 冷却系统热管理测试分析［J］. 车用发动机，2019（4）：85－92.

[23] 王泽众. 热管理系统在发动机台架试验中的优化应用［J］. 内燃机工程，2017（4）：15－18.

[24] 王章，高蒙蒙. 热管理研究综述［J］. 汽车实用技术，2018（24）：206－208.

[25] SANTHANAMM P，SREEJITH K，ANANDAN A. Parametrical and tribological investigation of ring parameters using ring dynamics simulation for blow-by，LOC and friction reduction［C］//SAE. SAE 2017－28－1954.［S.l.：s.n.］，2017.

[26] CHENG D K，LIU X R. Influence of structural temperature on frictional power loss of piston ring-cylinder liner system［C］//SAE. SAE 2017－01－2421.［S.l.：s.n.］，2017.

[27] 付建勤，段雄波. 增压直喷汽油机机械损失及分解摩擦试验研究［J］. 中南大学学报，2017（10）：2830－2835.

[28] 张敬东. 摩擦功对内燃机油耗的影响因素分析与试验验证［J］. 内燃机与配件，2017（16）：38－40.

[29] 王迪，郑建明. 润滑机理对汽车发动机性能的影响综述［J］. 汽车文摘，2020（4）：

27－30.
[30] 薛赪，杨圣东. 新型发动机冷却润滑系统试验台系统 [J]. 车用发动机，2008 (7)：66－73.
[31] 冯爱秀，陈伟. 某柴油机润滑系统的设计开发及试验验证 [J]. 柴油机设计与制造，2017 (2)：14－17.
[32] 莫易敏，洪叶. 发动机关键摩擦副润滑仿真及减磨降耗试验研究 [J]. 数字制造科学，2017 (6)：36－41.
[33] 赵达，蒋恩杰. 某发动机曲轴箱通风系统窜油问题的解决 [J]. 汽车零部件，2016 (10)：17－22.
[34] 洪诚. 发动机曲轴箱通风系统调压阀特性的试验研究 [J]. 现代车用动力，2009 (5)：25－27.
[35] 吴孟军，胡景彦. 新型发动机前端轮系测试设备结构分析 [J]. 装备制造技术，2016 (11)：115－119.
[36] 王建武，潘圣临. 48V 助力回收系统轮系可靠性试验研究 [J]. 新能源汽车，2018 (19)：28－31.
[37] 司利敏，宰玉. 汽车发动机自动张紧轮的开发与试验研究 [D]. 青岛：青岛理工大学，2016.
[38] 赵高鹏. 插电式混合动力汽车专用发动机高效清洁燃烧的试验研究 [D]. 烟台：烟台大学，2018.
[39] 方达淳，吴新潮. 论汽车发动机可靠性试验方法 [J]. 汽车科技，2002 (2)：19－22.
[40] 胡君，魏厚敏. 发动机可靠性试验方法及研究 [J]. 内燃机，2009 (1)：43－45.
[41] 张敬东，李英涛，宋长青. 发动机可靠性试验方法机理研究 [J]. 汽车实用技术，2017 (21)：93－94.
[42] 田茂军，朱红国，黄德军. 车用柴油机深度冷热冲击可靠性试验研究 [J]. 内燃机与配件，2015 (7)：31－34.
[43] 刘坤，李俊. 深度冷热冲击条件下工程机械用柴油机的可靠性研究 [J]. 内燃机与动力装置，2015 (12)：31－34.
[44] 黄彬. 增压直喷汽油机喷雾及燃烧特性可视化试验研究 [J]. 汽车实用技术，2019 (16)：160－163.
[45] JIANG Y Z, BAO X C. Flame kernel growth and propagation in an optical direct injection engine using laser ignition [C] //SAE. SAE 2017－01－2243. [S. l.: s. n.], 2017.
[46] 段建国，徐欣. 虚拟试验技术及其应用现状综述 [J]. 上海电气技术，2015 (3)：1－12.
[47] 江东. 虚拟试验技术及其在车辆工程中的应用 [J]. 工艺与装备，2016 (9)：132－133.
[48] 张炳力，徐小东. 混合动力汽车动力系统测试平台的研究 [J]. 农业装备与车辆工程，2008 (11)：24－27.
[49] 李文礼，石晓辉. 动力总成试验台架动态模拟技术 [J]. 中国公路学报，2014 (11)：

120－125.

[50] 樊晓松，邵华，邢进进. 新能源汽车动力总成测试系统平台 [J]. 新能源技术，2014 (9)：39－43.

[51] 曹建明. 喷雾学 [M]. 北京：机械工业出版社，2005.

[52] LEFEBVER A H. Atomization and sprays [M] London：Taylor and Francis Group，1989.

[53] BAUMGARTEN C. Mixture formation in internal combustion engines [M]. Berlin：Springer-Verlag，2006.

[54] KOCH F，FRANK G. Haubner. lubrication and ventilation system of modern engines-measurements，calculations and analysis [C] //SAE. SAE 2002－01－1315. [S. l.：s. n.]，2002.

[55] 周华，夏南. 油气分离器内气液两相流的数值模拟 [J]. 计算力学学报，2006，23 (6)：766－771.

[56] 吴军，谷正气，钟志华. SST 湍流模型在汽车绕流仿真中的应用 [J]. 汽车工程，2003，(425)：326－329.

[57] 宗隽杰，倪计民，邱学军，等. 曲轴箱通风系统油气分离器的性能研究 [J]. 内燃机工程，2010，31 (2)：86－91.

[58] TEKAM S，DEMOULIN M. Prediction of the efficiency of an automotive oil separator：comparison of numerical simulations with experiments [C] //SAE. SAE 2004－01－3019. [S. l.：s. n.]，2004.

第 7 章
汽油机机车集成开发

随着我国汽车市场的不断扩大，以及购车人群的不断增多，消费者对车辆的需求也日趋分化，用户对于动力、油耗、外观、内饰、操控、舒适、噪声、智能化、价格等各个属性参数都会有自己独到的见解和不同的需求，如图 7-1 所示，从汽车功能、性能、品质等方向，列举了用户的部分需求。对于特定的、有着相似属性需求的用户群体，突出他们需求的属性，平衡剩下非重要属性，就是汽车开发的核心要点。而在汽车性能与动力源（汽油机）之间，主要权衡的属性有动力性、油耗、驾驶性和动力源噪声（NVH）四个方面，另外排放作为国家强制法规也与汽车性能息息相关。

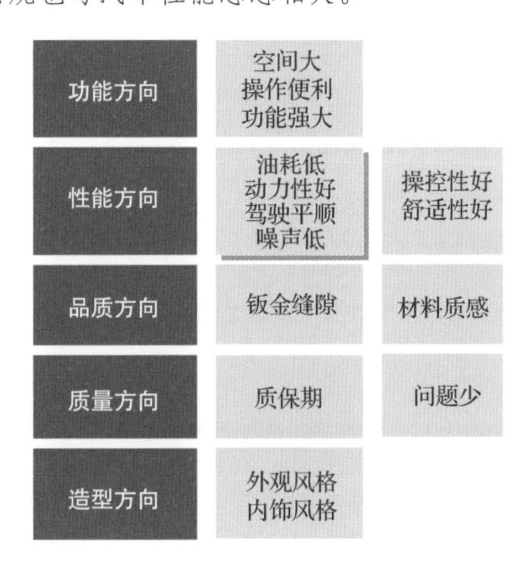

图 7-1 用户需求

从汽车性能出发，根据图 7-1 所示的用户需求的 5 个属性，应如何去定义整车企业所需要开发的汽油机，汽油机又如何满足这些需求，是本章主要讨论的问题。

7.1 整车对汽油机性能的需求

汽车性能中的动力强、油耗低等都是一些描述性的说法，不具备工程化的语言，所以首先要将工程人员常说的描述性语句转化为工程化语言，即一些具体的、可用参数衡量的指标，然后再根据每个属性中的各项指标，提炼出一些分目标，将其逐一分解到对应的汽油机性能边界上，从而将对整车的性能需求，转化为对汽油机的性能需求，如图 7-2 所示。

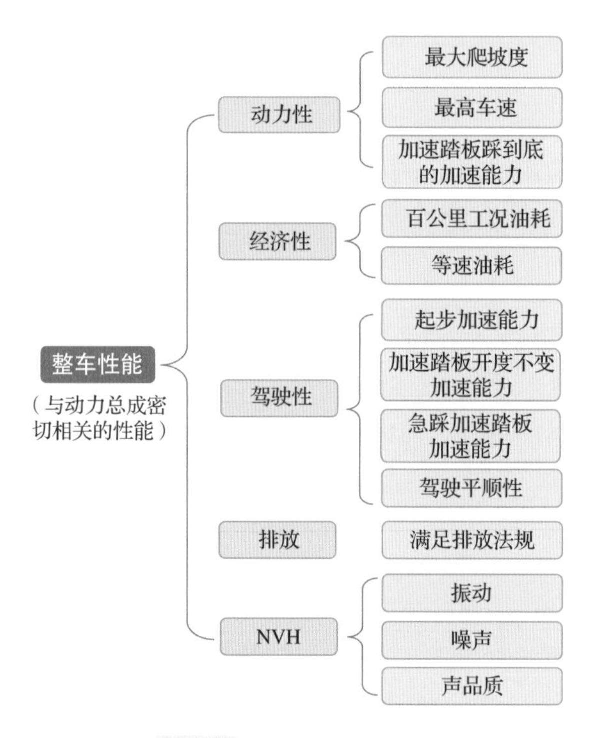

图 7-2 整车性能指标分解

7.1.1 传统动力汽车对汽油机性能的需求

对于传统动力汽车，其各项性能指标与汽油机不同纬度的属性有很大关系。

动力性：车辆的动力性主要取决于汽油机的外特性，因此对于某一车型的动力性需求，可以通过理论计算设计出符合要求的外特性曲线，从而作为汽油机的选型标准或设计目标。

驾驶性：驾驶性虽然大部分与匹配有关，但也有部分属性与汽油机本体性能有关，如起步性能就与汽油机的低速外特性有直接的关系，急踩加速踏板加速性能与汽油机的响应特性相关等。可以把整车动力性、驾驶性目标转换到对汽油机外特性的理论需求，图 7-3 所示为某汽车动力性、驾驶性对汽油机外特性的要求，其中红色曲线为汽油机外特性的理论需求。

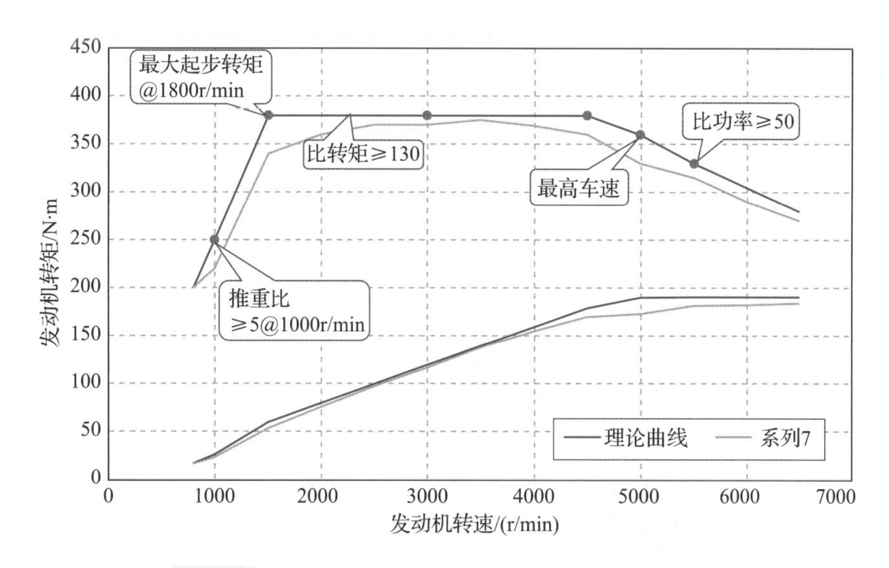

图 7-3 某汽车动力性、驾驶性对汽油机外特性的要求

经济性：即整车油耗，受整个动力总成系统效率及整车边界影响（如车重、阻力、滚阻、运行温度等）。作为整车动力源，汽油机油耗直接影响整车的经济性。汽油机进一步降低油耗受制于汽油机工作特性与其他控制技术影响，在达到一定热效率水平后，提升效率所需的成本将大幅增加，因此应根据对应车型上汽油机工作点的特征，着重降低常用区域的燃油消耗率，来设计出满足整车经济性目标要求的汽油机，如图 7-4 所示，标底色部分为某车型常用工况在汽油机万有特性上的运行区域。当然，不同的车，不同的动力配置，常用工况是变化的。

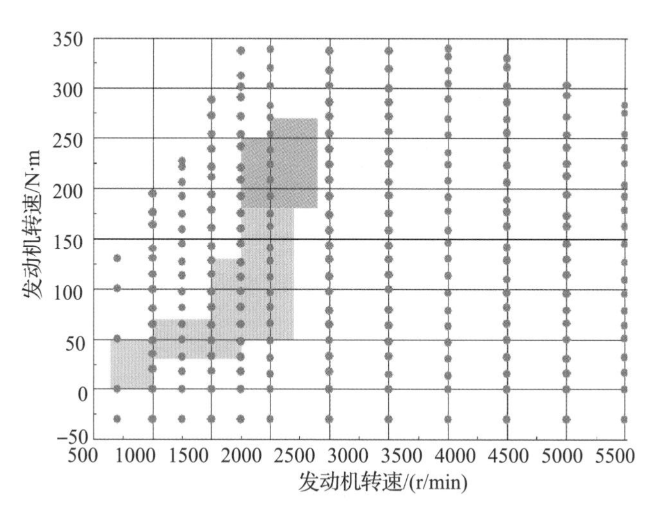

图 7-4 燃油经济性分区域图

国家法规对汽车排放制定了强制管控标准，排放是汽车必须满足的属性之一。在汽油机高负荷区域，为保护零部件不受高温排气损坏，一般需要对此区域混合气进行加浓，将造成汽油机原始排放升高。在汽油机搭载到整车后，需要避免汽油机运行至这些加浓的区域，不利于排放，如图 7-5 所示。因此在汽油机设计初期，就要考虑到这些因素，从成本

与性能平衡考虑，尽可能减小这些不利区域，以降低发动机原始排放，从而减小后期搭载整车的匹配难度和系统成本。

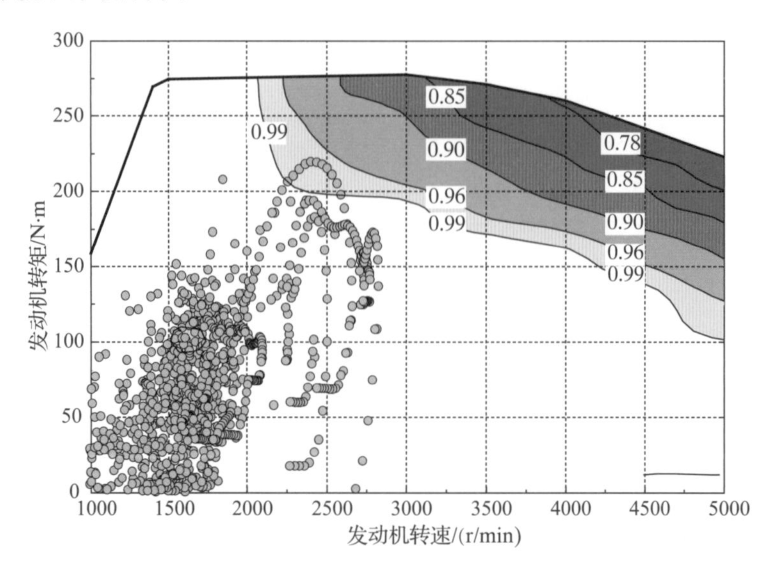

图 7-5　排放限制区域

客户对现代汽车 NVH 的需求已经从传统的安静驾乘环境升级为具有一定品质的驾驶乐趣，不但要求汽车在怠速时保持充分安静，还要求在加速时能听到一定的纯净、明亮的声音，并且随着踏板深度的增加，能感受到强劲动力的声音，同时在车辆高速巡航时车内语言清晰度高，不管听音乐还是说话都能轻松自如。这些需求对汽油机在特定工况下的转速负荷都提出了要求。

7.1.2　混合动力汽车对汽油机性能的需求

随着电气化的发展，以及国家对油耗法规的日益加严，传统汽油车已满足不了法规和用户的需求，因此混合动力逐渐走上历史的舞台。与此同时，混合动力对汽油机也提出了新的要求。

混合动力相比于传统动力，增加了电机、电池和多个控制器，电机与变速器（减速器）集成设计为电驱变速器；而汽油机则采用效率更高的混动专用汽油机，由整车控制器（PCU）统一控制动力总成，如图 7-6 所示。

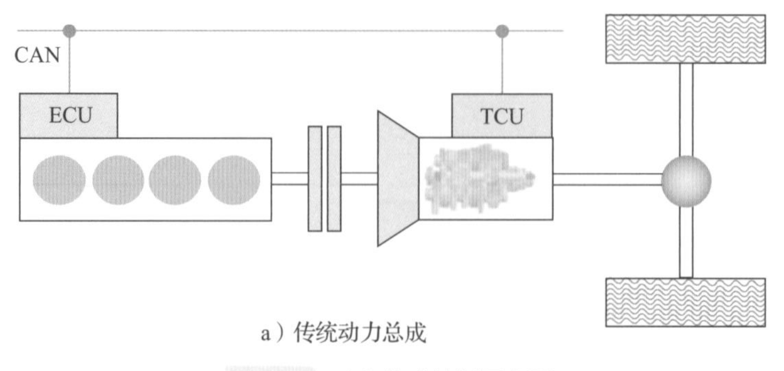

a）传统动力总成

图 7-6　动力总成控制示意图

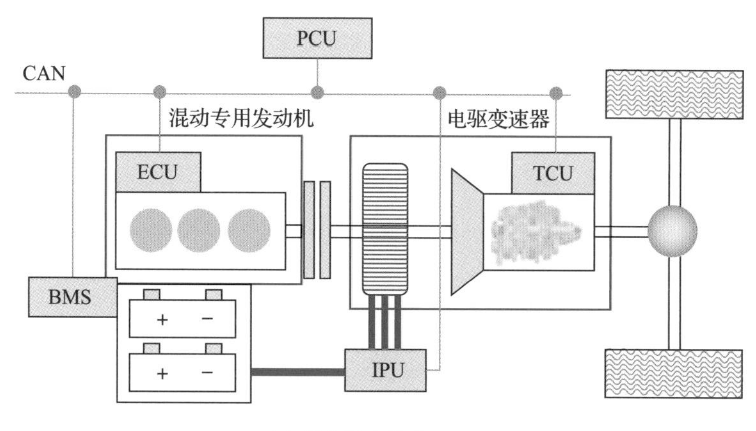

b）混合动力总成

图 7-6 动力总成控制示意图 (续)

由于电机的存在，混合动力车型的动力性并不完全依赖于汽油机的外特性，对于短时的大负荷需求，可以由汽油机和电机同时出力来满足，因此只需要汽油机和电机外特性之和能满足整车的动力性要求即可，如图 7 – 7 所示。

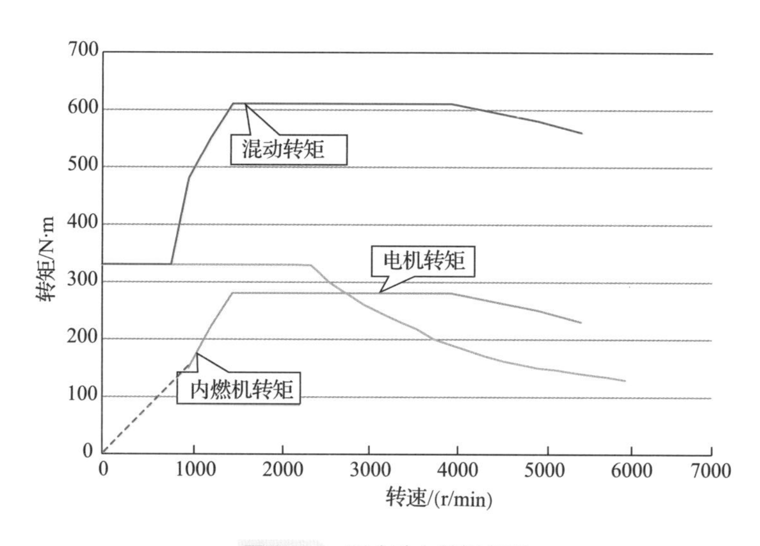

图 7-7 混合动力转矩分配

混合动力汽车对汽油机万有特性和排放属性的要求与传统动力相似，但由于混合动力的节能原理，主要在于削峰填谷和制动能量回收：削峰填谷即通过控制策略，利用电机辅助调节汽油机负荷，使汽油机工作在相对高效的区域；制动能量回收则是将本来会被耗散掉的动能通过电机转化为电能用于后续驱动。在这种控制策略下，混合动力汽油机的工作点分布会比传统汽油机更为集中，且变动幅度要小，因此希望混合动力汽油机的高效经济区可以与整车常用工作点重合，以提高整车燃油经济性。图 7 – 8 所示为某混动车型工作点集中在发动机高效经济区域。

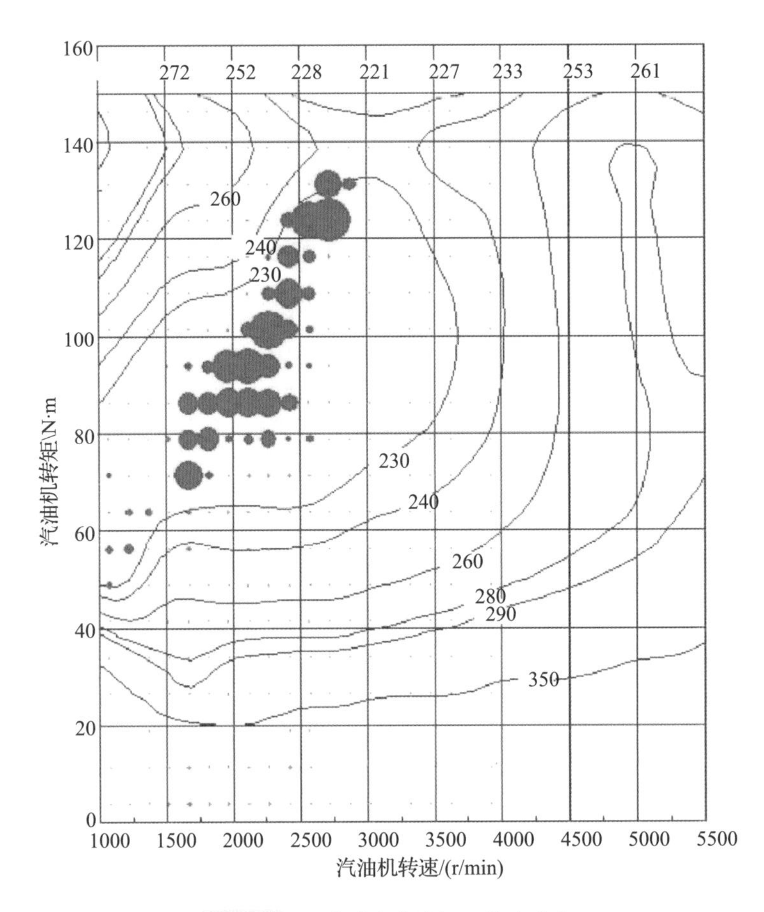

图 7-8　混合动力汽油机工作点分布

相对于传统汽油机汽车，混动汽车具有更多的工作模式，因此混动汽车中汽油机 NVH 开发需要考虑更为复杂的运行工况。不但要考虑只有汽油机工作时的动力 NVH，还要解决行进间汽油机起停噪声问题、怠速充电噪声问题，以及混动模式下动力频繁切换时带来的高瞬态 NVH 问题。另外混合动力电机（EM）系统、电机高压电源（IPS）中的大功率开关电路（IGBT）在工作时会产生高频啸叫和调制声，这些高频噪声的频率（2000～10000Hz）更加集中在人耳的听觉敏感频率区间（1000～4000Hz），车内的其他噪声无法掩蔽这些高频噪声，更加容易被人感知，因此混动汽车的 NVH 优化主要是对高频声的处理。

7.2　传统动力机车集成开发

7.2.1　传统动力选型方法

7.2.1.1　基于动力性选型方法

整车动力性通常指最高车速、最大爬坡能力、百公里加速、起步低速动力性等性能，通过理论计算分析，可以将这些整车的性能指标转化为针对汽油机的性能指标：推重比、比功率、比转矩。

推重比来源于飞机发动机推力与飞机重量之比，在此借用航空领域的概念，定义汽车推重比为汽油机产生的驱动力与汽车重量之比，主要针对匹配无液力变矩器增矩的车型。可以通过汽油机 1000r/min 的推重比大致分析汽车起步能力或低速动力水平，根据统计数据设定推重比目标值，来对汽车起步性能进行评价。当推重比低于目标值，认为不合格，高于目标值认为合格。此参数的加入，可以弥补以常规动力指标为匹配原则时重视高功率高转矩而忽略起步或低速动力不足的缺点，如图 7-9 所示。推重比只用于评价汽车起步能力，动力配置的选择还受其他条件的限制，其计算公式如下：

$$F/W = Ti_g\eta/(rW) \tag{8-1}$$

式中，F/W 是推重比（N/kg）；T 是汽油机最大净转矩（N·m）；i_g 是最大传动比；η 是变速器效率（%）；r 是轮胎半径（m）；W 是车辆半载重（kg）。

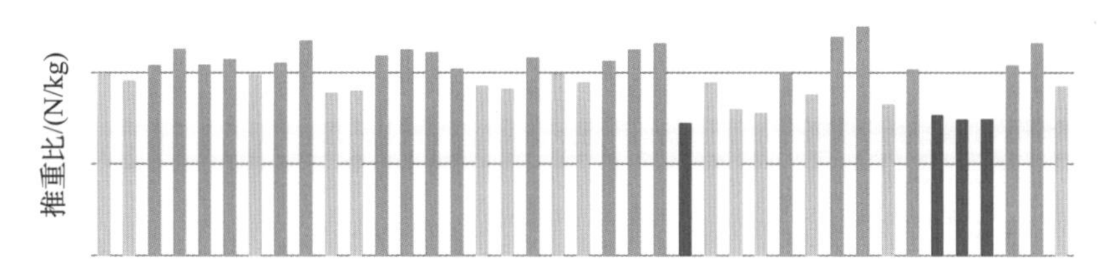

图 7-9　推重比统计分析

比功率、比转矩分别为汽油机的最大净功率、净转矩与整车最大满载质量的比值，通过这两个参数可以大致分析出车辆的加速能力、最高车速等车辆性能，计算公式如下：

$$P_{比} = P/W_{Full},\ T_{比} = T/W_{Full} \tag{8-2}$$

式中，P 是汽油机最大净功率（kW）；T 是汽油机最大净转矩（N·m）；W_{Full} 是整车满载质量，即最大设计质量（kg）。

比功率、比转矩根据大量的统计数据与实车的评价结果，可设定最低需求红线，选型时不应低于该红线，如图 7-10 所示。

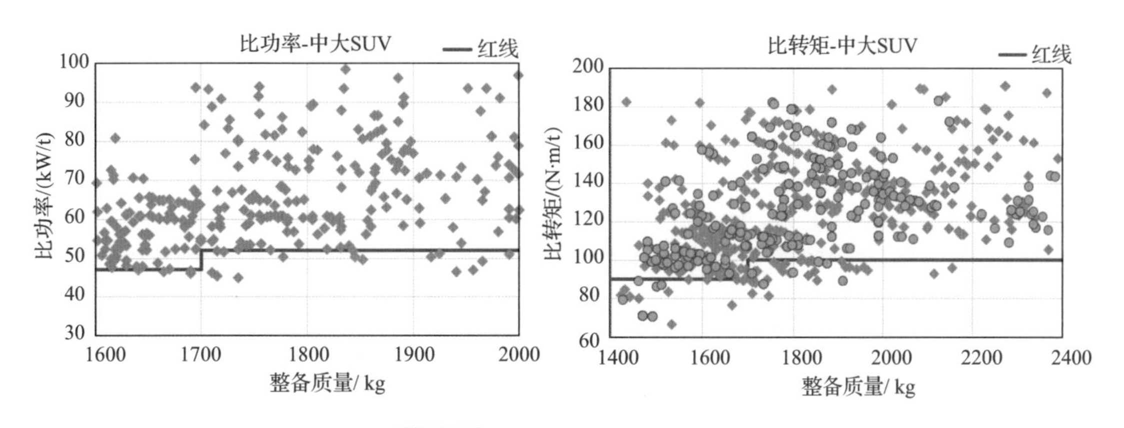

图 7-10　比功率/比转矩统计分析

汽油机匹配选型时，除动力性需满足整车要求外，排放也需要满足法规的要求。汽油机排放选型匹配，是以发动机台架采集的排放万有特性数据为基础，进行整车工况仿真，来分析汽油机工作点与排放区域的关系，从而提前识别风险。

选型时应从红线、对标综合考虑。机车匹配开发首先须满足推重比、比功率、比转矩的动力红线，使整车动力满足要求，以免造成客户对动力的频繁抱怨。红线一般是通过统计市场已有车型动力水平及销售情况、市场反馈等确定；同时，对比新开发车型的动力对标车，确定合适的动力目标，使产品具有竞争力。

7.2.1.2 基于经济性选型方法

汽油机的工作状态决定了汽车的燃料消耗和排放，而汽油机在整车上的工作状态取决于契合的运行状态。汽车的运行状态受交通状况、驾驶行为等因素影响而复杂多变，汽油机可能工作于万有特性任何区域。相对于汽车及汽油机技术的快速发展变化而言，交通环境及驾驶行为模式相对稳定。在一定时期内典型环境下，统计汽车运行状态而生成的汽车运转循环可认为能够表征汽车常见的运行状态。汽车运转循环一般以车速与时间的形式表达，在燃油消耗和排放法规标准中，均规定了标准的试验测试工况循环，以评价汽车在这些标准测试循环下的燃油消耗及排放水平。

1. 汽车标准测试循环工况介绍

国外对汽车测试循环研究开展较早，并形成了各国用于排放、燃料消耗试验的标准工况。目前广泛应用的乘用车标准测试循环有欧洲 NEDC 循环、WLTP 循环，美国 FTP75 循环，日本 10－15 循环等。其中，欧洲 NEDC 循环也是中国第五阶段排放法规及以前一直应用的整车油耗、排放开发及认证的标准循环工况，从 2021 年起标准循环采用世界统一循环工况（WLTC）。

相对于 NEDC 等速稳态较多，WLTC 几乎没有等速工况，且加速度提升，最高车速上升，怠速工况占比减少，因此对整车在 WLTC 循环下开展排放及油耗测试，显然更加严苛。目前中国各汽车研究中心及整车企业也正积极开发更能代表中国区域内车辆运转情况的中国工况 CLTC，三个工况对比及某车型两个工况运转情况如图 7－11 和图 7－12 所示。

2021 年，乘用车燃料消耗第五阶段正式实施，相对于第三、四阶段法规，油耗限值大幅下降，如图 7－13 所示。另外双积分法规的颁布，使各车企面临油耗限值及双积分双重压力，降低整车油耗是各车企生存与发展的必经之路。在机车匹配中，通过选择合适的变速器、汽油机及换档规律，使整车运行在汽油机燃油最经济区域内，是机车匹配经济性选型的重点。

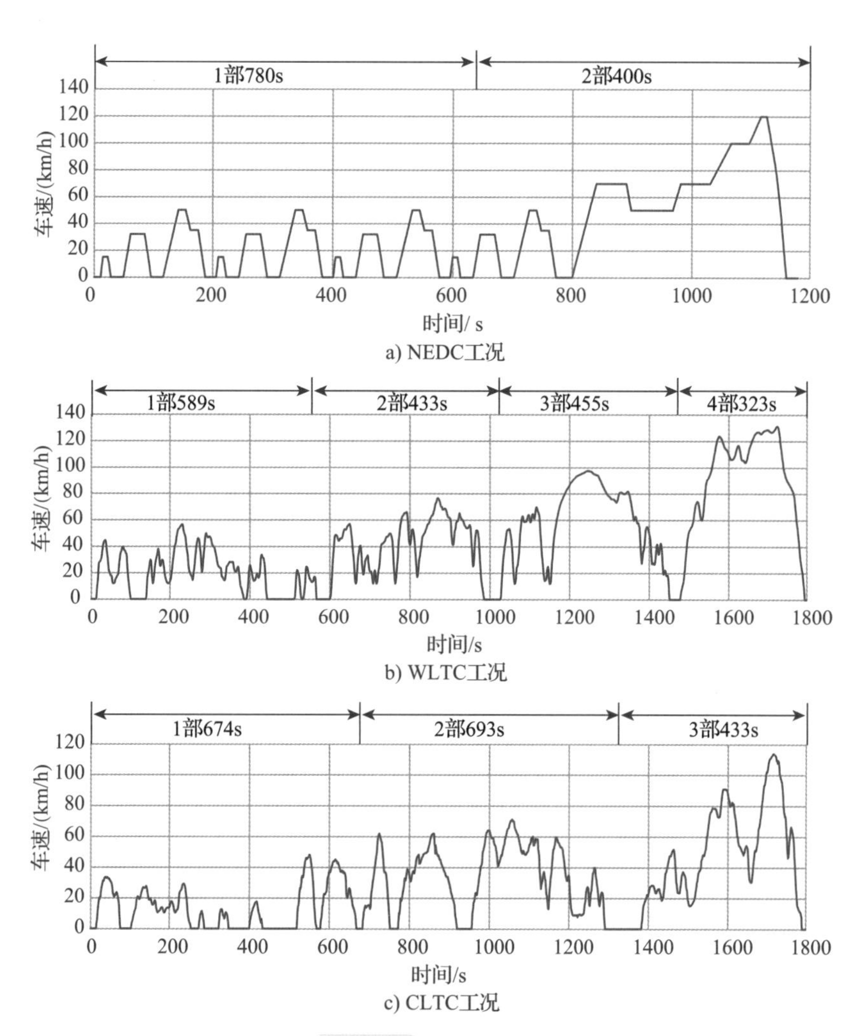

a) NEDC工况

b) WLTC工况

c) CLTC工况

图 7-11 工况对比图

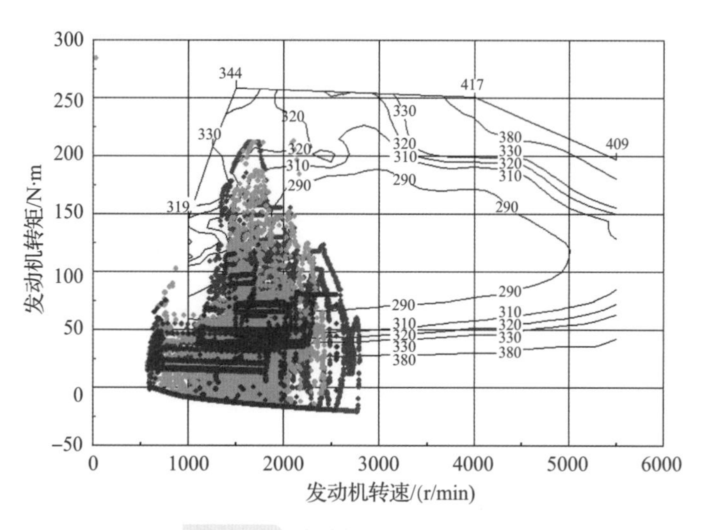

图 7-12 汽油机运转情况对比图

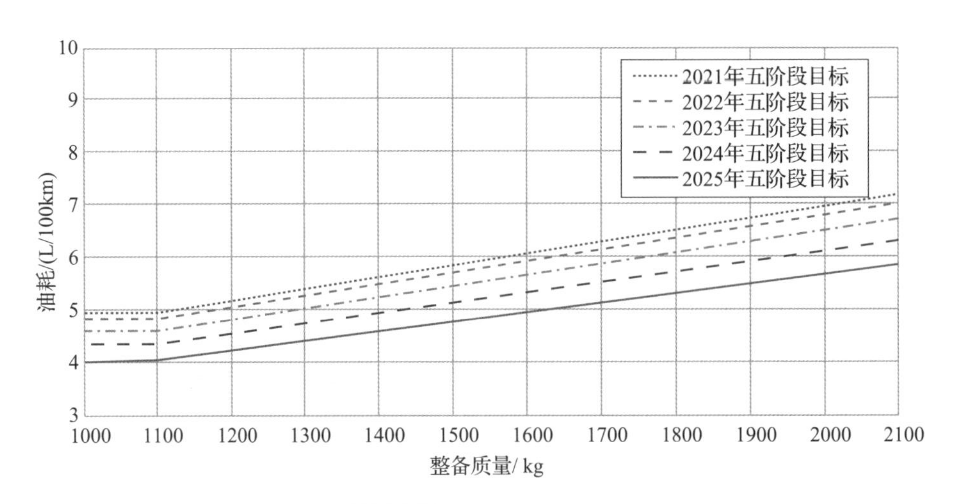

图 7-13　五阶段油耗目标

2. 标准测试循环下汽车的燃料消耗量计算

在整车设计及开发工作中，需要根据汽油机台架试验得到的万有特性图及汽车功率平衡图，对汽车燃油经济性进行估算。汽车在测试循环下运行，以工况区分，可从等速行驶、加速、减速和怠速停车等行驶工况分别计算出整车燃油消耗量。

等速行驶工况燃油消耗量的计算：WLTC 及 CLTC 循环基本无稳态等速工况，但用户在实际驾驶中，尤其在长途高速行驶时，稳态工况很常见，故等速油耗也应作为整车油耗水平的考察指标。汽车等速油耗的估算，一般以汽油机油耗万有特性图为基础，根据整车车速及汽油机转速的转换关系，在汽油机油耗万有特性图的横坐标上画出汽车的行驶车速比例尺，如图 7-14 所示，确定整车在某运行工况下汽油机所需提供功率时的燃油消耗率；同时，由于汽车在水平路面上等速行驶时，还需要克服滚动阻力与空气阻力，此时也需要汽油机提供相应的功率，因此汽车的等速油耗为这两部分之和。

根据等速行驶车速及阻力功率，在万有特性图上利用差值法确定相应的燃油消耗率，从而计算出以该车速等速行驶时单位时间内的燃油消耗量，由此计算等速燃油消耗量并折算成百公里油耗。

而对于加速行驶工况，汽油机除了提供等速行驶工况的功率外，还需克服加速阻力所消耗的功率。对于固定的测试循环工况，某一时间点加速度要求也是固定的，因此，由“等速功率”加上“加速功率”来确定汽油机输出功率，与等速工况油耗计算方式一致，确定汽油机转速、转矩，即可确定汽油机燃油消耗量。

在减速行驶工况下，驾驶人松开加速踏板，汽油机节气门处于怠速位置并进行轻微制动，经过减速断油工况后，汽油机处于怠速状态，与怠速负载接近，此时以怠速油耗与行驶时间做乘积来估算减速行驶工况油耗。

怠速停车时的燃油消耗量则为停车时间与怠速油耗的乘积。

整车循环工况的百公里燃油消耗量，即为上述各工况燃油消耗量之和与行驶距离的比值。

除以上计算的整车燃油消耗量外，还存在个别影响整车油耗的因素，需要通过修正的方式来对燃油消耗进行预测。如冷起动油耗，由于汽油机台架测试数据一般为热机结果，怠速转速也为热机转速，在计算整车百公里油耗时，需要考虑冷热车转速与负载差距造成的油耗差。例如某一新开发车型油耗计算，冷车转速可借用以往车型标定数据修正转速，同时测试汽油机在不同温度下的万有特性数据，如20℃、40℃到汽油机最高运转温度，并借用以往车型汽油机温升曲线，修正汽油机万有特性；借用变速器温升曲线及各温度下效率数据，修正传动效率。加速过程汽油机加浓燃烧则根据汽油机加浓标定数据来修正。以上影响计算结果的因素在商业分析软件中可通过参数设置实现修正。

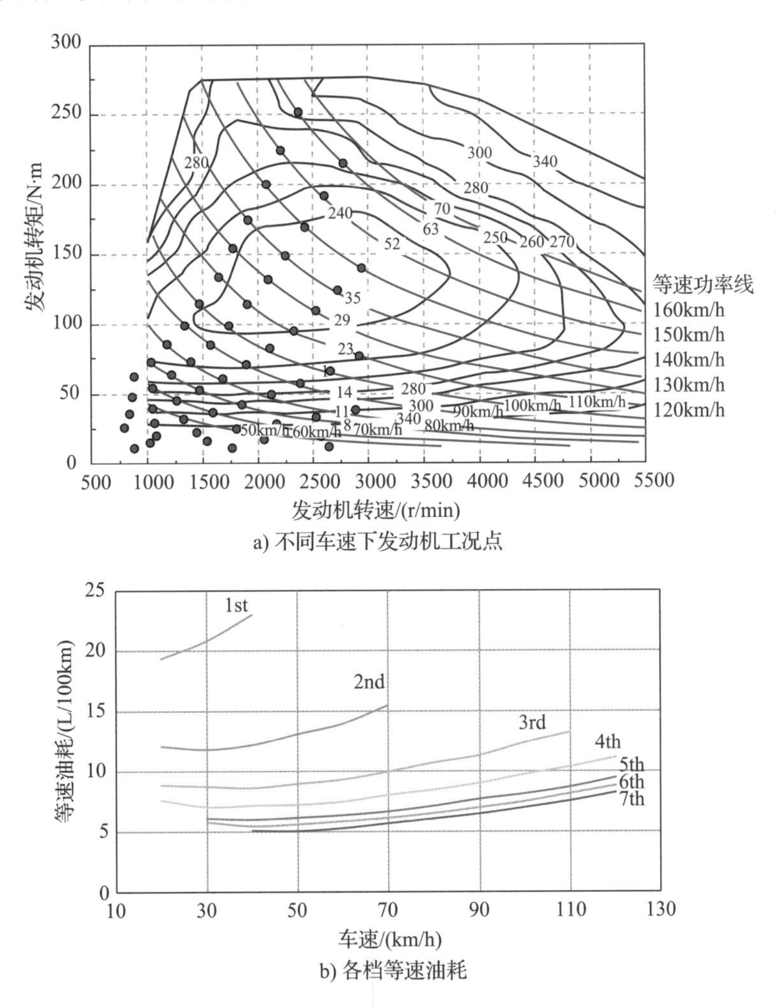

图7-14 汽油机万有特性曲线及整车等速运行功率需求平衡图

3. 整车燃油经济性选型原则

在机车匹配中，若整车及汽油机已确定，在动力性满足目标要求的前提下，选择匹配循环工况油耗最低的变速器；如整车已确定，汽油机及变速器可选时，应进行汽油机与变

速器交叉搭配油耗计算，选择动力及油耗最优的动力总成搭配。

7.2.1.3 基于排放选型方法

随着汽车工业的发展和人民生活水平的提高，汽车保有量迅速增加，防治汽车汽油机排气污染物成为环境保护的重要内容，几乎所有的工业国家都制定了汽车汽油机排气污染物排放量的限制标准。目前，美国、欧洲和日本三大汽车排放标准体系被世界各国广泛引用，中国采用的是欧洲汽车排放标准体系，即国六法规，其中包括循环工况冷起动下的排放限值及实际道路行驶排放（RDE）的限值要求。

对于 WLTC 循环，在机车匹配中，主要考察整车在 WLTC 测试循环工况下运行时，汽油机的原始排放数据，尤其是颗粒物（PN）排放情况。从颗粒物（PN）生成机理可知，缺氧是颗粒物生成的一大因素，即缸内混合气加浓。因此在机车匹配中，需要考虑将发动机工况尽量少或避免运行在加浓区域。采用与燃油消耗计算相同的方法，可计算汽油机原始排放污染物的累计量及每千米平均排放量。计算结果可与以往其他类似车型测试结果对比，分析达到排放法规要求的风险。对于气体排放物，其尾排情况主要受催化器转化效率影响，因此可以通过三元催化器的优化选型来使整车气体排放物满足排放法规限值要求。

对于实际道路行驶排放（RDE），驾驶环境与法规循环固定的测试环境要求不同，气温、海拔、加速度、速度、里程等均为变化且不确定的因素，针对这些可变因素，国六法规给出了不同的范围要求及超范围运行时，确定测试是否有效及相应的处理方法，见表 7－1。

表 7－1 RDE 法规要求

参数	普通条件	基本扩展条件	进一步扩展条件
海拔/m	≤700	700＜H≤1300	1300＜H≤2400
环境温度/℃	0≤T≤30	－7≤T＜0 或 30＜T＜35	—
扩展系数	—	1.6	1.8

工况	速度/（km/h）	行驶距离/km	平均速度/（km/h）	行驶比例（%）	行驶时间/s	持续时间/min
市区	＜60	≥16	15～40	34±10（≥29）	—	90～120
市郊	60～90	≥16	—	33±10	—	
高速	＞90	≥16	—	33±10	—	
停车	小于 1	—	—	市区 6～30	—	

由于实际驾驶具有难以完全复现的特点，整车开发过程可制定具有代表性的转鼓测试循环工况，如图 7－15 所示，目前中国部分汽车研究中心及单位制定了针对 RDE 的循环工况。在机车匹配时，可采用与 WLTC 循环油耗及排放相同的方法，计算整车 RDE 循环排放值，如图 7－16 所示。

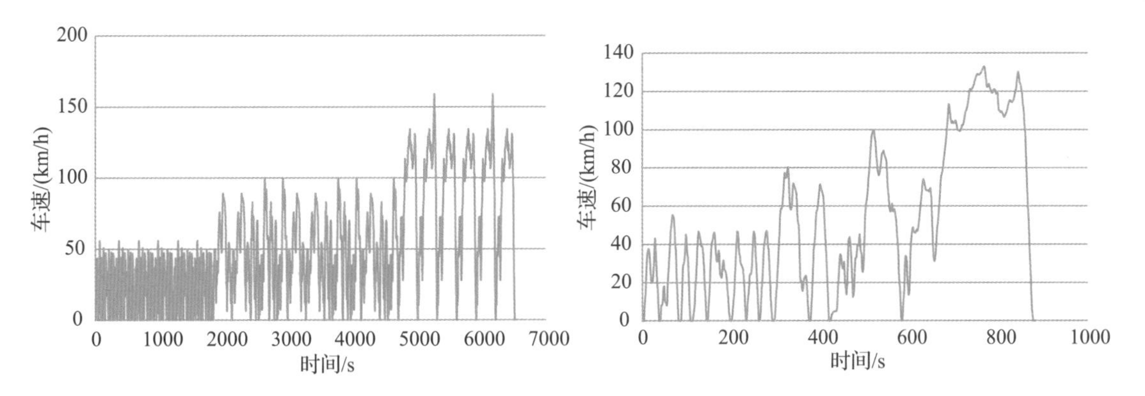

图 7-15 RDE 部分转鼓测试工况

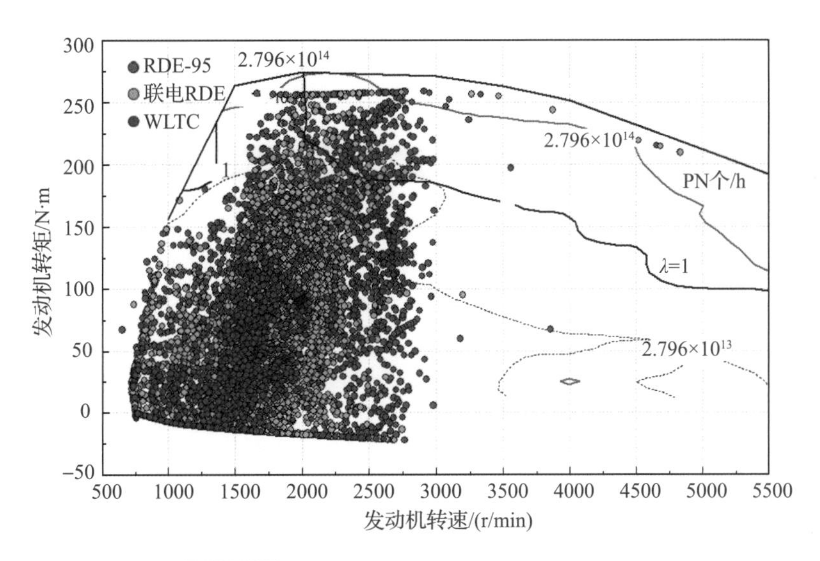

图 7-16 RDE 部分转鼓循环汽油机运转情况

基于排放性能的选型，需要同时考虑 WLTC 循环及 RDE 循环汽油机运行情况。首选运行范围内无加浓的动力总成，若有部分循环有加浓情况，则分析加浓时间有多长，如只是部分瞬态几秒加浓，则风险较低，可选；如加浓时间过长，需要重新选择合适的动力总成或考虑增加 GPF 等后处理方式来降低尾排，使整车满足排放限值要求。

7.2.2 传统动力机车集成关键因素

随着对汽车性能表现的不断追求，在汽车开发过程中整车匹配工作日益精细化，本节主要介绍整车匹配的关键因素，考量当汽油机搭载在整车上，对汽油机外边界的约束，以尽力发挥出汽油机最佳性能。

整车边界对汽油机性能影响的关键因素项有整车重量与行驶阻力、整车进排气系统边界、整车附件损失、传动系统及整车标定匹配等，如图 7-17 所示。

整车重量与行驶阻力主要表征车辆在行驶时的道路负载，负载越大，汽油机需要做的功越多，导致油耗增高，动力性后备功率减小等。整车进排气系统边界主要表现为汽油机

在整车机舱内受到温度场、管道结构等的影响，使进气温度增高、进排气压力增大，影响整车动力性、油耗等性能。整车附件损失主要表现为整车用电器负载、空调负载等对汽油机带来额外的能量消耗。传动系统影响因素主要为传动系统的效率，效率越高，越有利于动力性、油耗等性能。整车标定匹配同样影响汽油机在整车上的性能表现，精细化标定能平衡和提升多项性能。

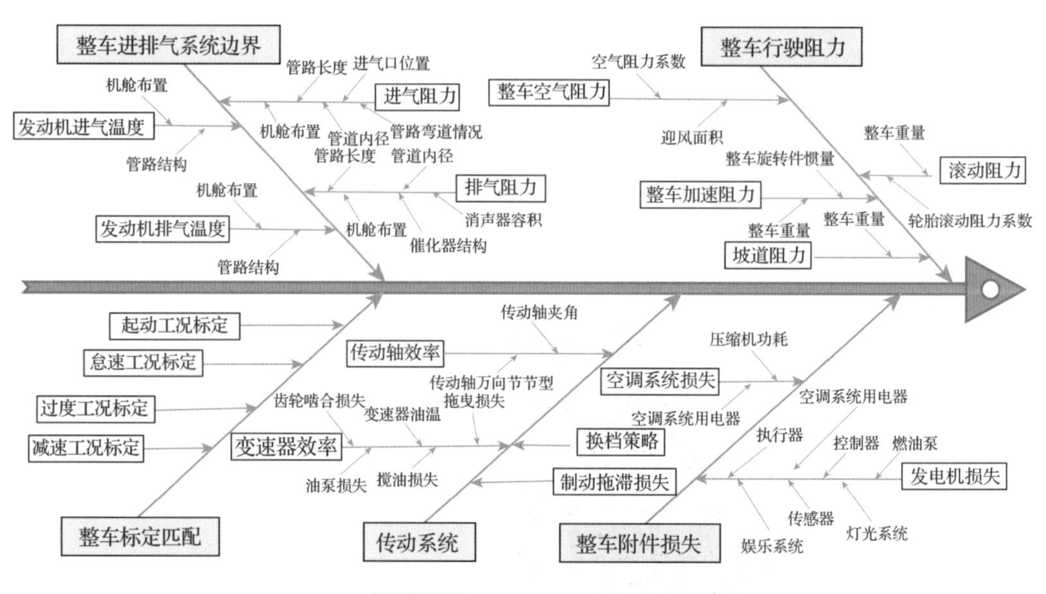

图 7-17 机车匹配关键因素

7.2.2.1 整车行驶阻力

动力总成驱动车辆在道路上行驶时，车辆行驶阻力 F_R 主要包含空气阻力 F_W、滚动阻力 F_f、坡道阻力 F_i、加速阻力 F_j 等。

$$F_R = F_W + F_f + F_i + F_j \tag{8-3}$$

其中空气阻力与滚动阻力是在任何行驶条件下均存在的，坡道阻力是汽车上坡行驶时需要克服的重力沿坡道的分力，加速阻力是加速行驶时需要克服的阻力。

如图 7-18 所示，把汽车行驶中经常遇到的滚动阻力和空气阻力与驱动力一起做出汽车受力平衡图，以此确定汽车的动力性。

$$F_t = F_R \tag{8-4}$$

最高车速主要受高速行驶阻力影响，如图 7-18 所示，在驱动力与行驶阻力平衡时，最高车速为 200km/h，高速时滑行阻力降低能有效提升车辆最高车速。爬坡能力主要取决于档位驱动力减去行驶阻力后的剩余驱动力大小。如图 7-18 所示，1 档 50km/h 以下车速区间能实现最大爬坡能力。百公里加速能力主要取决于 0～100km/h 加速过程中运行档位的驱动力减去行驶阻力后的剩余驱动力大小。如图 7-18 所示，1 档、2 档及部分 3 档驱动力与 0～100km/h 行驶阻力围成的面积大小代表百公里加速能力。

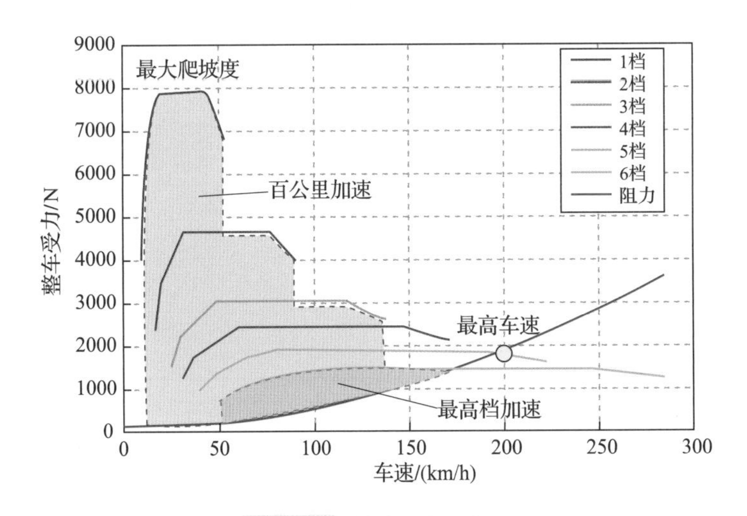

图 7-18 整车受力平衡图

整车行驶阻力的大小对经济性的影响体现在汽油机负荷的变化。如图 7-19 所示，行驶阻力增加后，汽油机负荷随之增大，汽油机做功也随之增加，油耗上升。表 7-2 列举了影响行驶阻力的主要整车参数及优化方式。

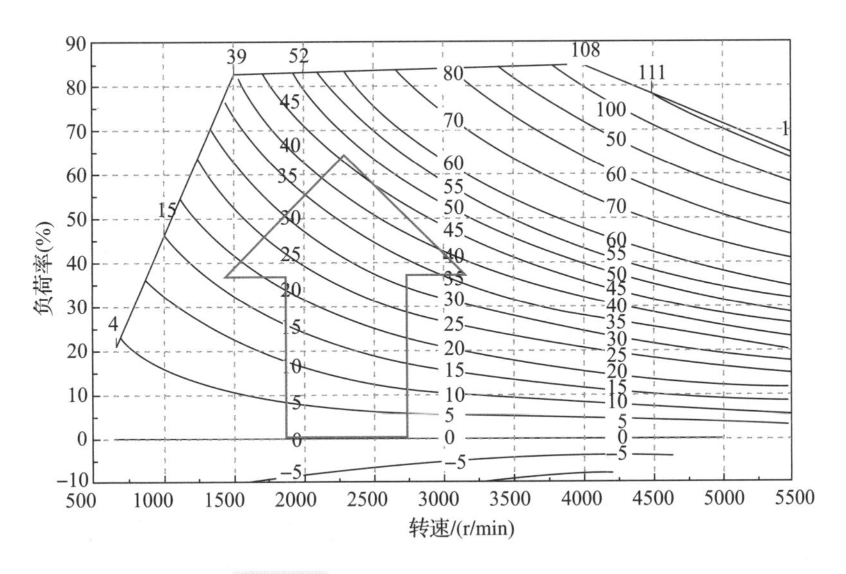

图 7-19 行驶阻力对动力经济性影响

表 7-2 影响行驶阻力的主要整车参数及优化方式

阻力类型	重点影响参数	优化
空气阻力	空气阻力系数	底盘封装 应用扰流板 应用主动进气格栅 …
	迎风面积	

（续）

阻力类型	重点影响参数	优化
滚动阻力	轮胎滚动阻力系数	低滚阻轮胎设计应用 整车轻量化设计 …
	整车重量	
坡道阻力	整车重量	整车轻量化设计
加速阻力	整车重量	整车轻量化设计 车轮、飞轮等低惯量设计 …
	整车旋转件惯量	

7.2.2.2 整车进排气系统边界

汽油机在整车机舱环境下运行时，由于机舱温度场、管道气阻等的影响，进排气系统的边界将对汽油机性能产生影响，进排气边界示意如图 7－20 所示。整车进气系统对汽油机性能产生影响的重点因素有进气温度、进气阻力等。

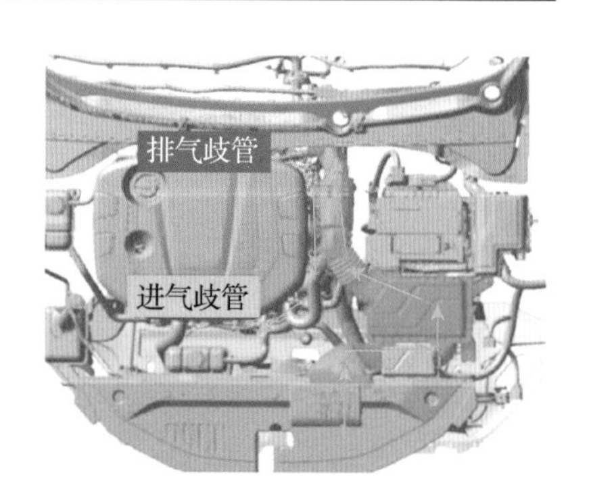

图 7－20 进排气布置图

由于机舱热辐射的影响，导致进气温度有所上升，这对动力性、经济性、排放等性能均会有一定影响。例如当进气温度升高后，汽油机爆燃概率增加，需调整汽油机的最佳点火提前角规避风险，此时汽油机相同进气量和喷油量下的缸内有效压力减小，燃烧效率降低，动力性与经济性均有一定程度的劣化。如图 7－21 所示，进气温度上升 30%以后，在车辆运行工况下的汽油机万有特性劣化 1%～3%。进气阻力主要影响汽油机的进气量、充气效率等，从而影响汽油机的动力性、经济性。

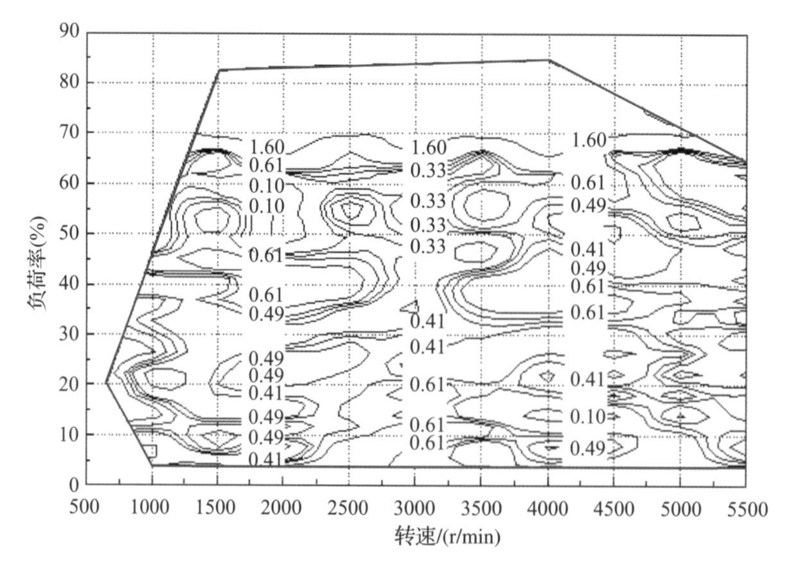

图 7－21 进气温度对汽油机万有特性的影响

整车排气系统对汽油机性能产生影响的重点因素有排气阻力、排气系统高温耐受能力等。例如排气阻力增大对动力性有一定程度劣化，排气系统高温耐受能力影响排气温度保护的标定程度，对动力性、经济性有一定程度影响。进排气整车边界的重点影响参数及优化见表7-3。

表7-3 进排气整车边界的重点影响参数及优化

项目	系统	重点影响参数	优化
整车进排气系统边界	进气系统	进气温度	机舱总布置优化设计 热管理结构优化设计 低气阻管道设计 …
		进气阻力	
	排气系统	排气阻力	排气系统布置优化设计 排气管路结构优化设计 催化器、消声器结构优化设计 …
		排气系统高温耐受能力	

7.2.2.3 整车附件损失

整车附件对汽油机性能的影响主要体现在对汽油机能量的消耗上，过高的附件能耗会引起油耗上升、动力性下降。能耗较大的附件有空调系统、发电机等，对于汽油机动力性、经济性而言，应尽可能降低附件消耗能量。整车的附件能耗分解如图7-22所示。

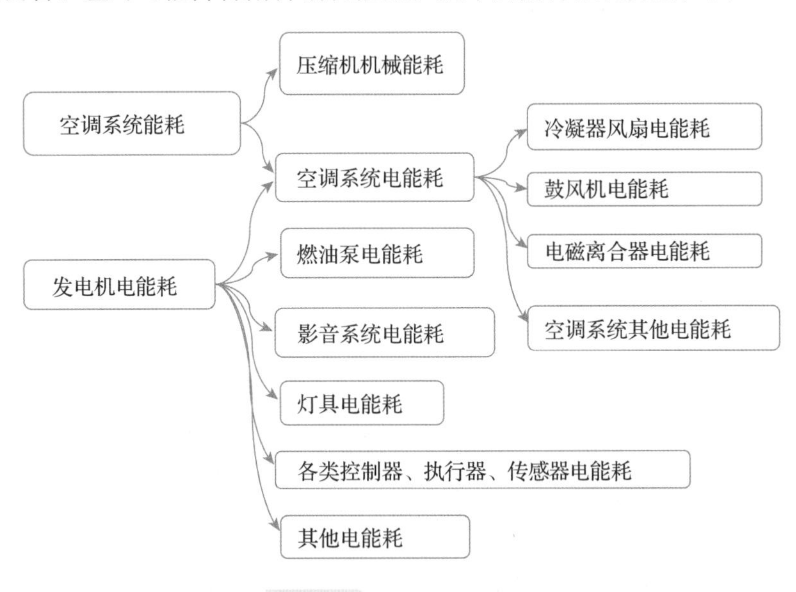

图7-22 附件能耗分解图

空调系统能耗主要有压缩机机械能耗以及空调系统电能耗。压缩机直接消耗汽油机机械能，为空调系统的主要能耗。降低压缩机机械能一般应用变排量压缩机等技术。空调系统电器件一般由发电机或蓄电池供给电能，主要耗电电器有冷凝器风扇、鼓风机、电磁离合器等。

发电机及蓄电池需要给全车用电器提供电能，如空调系统电器、燃油泵、影音系统、

灯具、各类控制器、执行器、传感器等。降低发电机或蓄电池的电耗是降低整车附件损失的有效途径，可以应用高效发电机、智能发电机等可变技术，以及降低整车各用电器的能耗来降低发电机及蓄电池电耗。

7.2.2.4 传动系统

传动系统中，变速器换档策略、变速器效率、传动轴效率、制动拖滞损失等对动力性、经济性均会产生一定程度的影响。

变速器换档策略即“换档规律图”，决定了整车在驾驶过程中的档位运行，不同的换档策略会使汽油机运行工况点发生变化，从而影响经济性、动力性等性能。如根据对用户驾驶风格差异性的需求，可以匹配出“经济模式”“运动模式”等不同驾驶模式。经济模式下一般需要更早的升档时机及更晚的降档时机，使汽油机运行在更经济区域，油耗相对较低；运动模式则相反，需要尽早降低档位来强化变速器的转矩放大功能，获得更强的驱动力。某车型的换档规律如图 7－23 所示。

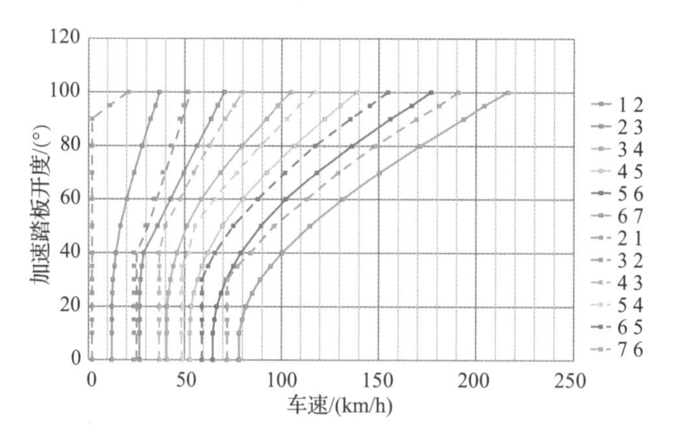

图 7－23 换档规律图

变速器效率对动力经济性影响较大，变速器效率越高，越有利于动力性、经济性。图 7－24所示为在不同工况下变速器效率情况。影响变速器效率的主要因素有齿轮啮合、轴承传动、搅油损失、油泵功耗等。

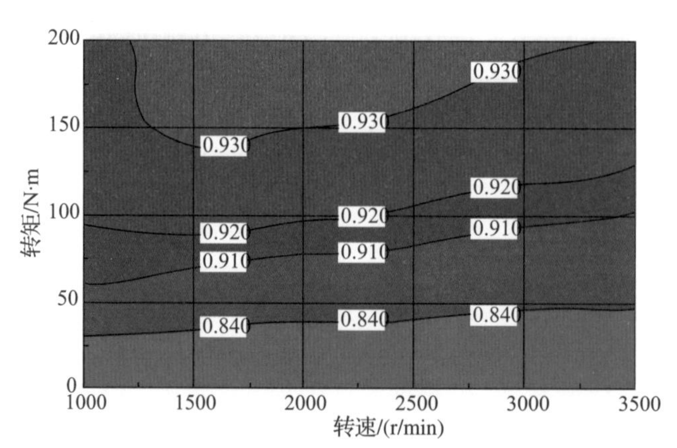

图 7－24 变速器效率图

传动轴的效率也会对整车经济性产生影响，传动轴效率越高，越有利于经济性。影响传动轴效率的因素有万向节节型、传动轴夹角、润滑脂选取等。

制动拖滞损失的产生使得车辆在行驶过程中一部分能量以热能的形式损耗掉了。以盘式制动器为例，主要发生在整车行驶中驾驶人进行制动操作之后，此时驾驶人虽然松开制动踏板，但制动卡钳回位依然有一定时间上的迟滞，在此时间段内，即产生制动拖滞损失。目前，可应用零拖滞卡钳等技术降低制动拖滞损失，提升整车的经济性。

7.2.2.5 整车标定

整车标定对车辆动力性、经济性、排放、驾驶性等性能均有较大影响，科学的、精细化的标定对提升和平衡各性能有较大影响，本小节重点列举经济性标定策略。

整车电控系统对经济性的标定主要是在起动工况、怠速工况、瞬态工况、减速工况对电喷数据进行合理化控制，以达到节省燃油的目的。

起动工况主要优化起动的时间和空燃比，主要控制指标有起动时间、开环 λ 控制等。

怠速工况下，在满足 NVH 性能、电平衡、排放、制动助力泵真空度、汽油机暖机性能、起步性能、怠速稳定性、汽油机润滑性能、整车转向性能、空调制冷性能、空调采暖性能等的情况下，通过设置较大的点火角和较低的目标怠速，达到节省燃油的目的，其主要控制指标有催化器加热时间、目标怠速、点火角等。

过渡工况通过优化瞬态过程中（如急加速、急减速时）的燃油控制，在满足排放的情况下达到节省燃油的目的，推荐 λ 控制范围为 0.90～1.1。

减速工况通过设置断油和恢复供油转速，在满足驾驶性的情况下，尽可能延长断油时间，达到节省燃油的目的。

7.2.3 传统动力 NVH 匹配

动力总成振动按频段分为低频振动和高频振动。在车内感觉明显的振动通常是低频振动，也就是刚体振动。低频振动系统是由动力总成的质量和悬置隔振系统的刚度及阻尼组成的。因此，悬置系统的设计对车内低频振动的影响非常大。通常要求悬置隔振率达到 20dB 以上。在机车匹配阶段，动力系统方案布置就需要进行悬置选点和设计。其中最重要的就是进行刚体模态的解耦以及点火阶次和不平衡阶次的避频。在工程上，按照模态能量比例来评价模态之间是否耦合。通常，若某个模态的能量比例达到 85%以上，就认为这个模态与其他模态是解耦的。由于人体对 4～8Hz 的上下跳动最敏感，因此动力总成的上下跳动模态必须高于 8Hz。刚体模态要避开的频率与汽油机类型和怠速转速有关。比如直列三缸机要求避开 1 阶、1.5 阶，直列四缸机更重要的是避开 2 阶。刚体模态的频率和模态能量分布可以通过选择不同的悬置类型，并调整悬置刚度和阻尼等进行设计。不同级别的汽车悬置类型要求见表 7-4。

表 7-4　不同级别的汽车悬置类型要求

	汽油机类型	悬置构型	左悬置	右悬置	后悬置
B 级车（低档）	I4 有平衡轴	3 点钟摆式	普通橡胶	高阻尼耦合型液压	普通橡胶
	I3 有平衡轴	3 点钟摆式	普通橡胶	高阻尼耦合型液压	普通橡胶
	I4 无平衡轴	3 点钟摆式	普通橡胶	高阻尼解耦型液压	普通橡胶
	I3 无平衡轴	3 点钟摆式	普通橡胶	高阻尼解耦型液压	普通橡胶
C 级车（中档）	I4 有平衡轴	3 点钟摆式	普通橡胶	高阻尼耦合型液压	普通橡胶
	I3 有平衡轴	3 点钟摆式	高阻尼耦合型液压	高阻尼耦合型液压	普通橡胶
	I4 无平衡轴	3 点钟摆式	普通橡胶	高阻尼解耦型液压	普通橡胶
	I3 无平衡轴	3 点钟摆式	高阻尼解耦型液压	高阻尼解耦型液压	普通橡胶
D 级车（高档）	都有平衡轴	3 点钟摆式	高阻尼主动悬置	高阻尼主动悬置	普通橡胶

增大悬置橡胶的体积可以获得更大的阻尼，使车辆的低频抖动问题得到解决。车辆 NVH 要求悬置柔软以提高悬置隔振率，但是悬置太软会引起过大的车辆抖动，路面波动时车辆大幅晃动，所以最佳的隔振应该是对低频大幅度冲击晃动刚性强，但是对应高频（20Hz）以上刚性弱，液压悬置就有类似的特点。液压悬置的阻尼呈非线性特点，在低频大幅度冲击时由于液体从一个腔体注入另一个腔体而呈现大阻尼和大刚度来改善车辆低频抖动，但在高频小幅度振动时由于液压系统不介入而呈现小刚度小阻尼以改善车辆 NVH。在很多高档车辆的悬置设计中，除了使用多个液压悬置外，也越来越多地使用更好的主动汽油机悬置使得悬置特性的完美全可控，当然成本增加也是车企必须考虑的制约因素。

另外动力总成的振动噪声还可以通过传动轴和排气系统吊钩等位置传递到车内，因此，这些系统的隔振率和避频也有相关的 NVH 设计要求。

由于人耳对高频噪声敏感，因此机车集成时必须对汽油机的高频声进行隔离，通常是通过整车声学包装来降低传递到车内的汽油机高频噪声。

汽油机的声品质设计在于尽可能降低非燃烧激励相关的噪声，如流噪等，突出燃烧激励相关声音，同时对燃烧激励相关声音，根据公司自己的声品质定义（动力声品牌 DNA）进行汽油机声音成分的阶次配比设计，并对汽油机附件系统的所有发声体进行和谐度优化设计，使得汽油机发出的声音是纯净的、动感的、和谐的。除了采用机械设计手段来改善汽油机的声品质外，主动发声技术也是弥补和设计动力声品质的重要方法之一。机械式进气声浪布置方案和电子式主动发声技术可有效地提升车内动力声品质。

7.3 混合动力机车集成开发

7.3.1 混合动力选型方法

混合动力车型与传统动力车型相比，新增了电驱系统，电驱系统在满足传统车型选型原则的基础上，其选型还与产品定位和竞争策略有很大相关性，选型时需要考虑国家法规、产品定位及市场竞争策略。

7.3.1.1 电机/电池选型

电机选型主要考虑国家法规和竞争策略。要满足国家关于 PHEV 的法规要求，电机需要支撑整车纯电完成 WLTC 工况，因此其驱动功率应大于整车在 WLTC 工况中会出现的最大驱动功率需求。其次，根据竞争策略，对于动力性需求强的车型，应根据其设定的动力性目标来选取电机功率。

电池选型也是主要考虑国家法规和竞争策略。电池电量主要影响 PHEV 的纯电续驶里程，该项首先应满足国家的法规要求，其次则是产品市场策略，随着目标纯电续驶里程的增加，电池的电量需求也相应增大。对于电池功率，首先应满足电机的外特性需求，而对于动力性需求强的含有多个电机的车型，电池的放电功率则应尽可能支撑产品的动力性目标，应根据仿真评价电池是否满足需求。电机和电池的选型示意如图 7-25 所示，选型的主要影响因素见表 7-5。

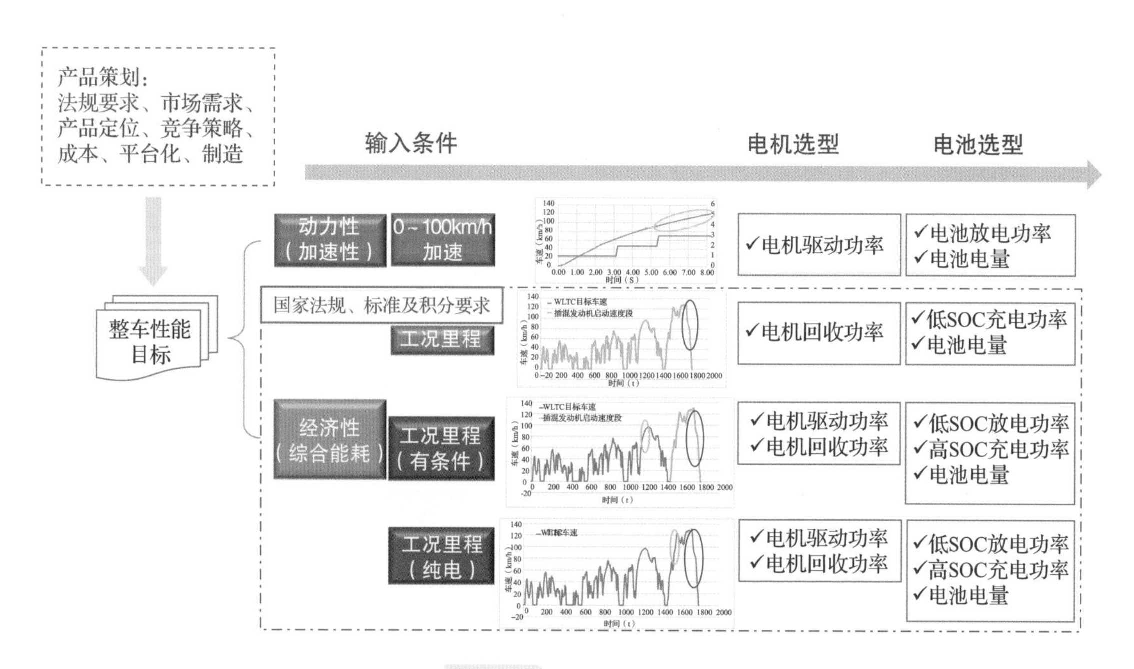

图 7-25 电机/电池的选型

表 7-5　电机/电池选型主要影响因素

系统	指标项	选型因素
电机	转矩/N·m	纯电模式起步加速性能
		完全踩下加速踏板加速性能（静止起步加速及超车加速等）指标需求
	功率/kW	完全踩下加速踏板加速性能（静止起步加速及超车加速等）指标需求
		工况纯电驱动需求
		工况制动回馈需求
电池	电量/kW·h	特定完全踩下加速踏板加速性能（静止起步加速及超车加速等）指标需求
		工况纯电里程需求
	功率/kW	工况纯电驱动需求
		工况制动回馈需求
		完全踩下加速踏板加速性能（静止起步加速及超车加速等）指标需求

7.3.1.2　回馈系统选型

制动回馈系统为混动车型特有的用于在车辆滑行或减速过程中回收整车制动能量的系统，其匹配参数主要涉及制动回馈最大减速度（g）及制动回馈的退出车速，但退出车速与具体车型所搭载变速器的匹配相关，本文主要介绍制动回馈最大减速度的确定。

制动回馈最大减速度的需求主要来源于整车所运行工况及该最大减速度所需覆盖的工况中的减速度占比，见表 7-6。

表 7-6　不同工况减速度统计

试验工况		制动减速度占比（%）				
		≤0.05g	≤0.1g	≤0.15g	≤0.2g	≤0.3g
法规工况	NEDC	18	89.9	100	100	100
	WLTC	65.3	86.8	94.9	100	100
	CLTC	73.5	90.1	98	100	100
实际道路测试工况	实际市区	63.1	87.1	95.7	98.6	99.9
	实际高速	89.7	96.9	98.9	99.7	100
下坡工况	A 工况	29.7	55.5	92.6	96.6	99.7
企业实际道路工况	B 工况	77.6	92.8	98.4	100	100

基于目标工况，根据回馈减速度需要覆盖的范围确定制动回馈减速度值的大小。如针对某企业实际道路工况中特定的 B 工况，如需满足该工况下 95%及以上的制动能量都能够被制动回馈系统捕捉，则该 B 工况下，整车的最大制动减速度应设定为 0.15g 左右。

同时，相同最大制动减速度的系统应用到不同的车型中（主要是重量及滑阻），也会影响电池及电机系统充电功率的制定，该部分选型方法参见电驱部分的选型方法。

7.3.2 混合动力机车集成关键因素

混合动力车型与传统车相比，新增了电机/电池高压系统及制动回馈系统，本节主要针对传统车没有涉及的性能影响因素进行介绍，其他内容参见相关章节，这里不再赘述。

7.3.2.1 电机系统

与汽油机类似，电机系统的峰值特性，即电机峰值转矩及峰值功率，主要影响整车加速性能。其短时峰值性能，即 10s 或 20s 峰值性能主要影响整车瞬态工况中的加速性能；其长时（持续峰值性能）峰值性能主要影响整车稳态工况下的动力性能，如连续爬坡功率或高速巡航性能。电机系统关重动力性影响因素见表 7－7，主要有短时峰值驱动/回馈功率、转矩，及额定驱动/回馈功率、转矩。电机系统的短时和长时峰值性能示意如图 7－26 所示。影响电机经济性的因素主要有电机系统的最高效率及最高效率区间等，见表 7－8，某电机的效率特性示意如图 7－27 所示。

表 7－7 电机系统关重动力性影响因素

动力性指标属性	指标项		单位
电机系统	功率转矩	20s 峰值驱动功率	kW
		20s 峰值回馈功率	kW
		20s 峰值驱动转矩	N・m
		20s 峰值回馈转矩	N・m
		额定驱动功率	kW
		额定回馈功率	kW
		额定驱动转矩	N・m
		额定回馈转矩	N・m

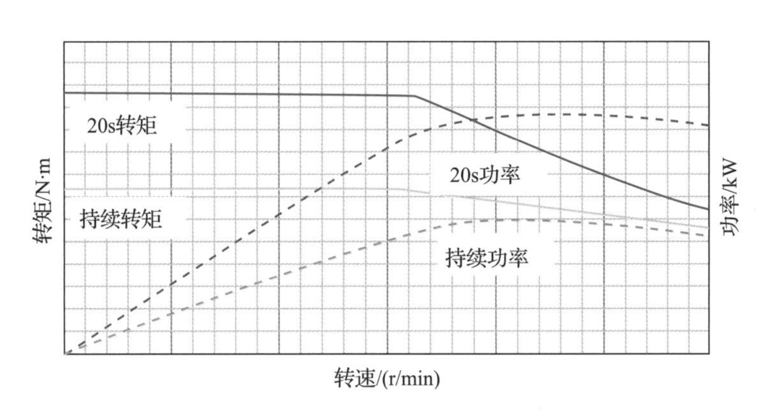

图 7－26 电机系统短时/长时峰值性能示意

表 7-8 电机关重经济性影响因素

指标属性描述	指标项		单位
电机系统	效率	电机系统最高效率（60～90℃）	%
		最高效率点区间	—
		大于最高效率 90%的区域占比	%

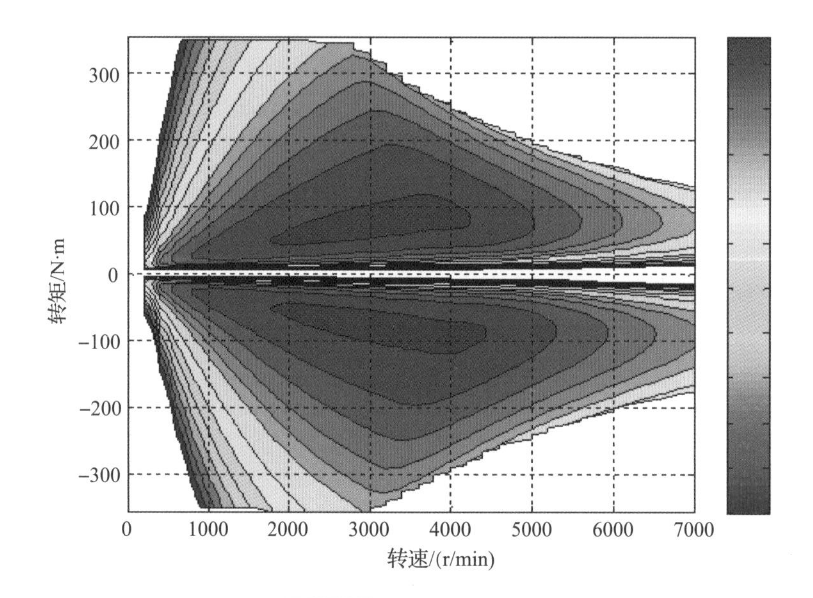

图 7-27 电机效率特性

7.3.2.2 电池

电池系统影响性能的主要因素见表 7-9，其中，电池短时（10s 或 20s）峰值充放电功率与电机短时峰值性能匹配，主要决定整车瞬态下的性能；同理，电池长时（持续）功率与电机匹配后决定整车稳态性能。电池能量效率主要影响车辆运行过程中的电耗。

表 7-9 电池系统影响性能的主要因素

系统	指标项		单位
电池	电量	电池包使用电量	kW・h
	功率	10s 或 20s 放电功率	kW
		10s 或 20s 充电功率	kW
		长时（10min 或 30min）放电功率	kW
	效率	电池充放电能量效率	%

7.3.2.3 制动回馈系统

制动回馈系统的匹配参数主要涉及制动回馈最大减速度（g）及制动回馈的退出车速；该部分内容已经在 7.3.1 中进行阐述，本节不再重复描述。

7.3.2.4 排放

混合动力车基于排放的选型与传统车相同，动力总成部件选型完成后，需结合能量管理的优化算法，借助仿真工具，对汽油机运行工况下是否进入排放加浓区等高排放区域进行检查，若出现工作点明显不合理的情况，需针对性地对总成部件或整车控制逻辑进行调整，该部分内容前文已经涉及，这里不再赘述。

7.3.3 混合动力 NVH 匹配

当汽油机应用在混合动力汽车场景时，如果控制器判断电池电量低，无法用 EV 模式驱动汽车起步，会原地起动汽油机并进入怠速充电模式。为了有较高的充电效率，汽油机的转速一般都设置在 1000r/min 以上，相比汽油机在传统动力汽车应用场景下的怠速转速（600～800r/min）高出不少，并且以一定的功率驱动发电机。由于汽油机振动噪声与转速的平方强正相关，同时也与负载正相关，转速与负载的增加，使混合动力汽车车内汽油机振动噪声比传统燃油车大，极易引起用户抱怨。因此基于汽油机振动噪声预测整车怠速充电噪声对 NVH 开发工作前置有重要意义。

在汽油机台架开发中，研究转速和转矩对汽油机振动噪声的影响，可以得到振动噪声关于转速－转矩的特性图。给定充电功率实际就是对汽油机的转速和转矩进行约束。

图 7－28 所示是怠速充电工况噪声选择示意图，可以在 MAP 图上找到既满足充电功率需求，又能使汽油机噪声最低的怠速充电工况点。对于振动也可以用类似的方法选择。

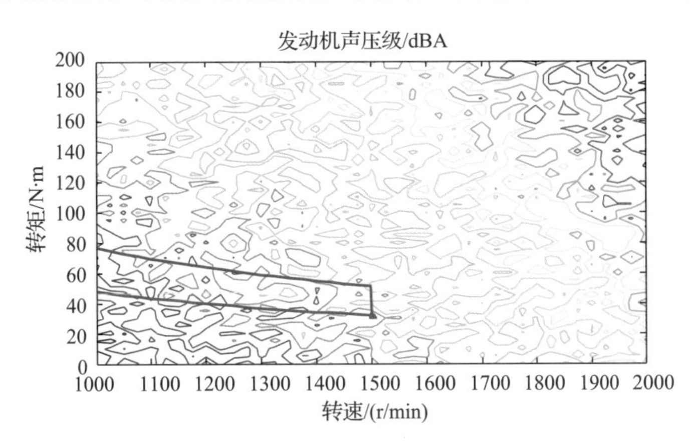

图 7－28 怠速充电工况噪声选择示意图

在混合动力汽车的动力切换过程中，汽油机会频繁起动。如果对起动机的转矩和汽油机的转速上升控制不合理，将带来整车振动冲击和噪声。因此在整车匹配过程中需要针对性地对电机和汽油机的耦合过程进行精确的控制。

另外，混合动力电机（EM）系统、电机高压电源（IPS）中的大功率开关电路（IGBT）在工作时会产生高频啸叫和调制声，这些高频噪声的频率高（2000～10000Hz），更加集中在人耳的听觉敏感频率区间（1000～4000Hz），车内的其他噪声无法掩蔽，所以这些高频噪声更加容易被人感知，因此对混合动力的 NVH 优化主要是对高频声的处理。

7.4 能量流辅助油耗开发

随着法规的加严和用户对油耗的要求越来越高，整车及汽油机的节油技术广泛应用，整车油耗开发越来越复杂，自上而下的油耗分解开发变得越来越重要，如图 7－29 所示。

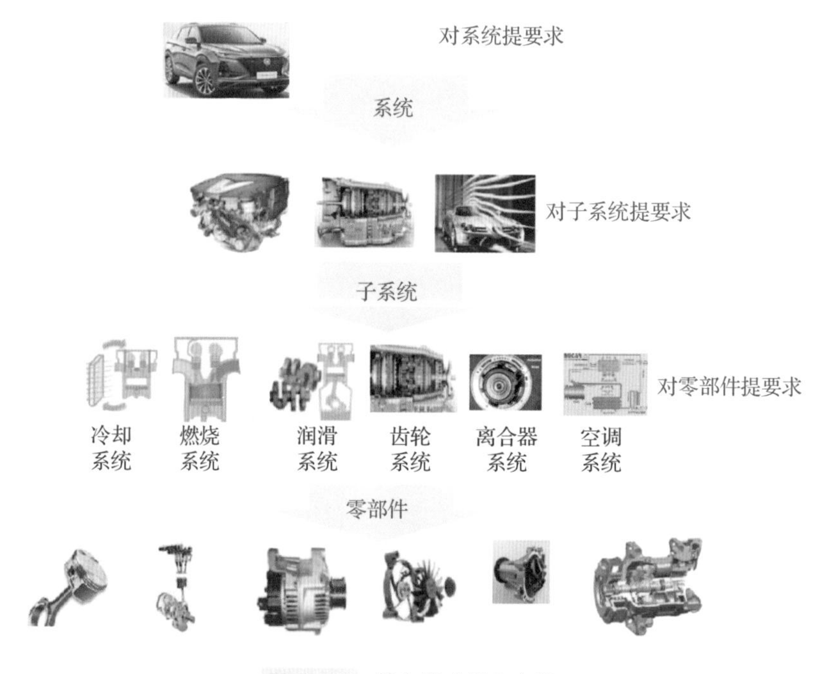

图 7－29 整车集成优化方案

能量流作为油耗的开发手段，从整车角度，以特定的工况，对汽油机、变速器的系统零部件提出有效的优化方案，从而降低整车的燃油消耗量，同时也能兼顾驾驶性能和排放性能。图 7－30 所示为整车能量流向示意。

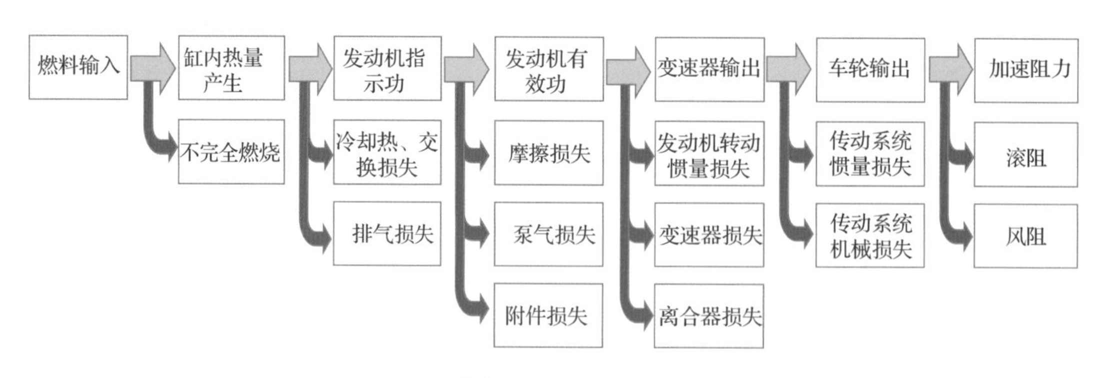

图 7－30 能量流向

能量流是通过测试加仿真分析的方法，得到研究对象的能量分布，以提出能耗优化方案的一种开发手段。测试包括整车测试、系统和零部件测试，其中整车测试的工况需要根据需求进行制定，基于法规工况（NEDC 或 WLTC 工况），针对一些特殊分析，还需要制定一些等速工况、怠速工况等。

通过能量流测试分析与对标，可以准确锁定能耗高的部分，并且通过测试时接入各种传感器，可以分析各系统零部件的工作能耗是否正常，各标定匹配参数是否达到最优，同时，还可通过仿真，进行零部件的优化，预估优化效果。

7.5 小结

由于法规要求的改变和对用户实际使用油耗的关注，对传统汽油机的选型有了更新维度的认识，从过去一味追求 downsize 到现在 rightsize，通过体系化的机车匹配方法来为汽油机选型提供更多的数据支持。传统汽油机的匹配工作已经相对固化，因此多数的工作是在动力性、经济性、驾驶性方面做出一些平衡。

而伴随着混合动力进程的深入，其对汽油机的选型提出了新的需求。由于电机的存在，混合动力对发动机的外特性要求降低，而由于混合动力的工作方式，又需要汽油机有较高的热效率和位置合理的高效区。混合动力因涉及的变量维度较多，其匹配工作的难度和总量也较高、较大，需要从多个子系统的角度来选取最优的标定方案。

参考文献

[1] 余志生. 汽车理论 [M]. 5 版. 北京：机械工业出版社，2015.
[2] 陈荫三，余强. 汽车动力学 [M]. 5 版. 北京：清华大学出版社，2019.
[3] 李骏. 汽车汽油机节能减排先进技术 [M]. 北京：北京理工大学出版社，2011.
[4] 翟洪军，刘毅. 乘用车动力选型技术 [J]. 汽车工程师，2015 (12)：59-62.
[5] 陈清泉. 现代电动车、电机驱动及电力电子技术 [M]. 北京：机械工业出版社，2005.
[6] 孙泽昌. BOSCH 汽车电气与电子 [M]. 2 版. 北京：北京理工大学出版社，2014.

Chapter 08

第8章 典型高效清洁车用汽油机介绍

日益严峻的环境和能源危机，日趋严苛的油耗、排放法规，成为未来全球汽车产业的共同挑战，环境污染及能源安全，对高效清洁动力提出了迫切需求；同时，《节能与新能源汽车技术路线图2.0》提出了汽车产业碳排放的减排目标，确定了由纯电动化转向电驱动化的技术路线，车用动力的高效化、清洁化将成为必然发展方向。为了满足油耗排放法规的要求，同时提升产品竞争力，国际一流汽车企业纷纷上市高效清洁车用汽油机产品，通过模块平台化方式实现传统动力与混合动力的融合发展。

8.1 大众汽车典型汽油机产品介绍

大众EA211汽油机平台是伴随着其整车MQB模块化平台而开发的，它由原来的EA111平台升级，能更好地使用模块化结构，统一各机型与整车的安装接口位置，降低燃油耗，满足更严苛的排放法规，如图8-1所示。该平台产品排量由1.0～1.6L的7款机型升级整合为1.0～1.5L的4款机型，如图8-2所示，整个平台减少排量数目，可改善产能经济性，降低新技术实施的门槛。EA211平台产品的标志性技术是燃油直喷、两级增压、缸盖集成排气歧管、进气水冷中冷及停缸。而其升级平台EA211 evo基于上述技术架构，新增了如高压缩比的米勒循环、变截面增压器（Variable Turbine Geometry，VTG）、35MPa高压喷射、新型热管理模块等技术的应用，以满足不同整车架构的动力需求。下面以EA211平台的1.5L TSI evo发动机为例来说明其产品的技术特点及性能。

图 8-1 大众 EA211 平台机型演化历程

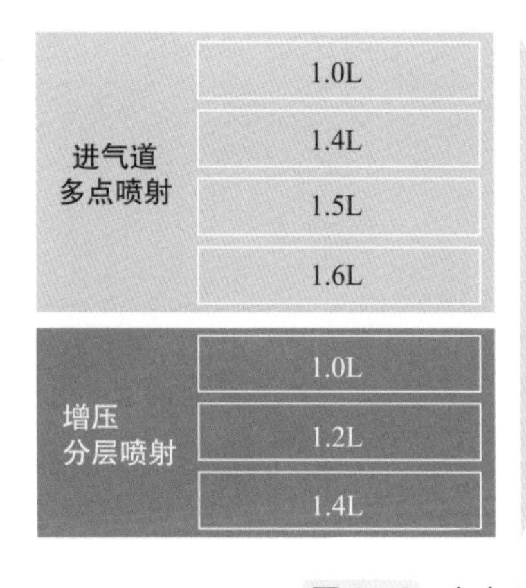

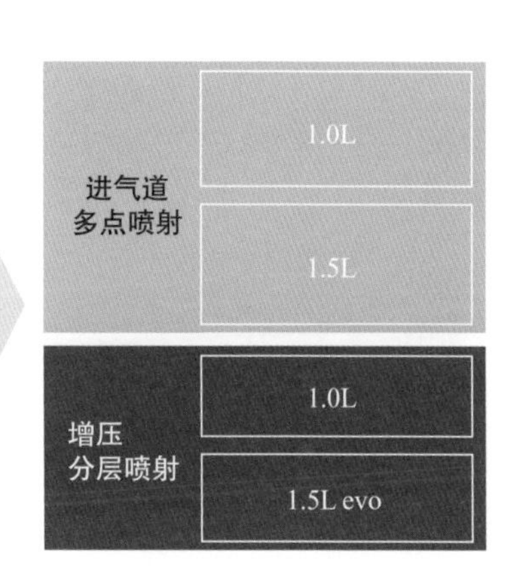

图 8-2 大众 EA211 平台机型排量整合

EA211 - 1.5TSI 汽油机如图 8-3 所示，它采用了 EA211 平台的基础技术架构，通过改变压缩比、增压器以及缸壁涂层等降摩擦技术，实现了用于常规传统动力和混合动力两个版本的高效清洁汽油机产品开发。其性能分别达到最大转矩 250N·m/200N·m，额定功率 110kW/96kW，最高热效率 38%，均可满足欧 6c 及以上的排放法规要求，见表 8-1。全新的 EA211 1.5TSI evo（96kW）发动机比上一代产品 1.4TSI 燃油效率提升 10%，按用户使用工况测算，整车油耗将降低 1L/100km。同时，大众汽车基于 EA211 1.5TSI 发动机开展了针对混动专用的进一步研究，通过增加预燃烧室和外部冷却 EGR，有潜力将最高热效率提升至 41.5%，进一步降低油耗。

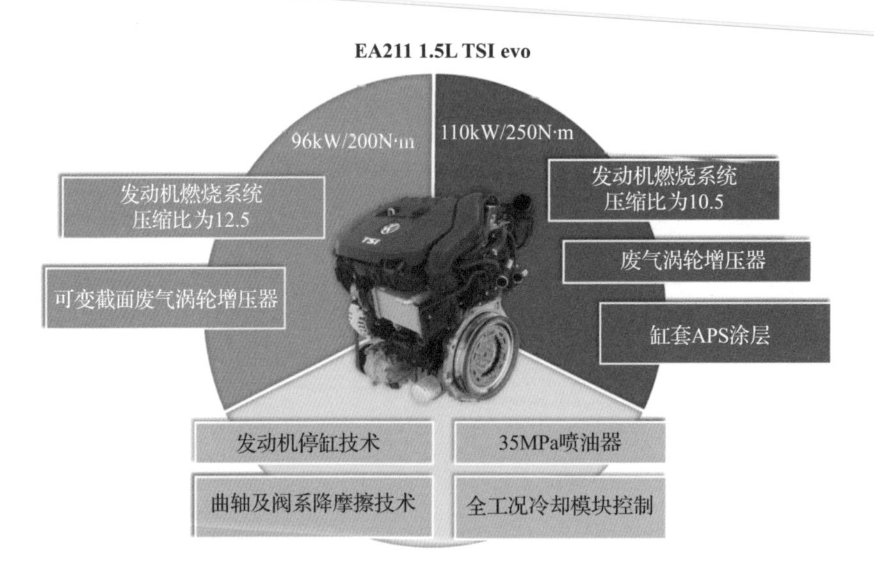

图 8-3 大众 EA211 1.5TSI 技术特点

在 EA211 1.5TSI 发动机上，具有代表性的一项新技术是 VTG 增压系统，即可变截面涡轮增压，它可以根据发动机运行工况点的要求，调节涡轮截面积，以获得适当的流量，使低速转矩和高速额定功率的效率同时得到优化。

表 8-1 EA211 1.5TSI 结构参数及性能对比

类别	EA211 1.5TSI（110kW）	EA211 1.5TSI（96kW）
缸数	4	4
排量/mL	1498	1498
缸径×行程/mm×mm	74.5×85.9	74.5×85.9
压缩比	10.5	12.5
额定功率/[kW/(r/min)]	110/5000～6000	96/4750～5500
最大转矩/[N·m/(r/min)]	250/1500～3500	200/1300～4500
燃油标号/RON	95	95

8.2 通用汽车典型汽油机产品介绍

通用汽车在 2019 年发布了全新一代驱动系统（图 8-4），该驱动系统包含第八代 Ecotec 发动机系列与三款全新变速器。其中第八代 Ecotec 发动机系列包括 1.0T、1.3T 和 2.0T 三款发动机，全新的发动机基于单缸最优设计理念进行开发，配备 35MPa 高压直喷系统、ATM 主动热管理系统、电动放气阀涡轮增压器、TriPower 可变气门管理等先进技术，力求在提升燃油经济性、降低排放的同时，拥有更佳的动力性与 NVH 表现。下面以 1.3T 发动机来说明通用新一代发动机的技术特点和性能表现。

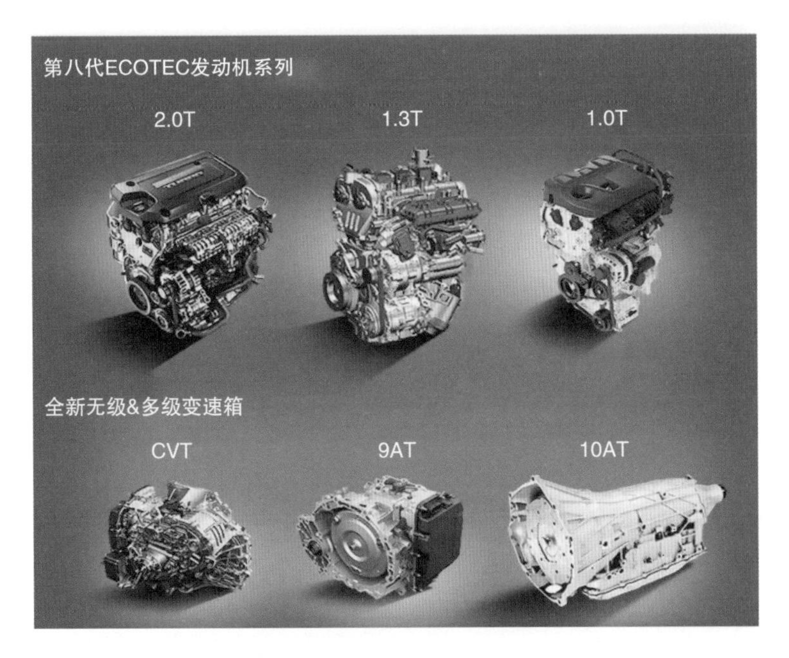

图 8-4 通用汽车全新一代驱动系统

有别于上一代1.3T的双喷射技术，通用Ecotec 1.3T发动机采用了35MPa缸内直喷系统，有效降低颗粒物排放，以满足国6b等排放法规的要求；在热管理方面，采用了电子水泵+电控球阀模块的ATM主动热管理系统，对发动机系统热量进行智能、精确的管理；在增压方面，采用电动放气阀涡轮增压器，实现全工况下放气阀开启时刻与开度的精准控制，利于动力性、经济性的提升与排放的降低。得益于Ecotec全新的开发理念与新技术的应用，1.3T发动机额定功率可达120kW，最大转矩240N·m/（1500～4000r/min），搭载整车百公里综合油耗约5.9L，见表8-2。

表 8-2 Ecotec 1.3T 结构参数及性能

类别	1.3T	最大转矩/[Nm/(r/min)]	240/1500～4000
缸数	3	燃油标号/RON	92
额定功率/[kW/(r/min)]	120/5600	排放标准	国6b

8.3 丰田汽车典型汽油机产品介绍

丰田的TNGA架构，内涵包括全新的造车哲学和生产理念，提出了用技术打造未来之车，全面提升车型基本性能，加强各车型零部件的共通性，资源优化，以缩短开发周期，并将节省下来的资源再度回馈到产品本身，用于不断提升产品性能，实现以更低的成本、更高效的方式制造更好汽车的目标。TNGA的核心架构包括全新开发的底盘和动力总成。其中动力总成中的发动机产品，包含以提升发动机燃烧效率为总体思路打造的高效清洁传统动力汽油机，以及以改善混动系统效率、紧凑化/轻量化设计、优化控制策略的高效清洁混合动力汽油机。

丰田 TNGA 架构发动机通过长行程 + 高压缩比（13～14）阿特金森循环及外部冷却 EGR 的基础技术，基于 D-4S（GDI + PFI）燃油喷射系统，通过研究缸内流动过程中影响燃烧特性的关键参数，制定了统一的关键参数性能指标，如图 8-5 所示，实现了该架构下不同排量发动机相似的高速燃烧特性。基于 TNGA 理念，丰田未来打造的面向传统动力及混合动力的发动机产品，将分别实现热效率 40%和 41%，比功率 60kW/L 和 50kW/L，如图 8-6 所示。下面以 TNGA 架构首款 2.5L 发动机来说明其技术特点及性能表现。

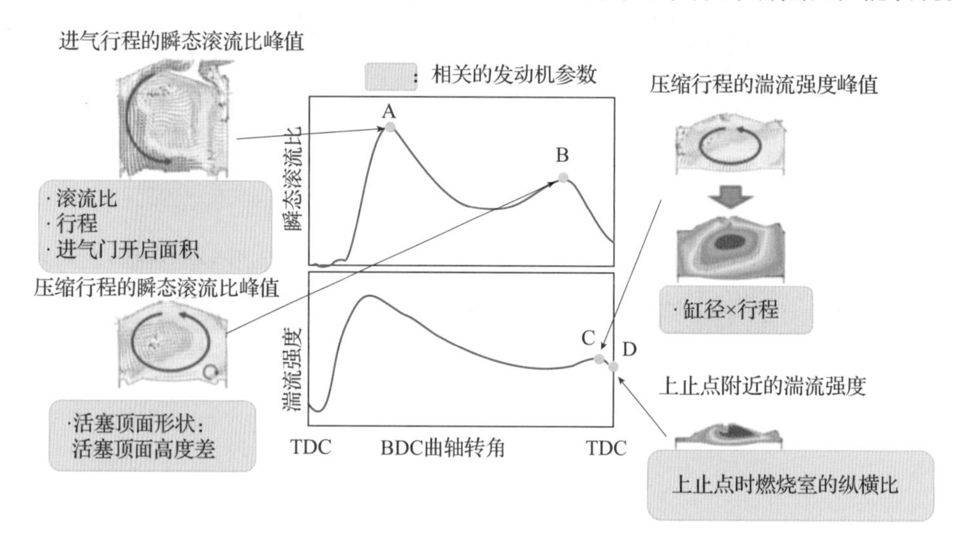

图 8-5 缸内流动特性及影响因素研究

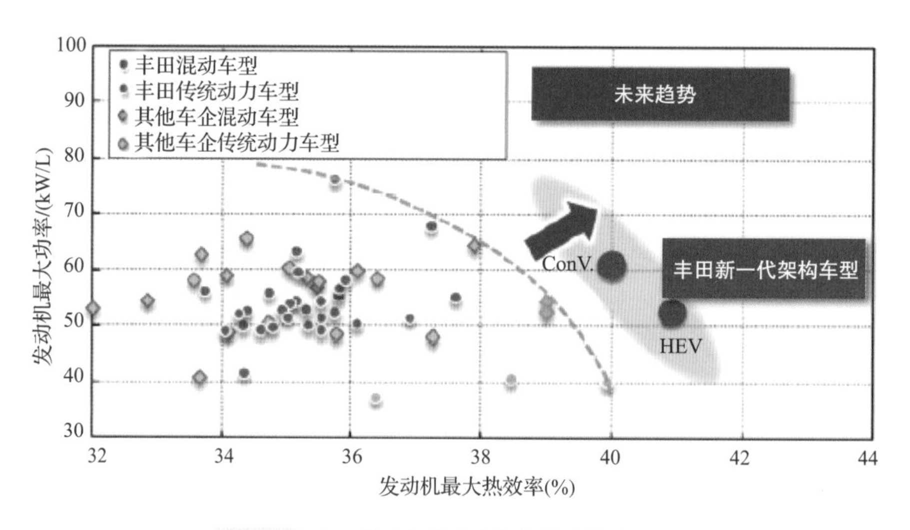

图 8-6 丰田发动机比功率与热效率趋势及目标

丰田 TNGA 2.5L 发动机采用行程缸径比为 1.18 的结构，配备可变流量机油泵、电子水泵等降摩擦附件，叠加外部冷却 EGR，通过两种不同的压缩比，实现不同动力性和经济性的输出，以满足传统车型和混动车型的动力需求。最大转矩分别为 250N·m、221N·m，额定功率分别为 151kW、131kW，最高热效率分别达到 40%和 41%，见表 8-3。搭载整车相比上一代产品节油 16%以上。

表 8-3 丰田 2.5L 发动机结构参数及性能对比

类型	传统动力		混动专用	
	新一代 2.5L	2AR-FE	新一代 2.5L	2AR-FE
发动机形式	直列四缸			
排量/mL	2487	2494	2487	2494
缸径×行程/mm×mm	87.5×103.4	90.0×98.0	87.5×103.4	90.0×98.0
压缩比	13.0	10.4	14.0	12.5
额定功率/[kW/(r/min)]	151/6600	134/6000	131/5700	118/5700
最大转矩/[N·m/(r/min)]	250/5000	231/4100	221/3600～5200	213/4800
EGR 系统	冷却 EGR	无	冷却 EGR	冷却 EGR
燃油喷射系统	D-4S（多孔缸内直喷）	PFI	D-4S（多孔缸内直喷）	PFI
排放标准	SULEV30（LEVⅢ）	PZEV（LEVⅡ）	SULEV30（LEVⅢ）	PZEV（LEVⅡ）

8.4 现代汽车典型汽油机产品介绍

韩国现代汽车在 2019 年发布了其下一代动力总成 Smartstream，包含全新开发的发动机和变速器，致力于燃油经济性的提高与电气化的应用。Smartstream 发动机系列通过燃烧系统的优化、提高燃油效率与热管理系统等新技术的应用，以及搭载整车的匹配优化，使现代-起亚汽车油耗降低 10%以上。下面以 Smartstream 1.5L 发动机为例说明该系列发动机的技术特点及性能表现，如图 8-7 所示。

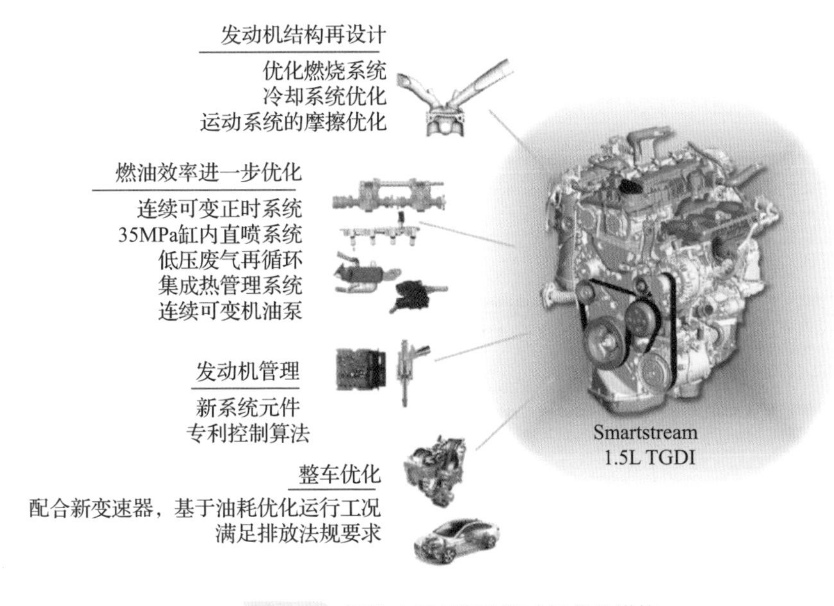

图 8-7 现代 1.5LTGDI 发动机优化措施

Smartstream 1.5TGDI 发动机既可作为传统动力搭载整车，也可作为 48V 的微混动力系统，面向现代汽车后续的整车电气化战略。1.5TGDI 发动机通过提升行程缸径比，优化燃烧系统、冷却系统，采用低压冷却 EGR，进气连续可变气门正时系统（Continuous Variable Duration，CVVD），集成热管理系统（Integrated Thermal Management System，ITMS），35MPa 缸内直喷系统，全可变排量机油泵等新技术，使其额定功率达 118kW，最大转矩 253N·m，相比于上一代的 Kappa 1.4TGDI 发动机，分别提升了 14.3%和 4.5%，这为整车的愉悦驾乘提供了优异的动力保障。

现代 1.5TGDI 发动机采用的众多新技术中，以 CVVD 尤为突出。该技术作为现代汽车的首创发明，在 Smartstream 发动机上全系应用。目前较为通用的可变气门正时系统（VVT），是气门开闭的时间可以随着负荷工况的变化而不同；另外一种可变气门升程系统（VVL），是凸轮型线升程可以随着负荷工况的变化而不同。而 CVVD 系统使气门正时及凸轮型线都可变，这就使得发动机动力性和经济性提升 4%～5%，排放降低约 12%。

表 8-4 现代 Smartstream 1.5L 发动机与上一代产品性能及技术方案对比

类别	Kappa 1.4T GDI	Smartstream 1.5T GDI
类型	直列 4 缸	相同
排量/mL	1353	1482
缸径×行程/mm×mm	71.6×84	71.6×92
压缩比	10	10.5
额定功率/[kW/(r/min)]	103/6000	118/5500
最大转矩/[N·m/(r/min)]	242/1500～3200	253/1500～3500
阀系	双 CVVT，滚子摇臂	进气 CVVD+双 CVVT，滚子摇臂
EGR 系统	—	低压 EGR，催化后取气
燃油系统	25MPa，激光钻孔，6 孔喷油器	35MPa，激光钻孔，5 孔喷油器
冷却系统	缸体缸盖分开冷却	三通集成热管理（ITM）
机油泵	两段式可变排量机油泵	全可变排量机油泵
增压器	单涡管，电子废气旁通阀	单涡管，电子废气旁通阀

8.5 长安汽车典型汽油机产品介绍

与此同时，在中国市场上，随着汽车产销总量的增长，中国汽车的研发实力也提升到了空前的高度，开发了一批具有代表性的高效清洁车用汽油机，不仅在产品的动力性、经济性、排放及各项指标可与国际一流品牌汽油机媲美，同时更加适应中国市场和符合中国消费者使用习惯，比如长安汽车的蓝鲸 NE 动力平台发动机产品。

蓝鲸 NE 动力平台是基于领先的模块化顶层设计，打造了兼容全构型（48V、HEV/PHEV、REEV）整车的全新动力平台。平台实现三、四缸机共线生产，设计兼容 1.0～1.8L 排量（图 8-8），通用化率高达 98%。平台采用 35MPa 高压喷射、双涡管电控涡轮增压、全可变排量机油泵、智能凸轮调相系统、可控 PCJ 及 0W－20 低黏度机油等先进技术，配合高滚流气道形成的"AGILE 敏捷"燃烧系统，在满足国 6b 的同时，实现动力性及经济性的最佳平衡。下面以平台 1.5L 增压直喷机型为例来说明其性能表现。

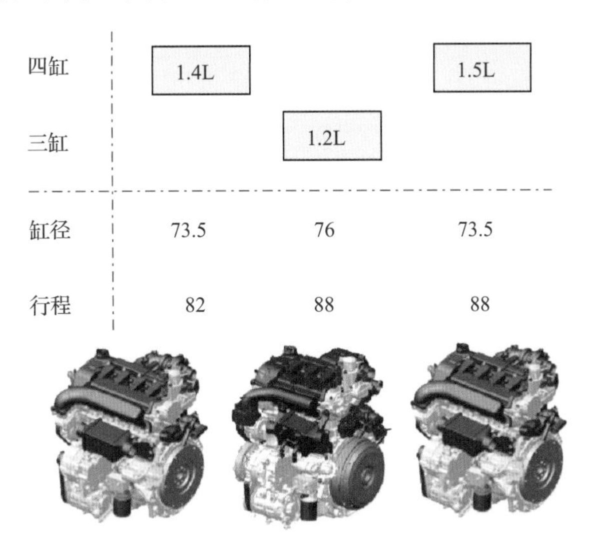

图 8－8　长安蓝鲸 NE 平台发动机产品

蓝鲸 NE 动力 1.5TGDI 发动机额定功率 132kW，最大转矩 300N·m，如图 8－9 所示；且在 1250r/min 即可实现最大转矩输出，如图 8－10 所示，领先国际一流品牌同排量对标机型。

蓝鲸 NE 动力 1.5L 增压直喷发动机机型，通过优化燃烧系统、提高压缩比、降低整机摩擦等方案，实现最高热效率超过了 40%，处于世界高热效率发动机云图优秀水平，如图 8－11所示，兼容传统车型和混动车型的动力需求，具体发动机参数及性能对比见表8－5。

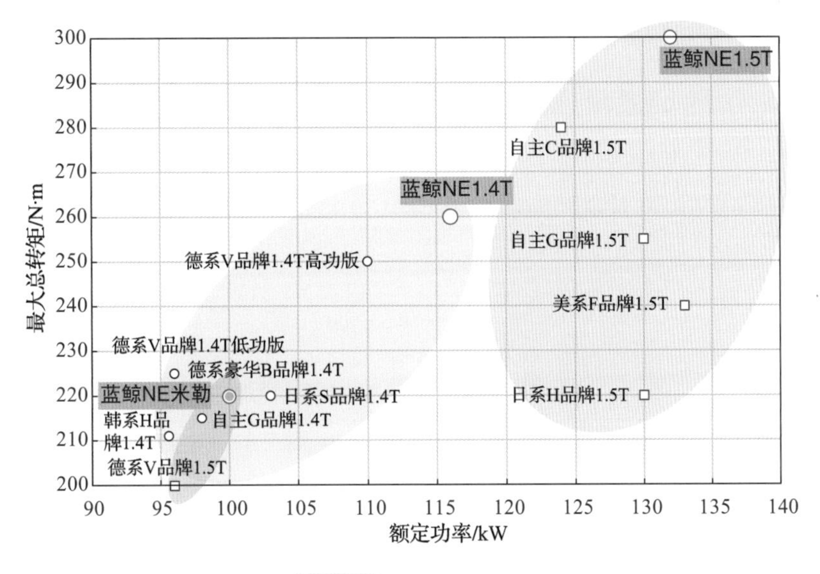

图 8－9　转矩功率对比

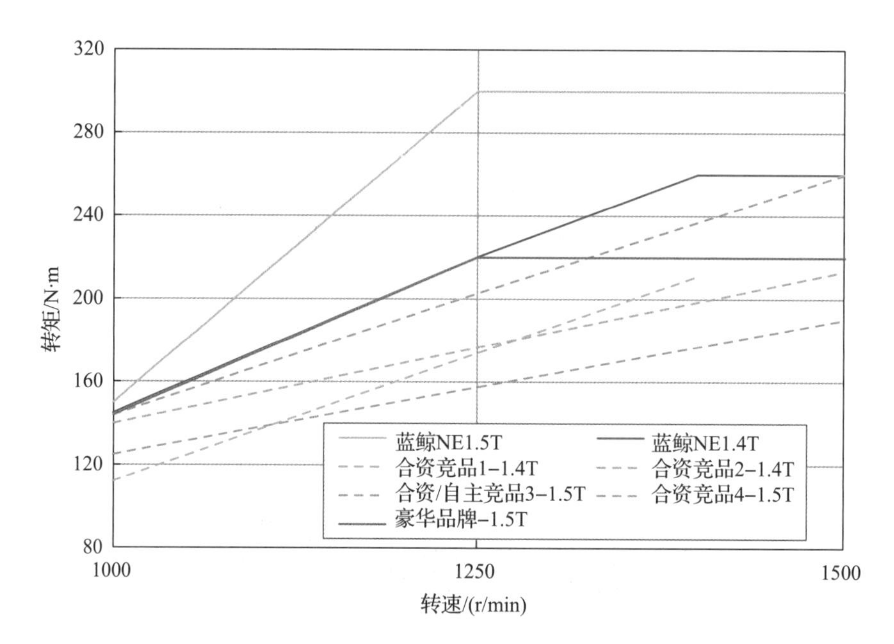

图 8-10 低端转矩对比

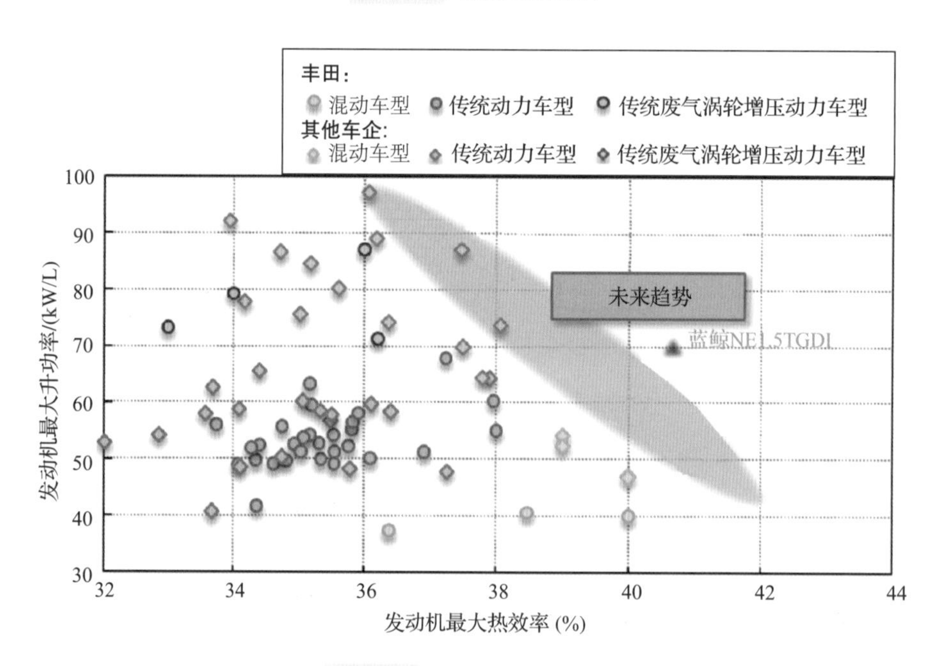

图 8-11 热效率发动机云图

表 8-5 长安蓝鲸 NE 1.5TGDI 发动机参数及性能

类别	NE15TGDI（A 版本）	NE15TGDI（B 版本）	NE15TGDI（C 版本）	NE15TGDI（D 版本）
缸数	4	4	4	4
排量/mL	1494	1494	1494	1494
缸径×行程/mm×mm	73.5×88	73.5×88	73.5×88	73.5×88

（续）

类别	NE15TGDI（A版本）	NE15TGDI（B版本）	NE15TGDI（C版本）	NE15TGDI（D版本）
压缩比	10.0	10.5	12.5	13.0
额定功率/[kW/(r/min)]	138/5500	132/5500	128/5500	116/5500
净功率/[kW/(r/min)]	133/5500	123/5500	121/5500	110/5500
最大转矩/[N·m/(r/min)]	300/1500～4000	300/1250～3500	250/1500～4000	220/1500～4000
排放标准	国6b	国6b	国6b	国6b

8.6 小结

汽车产业在全球快速发展，油耗及排放压力不断加大，国际主流车企基于平台模块化思想，仍然在不断挖掘车用汽油机的节能减排潜力，使其朝向高效化、清洁化与电气化发展，实现高效清洁传统动力与混合动力产品的开发。

参考文献

[1] 范明强. 现代缸内直喷式汽油机开发［M］. 北京：机械工业出版社，2018.

[2] EICHLER D I，DEMMELBAUER-EBNER W，et al. The new EA211 TSI evo from Volkswagen［C］//37th Internationales Wiener Motorensymposium.［S. l.：s. n.］，2016.

[3] HAKARIYA M，TODA T，SAKAI M. The new Toyota inline 4-cylinder 2.5L gasoline engine［C］//SAE. SAE Technical Paper no. 2017-01-1021.［S. l.：s. n.］，2017.

[4] TODA T，SAKAI M，HAKARIYA M，et al. The new inline 4-cylinder 2.5L gasoline engine with Toyota new global architecture concept［C］//38th Internationales Wiener Motorensymposium.［S. l.：s. n.］，2017.

[5] MIN B H，HWANG K M，CHOI H Y，ct al. The new Hyundai-Kia's Smartstream 1.5L turbo GDI engine［C］//28th Aachen Colloquium Automobile and Engine Technology.［S. l.：s. n.］，2019.